住房和城乡建设部"十四五"规划教材
教育部高等学校建筑电气与智能化专业
教学指导分委员会规划推荐教材

建筑电气控制技术
（第二版）

段晨东　主编
于军琪　主审

中国建筑工业出版社

图书在版编目（CIP）数据

建筑电气控制技术／段晨东主编. -- 2 版.
北京：中国建筑工业出版社，2024.8. --（住房和城
乡建设部"十四五"规划教材）（教育部高等学校建筑
电气与智能化专业教学指导分委员会规划推荐教材）.
ISBN 978-7-112-30165-2

Ⅰ. TU85

中国国家版本馆 CIP 数据核字第 2024G78K91 号

本书共分 9 章，分别是：概述、常用低压电器、继电接触控制系统的组成规律及典型控制环节、继电接触式控制系统的设计、典型设备的电气控制线路分析、可编程序控制器基础、S7-200 Smart 可编程序控制器、OMRON CP2E 可编程序控制器、可编程序控制器系统设计等内容。本书系统介绍了继电器接触器控制、可编程序控制器控制相关的基础理论和应用技术。在详细阐述一般现场及设备中常用电气控制装置的基础上，系统介绍了对其所构成的电气控制系统的原理、分析、设计及应用等方面知识。

本书可作为普通高等院校和高等职业学校的建筑电气与智能化、电气工程及其自动化、自动化及相近专业的教材，也可作为从事电气控制和机电一体化工作的专业技术人员参考资料。

为了更好地支持相应课程的教学，我们向采用本书作为教材的教师提供课件，有需要者可与出版社联系。

建工书院：http://edu.cabplink.com
邮箱：jckj@cabp.com.cn　电话：(010) 58337285
QQ 群：719893941

责任编辑：胡欣蕊
责任校对：赵　力

住房和城乡建设部"十四五"规划教材
教育部高等学校建筑电气与智能化专业教学指导分委员会规划推荐教材
建筑电气控制技术（第二版）
段晨东　主编
于军琪　主审

*

中国建筑工业出版社出版、发行（北京海淀三里河路 9 号）
各地新华书店、建筑书店经销
北京科地亚盟排版公司制版
建工社（河北）印刷有限公司印刷

*

开本：787 毫米×1092 毫米　1/16　印张：25¼　字数：626 千字
2024 年 7 月第二版　　2024 年 7 月第一次印刷
定价：**60.00** 元（赠教师课件）
ISBN 978-7-112-30165-2
(42301)

出 版 说 明

党和国家高度重视教材建设。2016年，中办国办印发了《关于加强和改进新形势下大中小学教材建设的意见》，提出要健全国家教材制度。2019年12月，教育部牵头制定了《普通高等学校教材管理办法》和《职业院校教材管理办法》，旨在全面加强党的领导，切实提高教材建设的科学化水平，打造精品教材。住房和城乡建设部历来重视土建类学科专业教材建设，从"九五"开始组织部级规划教材立项工作，经过近30年的不断建设，规划教材提升了住房和城乡建设行业教材质量和认可度，出版了一系列精品教材，有效促进了行业部门引导专业教育，推动了行业高质量发展。

为进一步加强高等教育、职业教育住房和城乡建设领域学科专业教材建设工作，提高住房和城乡建设行业人才培养质量，2020年12月，住房和城乡建设部办公厅印发《关于申报高等教育职业教育住房和城乡建设领域学科专业"十四五"规划教材的通知》（建办人函〔2020〕656号），开展了住房和城乡建设部"十四五"规划教材选题的申报工作。经过专家评审和部人事司审核，512项选题列入住房和城乡建设领域学科专业"十四五"规划教材（简称规划教材）。2021年9月，住房和城乡建设部印发了《高等教育职业教育住房和城乡建设领域学科专业"十四五"规划教材选题的通知》（建人函〔2021〕36号）（简称《通知》）。为做好"十四五"规划教材的编写、审核、出版等工作，《通知》要求：(1) 规划教材的编著者应依据《住房和城乡建设领域学科专业"十四五"规划教材申请书》（简称《申请书》）中的立项目标、申报依据、工作安排及进度，按时编写出高质量的教材；(2) 规划教材编著者所在单位应履行《申请书》中的学校保证计划实施的主要条件，支持编著者按计划完成书稿编写工作；(3) 高等学校土建类专业课程教材与教学资源专家委员会、全国住房和城乡建设职业教育教学指导委员会、住房和城乡建设部中等职业教育专业指导委员会应做好规划教材的指导、协调和审稿等工作，保证编写质量；(4) 规划教材出版单位应积极配合，做好编辑、出版、发行等工作；(5) 规划教材封面和书脊应标注"住房和城乡建设部'十四五'规划教材"字样和统一标识；(6) 规划教材应在"十四五"期间完成出版，逾期不能完成的，不再作为住房和城乡建设领域学科专业"十四五"规划教材。

住房和城乡建设领域学科专业"十四五"规划教材的特点：一是重点以修订教育部、住房和城乡建设部"十二五""十三五"规划教材为主；二是严格按照专业标准规范要求编写，体现新发展理念；三是系列教材具有明显特点，满足不同层次和类型的学校专业教学要求；四是配备了数字资源，适应现代化教学的要求。规划教材的出版凝聚了作者、主审及编辑的心血，得到了有关院校、出版单位的大力支持，教材建设管理过程有严格保障。希望广大院校及各专业师生在选用、使用过程中，对规划教材的编写、出版质量进行反馈，以促进规划教材建设质量不断提高。

住房和城乡建设部"十四五"规划教材办公室

2021年11月

序

自 20 世纪 80 年代智能建筑出现以来，智能建筑技术迅猛发展，其内涵不断创新丰富，外延不断扩展渗透，成为世界范围内教育界和工业界的研究热点。21 世纪以来，随着我国国民经济的快速发展，新型工业化、信息化、城镇化的持续推进，智能建筑产业不但完成了"量"的积累，更是实现了"质"的飞跃，已成为现代建筑业的"龙头"，为绿色、节能、可持续发展和"碳达峰、碳中和"目标的实现做出了重大的贡献。智能建筑技术已延伸到建筑结构、建筑材料、建筑设备、建筑能源以及建筑全生命周期的运维服务等方面，促进了"绿色建筑""智慧城市"日新月异的发展。国家"十四五"规划纲要提出，要推动绿色发展，促进人与自然的和谐共生。智能建筑产业结构逐步向绿色低碳转型，发展绿色节能建筑、助力实现碳中和已经成为未来建筑行业实现可持续发展的共同目标。建筑电气与智能化专业承载着建筑电气与智能建筑行业人才培养的重任，肩负着现代建筑业的未来，且直接关系到国家"碳达峰、碳中和"目标的实现，其重要性愈加凸显。教育部高等学校土木类专业教学指导委员会、建筑电气与智能化专业教学指导分委员会十分重视教材在人才培养中的基础性作用，多年来积极推进专业教材建设高质量发展，取得了可喜的成绩。为提升新时期专业人才服务国家发展战略的能力，进一步推进建筑电气与智能化专业建设和发展，贯彻住房和城乡建设部《关于申报高等教育、职业教育住房和城乡建设领域学科专业"十四五"规划教材的通知》（建办人函〔2020〕656 号）精神，建筑电气与智能化专业教学指导分委员会依据专业标准和规范，组织编写建筑电气与智能化专业"十四五"规划教材，以适应和满足建筑电气与智能化专业教学和人才培养需求。该系列教材的出版目的是为培养专业基础扎实、实践能力强、具有创新精神的高素质人才。真诚希望使用本规划教材的广大读者多提宝贵意见，以便不断完善与优化教材内容。

教育部高等学校土木类专业教学指导委员会副主任委员
建筑电气与智能化专业教学指导分委员会主任委员　方潜生

前　　言

　　电气控制系统是机电设备的重要组成部分,对于建筑施工设备和建筑设备也是如此,它通过控制这些设备安全、可靠地运行,实现其使用功能。对于建筑施工设备来说,电气控制技术能减轻人们的劳动强度,提高生产效率,保证安全生产;对于建筑设备来说,电气控制技术能为人们提供安全、便捷、舒适、高效的生活体验,它在建筑工程和建筑物中起着非常重要的作用。

　　正确、合理地分析、设计和实现电气控制系统,是从事电气领域工作的专业技术人员必须具备的基本技能。本书针对普通高等学校和高等职业学校的建筑电气与智能化、电气工程及其自动化、自动化和其他相关专业所编写,希望读者通过学习本书的内容,熟悉常用低压控制电器的作用和特点,能够应用所学知识正确分析不同领域机电设备电气控制系统的工作原理,了解继电—接触器电气控制系统、可编程序控制器电气控制系统设计的一般步骤和方法。本书也可作机电设备电气系统设计开发和维修管理技术人员的参考用书。

　　全书共9章,第1章为概述,介绍电气控制技术发展历史、建筑电气控制技术的发展与现状。第2章为常用低压电器,介绍在电气控制系统和供配电系统中一些常用的低压电器的电气符号、工作原理、作用、选用原则等。第3章以三相异步电动动机为对象,介绍了多种典型的启动、停止、保护控制电路。第4章讨论了继电接触式控制系统的设计,以典型设备控制为例阐述继电—接触器控制系统的设计方法。第5章分析了几种典型生产及施工设备的电气控制线路。第6~9章介绍了可编程序控制器及其控制系统设计,第6章介绍可编程序控制器(PLC)基础,第7章和第8章分别介绍了目前我国设备控制领域常用的2种小型PLC:西门子S7-200Smart系列PLC和OMRON CP2E系列PLC,重点介绍其硬件特点、指令系统以及软硬件应用。第9章介绍了PLC控制设计步骤和方法。为了兼顾强化应用和便于自学的目的,书中提供了大量的例题和应用实例,并做了细致的解释,在每章之后设计了针对性较强的思考题与习题。

　　本书第一版是1996年由建设部高等学校建筑电气技术系列教材编审委员会组织编写、王俭和龙莉莉合作完成的,是国内首部建筑电气控制技术教材。在城乡建设领域的相关高校被广泛应用。随着科学技术的发展,原书的内容需要与时俱进、推陈出新。本次再版时,继承了第一版的特色,重视基础理论,紧密结合工程实际,强调应用能力的培养,通过例题和应用实例引导读者理解和掌握知识点,力求做到循序渐进、深入浅出、结合实际、面向应用。同时,对第一版的内容主要做了删减、更新和补充:

　　(1) 增加了第1章概述部分,系统介绍了电气控制技术发展历史和建筑电气控制技术的发展与现状。

　　(2) 把第一版的常用控制电器改为常用低压电器,增加了电器的种类。

　　(3) 更新了继电接触式控制系统的设计、典型设备的电气控制线路分析章节的例题和典型案例,充实了与建筑电气设备相关的案例。

　　(4) 引入近年来可编程序控制器的新技术,更新了可编程序控制器基础的部分内容。

（5）考虑目前可编程序控制器应用现状，删除了三菱系列 PLC 内容，用 OMRON CP2E 系列替换了 OMRON C 系列，新增 S7-200 Smart 可编程序控制器相关内容。

（6）重新编写了可编程序控制器应用部分，重点介绍了系统设计的方法，更新了应用案例。

（7）重新设计了课后思考题与习题，便于读者自测和复习。

本书适用课时为 32～80 学时，并在授课的同时安排适当学时的课程实验。

本书由长安大学能源与电气工程学院的段晨东教授、张彦宁博士、代杰博士编写，第 1 章、第 6 章、第 7 章由段晨东编写，第 2 章由张彦宁、段晨东编写，第 3 章、第 4 章、第 5 章由张彦宁编写，第 8 章、第 9 章由代杰编写，全书由段晨东统稿。第一版作者王俭老师对本次再版的内容更新和章节结构调整提出了指导性建议。研究生孙安乐、刘昌石、相里梦桥参与了绘图、文稿校对和程序的测试工作。

在编写过程中，作者在书中参考了网络论坛上一些思路、方法和例程，由于难以在参考文献中注明，在此对其作者表示最诚挚的敬意。

西安建筑科技大学于军琪教授担任本书主审，针对本书的内容和结构提出宝贵的意见和建议，在此表示诚挚的谢意。

由于作者水平所限，书中缺点错误在所难免，恳请读者批评指正。

目　　录

第 1 章 概　　述

本章学习目标
(1) 了解电气控制技术的发展历史和现状。
(2) 了解建筑电气控制技术的发展与现状。

1.1　电气控制技术发展历史

19 世纪后期，随着直流电动机、交流电动机及其他电器走向实用化，电气控制技术也随之发展起来。电气控制技术是以电能为控制能源，通过控制装置和控制线路对设备的运行方式和工作状态进行控制的综合技术。电气控制技术发展经历了以下 5 种方式：

1）操作开关控制

操作开关控制是通过开关接通或断开用电设备与电源之间的电路来实现控制设备运行方式和工作状态的一种方式，多用于电压等级较低、电流较小的场合，通常由人直接操作。这种控制方式原理简单、直观，但接通与分断速度低，如刀闸开关、照明开关，目前仍然使用。

2）继电器控制

继电器控制是利用继电器触点的串联、并联以及延时继电器触点滞后断开或闭合等组合实现预先设置的控制逻辑，控制接触器接通或断开用电设备与电源之间的电路，实现控制设备运行方式和工作状态的一种方式。继电器和接触器的使用对电气控制技术发展具有极其重要的意义，开启了自动控制和远距离电气操作时代。

继电器控制系统结构简单、方便实用、易于维护、控制容量大、抗干扰能力强，广泛地应用于各类设备的电气控制。目前，这种控制方式仍然是电气控制最基本形式。

继电器控制主要缺点是控制是非线性的，另外，控制逻辑电路接线方式固定不易改变控制程序，灵活性差，工作频率较低，难以满足过程复杂、程序可变的控制要求。采用有触点的开关动作实现逻辑功能，触点的锈蚀、烧蚀、熔化、接触不良等会导致可靠性降低。

3）数字逻辑控制

数字逻辑控制是采用逻辑门电路实现控制逻辑的一种方式。继电器控制系统可以实现比较简单的逻辑控制，对于稍复杂的逻辑功能需要用继电器实现，逻辑电路结构则十分复杂、成本高且可靠性差，并且存在难以避免的时序竞争问题。解决时序竞争问题一方面需要设计人员具有丰富的经验。另一方面，需要借助于大量的实验测试。在实际生产中，由于存在大量用开关量控制的简单程序控制过程，而实际生产工艺和流程又是经常变化的，继电器控制系统通常不能满足这种要求。20 世纪 60 年代，随着集成电路技术的发展，由各种集成电路构成组合逻辑电路和时序逻辑电路被广泛地应用于电气控制系统中，如门电路、触发器、寄存器、编码器、译码器、半导体存储器，由逻辑电路实现继电器控制电路的功能，并且较好地解决了组合逻辑电路的竞争—冒险现象。在这一时期，出现了一种继电器控制和数字电子技术相结合的控制装置——顺序控制器，由电阻、电容、电感、磁耦隔离变压器、半导体器件等分立元件以及中小规模集成电路组成，采用晶体管、晶闸管等半导体元件代替继电器，构成无触点顺序逻辑控制电路。顺序控制器通过组合逻辑元件插接或编程来实现继电器控制逻辑电路的功能，结构简单，通用性好，可靠性高，维护方便。但是，这种方式依然存在更改逻辑关系不便的缺点，目前已很少采用。

4）PLC 控制

可编程控制器的概念诞生于 1968 年。当时，美国通用汽车公司在对工厂生产线调整时，发现继电器、接触器控制系统修改难、体积大、噪声大、不易维护而且可靠性差，提出了取代传统继电器控制装置的招标要求，即新装置能适应工业环境、企业工程师与技术人员容易编程、可以重新编程和再次使用等。Bedford 联盟为此提出了模块数字控制器 MODICON（MOdular DIgital CONtroller）方案，由此开启了可编程控制器（Programmable Logic Controller，PLC）在各种工业场合应用的时代。

PLC 是继电接触控制思想与计算机技术相结合的产物，它保留了前者的优点，例如可以用类似继电接触控制线路形式的梯形图语言进行编程，使电气技术人员能迅速地掌握其编程技术；也有的 PLC 支持高级语言编程，可以实现较复杂的控制算法。另外，PLC 采取了完善的抗干扰措施，使得它可以像继电器系统那样在恶劣的环境下使用，同时又具有计算机系统的特点，即通过软件实现控制逻辑，省去了大量的控制电器及线路连接，容易实现继电控制难以完成的控制功能。当控制要求和方式改变时，只需改动程序，基本上无需改动外部线路。

PLC 控制具有通用性强，可靠性高，能适应恶劣的工业环境，指令系统简单，编程简便易学，易于掌握，体积小，维修工作少，现场连接安装方便等一系列优点，正逐步取代传统的继电器控制系统。目前，PLC 控制已从早期替代继电器控制逻辑功能，逐步发展为既有逻辑控制，又有数值运算、数据处理、模拟量调节、网络通信等功能的控制装置，成为工业设备中主要的电气控制装置。

5）计算机控制

计算机在工业领域首先应用于自动检测和数据处理，20 世纪 50 年代，美国德克萨斯州的一家炼油工厂开始进行计算机控制的尝试，1959 年用一台小型计算机 RW300 实现了第一个计算机控制系统，从此，计算机逐步渗入各行各业中。1962 年，英国帝国化学工业公司用一台计算机实现了 244 个数据点采集、129 个阀门的控制，替代了传统仪表控制，实现了计算机直接数字控制模式。20 世纪 70 年代，大规模集成电路技术发展，微型处理器（CPU）问世，它具有集成度高、尺寸小、运算速度快、可靠性高、价格低等特点，推动了计算机应用和控制技术的快速发展，以微处理器为核心的微型计算机使计算机控制延伸到前所未有、无所不在的应用领域。

微型计算机以微型处理器为核心实现控制任务，针对生产设备和生产过程的控制要求，配置数字量 I/O 板、A/D 板、D/A 板等和各种软件系统，构成工业控制计算机，目前仍然是计算机控制的主要方式之一。

20 世纪 70 年代中期，人们应用微处理器设计了各种形式的控制检测装置——现场控制器、数据采集器、专用控制器等，把这些装置用通信线路相连，分散控制、集中管理，出现了分布式控制系统（DCS）。20 世纪 90 年代，网络技术应用于工业设备控制领域，现场控制器、数据采集器等装置实现了完全的分散控制，以这些现场测量、控制装置作为网络节点，这些节点通过通信总线形式连接，形成了现场总线控制系统（FCS）。2000 年以后，物联网（Internet of Things）的应用使各种控制装置、传感器、执行器及设备实现了互联，构成了一种控制信息交互共享实现控制目标的新型系统。

20 世纪 70 年代，伴随着微处理器的问世，另一种包含微处理器，用于检测和控制的芯片——微控制器（MCU）也随后推出。微控制器是把微处理器、存储器、I/O 口、定时器/计数器、中断系统等集成在一块芯片上，是一块芯片上的微型计算机，即单片机。近年来随着集成电路技术的不断发展，集成到微控制器芯片上的功能越来越多，如 A/D 转换器、脉宽调制电路（PWM）、可编程计数器阵列（PCA）、串行口和串行总线等。微控制器集成的功能多，体积小，抗干扰能力强，价格便宜，软件可修改，配置适当的外围电路就可以满足不同的控制需求，被广泛地应用在控制系统中。另外，微控制器也是 PLC 以及各种计算机控制系统中的控制器、数据采集器、智能终端的核心器件。

1.2　建筑电气控制技术的发展与现状

建筑电气控制是电气控制技术在城乡建筑领域的应用。在现代建筑中需要各种各样的设施和设备为建筑物的使用者提供生活、生产和工作服务，这些设施设备包括给水、排水、供暖、通风、空调、电力、电梯等，通过其电气控制系统的干预为使用者提供健康、舒适、便捷的室内环境。另外，在建筑建设施工领域，施工企业不断地引进和采用施工机械设备，如施工升降机、塔式起重机、混凝土搅拌机、装载机、高处作业平台、砌墙机器人等，以提高工作效率、减弱劳动强度、降低能源消耗、保障施工安全、提高施工质量等，这些设备在其电气控制系统作用下正常工作发挥功能。建筑电气控制是以建筑设备、建筑施工设备为对象，通过控制装置和控制线路对其运动方式或工作状态自动控制的综合技术。

在建筑电气领域，操作开关控制依然存在。如在照明系统中，灯具控制大量应用各种形式的照明开关，用它来隔离电源，或者按预定模式在电路中接通或断开电流，改变电路接法，实现灯的点亮、熄灭以及照明模式的切换。

继电器控制在建筑设备中十分普遍。在建筑物中，大多数建筑设备要求能在几个不同的地点远距离控制其运行，并能方便地进行自动、手动、试验、测量等多种工作方式的互相切换，有的还要求设备各部分动作之间有一定的时间顺序及联动关系等。继电器控制虽然只能靠控制电路的"通""断"完成控制任务，但它却能满足现场控制信号多、各信号之间存在不同逻辑关系的控制要求，适合建筑设备的特点。如排烟风机、加压送风机、给水水泵、消防水泵、排水泵、防火卷帘门等设备的控制，常采用继电器控制模式，并形成了一系列标准化的控制方案和控制箱产品。

数字逻辑控制在建筑设备控制的典型案例是 20 世纪 80—90 年代出现的电梯交流调压调速系统，这种系统采用数字逻辑器件、模拟电路器件和分立元件实现拖动系统调速和电梯运行逻辑控制功能。但是，这种系统结构复杂、可靠性较低，目前已不常见。另一个应用案例是多模式照明开关，用逻辑门电路和触发器构成控制电路，当按动照明开关时，触发控制电路实现一组灯具中不同灯具组合的照明方式。另外，出于节能目的的声控、光控照明开关内部也包含了数字逻辑控制电路。

在建筑设备中，PLC较早用于电梯系统。在20世纪80年代后期，人们应用PLC替代继电器，通过软件实现选层、定向、启动、加速、平层、停靠、开关门等运行控制逻辑，省去大量的控制电器及线路连接，还实现了一些继电控制系统难以完成的功能，如把故障信息以故障编码形式通过通信接口提供给维修保养人员。从那时起继电器控制电梯产品逐步退出了市场。在同一时期，PLC也应用于自动扶梯的自动控制。在给水系统中，由PLC和变频器构成的恒压供水系统，实时监控给水管网中的水压，PLC控制系统按照预先设计的程序根据实时水压和给定水压的差值调节变频器的参数，保障供水压力的稳定。在排水系统中，利用PLC根据污水池的水位调节排水泵的工作状态。在中央空调系统中，PLC控制系统监测现场温度，按照预定程序控制中央空调主机、风机等设备，在节能的前提下保证现场温度达到给定值。PLC也被用在消防联动控制系统中，PLC控制系统接收火警信号，分析确定着火部位，自动报警、启动排烟系统等。另外，PLC也应用在立体车库、建筑景观照明、景观设施等控制系统中。目前，PLC的配置越来越完善，功能也越来越强，既有各种开关量输入输出接口，也有丰富模拟量输入输出通道，还配置有通信接口，因此，PLC可以用于单个设备的控制与检测，也可以通过联网构建较大规模的监测系统，它将会在建筑设备控制领域发挥持久的作用。

自1984年第一座智能建筑——都市大厦（the City Place Building）在美国康涅狄格州问世以来，计算机控制技术被广泛地应用于建筑设备自动控制系统。目前，在暖通空调、给水排水、供配电与照明、停车场、公共安全防范、火灾自动报警与消防联动等系统中，大量采用以微处理器或微控制器为核心的现场控制器（DDC），它们分布在设备现场，实时检测设备的状态和参数，控制设备按照预定程序运行，通过通信总线把相关信息上传给上一级的控制器或监控计算机，同时接收上一级控制器或监控计算机的控制指令，以实现全局协调控制，为建筑物的使用者提供方便、舒适、安全、便捷的环境。近年来，串行控制被应用于电梯系统，这种技术把系统分成若干个功能相对独立的模块，每个模块各用一个从控制器实现其功能，它们通过串行总线与主控制器相连，构成串行控制网络。这些控制器是以微控制器（MCU）为核心，遵从事先约定的网络协议。电梯运行时，由主控制器接收串行总线上的数据信息，通过不同的地址号识别数据信息的发送者，解析信息的含义并进行处理，然后控制电梯的运行，同时把运行的结果发送到总线上，以备从控制器接收，完成指令登记、方向指示、层楼显示、开关门等功能。从控制器不断地把采集的检测信息以及自身状态发送到总线网络上，并接收它所需要的信息，使控制网络中的各个控制器始终保持最新的工作状态，并协调工作。近年来，以家居环境为对象的智能家居系统走入人们生活，提高了人们的生活质量，这是一种以微控制器（MCU）为核心，借助于信息通信技术，对照明、环境质量、家用电器、窗户窗帘、家居安防等进行监测和控制的系统。随着BIM、人工智能、大数据、云计算、物联网等新技术与建筑设备深度融合，建筑越来越智慧化，但智慧化依赖于现场控制器支撑，因此，未来计算机控制将在建筑设备控制方面发挥越来越重要的作用。

在建筑建设施工领域，继电器控制技术和PLC控制技术在塔式起重机、升降机等设备中广泛使用，混凝土搅拌站采用了 PLC 和工业计算机相结合的控制管理系统，在装载机、挖掘机、高处作业平台等设备中普遍采用以微控制器（MCU）为基础的专用控制系统。2015 年，Construction Robotics 公司制造出了首台实用的半自动砌墙机器人 SAM100，每小时可以铺砌 350 块砖，是人工铺砌速度的 6～8 倍。中国建筑第三工程局有限公司研发了"空中造楼机"，把起重设备、安全防护、现场消防等建筑施工设备、设施集成在一个平台上，构建了高层建筑智能化施工集成平台，使建筑安装周期可缩短 40%，造价可降低 35%。建筑施工设备的智能化是未来建造技术发展趋势，计算机控制必不可少。

思考题与习题

1-1　电气控制技术在发展过程中经历了哪几种方式？

1-2　操作开关控制有什么特点？

1-3　继电器控制有什么特点？

1-4　PLC 控制与继电器控制相比有哪些优点？

1-5　建筑电气控制包括哪些对象？

1-6　查阅资料，收集一种建筑设备和建筑施工设备，描述设备功能及其控制技术的特点。

第2章 常用低压电器

本章学习目标

(1) 掌握低压电器的定义。

(2) 了解低压电器的分类及作用。

(3) 掌握电磁式低压电器的工作原理。了解接触器、电磁式继电器的结构组成、工作原理及其特点，掌握接触器、电磁式继电器等选用方法。

(4) 了解热继电器、速度继电器、干簧管继电器、固态继电器的工作原理和特点。

(5) 了解熔断器、低压断路器、漏电器断路器的工作原理，掌握上述电器的选用方法。

(6) 掌握常见主令电器的工作原理和特点，熟悉上述电器的应用场合和选用方法。

(7) 了解智能电器的含义和发展状况。

(8) 掌握本章所述的低压电器的电气图形符号表示方法。

所谓低压电器是指用于额定交流电压不超过 1000V 或额定直流电压不超过 1500V 电路中的电器，如万能式断路器、塑壳式断路器、接触器、继电器、小型断路器、熔断器、熔断器组合电器、隔离开关、信号灯、按钮、转换开关等电器产品，有 1000 多个系列。它对电能的产生、输送、分配起着开关、保护、控制、调节、检测及显示等作用。据统计，发电厂发出的电能 80% 以上是通过低压电器传输与分配的。

我国低压电器的设计生产经历了四个阶段，第一阶段是 1949—1970 年，主要以仿制苏联产品为主，以满足当时我国低压配电与控制系统的配套需要，产品性能指标较低，产品体积大、功能单一。第二阶段是 1971—2000 年，实现了我国低压电器自主设计，产品谱系丰富，产品性能大幅度提高，体积缩小，保护功能扩大，符合当时的 IEC 有关标准。第三阶段是 2000—2010 年，电子技术、电磁技术与集成电路芯片被大量应用到电器产品中，低压电器呈现出高性能、小型化和智能化，低压电器标准体系已于与 IEC 标准接轨。第四阶段是 2010 年以后，工业互联网、智能制造、人工智能、智能电网、绿色能源等产业和技术的兴起，对低压电器提出了新需求，催生了第四代低压电器产品。其主要特征是可通信，能与多种开放式现场总线系统连接，符合绿色环保要求等，我国低压电器产品总体水平已达到当前国际先进水平，部分技术与产品引领国际水平，如直流断路器。本章主要介绍常用低压电器器件及其工作原理。

2.1 电器的作用与分类

电器是指根据外界施加信号和要求能手动或自动地断开或接通电路，断续或连续地改变电路参数，以实现对电或非电对象的切换、控制、检测、保护、变换和调节的元件或设备。

1. 低压电器的分类

低压电器种类很多，按用途可分为配电电器和控制电器。

配电电器主要用于低压供电系统，这类电器有刀开关、转换开关、熔断器、断路器等。配电电器要求分断能力强、限流效果和保护性能好，有良好的动稳定性和热稳定性。

控制电器主要用于电力拖动控制系统，包括接触器、继电器、启动器和主令电器等。控制电器要求具有相应的转换能力、操作频率高、电气寿命和机械寿命长。由控制电器组成的自动控制系统称为继电器接触器控制系统，简称继电接触式控制系统。

低压电器按操作方式可分为手动电器、自动电器和智能电器。

手动电器是通过人力来完成接通、分断、启动和停止等动作的电器，是一种非自动切换的电器。这类电器有刀开关、转换开关和主令电器等。

自动电器是通过电磁或气动机构动作来完成接通、分断、启动和停止等动作的电器。这类电器有接触器、断路器、继电器等。

智能电器是以微处理器或微处理器为核心，具有感知、保护、判断、执行、控制、通信功能的装置。这类电器有控制与保护开关 CPS（Control and Protective Switching Devices，CPS）、软启动器、可编程开关、可编程继电器模块、变频器等。

低压电器按其使用场合可分为一般工业用电器、矿用电器、化工电器、机车电器、船用电器、航空电器等。

一般工业用电器用于机械设备和装置等正常环境条件下的配电系统和电力拖动控制系统，是低压电器的基础产品。除了具备一般工业用电器的基本属性之外，矿用电器要求防爆，化工电器要求耐腐蚀，船用电器要求耐潮湿、颠簸和冲击，机车电器要求耐振动和冲击，适应电流大幅度变化以及温湿度剧烈变化，具有用电稳定性和热稳定性的特点，航空电器要求具有体积小、重量轻、耐振动和冲击、高可靠性的特点。

低压电器按工作原理可分为电磁式电器和非电量控制电器。

电磁式电器的感测元件接收的是电流或电压等电量信号，利用触点的接通和分断来通断电路。如接触器、低压断路器等。

非电量控制电器的感测元件接收的信号是热量、温度、转速、机械力等非电量信号，根据外力或非电物理量的变化幅度而动作。如刀开关、行程开关、按钮、速度继电器、压力继电器和温度继电器等。

2. 低压电器的作用

1）控制。在电路中接通或断开电路中的电流，是低压电器最典型、最基本的功能，通过电路"开"和"关"，控制电动机的启停、正转与反转等。另外，由低压电器构成的控制系统根据事先拟定的规则调整设备或过程的参数，使设备或过程实现预期设定的目标和要求，如无塔上水器根据压力罐管道出口压力的变化，控制水泵调整罐体内部液位和压力；电梯控制系统依据速度运行曲线调节曳引电动机的转速；温度控制器根据现场检测的温度与设定值的差异，按照控制策略调节加热器的输出功率。

2）检测。测量与设备或过程相关的状态和参量，如电流、电压、功率、转速、温度、湿度等。

3）保护。通过感知设备、过程以及其电气系统的状态和参量的变化，对设备、环境以及人身等自动保护，如电动机的过载保护、短路保护、漏电保护、缺相错相保护等。

4）状态指示。检测设备、过程及其电气系统的运行状态，监测其正常与否，并进行状态指示和报警。

5）转换。实现设备或过程的工作模式切换，如手动、半自动、自动操作模式切换，电动机正反转切换，市电供电电源与自备电源的切换等。

2.2 电磁式低压电器的基础知识

电磁式低压电器是指采用电磁原理实现电路的切换、控制、检测和调节，连续或断续地自动改变电路的参数的器件和装置。

2.2.1 电磁式低压电器的基本组成

电磁式低压电器的结构及其在电路中的作用如图 2-1 所示。

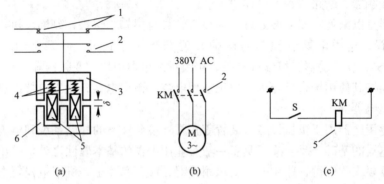

图 2-1 电磁式低压电器的结构及其在线路中的作用
(a) 电磁式低压电器结构；(b) 电动机主电路；(c) 电动机控制电路
1-常闭触点；2-常开触点；3-衔铁；4-反力弹簧；5-线圈；6-静铁芯；δ-气隙

如图 2-1 所示，当开关 S 闭合时线圈（KM）5 通电时，在静铁芯 6、衔铁 3 及气隙 δ 构成的磁路中产生磁通，从而产生电磁吸力。此电磁吸力克服反力弹簧 4 的反力使衔铁吸合，带动触点机构向下运动，使得常闭触点打开、常开触点闭合，三相交流电动机 M 接通电源启动运行。当开关 S 断开时线圈（KM）5 失电，衔铁 3 在反力弹簧 4 的作用下复位（即返回至原开启位置），动触点向上运动（复位），常开触点 2 分开，断开电动机电源，电动机停止运行。

由图 2-1 可知，电磁式低压电器的结构包括 3 个基本组成部分，即：电磁机构、触点系统和反力弹簧。

电磁机构由线圈、衔铁（动铁芯）、静铁芯和气隙组成。这是电磁式低压电器的感测部分。当线圈通电时，在电磁吸力的作用下，衔铁（动铁芯）克服弹簧反力而吸合，把电能转变为机械能。

触点系统由动、静触点所构成的常开触点、常闭触点组成，是电磁式低压电器的执行部分，其作用是通断电路、实现控制目的。

反力弹簧由释放弹簧和触点弹簧组成，其作用是当线圈失电时，利用弹簧储能将衔铁和触点复位。

2.2.2　电磁式低压电器的电磁机构

1. 电磁机构的分类

电磁机构中的线圈、铁芯和静触点是固定的，只有衔铁是可动的。根据由铁芯和衔铁所构成的磁路形状以及衔铁运动方式对电磁机构分类如下：

1）按衔铁的运动方式分类

（1）衔铁绕棱角转动：如图 2-2（a）所示。衔铁的一端绕棱角转动作拍合运动，磨损较小。铁芯用软铁制成，适用于直流电磁式电器。

（2）衔铁绕转轴转动：如图 2-2（b）所示。铁芯用硅钢片叠成，适用于交流电磁式电器。

（3）衔铁直线运动：如图 2-2（c）所示。衔铁在线圈内做直线运动，多用于交流电磁式电器。

2）按磁系统形状分类

电磁机构可分为 U 形和 E 形，如图 2-2 所示。

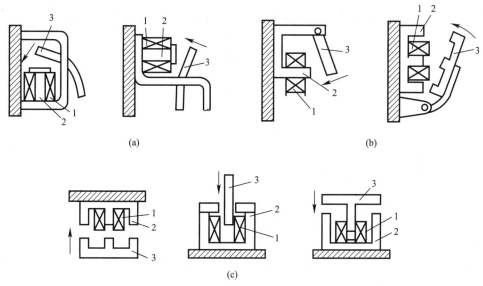

(a)　　　　　　　　　　(b)

(c)

图 2-2　常用电磁机构的形式

1-线圈；2-静铁芯；3-衔铁

3）按线圈接入电路方式分类

可分为并联电磁机构和串联电磁机构，如图 2-3 所示。

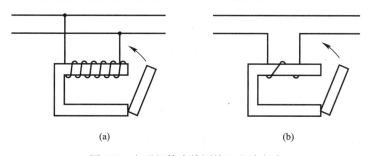

(a)　　　　　　　　　　(b)

图 2-3　电磁机构中线圈接入电路方式

（a）并联电磁机构；（b）串联电磁机构

（1）电压线圈并联接入电路（并联电磁机构）。并联电磁机构的衔铁动作与否取决于线圈两端电压的大小，具有这种电磁机构的电器均属于电压型电器。

（2）电流线圈串联接入电路（串联电磁机构）。串联电磁机构的衔铁动作与否取决于线圈中流过的电流的大小，具有这种电磁机构的电器属于电流型电器。为了不影响负载的电压和电流，串联电磁机构的线圈导线粗而匝数少，正好与电压线圈相反。

通常，串联电磁机构感测线路电流，用于电流继电器；并联电磁机构用于感测线路电压，用于除电流继电器外的其他类电磁式低压控制电器。

2. 电磁机构的特性

电磁机构的工作情况常用吸力特性与反力特性来表征。电磁吸力与气隙长度的关系曲线叫电磁机构的吸力特性；电磁机构运动部分的静阻力与气隙的关系曲线叫反力特性。静阻力的大小与反力弹簧、摩擦力及衔铁的重量等有关。

1）电磁机构的吸力特性

线圈通电时，磁路中产生磁势，在此磁势的作用下，磁路中产生磁通。设通过线圈的电流为 I（A），线圈匝数为 W，磁路磁阻 R_m（H），则磁路中的磁势 F 和磁通 ϕ 为：

$$F = IW \tag{2-1}$$

$$\phi = \frac{IW}{R_m} \tag{2-2}$$

由麦克斯韦公式可近似求得此磁通产生的电磁吸力 F_x 为：

$$F_x = \frac{\phi^2}{2\mu_0 S} \tag{2-3}$$

式中　F_x——电磁吸力（N）；

　　　ϕ——气隙磁通（Wb）；

　　　S——气隙截面积（m²）；

　　　μ_0——空气导磁系数，$\mu_0 = 4\pi \times 10^{-7}$ H/m。

电磁吸力 F_x 克服弹簧反力使得衔铁吸合。由式（2-3）可以看出，电磁吸力 F_x 与磁通 ϕ 呈正比，与气隙截面积 S 呈反比。对于已制造好的电磁机构，气隙截面积 S 为常数，电磁吸力 F_x 磁通 ϕ 的平方成正比。

设气隙长度为 δ，由磁路欧姆定律可得：

$$\phi = \frac{IW}{R_m} = \frac{IW}{\delta}\mu_0 S \tag{2-4}$$

把式（2-4）代入式（2-3）得：

$$F_x = \frac{I^2 W^2 \mu_0 S}{2\delta^2} \tag{2-5}$$

（1）对于直流电磁机构，线圈匝数 W 为定值，当外施电压一定时，其电流 I 为常数，则电磁吸力：

$$F_x = \left(\frac{1}{2}I^2 W^2 \mu_0 S\right)\frac{1}{\delta^2} = \frac{K}{\delta^2} \tag{2-6}$$

式中，K 为常数，式（2-6）表明，对于直流电磁机构，当外施电压为常数时，电磁吸力 F_x 与气隙长度 δ 的平方呈反比，吸力特性为二次曲线，吸合电流与气隙长度无关。直流电磁机构的吸力特性见图 2-4，图中 $\delta_1 < \delta_2$。

（2）对于交流电磁机构，因交流电磁机构线圈多以电路并联使用，因此以并联电磁机构为例讨论。忽略线圈电阻压降时：

$$U \approx E = 4.44 f_\phi W \tag{2-7}$$

则磁通为：

$$\phi \approx \frac{U}{4.44 f W} \tag{2-8}$$

式中　U——交流电磁机构的外施电压（V）；

　　　f——其电源频率（Hz）；

　　　W——线圈匝数。

由式（2-8）可知，对于交流电磁机构（线圈已制造好，匝数 W 为常数），当外施电压 U 及其频率 f 为常数时，其磁通 ϕ 为常数，依据式（2-3）可知，电磁吸力 F_x 亦为常数。即交流电磁机构的吸力特性为一条与气隙长度无关的直线（实际上考虑衔铁吸合前后漏磁的变化时，电磁吸力随气隙距离的减小而略有增加）。

由式（2-4）可得吸合电流为：

$$I = \frac{\phi\delta}{W\mu_0 S} = C\delta \tag{2-9}$$

式中，C 为常数，吸合电流 I 与气隙长度 δ 呈正比，其交流电磁机构的吸力特性如图 2-5 所示，图中 $\delta_1 < \delta_2$。

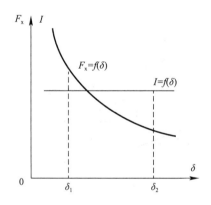

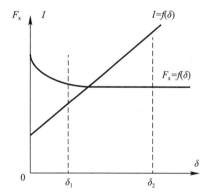

图 2-4　直流电磁机构的吸力特性　　　　图 2-5　交流电磁机构的吸力特性

由图 2-5 可以看出，对于并联电磁机构，在线圈通电而衔铁尚未吸合瞬间，吸合电流为衔铁吸合后的吸持电流（额定电流）的数倍（对于 U 形电磁机构可达 5～6 倍，对于 E 形电磁机构可达 10～15 倍）。因此，倘若交流电磁机构的衔铁卡住不能吸合或者频繁动作，线圈有可能被烧毁。所以，在可靠性要求较高或要求频繁动作的控制系统中，一般采用直流电磁机构而不采用交流电磁机构。

2）电磁机构的反力特性

线圈失电后，动铁芯及动触点在反力弹簧（由释放弹簧和触点弹簧构成）的作用下复位。释放弹簧和触点弹簧对衔铁的作用力方向与电磁吸力的方向相反，故称为电磁机构的反力。反力 F_f 与气隙 δ 之间的关系称为电磁机构的反力特性，图 2-6 为电磁机构的反力特性。

由于在弹性范围内，弹簧的作用力与其长度呈线性关系，所以反力特性为斜线，如图 2-6 的曲线 1 所示。在衔铁闭合过程中，当气隙 δ_{max} 减小时，反力逐渐增大，如 ab 段所示；到达气隙 δ_0 位置时，动、静触点刚刚接触，触点弹簧的初压力作用在衔铁上，反力特性曲线突变，由 b 点跃至 c 点，而后电磁吸力克服触点弹簧和释放弹簧的共同作用，使得衔铁和动触点可靠吸合，反力特性如 cd 段所示。

通过改变释放弹簧的松紧，可以改变反力特性曲线的位置；若将释放弹簧拧紧，则反力特性曲线平行上移，反之则平行下移，如图 2-6 中曲线 2、曲线 3 所示。

3）电磁机构的吸力特性与反力特性的配合

电磁机构的吸力特性与反力特性相配合的宗旨是：在保证衔铁产生可靠吸合动作的前提下，尽量减少衔铁和铁芯端面的机械磨损和触点的磨损。因此，反力特性曲线应在吸力特性曲线的下方且彼此靠近。

图 2-7 为吸力特性与反力特性的配合，图中，曲线 1 为释放弹簧不变的反力特性，曲线 2 为拧紧释放弹簧的反力特性，曲线 3 为放松释放弹簧时的反力特性，曲线 4 为电磁吸力特性。电磁吸力曲线 4 与弹簧反力曲线 1 配合形成较理想的电磁机构。否则，若 F_f 反力大于吸力 F_x，则衔铁不能吸合，触点机构不会动作，对于交流电磁机构，还将因长期过流而烧毁线圈，如图 2-7 的曲线 2；若反力 F_f 远小于吸力 F_x，则将因吸力 F_x 过大，衔铁闭合过猛而产生较大的机械磨损，如图 2-7 曲线 3 所示。

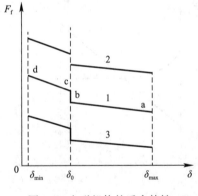

图 2-6　电磁机构的反力特性

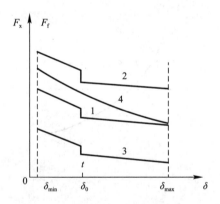

图 2-7　吸力特性与反力特性的配合

3. 单相交流电磁机构衔铁的抖动

电力拖动系统所用的交流电磁式电器都采用单相交流电磁机构。在单相交流电磁机构中，电磁吸力公式（2-5）中变量 I 为正弦交流电，电流幅值一个周期存在两个零幅值，产生的磁通过零时吸力也为零，此时，已吸合的衔铁在反力弹簧的作用下释放打开；磁通过零后电磁吸力增大，当吸力大于反力时，衔铁又重新吸合。这样，作用在衔铁上的电磁吸力随交流电源的频率而变化，交流电源每个周波有两次过零，使衔铁产生剧烈抖动并产生强烈噪声，严重时可使铁芯抖散。

消除单相交流电磁铁抖动的方法是使电磁吸力 F_x 在任何时候都大于弹簧反力 F_f，从而使衔铁可靠吸合。其做法是在交流接触器铁芯端面上嵌入一个金属短路环（或称分磁环），使得铁芯中通过两个相位不同的磁通环内 ϕ_1 环外 ϕ_2，如图 2-8 所示。

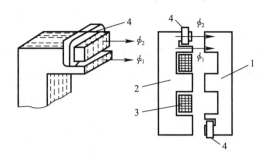

图 2-8　交流电磁机构的短路环

1-动铁芯；2-静铁芯；3-线圈；4-短路环

图 2-9 为交流电磁机构中加入短路环后磁通相位与吸力特性。铁芯端面嵌入短路环后，铁芯中的磁通被短路环分为环外 ϕ_1 和环内 ϕ_2 两个部分，它们相位分别为 φ_{1k} 和 φ_{2k}，ϕ 为两者的相位差。根据电磁感应定律，交变磁通在短路环中产生感应电流，此感应电流产生的磁通 ϕ_2 滞后于环外磁通 ϕ_1，即穿越短路环的磁通 ϕ_2 滞后于短路环外的磁通 ϕ_1，这样，短路环外、环内的两个不同相的磁通分别产生不同相的电磁吸力 F_1 和 F_2，由于环内外磁通不同相位，即在任意瞬间不同时过零，因此电磁吸力 $F_x = F_1 + F_2$ 恒大于零。适当设计分磁环，使得任意时刻电磁吸力的合力恒大于弹簧反力，即可消除单相交流电磁铁的抖动。

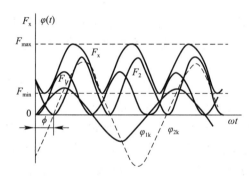

图 2-9　交流电磁机构中加入短路环后磁通相位与吸力特性

2.2.3　触点系统

1. 触点的作用与分类

触点也称触头，是电磁式电器的执行部分，其功能是在衔铁的带动下通断被控线路。

根据触点所处的状态及其作用，触点可分为常开触点、常闭触点、主触点和辅助触点等。

常开触点又称动合触点，是电磁机构未动作之前处于断开状态的触点。常闭触点又称动断触点，是电磁机构未动作之前处于闭合状态的触点。

主触点用于通断大电流的主回路。常接于电动机、电磁制动器、电热设备主回路，也常用于短接电动机回路的启动、制动及调速电抗，通常为常开触点。

辅助触点用于通断小电流的控制回路和信号回路。常用于控制线路的各种联锁及通断信号，有常开触点和常闭触点两种形式。

一对触点由动、静触点构成。动触点是随衔铁运动而运动的触点，静触点是不做相对运动的触点。

2. 触点的接触形式

触点的接触形式有点接触、线接触和面接触三种，如图 2-10 所示。点接触是由两个半球面形触点或一半球面触点与一平面形触点构成的。其接触区是二面相切点，允许通过电流较小，常用于小电流电器，如继电器触点或接触器的辅助触点。

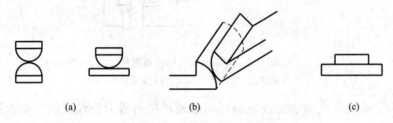

图 2-10　触点的接触形式
（a）点接触；（b）线接触；（c）面接触

线接触是由两个圆柱面形触点构成的，其接触区域为二柱面的切线，允许通过的电流较大，常用于中等容量接触器的主触点。

面接触由两个平面触点构成，其接触区域为二平面的切面，允许通过的电流很大，常用于大容量接触器的主触点。

3. 接触电阻及其减小方法

由于触点表面的平整度及氧化层的存在，动静触点的接触处存在着一定的接触电阻。此接触电阻不仅会造成一定的电压损失，还会使铜耗增加，触点温升上升，致使触点烧蚀，导致触点工作不可靠。

减少接触电阻的常用方法之一是在触点间加一定的压力，为此在动触点处安装一个触点弹簧，如图 2-11 所示。触点弹簧在安装时被预先压缩一段，因此在动触点与静触点刚接触时就有一个初始压力 F_1，触点闭合后由于弹簧在超行程内继续变形而产生一个终压力 F_2。触点的超行程 l 是指弹簧压缩的距离，超行程使得触点即使在磨损情况下仍具有一定的压力，从而使触点接触可靠，接触面积增大、接触电阻减小。触点磨损严重时应予以更换。

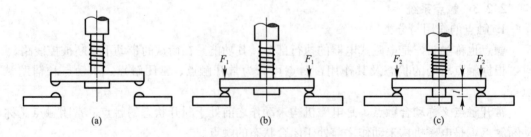

图 2-11　触点位置示意
（a）打开位置；（b）刚接触位置；（c）闭合后位置

采用电阻系数小的触点材料也可减少接触电阻。在金属材料中，银的电阻系数最小，因此，常采用在铜基触点上镀银或嵌银的方法来减少触点电阻。

另外，触点表面的尘垢和氧化膜也会影响其导电性。当触点表面聚集了尘垢之后，应用无水酒精揩拭清洁。采用"指形触点"可有效地防止氧化膜的产生。指形触点在通断过程中为滚动接触，可利用接触过程中的滚动摩擦自动清除氧化膜，从而保证了清洁的金属面互相接触。指形触点为线接触。

2.2.4　电弧的产生与灭弧方法

电器的触点分断电路时，当触点间的电压超过 $10\sim12V$、电流超过 $80\sim100mA$ 时，在触点分断的瞬间，触点间会产生电弧，这实际上是一种气体放电现象。

电弧的产生，一方面要烧蚀甚至熔化触点，减少电器寿命，降低电器工作的可靠性；另一方面延迟了电路的切断时间，使欲断开的电路通过电弧接通。此外，电弧向四周喷射会导致电器和周围物质烧蚀，甚至造成相间短路、引起火灾和爆炸事故。

1. 电弧的产生

电弧的产生机理比较复杂，一种通用的说法为：触点分断电路时，在触点分断瞬间，气隙很小但电阻很大，线路电压几乎全部施加在该气隙上，因而在触点间形成很高的电场强度。在此强电场的作用下，气体被游离，产生大量的电离子。气体由绝缘体变为导体，形成放电回路。电流在通过这个游离区时所消耗的电能变为热能和光能，产生光电效应——电弧。

触点间隙产生大量电子和离子的原因一般认为主要有以下 4 个：

1）强电场放射

触点开始分离时，电路电压几乎全部施加在该小间隙上，因此气隙间场强很高，此强电场将阴极表面的电子拉出，形成强电场放射。

2）撞击游离

触点间隙间的自由电子在电场力的作用下，加速向正极运动，获得一定动能后，撞击中性分子，使其外层游离，成为带负电的电子和带正电的离子，进一步增强了触点间的离子浓度。

3）热电子发射

撞击游离中产生的正离子向阴极运动，撞击在阴极上使阴极温度升高，一部分电子从阴极逸出参与撞击游离，即高温作用下产生的热电子发射，使间隙中电子、离子浓度再次增加，产生弧光。

4）高温游离

当触点间隙中气体温度升高到 $8000\sim10000K$ 以上时，气体分子强烈地热运动造成碰撞，使中性分子游离成为电子和离子。

由于上述 4 个原因，使触点间出现大量的离子流，这就是电弧。当电弧形成后，高温游离占主导地位。

伴随着电离的发生也存在着消电离的现象。消电离主要是通过正、负带电粒子的复合进行的，温度越低，带电粒子运动速度越慢，越容易复合。

根据以上电弧产生的物理过程分析可知，欲使电弧熄灭，应当加强消电离的作用。当消电离速度高于电离速度时，电弧熄灭，即灭弧的原则是设法降低电弧温度和电场强度。

2. 常用的灭弧方法和灭弧装置

电弧有直流电弧和交流电弧两种。直流电弧的性质决定了其熄灭靠拉长和冷却电弧。

交流电弧有自然过零点，因此在相同的电参数下，交流电弧比直流电弧容易熄灭。绝大多数情况下，交流电弧的熄灭发生在电压过零点或接近零点时。

1）电器中常用的灭弧方法

（1）机械灭弧法

机械灭弧法是通过机械装置将电弧迅速拉长，增大电弧长度，增大电弧长度可使电场强度减少，碰撞游离的作用减小；同时，由于电弧拉长，表面积增加，从而增加了离子向周围介质的扩散及电弧的冷却速度，即增强了消电离的作用。

（2）磁吹灭弧法

磁吹灭弧法是使电弧与流动介质或固体介质相接触，电弧与流动介质接触可带走电弧的热量，减少热发射和热游离。常用的流体介质有绝缘油和气体。电弧与耐热的固体介质接触，一方面可传散一部分热量，减少热游离，另一方面在介质表面还能进行复合，增强消游离的作用。

（3）窄缝（纵缝）灭弧法

在电弧所形成的磁场电动力的作用下，可使电弧拉长并进入灭弧罩的窄（纵）缝中，几条纵缝可将电弧分割成数段且与固体介质相接触，电弧便迅速熄灭。

（4）栅片灭弧法

当触头分开时，产生的电弧在电动力的作用下被推入一组金属栅片中而被分割成数段，彼此绝缘的金属栅片的每一片都相当于一个电极，将电弧分成数段短弧，使维持电弧燃烧的总压降大于线路电压，即使线路电压不足以维持电弧燃烧。

低压电器中使用的灭弧方法还有很多种，随着技术的进步，还会有新的灭弧方法。低压电器灭弧时，有时只采用上述一种方法，有时多种方法并用，以增加灭弧能力。

2）低压电器中常用的灭弧装置

（1）磁吹装置。磁吹灭弧利用电磁线圈（又叫吹弧线圈）产生的磁场对电流的作用力使电弧拉长而灭弧。根据吹弧线圈与负载线路的连接关系，可分为串联磁吹装置和并联磁吹装置。

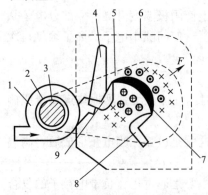

图 2-12　串联磁吹式灭弧装置

1-磁吹线圈；2-绝缘管；3-铁芯；4-吸弧角；
5-导磁夹板；6-灭弧罩；7-电弧；
8-动触头；9-静触头

串联磁吹灭弧装置的吹弧线圈与负载电路串联。负载电流通过吹弧线圈产生磁场，使电弧在磁场中受力，将电弧拉长并在冷空气中运动，从而使电弧冷却熄灭。由于吹弧线圈与主电路串联，所以作用于电弧的电磁力随电弧电流大小而变，电弧电流越大，吹弧能力越强，且磁吹力的方向与负载电流方向无关。

串联磁吹式灭弧装置如图 2-12 所示。其工作原理是：磁吹线圈与负载电路串联，负载电流（图 2-12 中箭头）通过磁吹线圈 1 产生的磁场可由右螺旋定则确定，如图 2-12 中"×"符号所示。磁吹线圈 1 产生的磁通通过导磁夹板 5 引向触点周围。电弧 7 产生的磁场可由右手螺旋定则确定，如图 2-12 中"⊗⊙"

所示。由图 2-12 可见，在电弧 7 的下方，吹弧线圈产生的磁通与电弧产生的磁通相叠加，在电弧 7 的上方，两者方向相反，彼此抵消。由左手定则可确定，电弧在磁场中受到一个向上运动的力 F，此力将电弧拉长并吹入灭弧罩中，使能量散失，电弧熄灭。

并联磁吹灭弧装置的磁吹线圈与负载电路并联。其优点是磁吹能力不受电弧电流的影响，弱电流时的吹弧效果比串联的好；缺点是磁吹力的方向与负载电流方向有关。当负载电流反向时，必须同时改变线圈极性，否则磁吹力反向，使电弧不易熄灭甚至烧坏电器。

磁吹式灭弧装置广泛用于直流电路中。

（2）灭弧栅

灭弧栅灭弧原理如图 2-13 所示。灭弧栅由许多镀铜薄钢片组成，片距 2～3mm，彼此互相绝缘，安放在触点正上方的灭弧罩内。当电弧产生时，其周围产生磁场。由于钢片的导磁系数远大于空气的导磁系数，在栅片下部的磁场较强，导磁钢片将电弧吸入栅片，电弧被栅片分割为许多串联的小电弧。当交流电压过零时，电弧自然熄灭，两栅片间有 150～250V 电压时才能重燃，电源电压不足以使电弧重燃，这是一种常见的交流灭弧装置。

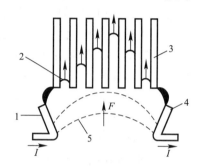

图 2-13　灭弧栅灭弧原理
1-静触点；2-短电弧；3-灭弧栅片；
4-动触点；5-电弧

（3）灭弧罩

采用陶土和石棉水泥烧制而成的耐高温的灭弧罩用来降温和隔弧，可用于直流灭弧及交流灭弧。

（4）直流电器采用双断点桥式结构触点时，也有助于灭弧。

其原理是：当触点分断时，在左右两个间隙中产生两个相互串联的电弧，由于两个电弧彼此靠近且电流方向相反，两个电弧在磁场产生的电动力 F 的作用下，向两侧方向运动，使电弧拉长并冷却，如图 2-14 所示。电弧拉长后，加强了消电离的作用，因而易于灭弧。

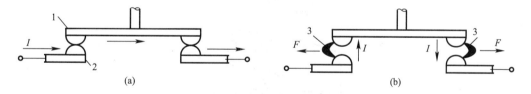

图 2-14　双断点桥式结构触点
（a）闭合状态；（b）断开瞬间
1-动触点；2-静触点；3-电弧

（5）多断点灭弧

采用双极或三极接触器控制单相电路时，根据需要可灵活地将两个极或三个极串联起来，当作一对触点使用。这组触点便构成了多断点。若一处断点处欲使电弧重燃需 150～250V 电压，则两处断点电弧重燃需 2 倍的电压，即 2×（150～250V）电压，有利于交流灭弧，故多断点灭弧方法常用于交流灭弧。

2.3 接 触 器

2.3.1 接触器的结构与工作原理

1. 接触器作用与分类

接触器用于接通和分断电路，频繁、远距离控制或需自动控制的较大电流设备的主回路。常用于控制电动机的启动、停止、正反转及调速运行等。接触器具有比工作电流大数倍乃至十几倍的接通和分断能力，但不能用于分断短路电流。

按其主触点通断电流的种类，接触器可分为直流和交流两种。接触器的线圈电流种类一般与主触点相同，但在重要场合，交流接触器可采用直流控制线圈。

按主触点的极数区分时，直流接触器分单极、双极两种。常见的交流接触器有 3 极、4 极和 5 极。3 极交流接触器常用于三相负荷，如在电动机的控制及其他场合，4 极和 5 极则可用于多速电动机的控制和笼式异步电动机串自耦调压器的降压启动。

2. 接触器的结构与工作原理

图 2-15 是电磁式接触器结构示意。接触器由电磁机构、触头系统、反力弹簧、灭弧装置及底座、支架等部分构成。

电磁机构由电磁线圈、动铁芯（衔铁）和静铁芯组成，其作用是将电磁能转换成机械能，产生电磁吸力带动触点动作。触点系统包括主触点和辅助触点，主触点用于通断主电路。辅助触点用于控制电路。通常额定电流在 10A 以上的接触器都有灭弧装置，对于小容量的接触器，常采用双断口触点灭弧、电动力灭弧、相间弧板隔弧及陶土灭弧罩灭弧。对于大容量的接触器，采用纵缝灭弧罩及栅片灭弧。另外，为了实现电路接通和分断动作，接触器内部还有反作用弹簧、缓冲弹簧、触头压力弹簧、传动机构及外壳等。

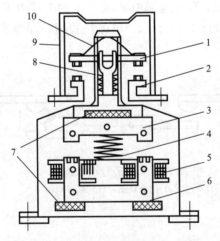

图 2-15　电磁式接触器结构示意

1-动触点；2-静触点；3-衔铁；4-缓冲弹簧；5-电磁线圈；6-静铁芯；

7-垫毡；8-触头弹簧；9-灭弧罩；10-触头压力弹簧

电磁式接触器的结构特征是：触点系统分主、辅（助）触点，主触点用于通断回路，触点容量大，有灭弧装置，通常只有常开触点。辅助触点用于通断控制回路，触点容量较小，无灭弧装置，有常开和常闭两种触点形式。释放弹簧和触点弹簧的松紧不可调。

电磁式接触器的工作原理如下：线圈通电后，在铁芯中产生磁通及电磁吸力。此电磁吸力克服弹簧反力使得衔铁吸合，带动触点机构动作，常闭触点断开，常开触点闭合，互锁或接通电路。线圈失电或线圈两端电压显著降低时（小于线圈额定工作电压），电磁吸力小于弹簧反力，使得衔铁释放，触点机构复位，断开电路或解除互锁。

接触器的文字符号为 KM，接触器在电路图中的符号如图 2-16 所示，其中图 2-16（a）、（b）、（c）分别为接触器的线圈、常开触点和常闭触点符号，图 2-16（d）、（e）为辅助常开、常闭触点。

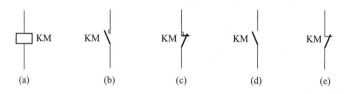

图 2-16　接触器在电路图中的符号
（a）线圈；（b）常开触点；（c）常闭触点；（d）辅助常开触点；（e）辅助常闭触点

2.3.2　接触器的主要参数

接触器的主要技术数据如下：

1）额定工作电压

接触器铭牌标识的额定电压指主触点的额定工作电压，即在规定条件下允许接触器主触点正常工作的电压值。直流接触器的电压等级通常为：220V、440V、660V；交流接触器电压等级为：220V、380V、660V、1140V。

被控主电路的电压等级应等于或低于接触器的额定工作电压。

2）额定工作电流

接触器铭牌标识的额定电流为主触点额定工作电流，即在规定条件下允许接触器主触点正常工作的电流值。直流接触器常用的电流等级为：25A、40A、60A、100A、150A、250A、400A、600A；交流接触器常用的电流等级为：5A、10A、20A、40A、63A、100A、150A、250A、400A、630A。

上述电流是指接触器安装在敞开式控制屏上，触点工作不超过额定温升、负载性质为间断—长期工作制时的电流值。若上述条件改变，应对其电流值进行修正。接触器安装在箱柜内，冷却条件变坏时，应降低电流 10%～20% 使用。

3）线圈额定工作电压

接触器正常工作时，吸引线圈上所加的电压值。常用的交流电磁线圈额定电压有36V、127V、220V、380V；直流线圈的额定工作电压有 24V、48V、110V、220V、440V。

选用时，一般交流负载用交流接触器，直流负载用直流接触器。当交流负载通断频繁时，可采用直流吸引线圈的接触器。

4）接通和分断能力

接通和分断能力是指主触点在规定的条件下能可靠接通和分断的电流值。接触器工作在此电流值下时，接通时主触点不应发生熔焊，分断时主触点不应发生长时间燃弧。

5）额定操作频率

额定操作频率是指每小时接通次数。交流接触器最高为 600 次/h，直流接触器最高可达 1200 次/h。

6）电气寿命和机械寿命

机械寿命是指接触器在需要修理或更换机构零件前所能承受的无载操作次数。电气寿命是在规定的正常工作条件下，接触器不需修理或更换的有载操作次数，一般以万次表示。接触器的机械寿命在数百万次以上，电气寿命一般应不小于机械寿命的 1/20。

7）接触器线圈的启动功率和吸持功率

直流接触器启动功率和吸持功率相等。交流接触器启动视在功率一般为吸持视在功率的 5～8 倍。线圈的工作功率是指吸持有功功率。

8）使用类别

接触器用于不同负载时，其对主触头的接通和分断能力要求不同，按不同使用条件来选用相应使用类别的接触器便能满足其要求。

2.3.3　接触器的选用

接触器是一种通用性很强的电器产品，除了用于控制电动机外，还用于控制电容器、照明线路和电阻炉等电气设备。随着控制对象及运行方式不同，接触器的操作条件也有较大差别。接触器铭牌上所规定的电压、电流、控制功率及电寿命仅是对应于一定使用类别的额定值。依据《低压开关设备和控制设备　第 1 部分：总则》GB/T 14048.1—2023，低压电器的常见使用类别见表 2-1。

1）根据负载性质选用

根据接触器所控制负载的工作性质选用相应使用类别的接触器，可根据表 2-1 进行。一般而言，适用于 AC-2 类的接触器不适合于控制 AC-3 或 AC-4 类负载，以此类推。因为标号数字越小，其接通能力越低，用于接通频繁启停的负载时，容易发生触点熔焊现象。对于感应式异步电动机的控制宜选用 AC-2～AC-4 类接触器，不宜用其他类接触器代替。

低压电器的常见使用类别　　　　　　　　　　　　　　　　表 2-1

电流种类	类别代号	典型用途	低压电器
交流	AC-1	无感或微感负载，电阻炉	接触器
	AC-2	绕线式电动机的启动、分断	
	AC-3	鼠笼式异步电动机的启动，运转中分断	
	AC-4	鼠笼式异步电动机的启动、反接制动与反向、点动	
	AC-5a	控制放电灯的通断	
	AC-5b	控制白炽灯的通断	
	AC-6a	变压器的通断	
	AC-6b	电容器组的通断	
	AC-7a	家用及类似用途的微感负载	
	AC-7b	家用电动机负载	
	AC-8a	具有过载继电器手动复位的密封制冷压缩机中的电动机控制	
	AC-8b	具有过载继电器自动复位的密封制冷压缩机中的电动机控制	

续表

电流种类	类别代号	典型用途	低压电器
交流	AC-12	控制电阻性负载和光电耦合器隔离的固态负载	继电器
	AC-13	控制变压器隔离的固态负载	
	AC-14	控制小容量电磁铁负载	
	AC-15	控制交流电磁铁负载	
	AC-20	在空载条件下闭合和断开	开关、隔离器、隔离开关及熔断器组合电器
	AC-21	通断电阻负载,包括适当的过载	
	AC-22	通断电阻电感混合负载,包括通断适中的过载	
	AC-23	通断电动机负载或其他高电感负载	
	AC-12	控制电阻性负载和光电耦合器隔离的固态负载	接近开关
	AC-140	控制小型电磁铁负载,承载(闭合)电流≤0.2A,如接触器式继电器	
	AC-31	无感或微感负载	转换开关
	AC-32	阻性和感性的混合负载,包括中度过载	
	AC-33	电动机负载或包含电动机,电阻负载和30%及以下白炽灯	
	AC-35	负载的混合负载放电灯负载	
	AC-36	白炽灯负载	
直流	DC-1	无感或微感负载,电阻炉	接触器
	DC-3	并励电动机的启动、反接制动及点动	
	DC-5	串励电动机的启动、反接制动及点动	
	DC-6	白炽灯的通断	
	DC-12	控制电阻性负载和光电耦合器隔离的固态负载	继电器
	DC-13	控制电磁铁负载	
	DC-14	控制电路中有经济电阻的直流电磁铁负载	
	DC-20	在空载条件下闭合和断开	开关、隔离器、隔离开关及熔断器组合电器
	DC-21	通断电阻负载,包括适当的过载	
	DC-22	通断电阻电感混合负载,包括适当的过载(例如并激电动机)	
	DC-23	通断高电感负载(例如串激电动机)	
	DC-12	控制电阻性负载和光电耦合器隔离的固态负载	接近开关
	DC-13	控制电磁铁负载	
	AC-31	阻性负载	转换开关
	AC-33	电动机负载或包含电动机的混合负载	
	AC-36	白炽灯负载	
交流和直流	A	无额定短时耐受电流要求的电路保护	断路器
	B	具有额定短时耐受电流要求的电路保护	

2）根据负载功率和操作情况选用

接触器主触点的电流等级应由负载功率和操作情况确定。当接触器的使用类别与负载性质相对应时,应使接触器主触点电流大于或等于负载电流。若用 AC-3 类接触器控制

AC-3、AC-4 类混合负载，接触器的电流等级必须降等使用。

3）根据控制线路的电压等级和电流种类选择接触器的吸引线圈

接触器线圈的电流种类、电压等级应与控制电路相同。

2.4 电磁式继电器

2.4.1 电磁式继电器的结构与工作原理

1. 电磁式继电器的结构

电磁式继电器是把输入信号（电压、电流）施加在线圈上，在电磁铁铁芯中产生电磁力，吸引衔铁（铁芯）驱动触点动作，实现电路的断开、闭合或转换控制的电器元件。它的结构与接触器类似，由电磁机构、触点系统和释放弹簧等部分组成，如图 2-17 所示。

电磁式继电器与接触器在结构上的主要区别是：

1）电磁式继电器用于通断控制电路、触点容量小，无灭弧系统。

2）为实现电磁式继电器动作参数的改变，电磁式继电器通常具有松紧可调的释放弹簧和不同厚度的非磁性垫片。

3）电磁式继电器的全部触点接于控制电路。

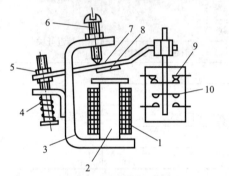

图 2-17　电磁式继电器原理

1-线圈；2-铁芯；3-铁轭；4-释放弹簧；
5-调节螺母；6-调节螺钉；7-衔铁；
8-非磁性垫片；9-静触点；10-动触点

2. 电磁式继电器的工作原理与分类

如图 2-17 所示，铁芯 2 的线圈 1 通电时，电流通过线圈 1 产生磁场，对衔铁 7 产生了引力，衔铁 7 向下运动，带动动触点 10 动作，在触点系统的上部，动触点 10 与静触点 9 的常闭触点断开，在下部，动触点 10 与静触点 9 的常开触点闭合。反之，线圈 1 断电后，电磁吸力也随之消失，衔铁 7 就会在释放弹簧 4 的反作用力返回原来的位置，触点系统上部的动触点 10 与静触点 9 的常闭触点闭合，下部的动触点 10 与静触点 9 的常开触点断开。继电器就是根据把外来电压或电流信号施加在其线圈上，利用电磁原理使衔铁产生闭合动作，带动触点动作，接通或断开控制电路。

所谓常开触点是指继电器线圈未通电时处于断开状态的静触点，常闭触点是指继电器线圈未通电时处于接通状态的静触点。

常用的电磁式继电器有电流继电器、电压继电器、中间继电器和时间继电器。它们的输入信号分别电流、电压和时间。中间继电器实际上也是一种电压继电器，只是其触点较多，触点容量较大，起触点容量扩大及数量扩展的作用。

在电路图中，继电器的一般符号如图 2-18 所示。

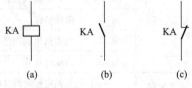

图 2-18　继电器的一般符号

（a）线圈；（b）常开触点；（c）常闭触点

2.4.2 电磁式继电器的主要参数

1. 继电器的特性

继电器的主要特性是输入—输出特性。由于改变继电器输入量的大小时，其触点只具有"通"和"断"两种状态，故继电器的输出也只有"有"和"无"两个量。由此可得出继电器的输入—输出特性如图 2-19 所示。其中 X 表示输入量，Y 表示输出量。

当输入量 X 由 0 开始增加时，$X<X_x$ 时，输出量 Y 为 0；$X=X_x$ 时，衔铁吸合，触点闭合，输出量为 1。减少输入量 X，$X=X_f$ 时，衔铁释放，触点打开，输出量 Y 又降为 0。当 $X<X_f$ 时，Y 值恒为 0。这里，大值 X_x 称为继电器的吸合值（即动作值），小值 X_f 称为继电器的释放值（即返回值）。当 $X_x=X_f=0$ 时，称为理想继电器特性。

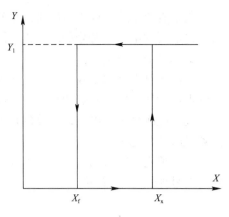

图 2-19　继电器的输入—输出特性

2. 电磁式继电器的主要技术参数

1）额定工作电压、电流：指线圈和触点在正常工作时的电压或电流的允许值。

2）动作参数：指衔铁产生吸合或释放动作时线圈的电压（电流）值，分别称为吸合参数和释放参数。

3）整定值：指根据电路的要求，人为调整的动作参数值。

4）返回系数：定义为继电器释放值与吸合值的比值，以 $K_f=X_f/X_x$ 表示，K_f 恒小于 1，其值反映了继电器释放值与吸合值的接近程度。不同的场合要求不同的 K_f，一般继电器为维持其可靠吸合要求低返回系数（0.1～0.4），即释放值要远低于吸和值，当输入波动较大时能保持继电器继续吸合。而用作欠压保护的欠压继电器则要求高返回系数 $K_f\geqslant 0.6$，其返回系数可根据控制电器的承受电压波动进行选择。K_f 值可以通过调节释放弹簧的松紧或改变非磁性垫片的厚度调节。

5）动作时间（吸合时间及释放时间）吸合时间指从线圈接收电信号到衔铁完全吸合所用的时间；释放时间指从线圈失电到衔铁完全释放所用的时间。普通继电器的动作时间为 0.05～0.15s，快速继电器的动作时间为 0.005～0.05s，其大小影响继电器的操作频率。

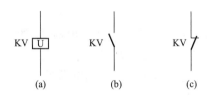

图 2-20　电压继电器的符号

（a）线圈；（b）常开触点；（c）常闭触点

2.4.3　电磁式电压继电器

电压继电器用于电力拖动系统的电压保护和控制。其线圈并联接入主电路，感测主电路的线路电压；触点接于控制电路，为执行元件。电压继电器的符号如图 2-20 所示。

按吸合电压的大小，电压继电器可分为过电压继电器和欠电压继电器。

1. 过电压继电器

过电压继电器用于线路的过电压保护，其吸合整定值为被保护线路额定电压的 1.05～1.2 倍。过电压继电器利用其常闭触点切断控制电路。当被保护的线路电压正常时，衔铁不动作；当被保护线路的电压高于额定值，且达到过电压继电器的整定值时，衔铁吸合，触点机构动作，控制电路失电，从而控制接触器及时分断电路。

由于直流电路一般不会出现波动较大的过电压，所以过电压继电器只有交流产品。

过电压继电器的符号如图 2-21 所示。

2. 欠电压继电器

欠电压继电器用于线路的欠电压保护，其释放整定值为线路额定电压的 0.6 倍。欠电压继电器利用其常开触点切断控制电路。当被保护线路电压正常时，衔铁可靠吸合；当被保护线路电压降至欠电压继电器的释放整定值时，衔铁释放，触点机构复位，从而控制接触器及时分断电路。

释放整定值很低的欠电压继电器又称零压继电器，用于线路的失压保护。欠电压继电器的符号如图 2-22 所示。

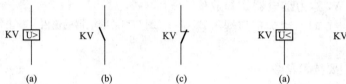 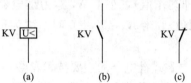

图 2-21 过电压继电器的符号 　　　图 2-22 欠电压继电器的符号
(a) 线圈；(b) 常开触点；(c) 常闭触点 　　(a) 线圈；(b) 常开触点；(c) 常闭触点

3. 电压继电器的参数整定方法

1）吸合电压的整定：调节释放弹簧的松紧可以调节电压继电器的吸合电压；拧紧时，吸合电压增大，反之减小。

2）释放电压的整定：调节铁芯与衔铁之间非磁性垫片的厚度可调节电压继电器的释放电压。增厚时，释放电压增大，反之减小。需要说明的是，调节释放弹簧的松紧，同时改变了吸合及释放电压；拧紧时，二者同时增大，反之则同时减小。因此，若对吸合电压的大小无要求，调节释放弹簧的松紧也可改变电压继电器的释放电压。

2.4.4 电磁式电流继电器

电流继电器用于电力拖动系统的电流保护和控制。其线圈串联接入主电路，用来感测主电路的线路电流，触点接于控制电路，为执行元件，电流继电器电气的符号见图 2-23。按吸合电流的大小分类，电流继电器也可分为过电流继电器和欠电流继电器。

1. 过电流继电器

过电流继电器用于线路的过电流保护，其吸合整定值为被保护线路额定电流 I_e 的 $0.7\sim4$ 倍。过电流继电器利用其常闭触点切断控制电路。被保护线路电流正常时，线圈中虽有负载电流而衔铁不动作；当被保护线路电流高于额定值且达到过电流继电器的吸合整定值时，衔铁吸合，触点机构动作，过电流继电器的符号见图 2-24。

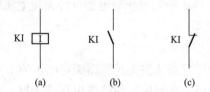 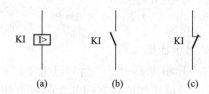

图 2-23 电流继电器电气的符号 　　　图 2-24 过电流继电器的符号
(a) 线圈；(b) 常开触点；(c) 常闭触点 　　(a) 线圈；(b) 常开触点；(c) 常闭触点

通常，直流过电流继电器的吸合电流整定范围为 $(0.7 \sim 3.5) I_e$；交流过电流继电器的吸合电流整定范围为 $(1.1 \sim 4.0) I_e$。

2. 欠电流继电器

欠电流继电器用于线路的欠电流保护，其释放电流整定值为线路额定电流 I_e 的 0.1～0.2 倍。欠电流继电器利用其常开触点切断控制电路。当被保护线路工作电流正常时，衔铁可靠吸合；当被保护线路工作电流降低，降至欠电流继电器的释放整定值时，衔铁释放，触点机构复位，欠电流继电器电气的符号见图 2-25。

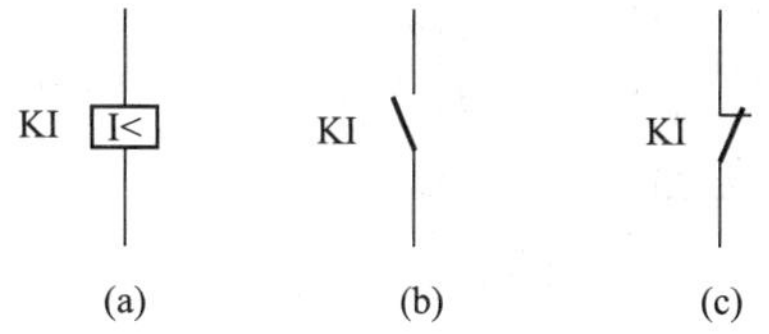

欠电流继电器只有直流产品。在直流拖动系统中，欠电流继电器常用作直流电动机励磁回路的弱磁保护，以避免因励磁回路失磁而引起的直流电动机超速甚至"飞车"事故。

图 2-25 欠电流继电器电气的符号
(a) 线圈；(b) 常开触点；(c) 常闭触点

3. 电流继电器的参数整定方法

电流继电器的吸合参数及释放参数的整定方法与电压继电器的基本相同。通过调整吸合及释放参数，可达到调节返回系数 $K_f = X_f / X_x$ 的目的。

2.4.5 时间继电器

凡在感测元件通电或断电后，触点要延迟一段时间才动作的电器叫时间继电器。时间继电器在电路中起控制时间的作用，用于继电—接触器控制系统中按时间参量变化规律进行控制，延时继电器的符号如图 2-26 所示。时间继电器触点图形符号中的半圆符号开口的指向，指出了触点延时动作方向，即半圆开口方向是触点延时动作的指向。

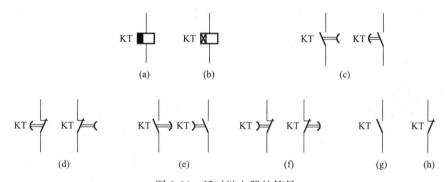

图 2-26 延时继电器的符号

(a) 断电延时线圈；(b) 通电延时线圈；(c) 延时闭合常开触点；(d) 延时断开常闭触点；
(e) 延时断开常开触点；(f) 延时闭合常闭触点；(g) 瞬动常开触点；(h) 瞬动常闭触点

时间继电器的种类很多，常用的有电磁式、空气阻尼式、电动机式、半导体式及数显式时间继电器以及新型电子式时间继电器等。

1. 电磁式时间继电器

电磁式时间继电器是一种直流的、短延时的断电延时继电器。与直流电磁式电压继电器的结构基本相同（图 2-17），不同的是在其铁芯柱上套装了一个阻尼铜（或铝）套，其带有阻尼铜（铝）套的铁芯示意如图 2-27 所示。

由楞次定律知，在继电器的通断电过程中阻尼铜套内将产生感应电势并产生涡流。此涡流阻碍磁路中磁通的变化，对原吸合或释放磁通的变化起阻尼作用，从而延迟了衔铁的吸合和释放时间。当衔铁处于打开位置时，由于气隙大，磁阻大，磁通小，阻尼套的作用

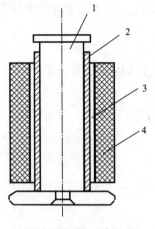

图 2-27　带有阻尼铜（铝）
套的铁芯示意

1-铁芯；2-阻尼铜（铝）套；
3-绝缘层；4-线圈

相对较小，阻尼作用不明显，一般延时时间仅有 0.1～0.5s。而当衔铁处于闭合位置时，磁阻小，磁通大，阻尼套的作用明显，一般延时时间可达 0.3～5s。因此，电磁阻尼式时间继电器只有断电延时方式。这种时间继电器结构简单，运行可靠，但延时时间较短且准确度较低，一般只用于要求不高的场合。

通过改变释放弹簧的松紧程度及改变衔铁吸合后气隙的大小（改变非磁性垫片的厚度）可以调节这种时间继电器的延时时间。释放弹簧越松，弹性储能越少，释放延时时间越长，反之则越短。非磁性垫片越薄，磁路磁阻越小，磁通越大，延长时间越长，反之，延长时间则越短。

2. 阻尼式时间继电器

图 2-28（a）为一种具有通电延时功能的阻尼式时间继电器的结构。它由电磁机构、工作触头和气室三部分组成，延时是通过空气的阻尼作用来实现的。当线圈 1 通电后，将衔铁 4 吸下，则顶杆 6 与衔铁 4 间出现一个空隙，当与顶杆 6 相连的活塞在弹簧 7 的作用下由上向下移动时，在橡皮膜 9 上面形成空气稀薄的空间（即气室），空气由进气孔逐渐进入气室，活塞因受到空气的阻力，不能迅速下降，在降到一定位置时，杠杆 15 使延时触头 14 动作（常开触点闭合，常闭触点断开）。线圈断电时，弹簧 7 使衔铁 4 和活塞 12 等复位，空气经橡皮膜 9 与顶杆 6 之间推开的气隙迅速排出，触点瞬时复位。断电延时时间继电器与图 2-28（a）的原理及结构相同，不同的是其电磁机构安装时翻转了 180°，如图 2-28（b）所示。

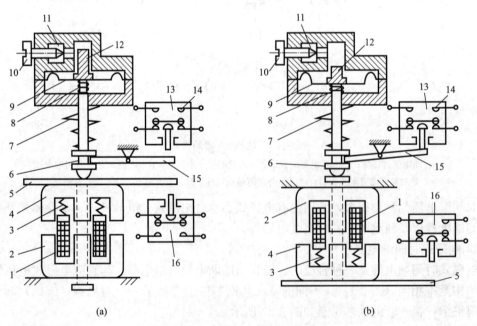

(a)　　　　　　　　　　　　　　　(b)

图 2-28　阻尼式时间继电器的结构

1-线圈；2-静铁芯；3、7、8-弹簧；4-衔铁；5-推板；6-顶杆；9-橡皮膜；10-螺钉；
11-进气孔；12-活塞；13、16-微动开关；14-延时触头；15-杠杆

空气阻尼式时间继电器的延时时间为 0.4～180s，延时范围较宽，结构简单，工作可靠，价格低廉，寿命长。但延时时间较短且准确度较低，一般只用于要求不高的场合。

3. 电子式时间继电器

电子式时间继电器是采用电子电路实现延时时间调整的时间继电器，有以下几种形式：

1）采用模拟电子元件的电子式时间继电器

这类继电器采用分立元件，利用 RC 电路中电容电压不能跃变，只能按指数规律逐渐变化的原理，即通过电阻尼特性获得延时的。

图 2-29 是采用模拟电子器件的电子式时间继电器原理，时间继电器 KA 为带有吸引线圈（KA_a）和释放线圈（KA_b）的锁扣继电器，图 2-29 中延时设定由电位器 RP2 与电容 C_3 来设定。

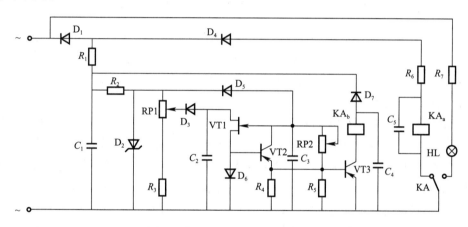

图 2-29　采用模拟电子器件的电子式时间继电器原理

电源接通时，在交流的负半周，电流流经吸引线圈 KA_a 及常闭触点 KA，线圈 KA_a 得电，时间继电器 KA 常开触点吸合，并靠机械锁扣保持在接通状态。同时，常闭触点 KA 打开，使吸引线圈 KA_a 失电，指示灯 HL 亮，表示继电器 KA 处于吸合状态。与此同时，电容 C_1、C_2 与 C_3 均被充电，由于场效应管 VT1 截止，三极管 VT2、VT3 均不能导通，继电器释放线圈 KA_b 上无电流通过。

当电源断开时，电容 C_3 通过电阻 R_5 和电位器 RP2 放电，三极管 VT1 的基极电位升高导通，VT2、VT3 均导通，电容 C_4 上的电荷通过释放线圈 KA_b 放电，继电器 KA 释放。电容器在一定条件下的放电过程，即是继电器在断电后延时释放的依据，调整 RC 电路的时间常数，即可调整继电器的延时时间。

2）采用数字电路的电子式时间继电器

图 2-30 为采用数字电路器件的电子式时间继电器原理，图中延时设定由 RP1 与 C_3 来设定。时间继电器 KA 为带有吸引线圈（KA_a）和释放线圈（KA_b）的锁扣继电器。CD4060 是 14 级一个振荡器与二进制串行计数/分频器组成的芯片。振荡器可以是 RC 电路或晶体振荡器，振荡器连接在 CIN、COUT、$\overline{\text{COUT}}$ 端，Q4～Q12 为计数器的 4～12 分频输出端，复位端 RST 为高电平时，计数器清零并使其振荡器不工作。

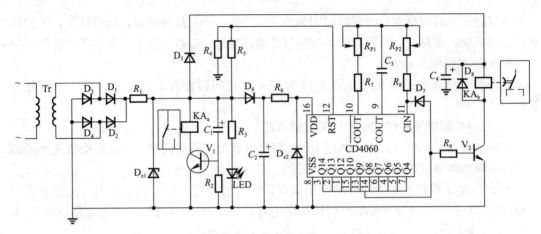

图 2-30　采用数字电路器件的电子式时间继电器原理

如图 2-30 所示，时间继电器接通电源时，通过整流电路产生继电器的直流工作电源，指示灯 LED 亮。晶体管 V_1 导通，吸引线圈（KA_a）R 吸合，时间继电器 KA 常开触点吸合。随着 C_1 充电，V_1 基极电位逐渐降低，最终 V_1 截止，但时间继电器 KA 靠机械锁扣保持在接通状态。与此同时，C_2、C_4 充电。

电源断开电时，则进入相应的断电延时工作状态。因 C_1 通过 R_3 放电，并通过 R_4 将 CD4060 的 RST（12 脚）拉低至低电平，计数器被清零，振荡器工作，延时开始，待延时到达后，Q4～Q14 端（根据需求延时时间）输出使 V_2 导通，C_4 上的电荷通过释放线圈 KA_b 放电，继电器 KA 释放。同时，Q4～Q14 端输出经 D_7 使 RC 振荡器停止工作。

这种线路特点是延时设定方便，延时精度高，调整简便。

图 2-31 为带显示器的电子式时间继电器原理，该时间继电器采用了可编程延时芯片 B9707EP，芯片以晶体振荡器为振荡源，有多种时基选择，具有通电延时和间隔定时两种

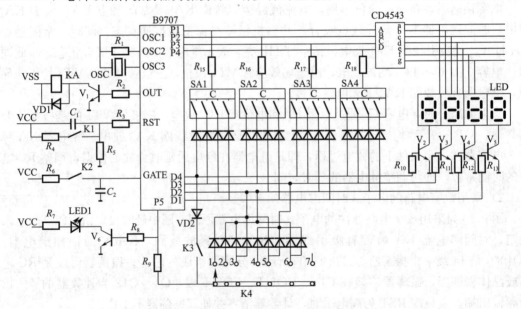

图 2-31　带显示器的电子式时间继电器原理

工作模式，可实现 4 位延时整定、BCD 码输出。VSS 为＋12V 电源，用于内部执行继电器的工作电源，VCC 为＋5V 电源，用于可编程芯片及其外围电路的工作电源。

图 2-31 中，延时芯片的 OSC1、OSC2、OSC3 外接晶振与电阻 R_1 构成振荡器产生频率为 32768Hz 的脉冲信号，该信号为芯片内部的时序电路和分频器时基选择电路提供时间基准信号，上述电路产生的脉冲序列并通过引脚 P1、P2、P3、P4 输出 BCD 码。当延时时间将要达到时，LED1 闪烁，待延时时间达到后，LED1 停止闪烁变为常亮状态，同时通过引脚 D_1、D_2、D_3、D_4 输出位置显示扫描脉冲。

SA1、SA2、SA3、SA4 为 8421 码拨码开关与比较器模块，分别用于设置延时时间值的个、十、百、千位，并存于寄存器中，以备模块内部比较电路。7 段数码管显示器 LED 用于显示延时值。K4 为时基选择开关，通过芯片引脚 D_1、D_2、D_3 与 P5 的编码可实现 7 种时基的选择。

K1 为时间继电器的复位开关。K1 闭合时，计数器清 0 复位，可对各个设置寄存器编程，D_1、D_2、D_3、D_4 输出编程脉冲，P1、P2、P3、P4 把个、十、百、千位的 8421 拨码开关设定值分别通过 SA1、SA2、SA3、SA4 拨码开关输入个位、十位、百位、千位设定值寄存器，从而完成延时时间的设定。D_1、D_2、D_3 输出编程脉冲经 K4 向 P5 输入设定计数倍率选择脉冲（D_1、D_2、D_3 与 P5 构成二进制编码，如设定×1、×10、×100 计数倍率），并输入到倍率寄存器中。K1 断开时，P1、P2、P3、P4 输出 BCD 码，D_1、D_2、D_3、D_4 输出个、十、百、千位的位显示扫描脉冲。芯片内部的计数器开始对晶振分频的脉冲序列计数，当计数值与设定值相等时，OUT 输出高电平驱动执行继电器动作，实现对外部电路的控制。

K2 用于实现累加计时。闭合 K2，GATE 引脚接入高电平，暂停计时。断开 K2 后，随着 GATE 恢复低电平，计时器在当前计时值的基础上累加计时。

K3 为工作模式开关。接通 K3，时间继电器的工作模式为间隔定时，时间继电器接通工作电源后，芯片 OUT 引脚输出高电平驱动执行继电器 KA 线圈得电，待设定的延时到达后，OUT 输出低电平，执行继电器 KA 释放。如果不接通 K3，则时间继电器为通电延时型，工作状态与间隔定时相反。

这种时间继电器采用对晶体振荡器信号的分频和计数的延时环节取代了 RC 电路的延时环节，提高了计时精度，延时范围更宽，整定时间更简便。专用芯片提供多种时基选择、时间预置方便、显示直观、时间整定误差小。

3）采用微控制器的电子式时间继电器

图 2-32 为采用微控制器（MCU）的时间继电器原理，这类时间继电器也被称为智能时间继电器。由于微控制器（或称单片机）芯片包含了微处理器 CPU、存储区、内部时钟、EPROM 以及具有强推挽能力的输出口，这种继电器通常由 1 片 MCU 及少量外围电路构成，可实现通电延时、接通延时、间隔延时、断开延时多种模式，正向计时、倒计时 2 种计时方式，以及满足掉电状态不保存计时值、掉电状态保存计时值的 2 种应用需求。

图 2-32 中，VSS 为＋12V 电源，用于内部执行继电器的工作电源，VCC 为＋5V 电源，用于微控制器及其外围电路的工作电源。采用双排数码管显示，一排用于显示预置延时时间（LED0），一排为用于显示实际延时时间（LED1）。设置了 4 个功能键分别用于参数设置、模式选择、复位等。MOD 键用于选择延迟范围、选择正/反计时方式、开机显示

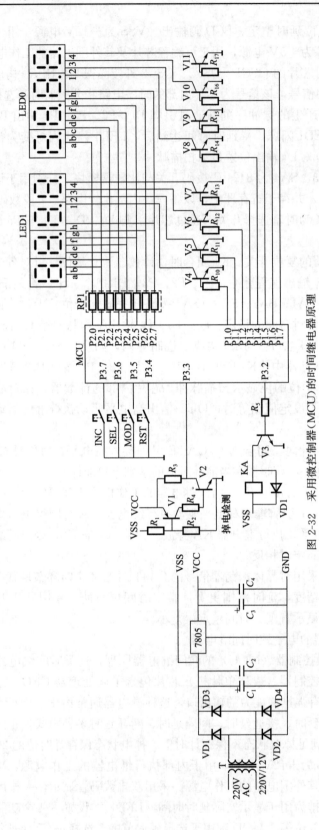

图 2-32 采用微控制器（MCU）的时间继电器原理

模式等。SEL 键用于在时间参数设置过程中选择需要调整的参数，在计时过程中，SEL 键用于暂停/累计计时，继电器工作过程中按此键暂停计时，再按一次则累计计时。INC 键用于在参数设置时对选中的项目进行递增操作。RST 键一方面用于对计时显示的数字及计时输出状态进行复位，恢复到初始状态。另一方面实现参数设置的确认。掉电检测电路用于检测电源电压的跌落状态，KA 为执行继电器。

这种继电器通过软件实现时间继电器功能，具有体积小、重量轻、数字化设置、调节方便、延时精度高等特点，另外，通常这种继电器有多种定时模式、多种输出延时方式可供选择。

随着微控制器（MCU）应用于时间继电器，出现了一种多功能、延时可选的时间继电器，即多功能时间继电器。多功能时间继电器通过时基和倍率选择扩展时间继电器时段，使其能够满足不同时段控制的需求。在此功能基础上，结合工作模式选择，使其能适应多种延时工作模式，适用于不同领域的机电设备和生产过程的控制。

4. 时间继电器的选用

1）选用时间继电器时，其线圈（或电源）的电流种类和电压等级应与控制电路相同。

2）按控制要求选择延时方式和触点形式。

3）注意校核触点数量和容量，若不够时，可用中间继电器进行扩展。

2.4.6　中间继电器

中间继电器是一种电磁式电压继电器，其吸引线圈的功率很小，触点容量在 5A 左右，继电器的一般符号见图 2-18。中间继电器常用于控制电路传递信号给控制电路中的多个电器元件和同时控制电路中的多条支路，也可用来直接控制小容量负载或其他电气执行元件。根据其线圈所用电源的形式，可分为直流中间继电器和交流中间继电器。

在传统的继电—接触器控制系统中，当时间继电器或其他小容量的继电器驱动接触器、继电器容量或触点数量不足时，中间继电器常用来扩大触点容量和扩展触点数量。如在一些用功率三极管、功率器件不能直接驱动负载的场合，可以采用中间继电器驱动。另外，在控制线路中通过使用中间继电器来控制其他负载，来实现扩大控制容量的目的。例如，接触器触点的数量较少，有时控制电路中的多个电器需要该接触器触点实现不同的控制要求，通常采用增加中间继电器方法来扩充，得到与接触器的动合动作一致的触点。

当负载容量比较小时，中间继电器可作接触器的功能，用来直接连接负载，如电动卷闸门、道闸机、电动窗帘等。

在继电—接触器控制系统中，采用中间继电器实现电压转换，同时也能将不同等级、不同类型的电源隔离。如机电设备中，控制回路工作电压为 220V 交流电源，主回路为 380V 交流电源，继电器逻辑电路的运算结果，通过控制接触器线圈得电与失电，实现主回路电源的通断，控制回路和主回路通过电磁方式实现了隔离。

在计算机控制系统、PLC 控制系统中，为了抑制电磁耦合干扰，提高系统抗干扰性，常采用一种端子式继电器。这种继电器把接线端子与中间继电器的功能融合，具有微型化、模块化的特点，也称继电耦合器，是一种具有指示与保护功能的端子型模块接口器件，用于控制系统中的外围设备、控制信号和调节装置之间的接口，实现电气隔离、电压转换、功率匹配等。端子式继电器的输入端有直流、交流和交—直流两用的 3 种形式。

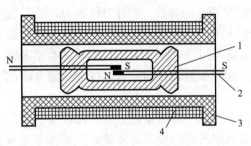

图 2-33　干簧管继电器结构

1-干簧管；2-舌簧片；3-骨架；4-线圈

2.4.7　干簧管继电器

干簧管继电器是一种具有密封触点的电磁式继电器，其结构如图 2-33 所示。干簧管继电器的玻璃管也称干簧管或舌簧管，其中的舌簧片由铁镍合金（又称坡莫合金）做成，具有较大的导磁系数，同时又具有一定的弹性。舌簧片的接触部分通常镀以贵重金属，如金、铑、钯等，以保证触点具有良好的接通与分断能力，以及保证良好的导电性能。触点密封在充有氮气等惰性气体管中与外界隔绝，因而有效地防止了尘埃的污染，减少触点的电腐蚀，提高工作可靠性。

干簧管继电器的工作原理是：当线圈通电后，其周围产生磁场，干簧管中 2 个舌簧片的自由端分别被磁化成 N 极和 S 极而相互吸引闭合，接通被控线路。线圈失电后，舌簧片在其自身的弹力作用下分开，将线路切断。

在图 2-33 中，如果把干簧管固定在舌簧片的同一端，便可得到常闭触点，它们在磁场的作用下，其自由端所产生的极性相同，因同极性相斥而断开。因此，干簧管继电器既可做成常开触点式，也可做成常闭触点式，还可以做成转换形式的触点。

另外，如果干簧管不用线圈而用永久磁铁产生的磁场来驱动，就变成了一种永磁感应继电器，可以用作位置检测开关，当磁极接近干簧管所处的位置时，干簧管触点接通或断开，反之亦然。如用于液位检测的浮球式液位信号器就采用上述原理。

2.5　非电磁类继电器

非电磁类继电器的感测元件接收非电量信号，如：温度、转速、位移及机械力等。常用的非电磁类继电器有热继电器、速度继电器、固态继电器等。

2.5.1　热继电器

热继电器主要用于电力拖动系统中电动机负载的过载保护。

电动机在实际运行中常遇到过载情况。若过载时间较短，电动机绕组温升不超过允许值时，这种过载是允许的。但当过载时间太长、绕组温升超过允许值时，将使绕组绝缘老化速度加快、缩短电动机的使用年限、严重时甚至会使电动机的绕组烧毁。因此，在电力拖动系统中，应当对电动机采取过载保护。通常，这种保护由热继电器完成。

1. 热继电器的保护特性和工作原理

1）电动机的过载特性和热继电器的过载特性

为了最大限度地发挥电动机的过载能力，热继电器应具有电动机过载特性类似的过载特性，当电动机运行中出现过载电流时，将引起绕组发热。根据热平衡关系可知，在允许温升条件下，电动机的通电时间与其过载电流的平方成反比，即电动机的过载特性为反时限特性，如图 2-34 所示的曲线 1。

为了有效地对电动机进行过载保护，热继电器应具备与电动机过载特性相同的反时限保护特性且位于电动机过载特性的下方，如图 2-34 所示的曲线 2。这样，电动机一旦发生过载，热继电器将在其达到容许过载极限之前动作，切断电源，实现过载保护。由于运行条件的影响及其他原因，电动机和热继电器的特性都不是一条曲线而是一条带子。

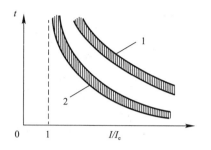

图 2-34　电动机的过载特性与
热继电器保护特性的配合
1-电动机的过载特性；
2-热继电器的保护特性

2）热继电器的工作原理

热继电器利用电流热效应原理工作。热继电器的感测元件—热元件串接于电动机的绕组电路中，直接感测电动机的负载电流，其执行元件—触点串接于电动机的控制电路中。

热继电器的热元件采用线膨胀系数不同的双金属片制成，由于通电后受热，双金属片产生线膨胀。因两层金属的线膨胀系数不同且又紧密地压合在一起，因此，双金属片向线膨胀系数小的一侧弯曲。在额定电流情况下，双金属片的弯曲程度不足以推动触点机构动作；过载时，双金属片弯曲加剧，使得触点机构脱扣动作，其串入电动机控制回路的触点打开，使得接触器线圈失电，主触点切断电动机主回路，实现过载保护。热继电器工作原理如图 2-35 所示。

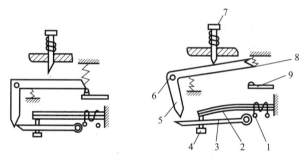

图 2-35　热继电器工作原理
1-加热元件；2-扣板；3-压动螺钉；4-双金属片；5-锁扣机构；
6-支点；7-复位按钮；8-动触点；9-静触点

由于热继电器的热元件为热惯性元件，其受热弯曲需要一定的时间，因而用作电动机的过载保护时，不需要在启动时撤出。同理，热继电器在电路中不能作瞬时过载保护，更不能作短路保护。

热继电器动作后一般不能自动复位，要等双金属片冷却后方可按下复位按钮复位。调节压动螺钉的位置可实现调整热继电器的动作电流。

双金属片的受热方式有直接受热式、间接受热式及复合受热式等几种。直接受热式是把双金属片直接串入负载电路，让电流直接通过它。间接受热式的发热元件由电阻丝或电阻带制成，绕在双金属片上并与其绝缘。复合受热式采用双金属片与电阻热元件同时串在负载电路里的所谓复合加热方式，热继电器的图形符号如图 2-36 所示。

当电动机正常运行时定子绕组为丫形连接时，可采用双热元件或三热元件的热继电器对电动机进行均衡过载、非均衡过载及断相保护。对热继电器结构上是否具备断相保护功能无要求。

当电动机正常运行时定子绕组为△形连接时，不带断相保护的热继电器的三个发热元

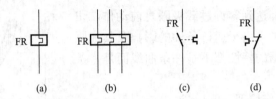

图 2-36 热继电器的图形符号

(a) 热元件（单相）；(b) 热元件（多相）；(c) 常开触点；(d) 常闭触点

件应分别串接于电动机三相定子绕组电路中，带有断相保护的热继电器的热元件可接于线电路中，前者热元件的整定电流为电动机额定相电流，后者热元件的整定电流为电动机的额定电流。这样才能对定子绕组为△形接法的电动机进行过载及断相保护。

2. 热继电器的选用

1）热继电器的额定电流通常应按电动机的额定电流选择。对于过载能力差的电动机，热继电器热元件的额定电流应适当降低，因热继电器工作在额定电流时并不动作（注意热继电器的额定电流为其长期工作时的电流），电流超过其额定电流 20％时，热继电器20min 内才动作。

2）选择热继电器时，应先使热元件的电流与电动机的额定电流相对应，再根据电动机的实际运行情况进行上、下范围的调节和整定，注意上、下均留调整余地。

例如：对于一台 30kW、380V，额定电流为 53A 的△形接法的三相鼠笼式异步电动机，可选用热元件额定电流为 63A 的热继电器，并将其整定为 53A。

3）热继电器有手动复位和自动复位两种形式。自动复位的时间为 5min 以内。手动复位方式时，热继电器动作 2min 以后方可按复位按钮复位。对于重要设备，宜选择手动复位形式，以检查和排除故障。如果工艺上已了解过载情况，则可选用自动复位形式。

4）对于可逆运行和频繁通断的电动机，不宜选用热继电器作过载保护。

5）对启动时间为 6s 以上的电动机，在启动时应采取措施将热元件从线路中切除或短接，待启动过程结束后再将热元件接入被保护线路，以免因启动时间过长而产生误动作。

最后，必须指出的是，热继电器系列产品是早期的电动机过载保护器，性能指数比较落后，耗材多，功耗大，功能小，调整误差大且易受环境温度影响。因此，电子式多功能、品种多、高可靠性的电动机保护器可替代热继电器。

2.5.2 速度继电器

速度继电器也称为转速继电器。主要用于三相鼠笼式异步电动机的反接制动电路中，配合反接制动实现快速准确停车；也可用在三相鼠笼式异步电动机的能耗制动电路中作为电动机停转后自动切除制动电源。

1. 速度继电器的结构和工作原理

速度继电器由转子、定子及触点三部分组成，如图 2-37 所示。速度继电器的电磁系统与交流电动机的电磁系统相似，由定子和转子组成。其转子由永久磁铁制成，定子的结构和笼型异步电动机的转子相似，由硅钢片叠成并装有笼型绕组。使用时，其转子固定在被控电动机的轴上。

电动机旋转时，带动速度继电器的转子一起转动，永久磁铁形成的磁场变为旋转磁场（相对定子而言），定子绕组切割永久磁铁产生的磁场产生感应电势和感应电流（其方向由右手定则判定），此感应电流与永久磁铁产生的磁场相互作用产生电磁转矩（方向由左手定则判定）使摆锤随着电动机轴旋转的方向偏转，带动摆锤拨动簧片，触点闭合或断开。当电动机转速降低时，切割电流及电磁转矩下降；电动机速度降至接近零速时，摆锤在动触点簧片弹力的作用下复位，常开触点、常闭触点相继复位。

速度继电器的电气符号如图 2-38 所示。

2. 速度继电器的选择

速度继电器的选择依据是被测电动机的额定转速。速度继电器有两对常开、常闭触点，分别对应于被控电动机的正、反转运行。一般情况下，速度继电器的触点在转速达 120r/min 时能动作，100r/min 左右时能恢复正常位置。

2.5.3　固态继电器

1. 固态继电器组成

固态继电器 SSR（Solid State Relays）是利用电子元件（如二极管、晶体管、场效应管、闸流管、晶闸管等）的开关特性，实现接通和断开电路的目的，是一种无触点电子开关。具有寿命长、可靠性高、开关速度快、电磁干扰小、无噪声、无火花等特点。

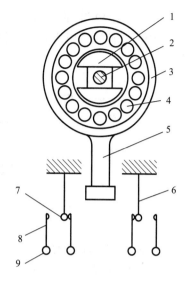

图 2-37　速度继电器结构
1-转子；2-电动机轴；3-定子；4-定子绕组；5-摆锤；6-簧片；7-动触点；8-静触点；9-接线端

固态继电器一般为 4 端有源器件，其中 2 端为输入控制端，2 端为输出受控端。固态继电器基本组成如图 2-39 所示，包括输入电路、电气隔离电路、驱动电路和输出电路 4 个部分。

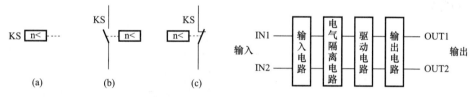

图 2-38　速度继电器的电气符号
（a）检测体；（b）常开触点；（c）常闭触点

图 2-39　固态继电器基本组成

输入电路接入外部控制信号，驱动隔离器件导通，把输入控制信号传递给驱动电路。该电路通常由限流电阻、指示输入回路导通的发光二极管、隔离器件的输入端等构成。有些固态继电器的输入电路还包括滤波、反极性保护等电路。电气隔离电路实现输入回路与驱动电路、输出电路以及负载供电回路之间的电气隔离。固态继电器通常采用光电隔离，如光电耦合器、光电三极管。驱动电路把经由隔离器件传递的控制信号转换为控制输出开关电路导通和断开所需的信号形式。输出电路包括开关电路器件及其保护电路，它连接负载，通过开关器件的导通和关断控制负载通电和断电。固态继电器常用的开关电路器件为晶闸管、功率三极管、场效应管、闸流管等。

输入控制端为直流输入，根据输出受控端的电源类型，固态继电器分为直流和交流两种类型。

2. 直流固态继电器

图 2-40 为直流固态继电器原理，输入端的控制信号有效时，发光二极管 LED 点亮，

光电耦合器 OPT 的光敏三极管导通，三极管 V_1 基极电压降低，V_1 截止，则 V_2、V_3、V_4 导通，使固态继电器处于接通状态，并将输出端的电源施加到所连接的负载上。

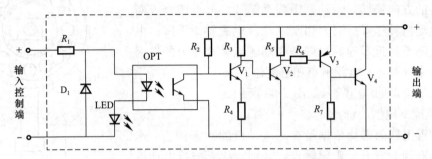

图 2-40　直流固态继电器原理

输入控制端控制信号无效时，发光二极管 LED 熄灭，光电耦合器 OPT 的光敏三极管截止，V_1 饱和导通，从而使 V_2、V_3、V_4 都处于截止状态，此时，固态继电器处于关断状态。

直流固态继电器电气图形符号如图 2-41 所示。

图 2-41　直流固态继电器
电气图形符号

3. 交流固态继电器

交流固态继电器分为单相交流固态继电器和三相交流固态继电器。根据通断时刻分为随机型交流固态继电器和过零型交流固态继电器。

下面简要说明单相交流固态继电器的工作原理。图 2-42 是一种交流固态继电器原理，图 2-43 为单相交流固态继电器的电气图形符号。固态继电器电压过零时开启、电流过零时关断。

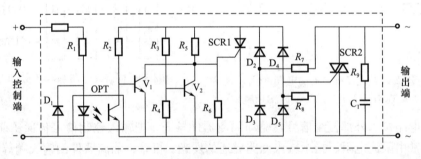

图 2-42　交流固态继电器原理

在图 2-42 中，三极管 V_1 为信号放大器，R_3、R_4、R_5、R_6 及 V_2 组成零电压检测电路，晶闸管 SCR1 和桥式整流电路（$D_2 \sim D_5$）用来获得使双向晶闸管 SCR2 开启所需的双向触发脉冲，R_9、C_1 构成浪涌吸收电路，用来保护双向晶闸管 SCR2。

图 2-43　单相交流固态继电器
电气图形符号

当输入控制端控制信号无效时，光电耦合器 OPT 的光电三极管截止，V_1 通过地获得基极电流而饱和导通，使 SCR1 的控制极被钳位于低电平，SCR1 被关断。

当输入控制端控制信号有效时，OPT 中的光电三极管导通，V_1 截止。如果此时交流电压不过零，则 V_2 饱和导通，SCR1 不会被触发。

如果交流电压过零时，V_2 被截止，通过 R_5、R_6 分压，SCR1 控制极获得触发信号，SCR1 导通。此时，SCR2 的控制极在交流电源的正、负半周期获得正反两个方向的触发脉冲。

1）R_7→整流桥→SCR1→整流桥→R_8

2）R_8→整流桥＋SCR1→整流桥→R_7

SCR2 从关断变为导通，接通负载电源。

4. 固态继电器的选用

固态继电器的主要技术参数包括输入电压范围、输入电流、接通电压、关断电压、反极性电压、额定输出电流、额定输出电压、接通时间、关断时间、最大浪涌电压等。固态继电器选用时，应考虑以下因素：

1）负载的浪涌特性

感性负载在接通瞬间有较大的浪涌电流，由此生成的热量若不及时散发会导致 SSR 损坏。一般情况下，低电压场合要求信号失真小，可选场效应管作输出器件的直流固态继电器；交流阻性负载和多数感性负载，可选用过零型继电器，这样可延长负载和继电器寿命，也可减小自身的射频干扰。相位输出控制时，应选用随机型固态继电器。

2）环境温度

固态继电器的负载能力受环境温度和自身温升的影响较大，使用时应保证其有良好的散热条件，额定工作电流在 10A 以上的产品应配散热器，100A 以上的产品应配散热器加风扇，安装时 SSR 底部与散热器的接触良好。

3）过流、过压保护措施

过流和负载短路会造成 SSR 内部的晶闸管损坏，在设计时，设置快速熔断器和空气开关，也可在输出端并接 RC 吸收回路和压敏电阻（220V 可选用 500～600V 压敏电阻，380V 时可选用 800～900V 压敏电阻）。

4）输入电压、输入电流超出其额定参数时，在输入端串接分压电阻或并接分流电阻，以使其不超过额定参数值。

2.5.4　其他继电器

1. 相序继电器

相序继电器也称为相序保护器，在控制电路中起判别相序和缺相的作用，避免机电设备因电源相序接反或缺相而导致事故或设备损坏，常用在电梯、起重设备、中央空调机组、风机、水泵等设备控制电路中，也用于配电系统。当供电电源相序与指定相序不符或者缺相时，相序继电器动作，切断控制电路，使设备不能启动运行。

图 2-44 为相序继电器原理，由电阻 R_1、R_2、R_3 和电容 C_0 组成三相电压相序检测电路，从 P、K 两点输出获取的相序检测电压信号。相序检测是采用阻容移相电路原理。由于电容电压滞后其电流 90°，电阻的电压与其电流同向。当相序正确时 P 与 K 两点电压为零，如图 2-45（a）所示，三极管 V_1 导通，三极管 V_2 导通，继电器线圈得电，其常开触点闭合。

当相序错相时，如 A、B 两相错相，P 与 K 两点之间的电压不为零，如图 2-45（b）所示，检测信号经 D_1、D_2 整流施加在 V_1 的基极，三极管 V_1 截止，三极管 V_2 也随之截止，继电器线圈失电，其常开触点断开。

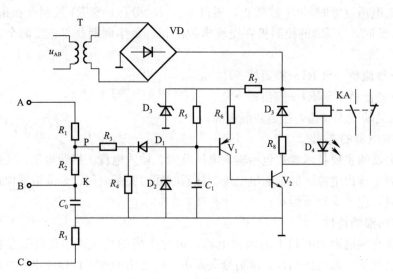

图 2-44　相序继电器原理

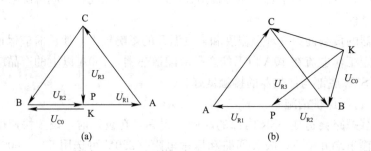

图 2-45　矢量

（a）相序正确；（b）A、B 两相错相

如果三相电源缺相时，如缺 B 相，P 与 K 两点之间的电压决于 R_2 和 C_0 的大小，其值也不为零，也会使 V_2 截止，继电器线圈失电。

图 2-46　相序继电器的电气符号

有的相序继电器采用的是三相电流相序检测方法，读者可查阅相关资料了解其工作原理。相序继电器的电气符号如图 2-46 所示。

2. 压力继电器

压力继电器是液压或气体系统中把流体压力或气体压力转换为开关信号的器件，当流体压力或气体压力达到预定值时，其内部触点动作，也被称为压力开关。在使用时可以根据需要调节压力继电器，使其在达到设定压力时触点动作。压力继电器主要用于对液体或气体压力的检测，以控制电磁阀、液泵等设备对压力进行控制。压力继电器结构示意及图形符号如图 2-47 和图 2-48 所示。

压力继电器主要由压力传送装置和微动开关等组成，液体或气体经入口推动橡皮膜和滑杆，克服弹簧反力向上运动，当压力达到给定压力时，触动微动开关，发出控制信号。旋转调压螺母可以改变给定压力。

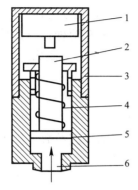

图 2-47 压力继电器结构示意
1-微动开关；2-滑杆；3-调压螺母；4-调压弹簧；
5-橡皮膜；6-介质入口

图 2-48 图形符号

3. 温度继电器

温度继电器是一种用于防止检测对象因温度过高而烧坏的保护器件，当温度超过其动作温度范围时，温度继电器动作。它也被叫作温度开关。温度继电器有 2 种形式：机械式和电子式，图 2-49 为温度继电器的电气符号。

1）双金属片温度继电器

双金属片温度继电器是一种常见的温度继电器。它采用两种热膨胀系数相差悬殊的金属或合金，把两者牢固地复合在一起形成碟形双金属片。当被检测对象的温度升高到一定值，由于下层金属膨胀伸长量大，而上层金属膨胀伸长量小，双金属片因此而产生向上弯曲，当其弯曲到一定程度时，便带动电触点动作，接通或断开负载电路。当

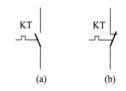

图 2-49 温度继电器的电气符号
（a）常开触点；（b）常闭触点

被检测对象的温度降低时，双金属片随着温度的降低逐渐恢复原状，到一定程度时反向带动电触点动作，又断开或接通负载电路。

2）电子温度继电器

电子温度继电器是采用电阻感温的方法来测量的，如白金丝、铜丝、钨丝、热敏电阻等，由电源、测量元件、信号放大电路、内部继电器、驱动电路等组成。通过测量元件感知检测对象的温度变化，当温度超过其动作温度时，内部继电器动作，断开或接通外部控制电路。当被检测对象的温度处于其动作温度以下时，内部继电器动作，接通或断开外部控制电路。与机械式温度继电器相比，电子温度继电器检测温度的精度高，动作滞后时间短。

2.6 熔断器及刀开关

2.6.1 熔断器

1. 熔断器的结构组成和工作原理

熔断器常用于电动机负载电路的短路保护以及非电动机负载的过载及短路保护。它是一种结构简单、使用方便、价格便宜的保护电器，在电力拖动系统和建筑供配电系统广泛应用。

熔断器主要由熔体和安装熔体的绝缘管或绝缘座组成。熔体既是感测元件也是执行元件。它串接于被保护电路中，当电路发生过载或短路故障时，流经熔体的电流使其发热加剧，达到熔化温度时，熔体熔断而分断故障线路。熔体材料有两种：一种是低熔点材料，如铅锡合金、锌等；另一种是高熔点材料，如银、铜等。熔体常被制成丝状或片状。绝缘管（座）的用途是安装熔体及在熔体熔断时灭弧。

电器设备的电流保护主要有两种形式：过载延时保护及短路瞬动保护。从保护特性方面来看，过载需要反时限保护特性而短路需要瞬动保护特性。从参数方面看，过载要求熔化系数小、发热时间常数大，而短路则要求熔体具有较大的限流系数和较小的发热常数，以便短路时能迅速切断电路。因此，从工作原理来看，过载时动作的物理过程主要是热熔化过程，而短路则主要是电弧的熄灭过程。

2. 熔断器的保护特性

熔断器的保护特性又称为安秒特性，用于表现流过熔体的电流与熔体熔断的时间关系，具有反时限特性，如图 2-50 所示。这是因为熔断器是以过载发热现象为动作基础的，而在电流引起的发热过程中满足 I^2t 为常数的规律，即熔断时间与电流的平方成反比。

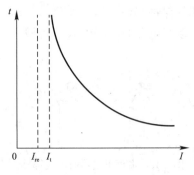

图 2-50 熔断器的保护特性曲线

图 2-50 中，I_t 为熔断器的最小熔化电流，它通常是以在 1～2h 内能使熔体熔断的最小电流来确定的。I_{re} 为熔断器的额定电流，根据对熔断器的要求，熔体在额定电流下绝不应熔化，因此，I_{re} 必须小于 I_t。

I_{re} 与 I_t 的比值称为熔化系数（$K_t = I_t / I_{re}$），它是表征熔断器保护小倍数过载时灵敏度的指标。K_t 越小，对小倍数过载保护越灵敏。需要注意的是，当 K_t 接近于 1 时，熔体在额定电流上下工作温度较高，可能会因保护特性本身误差引起误保护，即发生在 I_{re} 下也熔断的情况。

当熔体采用低熔点的金属材料时，熔化时需热量小，熔化系数较小，保护灵敏度较高，有利于过载保护，常用于对照明电路的过载和短路保护。低熔点金属材料作熔体的不足之处在于：电阻系数较大，熔体截面积较大、熔断时产生的金属蒸气多，不利于熄弧，因而分断能力较低。当熔体采用高熔点的金属材料时，熔化时所需热量大，熔化系数大，不利于过载保护；但因其电阻系数较小，熔体截面积较小，分断能力较强，故常用于动力负载线路的短路保护。

3. 熔断器的主要参数

熔断器主要串接于主电路与控制辅助电路中，熔断器的电气符号如图 2-51 所示。

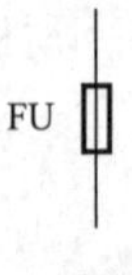

FU

图 2-51 熔断器的电气符号

熔断器的主要参数如下：

1）额定电压：熔断器长期工作时可承受的电压，其值应等于或高于负载线路额定电压。

2）额定电流：熔断器长期工作时各部件（熔体和熔断管、座）的温升不超过规定值所能承受的电流。其值应根据负载的性质及负载线路的额定电流选用。注意熔体额定电流应不超过熔断管、座的额定电流。

3）极限分断能力：熔断器在规定电压和时间常数的情况下能分断的最大电流值，它反映了熔断器对短路电流的分断能力。

4. 熔断器的选用

1）熔断器类型的选择

主要依据负载的保护特性和短路电流的大小选择熔断器的类型。对于容量小的电动机和照明支线，常采用熔断器作为过载及短路保护，因而希望熔体的熔化系数适当小些，通常选用铅锡合金熔体的熔断器。对于较大容量的电动机和照明干线，则应着重考虑短路保护和分断能力，通常选用具有较高分断能力的熔断器。当短路电流很大时，宜采用具有限流作用的熔断器。

2）熔体额定电流的选择

熔断器用于保护不同的负载时，其额定电流的选择方法不同。

（1）用于保护无启动过程的平稳负载如照明线路、电阻、电炉等时，熔体额定电流略大于或等于负载额定电流（I_e），即 $I_{re} \geqslant I_e$。

（2）用于保护单台长期工作的电动机：$I_{re} \geqslant (1.5 \sim 2.5)I_e$。

（3）用于保护频繁启动的电动机：$I_{re} \geqslant (3 \sim 3.5)I_e$。

（4）用于保护多台电动机（供电干线）：$I_{re} \geqslant (1.5 \sim 2.5)I_{emax} + \sum I_e$。

式中，I_{emax} 为多台电动机中容量最大的一台电动机的额定电流，$\sum I_e$ 为其余各台电动机额定电流之和。

3）熔断器的级间配合

为防止发生越级熔断，扩大事故范围，上、下级（即供电干、支线）线路的熔断器间应有良好配合。选用时，应使上级（供电干线）熔断器的熔体额定电流比下级（供电支线）的大 1～2 个级差。

2.6.2 刀开关

刀开关又称闸刀，是手动电器中结构最简单的一种，主要用作电源隔离开关，也可用来非频繁地接通和分断容量较小的低压配电线路及直接启动小容量的电动机。刀开关按照极数可以分为单极刀开关、双极刀开关和三极刀开关，刀开关的电气符号如图 2-52 所示。

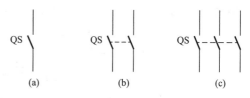

图 2-52 刀开关的电气符号
（a）单极刀开关；（b）双极刀开关；
（c）三极刀开关

刀开关的主要技术参数有：

1）额定电压，刀开关在长期工作中能承受的最大电压称为额定电压。目前刀开关的额定电压一般为交流 500V 以下，直流 440V 以下。

2）额定电流，刀开关在合闸位置上允许长期通过的最大工作电流称为额定电流。小电流刀开关的额定电流有 10A、15A、20A、30A、60A 五级。大电流刀开关的额定电流一般分 100A、200A、400A、600A、1000A、1500A 六级。

3）分断能力，刀开关在额定电压下能可靠地分断的最大电流称为分断能力。一般刀开关只能分断额定电流值以下的电流；当刀开关与熔断器相配合时，刀开关的分断能力指与其相配合的熔丝或熔断器的分断能力。

4）操作次数是指刀开关的使用寿命。机械寿命是指在不带电的情况下所能达到的操作次数。电寿命是指在规定的工作条件下，刀开关不需修理和不更换零件能承受的有载操作次数。

5）电动稳定性电流，刀开关在一定短路电流峰值所产生电动力作用下不产生刀开关变形、破坏或触刀自动弹出现象时，此短路电流峰值就是刀开关的电动稳定性电流。通常，刀开关的电动稳定性电流为其额定电流的数十倍。

6）热稳定电流，发生短路事故时，若刀开关能在一定时间（一般为1s）内通以某一最大短路电流，并不会因温度急剧升高而发生熔焊现象，此短路电流即为刀开关的热稳定电流。通常，刀开关的1s热稳定性电流为其额定电流的数十倍。

2.7 低压断路器

低压断路器，也被称为自动开关。在功能上，它相当于刀闸开关、热继电器、过电流继电器和欠电压继电器的组合，能有效地对负载电路进行过载、短路和欠电压保护，也可以用来不频繁地分、合电路。由于它的动作值可以调整，动作后也不需要更换零部件，因此被广泛用于电气拖动系统和低压供配电系统中。

低压断路器的种类很多，按用途分有保护配电线路用、保护电动机用、保护照明负载用和漏电保护用断路器。按结构形式分有框架式（又称万能式）和装置式（又称塑壳式）断路器；按极数分有单极、双极、三极和四极断路器；按限流性能分有普通不限流和限流式断路器；按操作方式分有手柄操作式、杠杆操作式、电磁铁操作式和电动机操作式断路器。

2.7.1 低压断路器的结构及主要参数

1. 低压断路器的结构及工作原理

图2-53是低压断路器原理图与图形符号。低压断路器有三个基本组成部分：

1）主触点和灭弧系统。主触点是低压断路器的执行元件，用于通断主电路。为了增强触点的分断能力，在主触点处设有灭弧装置。

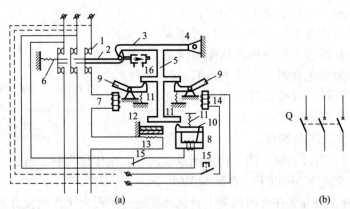

图 2-53 低压断路器原理图与图形符号

（a）低压断路器原理图；（b）图形符号

1-主触点；2-锁键；3-搭钩（自由脱扣机构）；4-转轴；5-杠杆；6-复位弹簧；7-过电流脱扣器；
8-欠电压脱扣器；9，10-衔铁；11-弹簧；12-热脱扣器双金属片；13-热脱扣器热元件；
14-分励脱扣器；15-按钮；16-电磁铁

2）操作机构和自由脱扣机构。是断路器的机械传动部件，低压断路器的电动合闸是由电磁铁或电动机操作机构完成的，分交流操作和直流操作机构两种。自由脱扣机构的作用是根据脱扣器传来的脱扣信号实现低压断路器的自动跳闸。除电动合闸外，低压断路器还可以手动合闸。

3）脱扣器。各类脱扣器是断路器的感测元件，当线路出现故障时，相应的脱扣器接收信号动作，经自由脱扣机构使断路器的主触点分断，对电路实行保护。

（1）分励脱扣器，分励脱扣器是对断路器进行远距离分闸操作的装置。

（2）欠电压脱扣器，欠电压脱扣器的线圈并联于被控线路，线路电压正常时，衔铁吸合；当线路电压降低至欠压脱扣器的释放值时，衔铁释放，推动自由脱扣机构使断路器跳闸，进行欠电压保护。

（3）过电流脱扣器，其保护原理类似于过电流继电器。过电流脱扣器的线圈串联于被控负载电路，线路电流正常时，衔铁不吸合；当线路过载，电流升至过电流脱扣器的吸合整定值时，衔铁吸合，推动自由脱扣机构使断路器跳闸，进行过电流保护。过电流脱扣器的整定值通常也称为断路器瞬动（或短延时）整定电流值，对应于电路的短路保护。

（4）过载脱扣器（过载长延时脱扣器）其保护原理类似于热继电器。当电路出现过载，使双金属片变形加剧，推动自由脱扣机构，使断路器跳闸，对线路进行过载保护。过载脱扣器的整定电流值通常称为断路器的长延时整定电流，对应于电路的过载保护。

必须指出的是：不同功能、不同型号的低压断路器分别具有不同的脱扣器。使用时，应根据线路保护要求选择其型号并进行整定。

如图 2-53（a）所示，线路过电流时，衔铁 9 吸合；欠电压时，衔铁 10 释放；过载时，热脱扣器双金属片 12 弯曲变形，三者均可通过杠杆 5 使得搭钩 3 脱开，由主触点 1 切断故障电路，实现过流、过载和欠压保护。

分励脱扣器 14 可由主电源或其他控制电源供电。当分励脱扣器线圈得电时，由杠杆 5 使断路器分闸。分励脱扣器可由操作人员指令（按钮 15 闭合）或其他信号得电。

2. 低压断路器的主要参数

低压断路器的主要参数如下：

1）断路器的额定电流

断路器的额定电流（I_n）是指脱扣器能长期通过的电流，也就是脱扣器的额定电流。对可调式脱扣器则为脱扣器可长期通过的最大电流。

断路器壳架等级额定电流（I_{nm}）是表示每一塑壳或框架所能装的最大脱扣器的额定电流，亦即过去所称的断路器的额定电流。这一值在断路器型号中表示。如 DZ20Y-100 中的 100 指壳架等级额定电流值。

2）断路器的额定电压

断路器的额定电压是指断路器在电路中长期工作时的允许电压，通常它等于或大于电路的额定电压。

3）断路器的分断能力

断路器的分断能力是指断路器在规定的电压、频率及线路参数（交流电路为功率因数，直流电路为时间常数）下，所能正常分断的短路电流值。

4）断路器的分断时间

断路器的分断时间是指断路器切断故障电流所需要的时间，它包括固有断开时间和燃

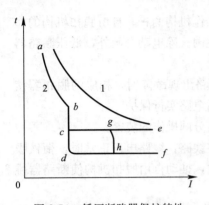

图 2-54　低压断路器保护特性
1-保护对象的发热特性；
2-低压断路器保护特性

弧时间两部分。

2.7.2　低压断路器的保护特性

低压断路器的保护特性主要指其过载和过电流保护特性。

为了起到良好的保护作用，低压断路器的保护特性应同被保护对象的允许发热特性匹配，即低压断路器保护特性应处于被保护对象的允许发热特性的下方，如图 2-54 所示。

为充分发挥电气设备的过载能力及尽可能小地缩小事故范围，低压断路器的保护特性还应具备选择性，即是分段的。在图 2-54 中，ab 段曲线为保护特性的过载保护部分，它是反时限的；df 段是保护特性的短路保护部分，是瞬动的；ce 段是定时限延时动作部分，只要故障电流超过与 c 点相对应的电流值，过电流脱扣器即经一段短延时后动作，切除故障回路。

低断路器的保护特性有 2 段式和 3 段式两种，其中 2 段式有过载延时和短路瞬时动作（如图 2-54 中曲线 $abdf$ 段）及过载延时和短路短延时动作（如曲线 $abce$ 段）等两类；前者用于末端支路负载的保护，后者用于支干线配电保护。3 段式保护曲线如图中 $abcghf$ 段，分别对应于过载延时、短路短延时和大短路瞬保护，适用于供配电线路中的级间配合调整。

2.7.3　低压断路器的选用

1. 一般选用原则

1）根据线路对保护的要求确定断路器的类型和保护形式——确定选用框架式、装置式或限流式等。一般而言，框架式断路器对短路电流的分断能力较装置式的大，体积也较大。

通常，支线负荷采用非选择型 2 段式保护（过载延时和短路瞬时保护），多选用装置式断路器；支干线选用过载延时和短路短延时保护，可采用非选择型 2 段式，也可采用选择型 3 段式保护，视其级间配合要求而定；干线（电源首端）的保护为主保护，应本着减少故障范围和保护动作可靠的原则选用主断路器。

2）断路器的额定电压应等于或大于被保护线路的额定电压。

3）断路器欠压脱扣器额定电压应等于被保护线路的额定电压。

4）断路器的额定电流及过流脱扣器的额定电流应大于或等于被保护线路的计算电流。

5）断路器的极限分断能力应大于线路的最大短路电流的有效值。

6）配电线路中的上、下级断路器的保护特性应协调配合，下级的保护特性应位于上级保护特性的下方且不相交。

7）断路器的长延时脱扣电流应小于导线允许的持续电流。

2. 保护装置动作电流整定值的计算

1）变压器保护

（1）过载保护（长延时脱扣电流）的整定电流值为：

$$I_{cz} = K_X I_e \tag{2-10}$$

式中　I_e——变压器低压侧额定电流（A）；

K_X——可靠系数，考虑变压器的过载能力，K_X 一般取 $1\sim1.1$；

I_{cz}——低压断路器的长延时电流脱扣器整定电流（A）。

（2）过电流保护（短延时脱扣电流）的整定电流值为：

$$I_{dz}=K_k K_{Rh} I_e \tag{2-11}$$

式中　K_k——可靠系数，一般取 1，2；

　　　K_{Rh}——过载系数，根据可能出现的尖峰电流来决定，如无确定数据，一般取 $2\sim4$；

　　　I_{dz}——低压断路器短延时过电流脱扣器整定电流（A）。

短延时过电流脱扣器的时限由配电系统保护的级间配合需要决定。末端负载断路器脱扣器的时限为最短（瞬动），支干线、干线逐级升高，变压器侧为最长（0.2s 或 0.4s）。

2）配电线路的保护

（1）动力供电干线用断路器的动作电流整定

过载脱扣器（长延时过电流脱扣器）的动作电流整定值为：

$$I_{cz}=(0.8\sim1)I_Y \tag{2-12}$$

式中　I_Y——供电干线导线的允许持续电流（A）。

（2）过电流保护的动作电流整定

① 具有选择型的过电流脱扣器（3 段式保护特性）

短路短延时的动作电流整定值为：

$$I_{dz}\geqslant 1.1(I_{js}+1.35K_{qmax}I_{qmax}) \tag{2-13}$$

式中　I_{js}——干线计算电流（A）；

　　　I_{qmax}——干线中最大容量电动机的额定电流（A）；

　　　K_{qmax}——干线中最大容量电动机的启动电流倍数。

短延时的时间按被保护对象的热稳定性进行校验。

短路瞬动电流整定值为：

$$I_{dz}\geqslant 1.1I_d \tag{2-14}$$

式中　I_d——下级断路器进线端的短路电流（A）。

② 具有非选择型的过电流脱扣器（二段式保护特性）

短路瞬动电流整定值为：

$$I_{dz}\geqslant 1.1(I_{js}+K_1 K_{qmax}I_{qmax}) \tag{2-15}$$

式中　K_1——干线中最大容量电动机启动电流冲击系数，一般取 $1.7\sim2.0$。

（3）动力供电支线用断路器的动作电流整定

动力供电支线即为单台电动机的供电线路，所采用的断路器通常只具有非选择型过电流脱扣器，即过载脱扣器和短路瞬动脱扣器。

过载保护电流为（长延时脱扣器的整定电流）：

$$I_{cz}=K_k I_e \tag{2-16}$$

式中　K_k——可靠系数，考虑电动机的过载能力，一般取为 $1.05\sim1.1$；

　　　I_e——电动机的额定电流（A）。

短路瞬动保护电流（瞬动脱扣器的整定电流）为：

$$I_{dz}=(10\sim12)I_e \tag{2-17}$$

对于绕绕式异步电动机，$I_{dz}=(3\sim6)I_e$。

（4）照明供电线路用断路器的动作电流整定

过载保护电流为（长延时脱扣器的整定电流）：

$$I_{js} \leqslant I_{cz} \leqslant I_e \tag{2-18}$$

式中　I_{js}——照明供电线路的计算电流（A）；

　　　I_e——照明供电线路的允许持续电流（A）。

短路保护电流为（短延时或瞬动过电流脱扣器的整定电流）：

$$I_{dz} = (6 \sim 8)I_e \tag{2-19}$$

式中　I_e——照明供电线路的允许持续电流（A）。

（5）配电线路断路器电流整定值的级间配合

上、下级间的配合一般可认为：下一级脱扣器的整定值不大于上一级脱扣器整定值的50%～60%。配电线路的过载保护一般作为下一级线路过电流保护的后备保护。

2.8　漏电断路器

漏电断路器属于漏电保护器的一种，也被称为漏电开关，用于在低压配电系统中防止电击事故的发生，通常用于工作电压为交流 50Hz、220V/380V 电源中性点直接接地的供用电系统。

1. 漏电断路器的分类

常用的漏电断路器分为电压型和电流型两类。

电压型漏电断路器用于变压器中性点不接地的低压供用电系统，当出现漏电事故，如人身触电，零线对地出现一个比较高的电压，引起保护机构动作而断开电源。它是对整个配变低压网进行保护，缺点是不能分级保护，动作时停电范围大，动作频繁，因此，电压型漏电断路器已被逐渐淘汰。

电流型漏电断路器主要用于变压器中性点接地的低压配电系统。当出现漏电事故，由零序电流互感器检测出一个漏电电流，使保护机构动作而断开电源，是目前应用广泛的漏电断路器。

电流型漏电断路器与其他断路器一样接通或断开电路，而且具有对漏电流检测和判断的功能，当电路发生漏电或绝缘破坏时，漏电断路器可根据判断结果接通或断开。

按照其功能，可分为以下几种类型：

1）只有漏电保护断电功能，使用时必须与熔断器、热继电器、过流继电器等保护元件配合。

2）具有漏电保护和过载保护功能。

3）具有漏电保护、过载、短路保护功能。

4）具有漏电保护和短路保护功能。

5）具有漏电保护、短路、过负荷、漏电、过压、欠压等功能。

按照其内部脱扣方式，可分为电磁型和电子型。

按照断路器的极数，可分为单极、2 极、3 极和 4 极。

2. 漏电断路器的分类

漏电断路器一般由 3 个主要部件组成：零序电流互感器，漏电脱扣器和开关装置。其中，零序电流互感器用来检测漏电流大小，漏电脱扣器将检测到的漏电流与预定基准值比较，从而判断断路器是否动作的，开关装置受漏电脱扣器控制，实现接通或分断被保护的电路。

1）电磁式漏电断路器

电磁式漏电断路器是把漏电电流直接通过漏电脱扣器来操作开关装置，它由开关装置、试验回路、电磁式漏电脱扣器和零序电流互感器组成，如图 2-55 所示。图中，QF 为断路器、TC 为零序电流互感器，S 为试验开关，R 为限流电阻。

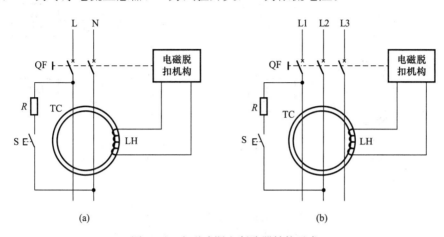

图 2-55　电磁式漏电断路器结构示意

（a）单相电磁漏电断路器；（b）三相电磁漏电断路器

如图 2-55（a）所示，断路器 QF 接通，单相电磁漏电断路器被接入电路，交流电源 L、N 的电流流经零序电流互感器 TC，正常状态下，它们的电流大小相等，方向相反，它们产生的磁场强度大小相等、方向相反，两个磁场相互抵消，因此穿过零序电流互感器 TC 的合成磁场强度为 0，线圈 LH 两端无电动势，此时电磁脱扣器中的线圈无电流流过，电磁脱扣器不动作。当与电磁漏电断路器连接的电路中因于某种原因（如：人体触电）而对地短接漏电时，由于部分电流流向大地，则流过漏电断路器两根导线的电流就会不相等，它们产生的磁场强度也不相等，因此不能完全抵消，在零序电流互感器 TC 中产生了电流，线圈 LH 由于电磁感应而输出电动势，使电磁脱扣器的线圈有电流流过，电磁脱扣器动作，断路器 QF 断开，切断电源。

为了在不漏电的情况下检验漏电断路器的漏电保护功能是否正常，漏电断路器一般设有测试按钮，如图 2-55 所示，当按下试验开关 S 时，L 和 N 通过限流电阻 R 接通，这样，流经零序电流互感器 TC 的两根导线上的电流不相等，电磁脱扣器动作，使断路器 QF 触点断开。

如图 2-55（b）所示的三相电磁漏电断路器工作原理与单相电磁漏电断路器相同。在电路正常工作时，无论三相负载电流是否平衡，通过零序电流互感器 TC 的三相电流相量和为零，线圈 LH 没有电流输出。当出现漏电事故时，漏电电流将会经过大地流回电源的中性点 N，此时，穿过零序电流互感器 TC 的三相电流的相量和不为零，线圈 LH 将感应出电流，此电流通过电磁脱扣器动作，低压断路器 QF 断开切断了 L1、L2、L3 供电。

2）电子式电流型漏电保护器

电子式电流型漏电断路器是把漏电电流经过电子放大线路放大后驱动漏电脱扣器动作，从而操作开关装置。

电子式电流型漏电断路器由开关装置、零序电流互感器、电子电路、电磁脱扣器以及试验电路组成，如图2-56所示。

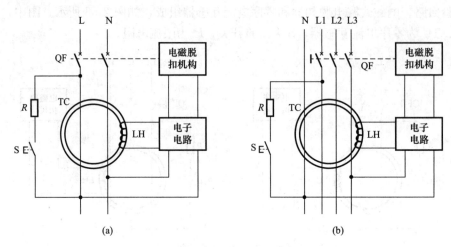

图 2-56　电磁式漏电断路器结构示意
(a) 单相电磁漏电断路器；(b) 三相电磁漏电断路器

电子式漏电断路器的工作原理与电磁式的基本相同，其区别在于：当漏电电流超过阈值时，使线圈 LH 感应的电流经电子电路模块放大能够驱动电磁脱扣器动作，切断供电电源。

需要指出的是，从图2-55、图2-56的分析过程可以看出，漏电断路器保护的交流供电电路，对于直流供电系统是不适用的。另外，漏电断路器是通过检测供电电路电流差异而动作的，而断路器是检测电流值是否超过其额定电流而动作的，两者不可相互替代。

漏电保护器的主要技术参数有：额定漏电动作电流、额定漏电动作时间、额定漏电不动作电流、电源频率、额定工作电压、额定工作电流等。

3. 漏电断路器的选用

漏电断路器的选择应注意以下几点：

1）漏电断路器的额定电压、电流应大于或等于线路设备的正常工作电压和电流；

2）线路应保护的漏电电流应小于或等于漏电断路器的规定漏电保护电流；

3）漏电断路器的极限通断能力应大于或等于电路最大短路电流；

4）其过载脱扣器的额定电流大于或等于线路的最大负载电流；

5）漏电断路器有较短的分断反应时间，能够起到保护线路和设备的作用。

2.9　主　令　电　器

主令电器是指用作闭合或断开控制电路以发出指令或作程序控制的开关电器。在控制系统中，主令电器是一种专门发布命令、直接或通过电磁式电器间接作用于控制电路的电器，不能用于分合主电路，它用来控制电力拖动系统中电动机的启动、停车、调速及制动等。它包括控制按钮、凸轮开关、行程开关、脚踏开关、接近开关、倒顺开关、紧急开关、钮子开关等。

2.9.1 控制按钮

控制按钮是一种结构简单、使用广泛的手动主令电器，它可以与接触器或继电器配合，对电动机实现远距离的自动控制，也可用于实现控制线路的电气联锁。

图 2-57 为复合控制按钮结构示意，图 2-58 为控制按钮的图形符号。如图 2-57 所示，复合控制按钮内有 2 对静触点和 1 对动触点。动触点和按钮帽通过连杆固定在一起，静触点固定在壳体上，引出 2 个接线端。其中 1 对静触点在非激励状态下处于闭合状态，称为常闭触点或者动断触点；另 1 对静触点在非激励状态下处于开启状态，称为常开触点或动合触点。

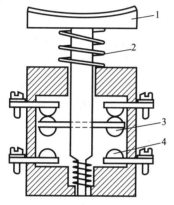

图 2-57　复合控制按钮结构示意
1-按钮帽；2-复位弹簧；3-动触点；4-静触点

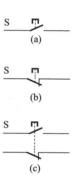

图 2-58　控制按钮的图形符号
（a）常开触点；（b）常闭触点；（c）复合触点

按下按钮时，先断开常闭触点，后接通常开触点；按钮释放后，在复位弹簧的作用下，按钮触点自动复位的先后顺序相反。通常，在无特殊说明的情况下，有触点电器的触点动作顺序均为"先断后合"。

在电气控制线路中，常开按钮常用来启动电动机，也称启动按钮，用符号"ST"表示；常闭按钮常用于控制电动机停车，也称停车按钮，用符号"STP"表示；复合按钮用于联锁控制电路中，其两对触头不能同时用作"启动按钮"和"停车按钮"。为了便于识别各个按钮的作用，通常按钮帽有不同的颜色，一般红色表示"停止"或"危险"情况下的操作；绿色表示"启动"或"接通"。急停按钮必须用红色蘑菇头按钮。

控制按钮的种类很多，在结构上有揿钮式、钥匙式、旋钮式、旋柄式、蘑菇头式、自锁式、自复位式、带灯式和打碎玻璃按钮等。其中打碎玻璃按钮用于控制消防水泵或报警系统，在正常情况下，按钮触点被玻璃罩压下，处于受激励状态。有紧急情况时，可用敲击锤打碎按钮玻璃，使按钮内触点状态翻转复位，发出启动或报警信号。

控制按钮选择的主要依据是使用场所、所需要的触点数量、种类及颜色。

1）按使用场合的不同和具体的用途：根据使用场合选择按钮的种类，如防护形式、防水、防腐蚀等；根据用途选择用合适的形式，如旋钮式、钥匙式、紧急式、带灯式等。

如在电梯中，使用带指示灯式按钮，开停梯使用带钥匙式按钮。

2）按工作状态、指示和工作情况的要求选择按钮和指示灯的颜色，用于表示"启动"或"通电"的用绿色，表示"停止"的用红色。

2.9.2 行程开关

行程开关又称限位开关，用于控制机械设备的行程及限位保护。在实际工作中，将行程开关安装在预先安排的位置，当安装在生产机械运动部件上的模块撞击行程开关时，行程开关的触点动作，实现电路的切换。因此行程开关是一种根据运动部件的行程位置而切换电路的电器，它的作用原理与按钮类似。

行程开关广泛用于各类机床和起重机械，用以控制其行程或进行终端限位保护。在电梯控制电路中，利用行程开关来控制开关轿（厅）门的速度及自动开、关门的限位，轿厢的上、下限位保护也是由行程开关实现的。

行程开关按其结构，行程开关可分为直动式、滚轮式和微动式，行程开关的图形符号如图 2-59 所示。其中"◿"为行程开关的限定符号。

直动式行程开关结构原理如图 2-60 所示，其动作原理与按钮开关相同，当被控机械上的撞块压下推杆 2 时，复位弹簧 3 被压缩变形，动触点 1 与静触点 4 分开，行程开关的常闭触点断开，当动触点 1 与静触点 5 接触时，其常开触点闭合。当撞块离开推杆 2 时，在复位弹簧 3 的作用下，动触点 1 与静触点 5 分开，随后静触点 4 接触，行程开关复位。行程开关触点的分合速度取决于生产机械的运行速度，不宜用于速度低于 0.4m/min 的场所。

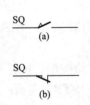

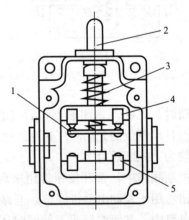

图 2-59　行程开关的图形符号
(a) 常开触点；(b) 常闭触点

图 2-60　直动式行程开关结构原理
1-动触点；2-推杆；3-复位弹簧；4、5-静触点

图 2-61 所示的是滚轮式行程开关结构。当被控机械上的触碰机构接触到滚轮 1 时，杠杆 2 连同转轴 3、凸轮 4 一起转动，凸轮将推块 5 压下，同时复位弹簧 8 随之压缩变形，当推块 5 被压至一定位置时，它推动微动开关 7 动作，使其常闭触头断开、常开触头闭合；当滚轮上的触碰机构离开后，复位弹簧 8 就使行程开关各部件恢复到原始位置。滚轮式行程开关触点的分合速度不受生产机械运动速度的影响，但其结构较为复杂。

微动行程开关种类很多，内部结构差别较大。通常根据其按压方式分类，有按钮式、簧片滚轮式、杠杆滚轮式、短动臂式、长动臂式等形式。图 2-62 所示的是微动行程开关结构示意（短动臂式）。其工作原理如下：当被控机械上的触碰机构触压到驱动杆 1 时，驱动杆 1 将外部的推力通过推杆 2 传递到弹簧 9 上，弹簧 9 产生拉力，使动触点 4 下移脱离静触点 3，行程开关的常闭触点断开。当驱动杆 1 把推杆 2 压至一定位置时，动触点 4 下移脱离静触点 5 接触，行程开关的常开触点闭合。当触碰机构离开驱动杆 1 后，推杆 2 的压力撤除，弹簧 9 使动触点恢复到原始位置。

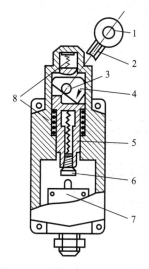

图 2-61　滚轮式行程开关结构

1-滚轮；2-杠杆；3-转轴；4-凸轮；

5-推块；6-调节螺钉；

7-微动开关；8-复位弹簧

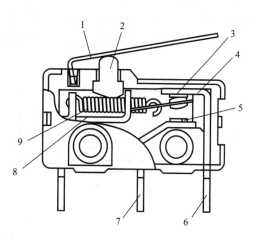

图 2-62　微动行程开关结构示意（短动臂式）

1-驱动杆；2-推杆；3-常闭触点（静触点）；4-动触点；

5-常开触点（静触点）；6-常闭接线端；

7-常开接线端；8-支架；9-弹簧

微动式行程开关动作灵敏，触点换切不受下压速度的影响，但由于允许的极限行程较小，开关的结构强度不高，因而使用时应特别注意行程和压力的大小。

2.9.3　接近开关

1. 接近开关的定义与分类

接近开关是一种与运动部件无机械接触而能动作的位置开关。它采用无接触方式，既有行程开关的特性，又有检测传感的性能，频率响应快，应用寿命长，抗干扰能力强。

按照感应方式，接近开关可分为电感式、电容式、超声波式、光电式、无源式等；按安装形式可分为埋入式、非埋入式；按照其结构形式可分为圆柱形、方形截面长方体、矩形截面长方体、凹槽形、穿孔形等；按照其信号输出形式可分为 PNP 输出、NPN 输出；按照其信号出线的多少可分为 2 线制、3 线制和 4 线制。接近开关的一般符号如图 2-63 所示。

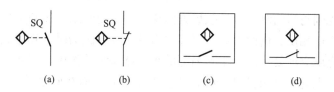

图 2-63　接近开关的一般符号

（a）常开触点；（b）常闭触点；（c）常开输出的接近开关；（d）常闭输出的接近开关

接近开关的主要技术参数包括额定工作电压、结构形式、动作距离范围、动作频率、响应时间、重复精度、输出形式及输出触点的容量等。

2. 无源接近开关

无源接近开关不需要电源，通过磁感应控制开关闭合，这类开关种类较多，如在建筑电气领域，常见的有门磁开关、干簧管传感器、双稳态开关等。

门磁开关是用来探测门、窗、抽屉等是否被打开或移动，如图 2-64 所示。它由两部分组成：一部分为永磁体，用来产生恒定的磁场，另一部分为干簧管。干簧管部分安装在门内侧的门框上方或边上，永磁体安装在运动的门上，两者分开或接近至一定距离（5mm）后，引起簧片开关的通断从而感应物体位置的变化。

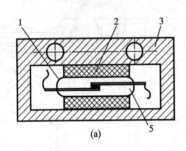 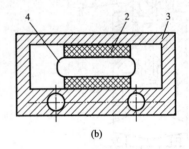

图 2-64　门磁开关

（a）干簧管部分；（b）小磁体部分

1-干簧管；2-定位弹性体；3-外壳；4-永久磁铁块；5-干簧管簧片

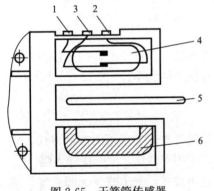

图 2-65　干簧管传感器

1-常闭触点；2-转换触点；

3-常开触点；4-干簧管；

5-隔磁板；6-永久磁铁

图 2-65 为干簧管传感器。隔磁板 5 或接近开关被安装在被测对象上，二者做相对运动。当隔磁板 5 未插入凹形槽内时，在永久磁铁 6 磁场作用下，干簧管 4 的动触点向上运动，转换触点 2 与常开触点 3 接触形成通路；当隔磁板 5 插入凹形槽时，在磁场磁通经隔磁板 5 短路，干簧管 4 无磁场作用，其动触点因弹性复位，转换触点 2 与常闭触点 1 接通。这样在常闭触点 1、转换触点 2、常开触点 3 之间就形成了信号的切换。

如图 2-66 所示的是双稳态开关。在没有受到外界磁场影响时，干簧管 1 中的触点状态取决于小磁体 3（维持状态磁块）的磁场强度，外部磁场来自小磁块或磁豆 2（图 2-67）。在下面两个条件下触点的状态发生翻转：①受到与当前触点所处磁场方向相反的磁场作用。②开关的运动方向与原来触点所处的运动方向相反。由此可见，当开关附近有外部磁场时，其触点动作，外部磁场一旦撤销，其触点就立即复位。由于其内部的小磁体起维持作用，因此当前开关状态能够保持，当开关具备上述两个条件之一时，才会发生翻转，而在此之前一直保持当前状态，即双稳态。

如图 2-68 所示，假设开关内部干簧管触点为断开状态时，在图 2-68（a）中，磁豆 S

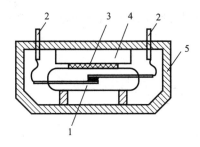

图 2-66　双稳态开关

1-干簧管；2-引出线；3-小磁体；

4-定位弹性体；5-壳体

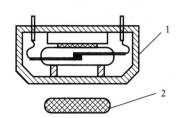

图 2-67　双稳态开关检测原理

1-双稳态开关；2-磁豆

极自左向右接近时，首先与开关的 S 极相遇，由于开关内、外的磁场方向相同，磁场强度增强，干簧管触点吸合；图 2-68（b）中，磁豆 S 极自右向左接近，先与开关的 N 极相遇，由于其磁场方向相反，磁场强度减弱，干簧管触点保持断开状态。

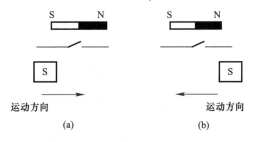

图 2-68　双稳态开关动作原理

3. 电感式接近开关

电感式接近开关也称为涡流式接近开关。图 2-69 是电感式接近开关的组成示意，它由高频振荡电路、检测电路和输出电路组成。这种接近开关所能检测的对象是金属物体，如铁、镍、铝、铜、不锈钢等。这种接近开关常见的结构形式有圆柱形、方形截面长方体、矩形截面长方体、凹槽形、穿孔形等。

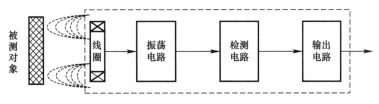

图 2-69　电感式接近开关的组成示意

如图 2-70 所示，接近开关工作时，由于其内部的高频振荡电路的作用，在接近开关的检测面产生了一个交变的高频磁场，当金属物体的检测对象靠近该检测面时，由于电磁感应，在金属检测对象内部就会产生感应电流——涡电流。涡流吸收了振荡器的能量，引起振荡电路的负载加大，使高频振荡器的振荡减弱以至停振。检测电路检测振荡器的振荡及停振这 2 种状态，并对其检波、整形、放大，最后以开关信号形式经输出电路功率放大之后输出。

　　高频振荡器的信号幅值变化的程度随被检测金属种类的不同而不同，因此检测距离随检测对象的金属种类不同而不同。

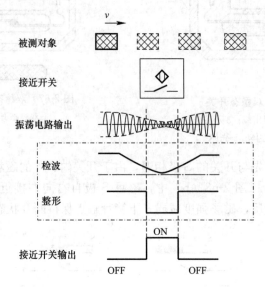

图 2-70　接近开关检测原理

　　常见的电感式接近开关输出形式有：二线制 NPN 型输出、三线制 NPN 型输出、四线制 NPN 型输出、二线制 PNP 型输出、三线制 PNP 型输出、四线制 PNP 型输出、直流二线制输出、交流二线制输出等。图 2-71 为电感式接近开关典型输出形式的接线原理，SQ 为接近开关，KA、KA1、KA2 为中间继电器，图 2-71（a）～（d）为常开触点输出，图 2-68（e）～（f）具有一对常开触点和常闭触点输出。其他形式的接线方法，请读者查阅相关产品说明书或样本。

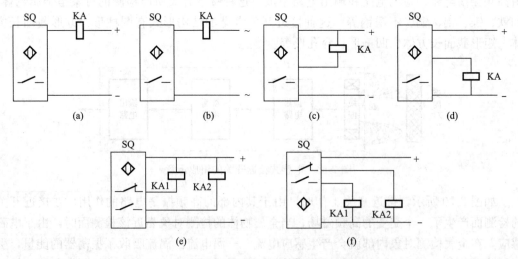

图 2-71　电感式接近开关典型输出形式的接线原理
(a) 直流二线制；(b) 交流二线制；(c) 三线制 NPN 型；(d) 三线制 PNP 型；
(e) 四线制 NPN 型；(f) 四线制 PNP 型

4. 电容式接近开关

图 2-72 为电容式接近开关的组成示意。它由振荡电路、检测电路和输出电路构成，不同于电感式接近开关，它的振荡器是由被测对象与检测面构成的电容与其内部的振荡电路构成的，即被测对象是一个电容的极板，另一个极板是接近开关的检测面，构成一个"开放"的电容器。电源接通时，如果检测对象没有靠近接近开关，振荡器中等效电容较小，振荡器不振荡。当检测目标靠近接近开关时，等效电容增大，当其达到一定电容值时，振荡器开始振荡，并输出高频振荡信号，该信号经对检波、整形、放大，并转换为开关信号形式，再经输出电路功率放大之后输出。检测电路是通过把振荡器的停止振荡和振荡两种状态转换成开关信号来实现检测有无物体存在的。

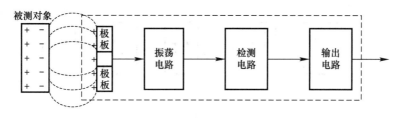

图 2-72　电容式接近开关的组成示意

这种接近开关常见的结构形式一般为圆柱形和方形截面长方体。当有物体移向接近开关时，不论是导体，还是绝缘体，或者是半导体，总会使电容的介电常数发生变化，从而使电容的容量发生变化，因此这种接近开关既能用于检测金属物体，也能检测非金属物体，如液体、粉状物、塑料、烟草等。

图 2-73 所示的是动作距离与被测物的材料、性质、尺寸的关系。当被测物是导电的金属物体时，即使两者的距离较远，但等效电容较大，振荡器易起振，灵敏度依然较高。

另外，被测物体的面积也对其灵敏度有较大的影响，若被测物体的面积小于电容式接近开关直径的 2 倍时，灵敏度会显著降低。

对于非金属物体，例如：水、纸板、皮革、塑料陶瓷、玻璃、砂石、粮食等，动作距离决定于材料的介电常数、电导率以及被测物体的面积。介电常数大且导电性能较好的物体

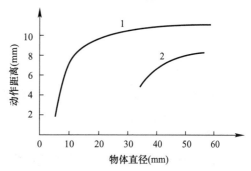

图 2-73　动作距离与被测物的材料、
性质、尺寸的关系
1-金属物体；2-含水物体

（含水的有机物、人的手等），动作距离略小于金属物体；含水量越小，面积越小，动作距离也越小，灵敏度就越低。介质损耗小的物体灵敏度也低，如尼龙、聚四氟乙烯等。

同电感式接近开关相同，电容式接近开关输出形式有：二线制 NPN 型输出、三线制 NPN 型输出、四线制 NPN 型输出、二线制 PNP 型输出、三线制 PNP 型输出、四线制 PNP 型输出、直流二线制输出、交流二线制输出等。输出接线方法与电感式相同，不再表述。

5. 光电式接近开关

光电式接近开关也叫作光电开关，由发射器、接收器、检测电路、输出电路组成，如

图 2-74、图 2-75 所示。发射器发射可见光线、红外光、激光等类型的光束，光束投射到检测物体上，由接收器接收来自检测物体反射、透过检测物体，或被检测物体遮挡后的光，并感知光量变化，通过检测电路输出是否有检测物体的识别信号，最后经输出电路功率放大之后输出。

发射器发射的光束一般来源于半导体光源、发光二极管、激光二极管或红外发射二极管。光束以不间断方式的发射（图 2-74），或者以脉冲宽度调制方式发射（图 2-75）。接收器由光电二极管、光电三极管或者光电池组成。通常为了增强光接收的效果，在接收器的前面装有光学元件，如透镜等。其后的检测电路滤出有效信号，用于光电开关的放大输出。有的光电开关的结构元件中还含有发射板和光导纤维。

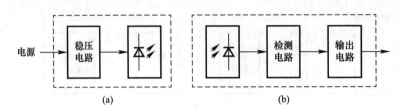

图 2-74　光束不间断方式发射的光电开关
（a）发射器；（b）接收器

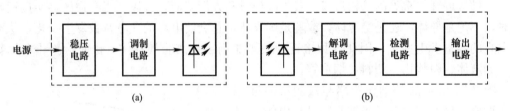

图 2-75　光束脉冲宽度调制发射的光电开关
（a）发射器；（b）接收器

根据检测方式的不同，光电开关有以下形式：

1）漫反射式光电开关

漫反射式光电开关是一种集发射器和接收器于一体的光电开关，当有被检测物体经过时，被检测物体表面将发射器发射的光束反射到接收器，如图 2-76 所示。这种光电无需调整光轴，如果被检测物体表面反射率高，也可检测透明体。另外，它也可以用来辨别颜色。

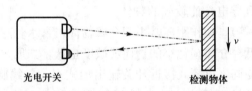

图 2-76　漫反射式光电开关检测原理

2）镜反射式光电开关

镜反射式光电开关是一种将反射板、发射器和接收器集于一体的光电开关，光束由反射板（镜）反射回接收器，如图 2-77 所示。反射板通常由小三角锥体阵列的反射材料组成，能够使光束准确地从反射板上反射。当被检测物体经过检测开关和反射板之间时，完全阻断了光束，光电开关输出有效信号。这种光电开关光轴调整容易。如果检测物体为不透明体，则检测与形状、颜色和材质无关。

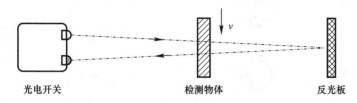

图 2-77　镜反射式光电开关检测原理

3）对射式光电开关

对射式光电开关由一对分离的发射器和接收器构成，发射器和接收器沿其光轴相对放置，检测物体从发射器和接收器之间穿过时阻断光束，光电开关输出有效信号，如图 2-78 所示。这种光电开关需要对准发射器和接收器沿的光轴。如果检测物体为不透明体，则检测与形状、颜色和材质无关，位置检测精度高。

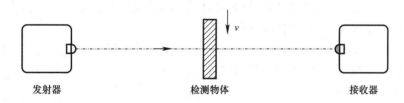

图 2-78　对射式光电开关检测原理

4）凹槽式光电开关

凹槽式光电开关也是由一对分离的发射器和接收器构成，发射器和接收器分别位于凹形槽的两边，并对准光轴。当检测物体经过凹形槽时阻断光束，光电开关输出有效信号，如图 2-79 所示。凹槽式光电开关可用于高速检测场合，也可用于分辨透明与半透明物体。

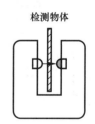

图 2-79　凹槽式光电
开关检测原理

5）光纤式光电开关

光纤式光电开关把光纤连到发射器光源，用它来引导光束。光纤由纤芯和折射率不同的金属包层构成。光束入射到纤芯时，会在与金属包层的边界面反复进行全反射，进入的光束穿过光纤内部从另一端发出，发出的光以一定的角度（约 $60°$）扩散，照射到检测物体上，实现检测物体不在相近区域的检测。

光纤式光电开关通常采用塑料型和玻璃型光纤。大多数光电开关采用塑料型光纤，这种光纤重量轻、低成本、不易弯曲。玻璃型光纤内芯是 $10\sim100\mu m$ 的玻璃纤维，包覆于不锈钢管内，适用于高温环境。

光纤光电开关有对射式和反射式形式。对射式有 2 根光纤：发射器光纤和接收器光纤。反射式为外观上是 1 根光纤，实际包含多条光纤，根据截面形式可以分为平行型、同轴型及分离型，见表 2-2。

反射式光纤光电开关截面类型 表 2-2

序号	类型	光缆截面	描述
1	平行型		2 根光纤
2	同轴型		中心为发射光纤，外围为接收光纤
3	分离型		内置数条玻璃纤维，被分割为发射光纤和接收光纤

光纤式光电开关可安装于机械的间隙或狭小空间内，可用于检测微小物体，检测不易受电磁干扰和环境因素的影响。

除了上述光电开关之外，还有识别物体颜色的光电开关——颜色传感器，它从发射器发射宽频谱波长的光后，接收器接收检测物体的反射光束，并检测红色、蓝色、绿色各色的受光量，通过受光比例识别物体的颜色。

光电开关的主要技术参数包括：检测距离、额定动作距离、回差距离（动作距离与复位距离之间的绝对值）、响应频率、检测方式等。

常见的输出形式与电感式、电容式接近开关基本相同。

6. 霍尔接近开关

当一块通有电流的金属或半导体薄片垂直地放在磁场中时，该薄片的两端就会产生电位差，这种现象就是霍尔效应。该电位差与通过电流和磁场强度呈正比，与薄片的厚度呈反比。霍尔元件就是以霍尔效应为原理的有源磁电转换器件，用于检测外部磁场强度的变化。霍尔接近开关是利用霍尔元件对磁场强度敏感特性而制作的检测开关。当磁体

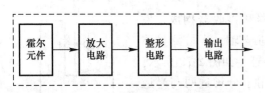

图 2-80 霍尔接近开关的组成示意

移近霍尔开关时，它附近的磁场强度就会发生变化，检测面上的霍尔元件的输出电压因霍尔效应而发生变化，该信号经放大、整形后转换为电平信号，通过输出电路控制开关的通断，如图 2-80 所示。这种接近开关的检测对象是磁性物体。

与电感式接近开关不同，霍尔接近开关是通过感知磁信号的有或无来检测物体位置的。

霍尔接近开关的检测原理如图 2-81 所示。霍尔式接近开关壳体的前端部通常装有圆片形的永久磁铁，N 极朝外。当导磁体（小磁体、铁磁板）靠近霍尔接近开关时，加强了穿过霍尔元件的磁场强度，当磁场强度超过设定值时，接近开关输出有效状态。

霍尔接近开关检测时，响应频率高，重复定位精度高，可用于油污、粉尘、振动和温差大的恶劣环境。除了用于位置检测，也可用其他非磁性物理量的检测，如电动机转速、角速度、角度等。它的输出形式与电感式、电容式、光电式接近开关基本相同。

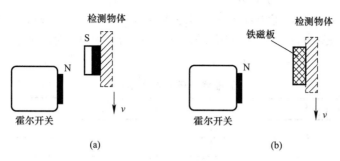

图 2-81 霍尔接近开关的检测原理

(a) 导磁体为小磁体；(b) 导磁体为铁磁板

7. 其他形式的接近开关

热释电式接近开关是一种感知检测物体红外光线强度的检测开关，也称为热释电传感器。它的核心是热释电探测元件，它是在热释电晶体的两面镀上金属电极后加电极化制成的，相当于一个以热释电晶体为电介质的平板电容器。当它受到非恒定强度的红外光照射时，产生的温度变化导致其表面电极的电荷密度发生改变，从而产生热释电电流。当热释电式接近开关检测有与环境温度不同的物体接近时，热释电元件的输出电流发生变化，由此可检测出有物体接近。这种开关常用于安全防范系统中。

当观察者或系统与波源的距离发生改变时，接收到波的频率会发生偏移，这种现象称为多普勒效应。当有物体移近时，接近开关接收到的反射信号会产生多普勒频移，由此可以识别出有无物体接近。超声波接近开关、微波接近开关就是利用多普勒效应制成的。

2.9.4　多挡式控制开关

1. 万能转换开关

万能转换开关是一种多挡式，控制多回路的主令电器，它由操作机构、定位装置和触点部件等三部分组成。

万能转换开关主要用于高压断路器操作机构的合闸与分闸控制、各种控制线路转换、电压表、电流表换相测量控制、配电装置线路的转换和遥控等。万能转换开关还可以用于直接控制小容量电动机的启动、调速和换向。

由于其触点的分合状态与操作手柄的位置有关，所以除在电路图中画出触点图形符号外，还应画出操作手柄与触点分合状态的关系。其表示方法有两种，一种是在电路图中画虚线表示操作手柄的位置，用虚线上的"·"表示触点在该挡位闭合；若虚线上无"·"则表示触点在该挡位打开，如图 2-82 所示。另一种方法是在触点图形符号上标出触点编号，再由触点闭合状态表来表示手柄处于不同位置时触点的分合状态，见表 2-3。在接通表用有无"×"表示操作手柄位于某挡时触点的接通和打开：有"×"表示触

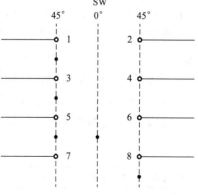

图 2-82　万能转换开关的图形符号

点在该挡闭合，无"×"表示打开。

根据图 2-82 知，当万能转换开关打向左 45°时，触点 1—2、触点 3—4、触点 5—6 闭合，触点 7—8 打开；打向 0°时，只有触点 5—6 闭合，右 45°时，触点 7—8 闭合，其余打开。

万能转换开关的触点闭合　　　　　　　　　　　　　表 2-3

触点编号		45°	0°	45°
—/—	1—2	×		
—/—	3—4	×		
—/—	5—6	×	×	
—/—	7—8			×

2. 主令控制器

主令控制器也是一种多挡式控制开关，适合于控制按顺序操作的多个控制回路。常配合由接触器、继电器构成的磁力控制屏对绕线式异步电动机的启动、制动、调速及换向实现远距离控制，广泛用于各类起重机械的拖动电动机的控制系统中。与万能转换开关相比，主令控制器的触点容量大，操纵挡位多。

配备万向轴承的主令控制器可将操纵手柄在纵横倾斜的任意方位上转动，以控制工作机械（如起重设备、电动行车）作上下、前后、左右等方向的运动。主令控制器还可组合成联动控制台，以实现多点多位控制，如起重设备上使用的联动操作台。

控制电路中，主令控制器触点的图形符号及操作手柄在不同位置时的触点分合状态表示方法与万能转换开关类似。

2.10 其他低压电器

1. 指示灯

指示灯常用于反映电路工作状态（如上电、断电）以及设备的工作状态（运行、停止、调试、故障）等，属于控制电路电器，也称为信号灯，指示灯的电气符号如图 2-83 所示。

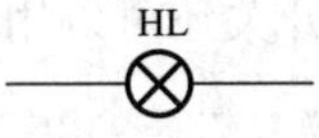

图 2-83 指示灯的电气符号

按供电电源不同，指示灯可分为交流指示灯和直流指示灯。指示灯的交、直流额定工作电压常见的有 6V、12V、24V、24V、36V、48V、110V、220V 等，有些交流指示灯还采用 6.3V 和 380V 的额定工作电压。指示灯的光源通常为白炽灯和发光二极管（LED），颜色为红、黄、绿、蓝和白色。

在设备或过程运行时，控制系统通过点亮、熄灭指示灯传递光亮信息，以引起操作者注意，或指示操作者需要进行某种操作；或者通过光亮信息反映某个指令、某种状态、某些条件，或某类演变正在执行或已被执行。指示灯颜色含义见表 2-4。

指示灯颜色含义　　　　　　　　　　　　　表 2-4

序号	颜色	人身或操作环境的安全	过程状况	设备状态	说明	举例
1	红	危险	紧急	紧急	有危险或须立即采取行动	温度超限；越过极限位置停机

续表

序号	颜色	人身或操作环境的安全	过程状况	设备状态	说明	举例
2	黄	警告、注意	异常	异常	情况有变化，或即将发生变化	温度异常；压力异常
3	绿	安全	正常	正常	正常或允许进行	系统运行正常；机器准备启动
4	蓝	按需要指定用意	按需要指定用意	按需要指定用意	除红、黄、绿三色之外的任何指定用意	遥控指示；模式选择
5	白	无特定用意	无特定用意	无特定用意	任何用意。如不能确切地用红、黄、绿时	已确认；准备好

有时，为了进一步引起操作者的注意，指示灯也采用闪烁模式，可通过控制指示灯亮与灭的时间比来表示某一事件的严重程度。有的场合与蜂鸣器、报警器等发声电器联合使用，实现声光报警要求。

另外，有一种指示灯与按钮开关一体化的电器——灯光按钮开关，或者称为带灯按钮开关，它由开关模块和指示灯模块组合而成，可通过按钮上的指示灯的亮光来提示操作者下一步需要按压该按钮；或者按压按钮后，按钮上的灯亮，以反映某个指令已被执行，执行完成后，指示灯熄灭。

2. 控制变压器

控制变压器是一种干式变压器，它把一种电压的交流电变换为同频的另一种电压的交流电。控制变压器主要用于交流电压 1000V 及以下电路中，在额定负载下可连续长期工作，常用作局部照明电源、信号灯或指示灯电源，或作为控制电路电源。控制变压器图形符号如图 2-84 所示。

控制变压器的主要参数包括：额定容量（VA）、电压比（输入额定工作电压/输出额定工作电压）、绕组数目、效率、绝缘电阻、绝缘等级、过载能力等。

3. 直流电源

直流电源把交流电变换直流电，常用作可编程控制器、传感器、信号灯或指示灯电源，或作为直流控制电路电源。直流电源通常由以下途径获取：（1）通过整流滤波电路把交流电转换为直流电；（2）通过选用电源模块（如：开关电源）得到所需的直流电源；（3）把一种电压的直流电通过逆变电路转换为所需的直流电压。前两种方法较为常见。直流电源如图 2-85 所示。

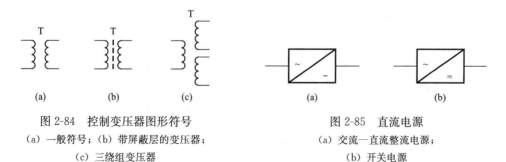

图 2-84　控制变压器图形符号
(a) 一般符号；(b) 带屏蔽层的变压器；
(c) 三绕组变压器

图 2-85　直流电源
(a) 交流—直流整流电源；
(b) 开关电源

直流电源的主要参数包括：电源输出功率（W）、输入额定电压、输出额定电压、输出额定电流、效率、纹波等。

4. 报警电器

报警电器用于电路或者设备出现状态变化或异常时通过声音、语音或音频信号来警示操作者。常见的报警电器有电铃、电笛、蜂鸣器、扬声器等。电铃有时用于设备启动前或将要停车的警示，当电铃响起，表示设备将要启动或停车，如自动扶梯；也用于设备出现异常的报警。电笛用于设备异常状态的示警。蜂鸣器和扬声器既可用于正常状态的提示，也可用于异常情况的提示。

除了上述电器外，还有电阻器、变阻器、电抗器等，它们常用于调节电路电流，电动机启动、制动与调速等；用于牵引、制动的各种电磁铁。

2.11 智能型低压电器

智能型低压电器目前还没有规范的定义。一般认为，智能型低压电器是指以微处理器或微控制器为核心，除具有传统低压电器的切换、控制、保护、检测、变换和调节功能外，还具有感知、保护、判断、执行、控制、通信功能的电子装置。

按照电器的功能，智能型低压电器可分为智能电器器件和智能装置设备。

1. 智能电器

智能电器是以微控制器核心，通过对线路参数的实时采集和处理，采用控制算法实现传统电器所具有的功能，同时具有显示、器件外部与内部故障诊断、信息存储记忆、状态监控、参数设置以及通信功能。常见的器件有：智能断路器、智能漏电断路器、智能接触器、智能继电器、智能时间继电器、智能计数器、可编程开关等。

图 2-86 所示的是智能漏电断路器原理，它由微控制器 MCU、零序电流互感器 TC、电流检测及放大电路、脱扣机构驱动电路、显示器和通信接口等组成。当电缆绝缘能力降低时，相间或相对地出现了漏电电流，在零序电流互感器 TC 测量线圈 LH 上感应零序电流，经放大电路放大后由 MCU 的 A/D 转换器转换，当零序电流超过设定阈值时，MCU 发出驱动脱扣命令，通过驱动电路驱动脱扣机构使断路器断开。LED 显示器用于显示漏电电流、脱扣时间等整定参数值及实时值。漏电断路器采用 RS-485 接口以 Modbus-RTU

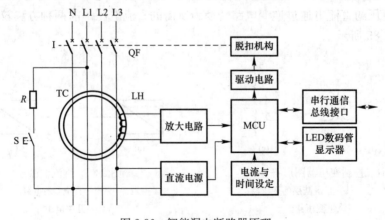

图 2-86 智能漏电断路器原理

通信协议与监控系统通信，设有 2 个编码器分别用于设定漏电电流和脱扣时间。

图 2-87 为智能断路器原理，它由微控制器 MCU、直流电源电路、三相电流测量传感器（TC1～TC3）测量及放大电路、三相电压互感器测量及放大电路、三相电流保护检测传感器（TC4～TC6）及放大电路、脱扣机构驱动电路、显示操作面板、断路器 QF 等组成。检测放大电路获取的电流、电压信号，经 MCU 内部的 A/D 转换器转换后，由 MCU 按照预先设计的程序进行处理，实现电量、功率、功率因数、谐波等计算，实时监测断路器状态，按照控制策略对脱扣器进行控制，并可通过通信接口与上一级监控系统进行数据传输。显示操作面板用于参数设置、显示、事件查询等，除了显示电压、电流和电能外，还可显示断路器状态、断路器故障信息、事件记录和谐波等。

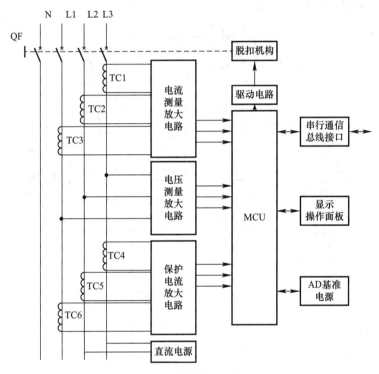

图 2-87　智能断路器原理

由于可以实时测量线路的电流、电压等参量，这种断路器可识别判断线路的短路、过载、漏电、电压失压、过压、缺相、闪变、谐波、人为分闸、手动脱扣、远程分闸和试验跳闸等故障。也有智能断路器产品在其内部用温度传感器检测母线温度，结合母线电流、电压判断用电系统故障。

通常智能断路器具有自诊断功能，可对其线路板温度、电子元件故障、断路器本体寿命以及自身运行时间实时统计。

智能低压断路器是在电流互感器（CT，Current Transformer）和电压互感器（PT，Potential Transformer）测量电参数基础上实现过载保护的，因此在速动性、可靠性和安全性等方面都远远优于传统的热磁式断路器。

图 2-88 是智能交流接触器原理，由微控制器 MCU、电流/电压/温度信号采集及放大电路、线圈检测与控制电路、显示及报警电路和电源等组成，可对开关触头机构、电磁机

构相关参数进行采样和处理，并根据预先设定的动作程序，发出相应的控制指令，实现对交流接触器吸合、吸持和分断的过程控制。图 2-88 中，QF 为低压断路器，用于分断交流电源，KM 为交流接触器，FL 为分流器，MCU 为微控制器。除了具有传统交流接触器的基本功能之外，还具有线圈电压自动控制、运行状态监测、故障自诊断及故障定位等功能。它以微控制器（MCU）为核心，一方面接收外部控制指令，控制接触器的接通和断开，另一方面通过电流、电压、温度等传感器采集接触器及线路的参数，经其控制程序处理分析后，判断接触器及线路是否正常。

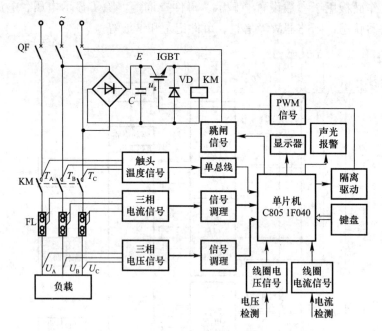

图 2-88　智能交流接触器原理

供电正常时，相电压为 220V，线电压为 380V。MCU 监测负载各相电压，来判断是否过压、欠压及缺相，并作相应处理：

1）若缺相，立即封锁 PWM 信号，接触器断开并发出故障信息。

2）若欠压，发出故障报警及显示实际电压；当欠电压超过允许范围或欠压时间超过允许范围时，接触器断开。

MCU 监测负载电流，判断是否处于过载运行，如果过载，给出报警，当过载时间超过允许范围，接触器断开，并发出过载故障信息。

MCU 监测接触器触头温度及负载端电压，判断触头接触是否良好、接触电阻是否过大。若检测到负载端电压低于正常值并且触头温度过高，发出触头接触不良故障报警，使工作人员在设备停止运转时及时进行检修。若已经发出线圈断开信息，但 MCU 依然能检测到负载电流，则说明主触头熔焊或者机械故障，立即发出跳闸信号，切断级低压断路器，同时给出故障报警。

接触器线圈采用直流供电，交流电经过整流后，通过降压斩波电路加到线圈上，改变开关元件 IGBT 驱动信号 U_g 的脉冲宽度，即可改变线圈上的电压。

2. 智能设备

在《低压开关设备和控制设备　第 1 部分：总则》GB/T 14048.1—2023 中，控制设备被定义为用来控制受电设备的开关电器以及这些开关电器和相关联的控制、检测、保护及调节设备的组合的通称。

智能控制设备是指以微控制器为核心，可控制受电设备的开关电器，实现对开关电器及其相关联的控制、检测、保护及调节，具有计算处理能力的设备或装置。这种设备具有可编程、故障自诊断、信息存储、状态与数据显示、参数设置以及通信功能。常见设备有：可编程序控制器、变频器、伺服电动机驱动器、步进电动机驱动器、软启动器、远程 I/O 模块等。

思考题与习题

2-1　简述低压电器的定义。

2-2　配电电器和控制电器有什么区别？

2-3　低压电器按操作方式可以分成哪几类？各有什么特点？

2-4　电磁式电器和非电量控制电器有什么区别？

2-5　简述低压电器的作用。

2-6　简述电磁式低压电器的定义。

2-7　电磁式低压电器一般由哪几部分组成？

2-8　简述电磁式低压电器的工作原理。

2-9　电磁机构的吸力特性与哪些因素有关？说明它们对电磁吸力的影响？

2-10　直流电磁机构的电磁吸力特性有什么特点？

2-11　交流电磁机构的电磁吸力特性有什么特点？

2-12　简述电磁机构的反力特性。根据反力特性曲线说明气隙与反力特性之间的关系。

2-13　吸力特性与反力特性相配合原则是什么？根据吸力特性与反力特性的配合曲线说明吸力特性与反力特性配合原理。

2-14　为什么单相交流电磁机构衔铁会出现抖动现象？如何消除这种抖动现象？

2-15　交流电磁装置装设短路环的作用及原因是什么？

2-16　简述触点的作用。常见的触点有哪几种类型？

2-17　触点接触有哪几种形式？各有什么特点？

2-18　如何减小触点接触电阻？

2-19　电磁式低压电器中的电弧是怎样产生的？

2-20　电器中常用的灭弧方法有哪几种？

2-21　低压电器中常用的灭弧装置有哪几种？简述其工作原理。

2-22　简述接触器的作用。如何根据结构特征区分交流接触器与直流接触器？

2-23　简述接触器接通和分断能力的含义。

2-24　为什么接触器的铭牌上要标注使用类别？

2-25　在工程应用时，如何选用接触器？

2-26 电磁式接触器和电磁式继电器有什么区别？

2-27 交流接触器运行过程中，有时线圈失电后衔铁仍不能释放，试分析故障原因。

2-28 交流电磁线圈误接入同等电压级别的直流电源，直流电磁线圈误接入同等电压级别的交流电源，分别会发生什么问题？

2-29 如何区分电压继电器和电流继电器？电压继电器与电流继电器各在电路中起什么作用？它们的线圈和触点各接于什么电路中？

2-30 常用的电磁式继电器有哪几种？

2-31 如何调节电压和电流继电器的返回系数？

2-32 过电压继电器和欠电压继电器在电路中起什么作用？如何整定过电压继电器和欠电压继电器？

2-33 过电流继电器和欠电流继电器在电路中起什么作用？如何整定电流继电器？

2-34 时间继电器在电路中起什么作用？常见的时间继电器有哪几种？

2-35 请比较电磁式时间继电器和空气阻尼式时间继电器的优缺点。

2-36 电子式时间继电器与电磁式时间继电器相比有哪些优点？

2-37 简述微控制器时间继电器与数字式时间继电器的特点。它们与模拟电子式时间继电器相比，有哪些优点？

2-38 中间继电器在控制电路中起什么作用？

2-39 常见的非电磁类继电器有哪些？

2-40 热继电器对电动机作何种保护？现有一台交流 380V、15kW、△形接法的异步电动机，请选择合适的过载保护所需要的热继电器。

2-41 热继电器在电路中起什么作用？简述其工作原理。

2-42 选用热继电器时，需要考虑哪些主要因素？

2-43 两台电动机能否共用一个热继电器作过载保护？为什么？

2-44 速度（转速）继电器在控制电路中起什么作用？

2-45 简述干簧继电器的工作原理。

2-46 固态继电器与电磁式继电器相比，有哪些不同？

2-47 固态继电器有哪几种形式？如何选用固态继电器？

2-48 相序继电器在电路中起什么作用？

2-49 查阅资料给出一种采用三相电流相序检测方法的相序继电器工作原理。

2-50 在电路中熔断器起什么作用？简述熔断器的保护特性。

2-51 在工程应用时，如何选用熔断器？

2-52 低压断路器在电路中起什么作用？简述其保护特性。

2-53 如何选择低压断路器？怎样实现干线断路器与支线断路器的级间配合？

2-54 低压断路器中常见脱扣器形式有哪几种形式？

2-55 在工程应用时，选择低压断路器时应考虑哪些方面？

2-56 保护装置动作电流整定值是如何计算的？

2-57 漏电断路器在电路中起什么作用？简述单相和三相漏电断路器的工作原理。

2-58 在配电电路中，是否可用漏电断路器代替低压断路器？为什么？

2-59 在工程应用时，怎样选择漏电断路器？

2-60 什么是主令电器？这种电器在电路中起什么作用？

2-61 行程开关与接近开关在电路中起什么作用？它们各自有什么优缺点？

2-62 接近开关有哪几种形式？

2-63 电感式接近开关和电容式接近开关在应用上有什么不同？

2-64 光电式开关有哪几种常见形式？各有什么特点？

2-65 智能型低压电器与普通的低压电器有什么不同？

第 3 章　继电接触控制系统的组成规律及典型控制环节

本章学习目标

(1) 熟悉电气控制线路的绘图规则及常用符号。

(2) 掌握电气控制线路的基本规律。

(3) 掌握电动机拖动系统的常用典型控制方法和控制电路的工作原理。

(4) 熟悉电气控制系统电器安装布置及接线图表示方法。

由各种有触点的接触器、继电器、按钮、行程开关等低压控制电器组成的电气控制线路被称为继电器—接触器控制线路，也称为继电—接触控制线路，具有线路简单、维修方便、便于操作、价格低廉等优点，广泛用于各种工业领域的机械设备和生产过程的电气控制中。

电气控制线路必须首先满足生产工艺和拖动装置的要求，因此实际控制线路是各种各样的。但任何复杂的控制线路，都是由一些比较简单的基本控制环节组合而成的，都遵循一定的控制原则和规律。因此本章着重阐明组成这些线路的基本规律和典型控制环节，再结合具体的生产工艺及控制要求，便于阅读和设计控制线路。

3.1　电气控制线路的绘图规则及常用符号

为了表达电气控制系统的结构、原理等设计意图，同时也为了便于电器元件的安装、调试、使用和维修，将各种电器元件用一定的符号表示，并按各元件的动作顺序绘制成为电气控制原理图。

电气控制线路应本着简单易懂、分析方便的原则，采用国家标准规定的文字及图形符号进行绘制。根据电路中流过电流的大小，电气控制线路可分为主电路和控制电路。电动机、电磁制动器等通过大电流的电路叫主电路；接触器线圈及联锁电路、保护电路、信号电路等通过小电流的电路叫控制电路。

电气控制线路的表示方法有两种：原理图和安装图。原理图是根据工作原理，采用规定图形符号绘制的，这种线路便于分析线路工作原理。安装图是按照电器元件的实际位置和实际接线，用规定的图形符号绘制而成。安装图又可以根据工艺分为位置布置图和接线图，布置图需要明确设备的各种尺寸和实际位置，绘制此类图纸需要尺寸比例。接线图是显示各种设备之间的连线信息，此类图纸无尺寸要求。

1. 绘制电气控制原理图应遵循的原则

1）电气控制系统内的全部带电部件，都应在原理图中表示出来。

2）电路或元件应按功能布置，并尽可能按照工作顺序排列。布图合理，疏密有致，排列均匀，便于读图。主、辅电路可水平布置，也可垂直布置。

3）为了突出或区分某些电路、功能等，导线符号、信号通路、连接线等可采用粗细不同的线条表示。

4）电器元件设备的可动部分应将非激励状态或不工作的位置绘出。

5）电气原理图中的所有图形符号应符合《电气简图用图形符号　第 1 部分：一般要求》GB/T 4728.1—2018 国家标准的规定。如果采用该标准中未规定的图形符号时，必须加以说明。当《电气简图用图形符号　第 1 部分：一般要求》GB/T 4728.1—2018 给出几种图形符号形式时，选用符号应遵循以下原则：尽可能采用优选形式；在满足需要的前提下，尽量采用最简单的形式；在同一张电气图上只能选用一种图形形式。

6）同一电器元件的不同部分，如接触器的线圈和触点，均采用同一种文字符号标明。同一类型的电器元件采用加数字编号的方法加以区别。如 KM1、KM2、KM3 表示 3 个独立的接触器。

2. 电气控制线路的符号

（1）图形符号

绘制电气控制线路图时，应采用现行国家标准《电气简图用图形符号》GB/T 4728.1～13 国家标准中规定的图形符号。

（2）文字符号

文字符号主要运用在以下场合：

第一，用于编制电气技术文件（包括绘制电气图）以及在电气设备、装置和基本件上或近旁标注，以说明它们的名称、功能、状态和特征等。例如，在一个接线端子旁标注"BU"和"WH"来说明导线的具体颜色属性。

第二，作为限定符号与一般图形符号组合使用，以补充表达符号的种类、功能、状态和特征等，或者派生出各种新的图形符号。如表 3-1 中测量继电器在一般线圈符号中填入不同文字符号，派生了新的测量传感器符号。

第三，对所确定的项目进行分类，作为项目代号中的种类代号，在各种电气图上进行标注。

文字符号一般可由字母代码、数字符号构成，如 K1，MB1 等。字母代码的选取应遵守国家标准《工业系统、装置与设备以及工业产品 结构原则与参照代号 第 2 部分：项目的分类与分类码》GB/T 5094.2—2018、《工业系统、装置与设备以及工业产品 信号代号》GB/T 16679—2009 的规定。字母代码优先采用单字母主类代码，只有当用单字母主类代码不能满足使用要求，需要将主类进一步划分时，可采用多字母子类代码，以便较详细和具体地表达电气设备、装置和元器件。表 3-1 列出了常用元器件电气图形符号与文字符号，表 3-2 列出了电气绘图常用的字母代码。

	常用元器件电气图形符号与文字符号		表 3-1
类别	名称	图形符号	文字符号
开关	手动动合开关	⊢--\	S
	手动动断触点开关	⊢--⌐	S

类别	名称	图形符号	文字符号
开关	手动双极开关		S
	手动三极开关		S
	自动复位的手动拉拔开关		S
	自动复位的手动按钮开关		S
	无自动复位的手动旋转开关		S
	具有动合触点且自动复位的蘑菇头式的应急按钮开关		S
	多位开关		S
	带动合触点的位置开关		S
	带动断触点的位置开关		S
断路器	单极断路器		Q
	三极断路器		Q
	接触器线圈		K
	接触器主动合触点		K
	接触器主动断触点		K
	接触器主动合触点		K
热继电器	热继电器驱动器件		K
	动断触点		K
	动合触点		K
中间继电器	继电器线圈		K
	动合触点		K
	动断触点		K

续表

类别	名称	图形符号	文字符号
时间继电器	缓慢吸合继电器线圈		K
	缓慢释放继电器线圈		K
	延时闭合的动合触点		K
	延时断开的动合触点		K
	延时断开的动断触点		K
	延时闭合的动断触点		K
电动机与发电机	电动机		M
	三相（鼠）笼式感应电动机		M
	三相绕线式转子感应电动机		M
	直流并励电动机		M
	直流串励电动机		M
	发电机		G
变压器	电抗器、线圈		C
	双绕组变压器		T
	绕组间有屏蔽的双绕组变压器		T
	一个绕组上有中间抽头的变压器		T
	可调变压器		T
	三绕组变压器		T

续表

类别	名称	图形符号	文字符号
电抗器	电抗器（扼流圈）		T
液位控制开关	动合触点		S
	动断触点		S
接近开关	接近传感器件		S
	接近开关		S
	铁控接近开关	Fe	S
	磁控接近开关		S
灯	指示灯、灯		P
音响信号装置	电喇叭、电铃、单击电铃、电动汽笛		P
	扬声器		P
熔断器	熔断器		F
测量继电器	过流继电器	I>	BC
	欠压继电器	U<	BA
	过压继电器	U>	BA
	断相故障检测继电器	m<3	BA
电能及电能转换	交流电源	~	GA
	直流电源、蓄电池		GB
	桥式全波整流器		T
	整流器		T
	逆变器		T
	直流/直流变换器		T
	变频器		T

续表

类别	名称	图形符号	文字符号
连接件	连接器的阴接触件（插座）	 ⎯(	X
	连接器的阳接触件（插头）	 ■⎯	X
	插头和插座	 ⎯(■	X

电气绘图常用的字母代码　　　　表 3-2

名称与含义	字母代码	名称与含义	字母代码	名称与含义	字母代码
测量继电器	B	电磁铁、驱动线圈	MB	直流电源中线	M
测量继电器（电压）	BA	信号灯	P	接地导体	E
电流互感器	BC	电铃、扬声器	PJ	保护导体	PE
流量开关	BF	电压表、电流表、转速表等	PG	电流转换器	CT
行程开关	BG	断路器、隔离开关	Q	三相交流设备的接线端	U，V，W
接近开关	BG	控制开关、按钮开关、选择开关	S	温度传感器	BT
液位传感器	BL	变压器、AC/DC 变换器、DC/DC 变换器	T	输入/输出模块	KF
压力传感器	BP	变频器	TA	高压	HV
电容器	C	整流器	TB	中压	MV
线圈	C	导体、电缆	W	低压	LV
加热元件	E	低压端子板、接线端子箱、插座	X	红色	RD
熔断器	F	交流电源第 1 相	L1	黄色	YE
发电机	G	交流电源第 2 相	L2	绿色	GN
电抗器	H	交流电源第 3 相	L3	蓝色	BU
继电器、接触器	K	中性线	N	白色	WH
可编程序控制器	KF	直流电源正极	L+	黑色	BK
电动机	M	直流电源负极	L−	灰色	GR

3.2　电气控制线路的基本规律

3.2.1　按联锁关系控制的规律

1. 自锁控制规律

容量不大的鼠笼式异步电动机通常采用直接启动方式，如图 3-1 所示，它是最简单的控制线路，是组成继电接触式控制线路的最基本环节，能对电动机的启动、制动进行自动控制，具有必要的保护环节，即可对线路实现短路、过载及失压保护。电路工作原理分析如下：

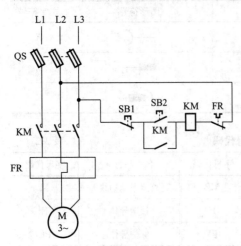

图 3-1　鼠笼式异步电动机启动、
保护、停止控制线路

1）启动电动机：合上刀熔开关 QS，按下启动按钮 SB2，接触器 KM 线圈得电，衔铁吸合并带动触点机构动作，主触点闭合使电动机接通电源启动运行，辅助触点闭合，用以在 SB2 按钮开关复位后仍维持接触器吸引线圈通电（这一作用称为"自锁"）。与启动按钮并联的辅助触点也被称作"自锁触点"。

自锁触点在控制线路中通常具备二重功能，即维持接触器线圈得电和实行零压（或失压）保护。其第一个功能可用带闭锁的开关代替，但失压保护功能任何开关无法取代。由于自锁触点的存在，当电网电压消失（例如停电）又重新恢复时，电动机及其拖动的运行机构不能自行启动。若想重新启动电动机，必须再次按下控制按钮 SB2，这样就避免了突然失电后又来电使电动机自启动所引起的意外事故。

2）正常停车：按下停车按钮 SB1，接触器线圈 KM 失电，其主触点断开，电动机脱离电网而停转，辅助触点打开，解除自锁。

辅助触点与启动按钮并联所构成的自锁电路也是电动机的失压保护环节。一般而言，采用控制按钮进行控制的电路，均由自锁电路构成失压保护环节。

线路的短路和过载保护是分别通过熔断器和热继电器实现的。线路发生短路故障时，刀熔开关内熔体熔化而切断主电路和控制电路；当线路发生过载或电动机单相运行时，热继电器的热元件检测到这一信号并推动触点机构，使得常闭触点打开，控制电路断开，接触器线圈 KM 失电，常开触点 KM 复位而切断主回路，使电动机停转。

2. 互锁控制规律

在生产实际过程中，各种机械常常要求具有上下、左右、前后等相反方向的运动，这就要求电动机能够正反向旋转。对于三相交流异步电动机，改变绕组通电的相序就可以实现电动机的正反转，这就需要 2 个接触器控制 2 组相序通断。如果直接将电动机正、反转接触器控制线路并联，会出现 2 组相序同时通电，将导致电源短路，如图 3-2（a）中虚线所示。为了避免正、反转接触器同时得电引起的电源短路，电动机正、反转接触器线圈之间应有一种联锁关系，使得两线圈在任意时刻不能同时得电。由图 3-2（a）电路可知，使KM1、KM2 不能同时得电的方法有两种：

1）电气联锁：将 KM1、KM2 的常闭触点互相串入对方的线圈电路中，则任一线圈先得电后，其常闭辅助触点动作而断开，使其所在的线路出现断点无法接通，保证了按下相反方向的按钮时，另一接触器线圈也无法得电，如图 3-2（b）所示。

2）机械联锁：采用复合按钮作为正反向的启动按钮，并把复合按钮的常闭触点分别串入对方接触器线圈电路中，这样欲使任一方向的接触器线圈得电，则必先断开另一方向接触器线圈电路。在实际控制线路中，为了更加可靠，在采用机械联锁的同时，也采用电气联锁，如图 3-2（c）所示。

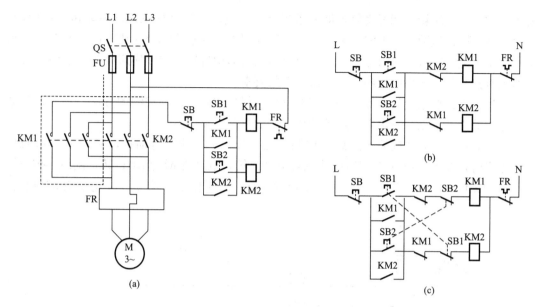

图 3-2　鼠笼式电动机正反转控制线路

（a）无机械及电气联锁；（b）具有电气联锁；（c）既有电气联锁，也有机械联锁

电气互锁规律：欲使两接触器不能同时工作，只需将两接触器的常闭触点互相串入对方的线圈电路中即可。

实际应用中，为了安装及检修方便，原理图中各元件的连接导线往往都要编号。辅助电路的编号方法是以接触器线圈、电磁铁线圈、继电器的电压线圈、信号灯等电压降落最大的元件作为分界点，左侧标奇数，右侧标偶数。主电路中的电器连接点一般用 1 个字母及 1 位或 2 位阿拉伯数字标注。图 3-3 为三相异步电动机的正反转控制电路。为使图面突出重点，在后面的典型控制电路中略去了编号。

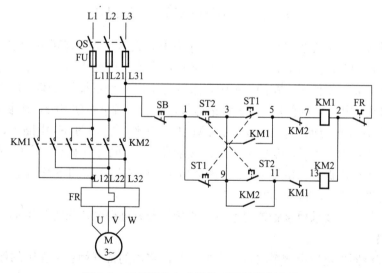

图 3-3　三相异步电动机的正反转控制电路

3. 按顺序工作时的联锁控制

生产实践中，常要求各运动部件之间能够实现按顺序工作。例如：车床主轴转动时，

要求主轴箱（齿轮箱）润滑良好，即要求保证润滑电动机启动后主拖动电动机方可启动；又例如在高层建筑的半集中式空调系统的电气控制中，要求冷却塔风机、冷却水泵、冷水泵和冷水机组依次按顺序启停；建筑工地上的皮带运输机按一定顺序启停等。这些即是被控对象对控制线路提出的按顺序工作或停车的要求。

通过对工艺要求及接触器工作原理的分析，得出按顺序启动控制的方法：将先行启动的接触器的常开辅助触点串入后启动的接触器的控制电路中。

图3-4为2台电动机的顺序启停控制线路，设 M1 为油泵电动机，M2 为主电动机。系统工作时，按下按钮 SB1，KM1 线圈得电并自锁，电动机 M1 启动运转，随后再按下按钮 SB4，KM2 线圈得电自锁，电动机 M2 启动运行。油泵电动机 M1 先于主电动机 M2 启动。

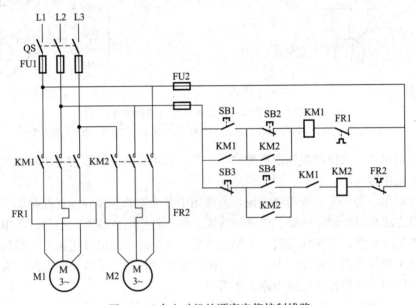

图 3-4　2 台电动机的顺序启停控制线路

同样，欲保证2个接触器线圈按一定顺序失电，只需在先停车的接触器线圈失电前，后停车的接触器的停车按钮不起作用。这可通过用先停车接触器的常开触点对后停车接触器的停车按钮并联逻辑使用。在图3-4中，系统停车时，按下按钮 SB3，KM2 线圈失电，其主触点断开电动机 M2 的供电，M2 停止运行，随后再按下按钮 SB2，切断 KM1 线圈的控制回路，KM1 主触点断开，油泵电动机 M1 停止工作。在如图 3-4 电路中，由于在主电动机 M1 控制线路中串入了油泵电动机 M1 接触器 KM1 的常开触点，主电动机不能先于油泵电动机启动得以保证。由于 KM2 与油泵电动 M1 机停车按钮 SB2 并联，使得油泵电动机 M1 不能先于主电动机 M2 停车。

顺序控制规律：要求甲接触器得电后，乙接触器方可得电，只需将甲的常开触点串在乙的线圈电路中。

要求乙接触器失电后甲接触器方可失电，只需将乙的常开触点并在甲的停车按钮上。

4. 正常工作（长动）与点动的联锁控制

点动控制常用于调整及维修测试。点动与长动的根本区别在于点动时破坏自锁，长动时维持自锁。从这个基本思路出发，可以得到多种长动与点动的联锁控制电路。

1）用单刀开关破坏自锁的点动与长动的联锁控制电路

如图 3-5（a）所示，当闭合开关 S 时，按动按钮 SB2，接触器 KM 线圈得电并自锁。断开开关 S 时，按动按钮 SB2，KM 线圈得电，SB2 按钮释放，KM 线圈失电。

2）用复合按钮破坏自锁的点动与长动的联锁控制电路

如图 3-5（b）所示，按动按钮 SB2，接触器 KM 线圈得电并自锁。按钮 SB3 实现点动功能，按下按钮 SB3，一方面 KM 线圈得电，另一方面同时断开线圈 KM 的自锁回路。

3）借助于中间继电器维持自锁的点动与长动的联锁控制电路

如图 3-5（c）所示，中间继电器 KA 的常开触点为线圈 KM 得电提供了一条支路，按下按钮 SB2，继电器 KA 得电并自锁，其常开触点使接触器 KM 线圈得电。SB3 按钮实现点动功能。

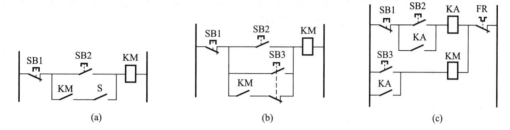

图 3-5　点动与长动的联锁控制线路

（a）用单刀开关破坏自锁；（b）用复合按钮破坏自锁；（c）用中间继电器维持自锁

5. 多地启停联锁控制

实现多地控制的原则是将控制按钮的常开触点并联，常闭触点串联。图 3-6 所示的是多点控制电路，图中 SB1、SB2、SB3 为处在设备不同位置的启动按钮，ST1、ST2、ST3 为停止按钮，不论在哪个位置按下启动按钮都可以使接触器 KM 的线圈得电自锁，电动机因此而启动。同样，在任意位置按下停止按钮，都会使 KM 线圈失电，断开电动机电源而使电动机停转。

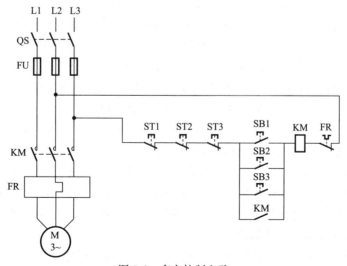

图 3-6　多点控制电路

由本节例子可以看出，实现联锁控制的基本方法是采用反映某一运动的联锁触点控制另一运动的相应电器，从而达到联锁工作的要求。联锁控制的关键是正确地选择联锁触点。

3.2.2 按控制过程变化参量进行控制的规律

工业生产的自动化程度不断提高，只采用简单的联锁控制远不能满足生产实际要求。这就需要根据生产工艺过程的特点，找出控制过程的变化参量，将检测出来的变化参量作为控制信号，构成满足生产需要的控制线路。

常用的控制过程中的变化参量有行程、电流、电压、速度、时间等。

1. 鼠笼式异步电动机的降压启动控制

根据电机学理论可知，当电源变压器容量不够大时，为减少异步电动机的启动电流，进而减少因电动机启动对电网产生的冲击，需进行降压启动。在工程设计时，常采用经验式（3-1），当不满足式（3-1）时，则需采用降压启动。

$$\frac{I_q}{I_e} \leqslant \frac{3}{4} + \frac{S_T}{4S_M} \tag{3-1}$$

式中　I_q——电动机启动电流（A）；

　　　I_e——电动机额定电流（A）；

　　　S_T——变压器容量（VA）；

　　　S_M——电动机容量（W）。

笼型异步电动机的降压启动方法有：

1）定子绕组串电阻降压启动；

2）定子绕组串电抗器降压启动；

3）定子绕组串自耦调压器降压启动。

此外，对于正常运行时绕组为△形接法的笼型异步电动机，还有丫/△降压启动方式；对于 9 抽头的电动机，还有延边三角形的启动方式。

无论采用哪一类降压启动方式，对其降压启动的控制要求都是相同的，即给出电动机的启动指令后，先降压启动，转速升高到一定值时，再转为全压启动运行。因此，降压—全压的自动转换是降压启动自动控制过程的关键所在。在电动机的启动过程中，其转速、电流、时间等参量都会发生变化，每个变化参量都可以作为状态转换的启动开关。

1）以电流为变化参量，控制降压—全压的自动转换。

这种方式的原理是，电动机启动时，随着转速升高，启动电流逐渐下降，可通过检测定子绕组电流的变化，并根据启动电流进行降压—全压的切换。

实现方法为，在定子绕组中串入过电流继电器，利用过电流继电器检测启动电流的变化控制降压启动电阻（电抗或自耦调压器）的切换。

控制思路为，采用 2 个接触器实现降压（定子绕组串电阻或其他）和全压（切除降压启动设备）启动运行。启动时，启动接触器线圈得电，定子绕组串入降压启动设备接入电源，降压启动。当转速逐渐升高，启动电流下降到趋于额定值时，启动接触器接通，将定子绕组所串的启动设备短接或切除。

考虑启动电流一般为电动机额定电流的 6～7 倍，选用过电流继电器并将其吸合电流整定为 3～4 倍的电动机额定电流，释放值整定为 1.1～1.2 倍的电动机的额定电流，即在启动电流下降到 1.1～1.2 倍的额定电流时，施行降压—全压的切换。

鼠笼式异步电动机以电流为变化参量的降压启动电路如图 3-7 所示。

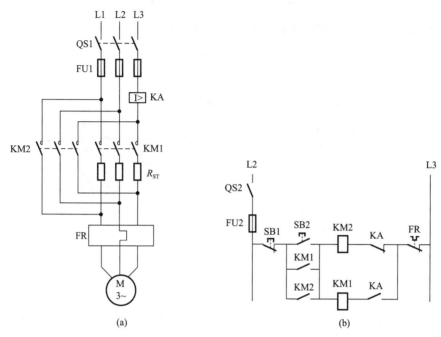

图 3-7　鼠笼式异步电动机以电流为变化参量的降压启动电路

（a）主回路；（b）控制回路

图 3-7 电路工作时，合上刀闸开关 QS1、QS2，按下按钮 SB2，KM2 吸合，但因启动电流很大，KA 立即吸合，其常闭触点打开切断 KM2 线圈控制电路，因此 KM2 只是瞬时得电。KA 的常开触点闭合，接通 KM1 线圈电路，KM1 主触点闭合，电动机 M 定子绕组串电阻接入电网启动。随着电动机的转速升高，启动电流下降，当电动机的启动电流降低至 KA 的释放整定值时，KA 衔铁释放，常开触点复位打开，启动接触器 KM1 失电，启动电阻被切除；KA 的常闭触点复位闭合，KM2 得电，电动机 M 的定子绕组直接接入电网，全压启动加速至稳定运行。

图 3-7 所示电路从降压到全压的切换取决于电流继电器 KA 的释放值。倘若因负载波动致使负载转矩上升进而使得 KA 的释放整定值小于电动机的实际负载电流时，电流继电器 KA 不能释放，电动机将始终串电阻运行，即不能正常切除启动电阻。

当外施电网电压因波动而降低，使电动机启动电流下降，达不到电流继电器 KA 的吸合整定值时，KA 将不能吸合，运行接触器 KM2 直接接通，全压启动，不能进行正常的降压启动。

因此，以电流为变化参量控制笼式异步电动机的降压启动方案，受电网电压及负载波动的影响较大，可能不能正常实现降压至全压的转换。

2）以转速作为启动时的变化参量控制降压到全压的转换

这种方式原理及方法为，电动机启动时，其转速由零逐渐升至额定值，这一速度变化可用速度继电器进行检测并控制。

其控制思路如下：采用 2 个接触器分别进行降压及全压的启动运行。并利用速度继电器的动作整定值作为转速的切换值，并利用速度继电器的常开和常闭触点分别控制全压及降压接触器。

图 3-8 为笼型电动机以转速为变化参量的启动线路。

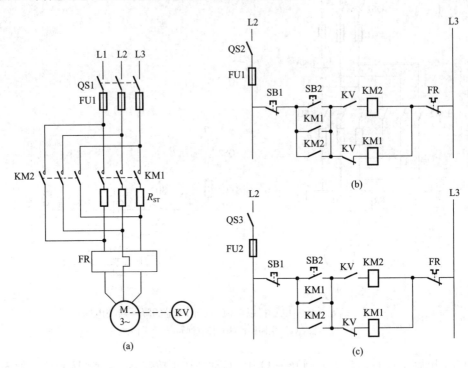

图 3-8　笼型电动机以转速为变化参量的启动线路
(a) 主回路；(b) 控制电路；(c) 改进后的控制电路

如图 3-8（b）所示合上 QS2 并按下启动按钮 SB2，启动过程开始。由于此时电动机转速 $n=0$，速度继电器 KV 不动作，因此接触器 KM1 得电吸合，电动机 M 定子绕组串电阻接入电网进行降压启动。当转速升至 KV 的动作整定值时，速度继电器 KV 的常闭触点打开，常开触点闭合，切除定子绕组串接的电阻并将电动机直接接入电网，全压运行。

由于速度继电器的触点机构为先断后合，即 KM1 先释放，KM2 后吸合。若 KM1 的自锁触点先于 KM2 的吸合释放，则 KM2 不能得电。此时，用 KM2 的常闭触点取代 KM1 线圈电路中 KV 的常闭触点，即可保证在 KM2 吸合后再断开 KM1 消除了触点竞争，改进后的控制电路如图 3-8（c）所示。

下面分析笼型电动机以转速为变化参量的降压—全压切换控制方式存在的不足。图 3-9 是以转速为变化参量的启动特性，图中 T_{RT} 为额定负载转矩，T_B 为切换转矩，T_{LD} 为实际负载转矩，T_{ST} 为启动转矩，n_{RT}、n_B、n_{LD} 分别为额定负载转矩、切换转矩和实际负载转矩对应的转速，曲线①为定子串电阻的人为特性，曲线②为自然特性，①′为电压降低后定子串电阻的人为特性，曲线②′电压降低后的自然特性。

当图 3-9（a）所示，当负载波动使实际负载转矩 T_{LD} 大于切换转矩 T_B 时，电动机沿曲线①启动后，$T_{ST}>T_{LD}$，加速至 d 点。在 d 点由于电磁转矩与负载转矩 T_{LD} 达到平衡，电动机停止加速并稳定运行于 d 点。因为转速不能升至 KV 的动作整定值，电动机将长期串电阻运行。如果负载波动使得 $T_{LD}>T_{ST}$，则电动机将不能启动。因此启动电阻能否被切换，受负载波动影响。

另外，电网电压下降时，如图 3-9（b）所示，从定子绕组串电阻的人为特性曲线①'可以看到，此时，电动机转速沿曲线①'升至 d 点并在此点达到平衡，转速不能继续升高至 KV 的动作整定值，电动机将长期串电阻运行。因此，启动电阻能否正常切换，也受电网电压波动影响。

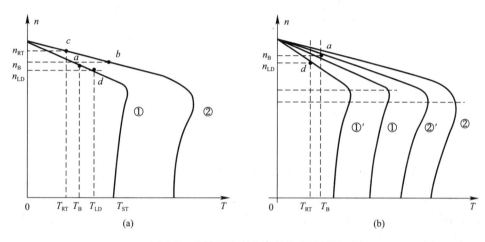

图 3-9　以转速为变化参量的启动特性
（a）负载波动的影响；（b）电网电压波动的影响

综上所述，以转速为变化参量控制笼式异步电动机的降压启动受电网和负载波动的影响较大，工作不可靠。

3）以时间作为启动时的变化参量控制降压到全压的转换

这种方式原理及方法为电动机降压启动过程中，转速随时间逐渐升高，启动电流下降。因此可以利用时间继电器检测时间的变化，在降压启动一段时间后，利用时间继电器控制接触器切除降压电阻，转入全压运行。

其控制思路为采用两个接触器分别接通降压和全压启动运行电路，用时间继电器完成从降压到全压的转换。笼型电动机以时间为变化参量控制启动电路如图 3-10 所示。

如图 3-10 所示，合上 QS1，按下 SB2，KM1 线圈得电并自锁，接通电动机 M 主回路，电动机串接电阻启动，同时延时继电器 KT 线圈得电，开始延时。当到时间继电器 KT 的延时整定时间时，其常开延闭触点闭合，接通 KM2 线圈电路，KM2 吸合将启动电阻短接，电动机全压启动运行。与此同时为了尽量减少通电电器，利用 KM2 的常闭触点将 KM1 和 KT 从控制电路上切除。

采用以时间为变化参量控制电动机的启动时，启动电阻的切换仅取决于时间，与负载及电网波动等外界因素的干扰无关，即在任何情况下都可按整定时间切换。因此，在实际控制线路中，笼型电动机的定子降压启动几乎毫无例外地采用以时间为变化参量进行控制。

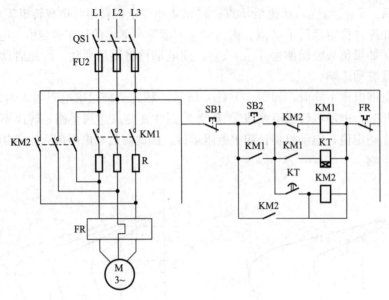

图 3-10　笼型电动机以时间为变化参量控制启动电路

当鼠笼式异步电动机正常运行定子绕组为△形接法时，可采用丫/△降压启动方式。启动时将定子绕组接为丫形，加在电动机定子每相绕组的电压为 $1/\sqrt{3}$ 倍的额定值，从而实现了降压启动的目的。启动一段时间后，再将定子绕组换接为△形，使电动机在全压下正常工作。

此种启动方式有两个特点：

（1）丫/△降压启动仅适用于正常运行时定子绕组为△形接法的电动机；

（2）由于丫/△启动时，启动转矩仅为额定启动转矩的 1/3 倍，所以丫/△降压启动方案仅适用于电动机的空载或轻载启动。

图 3-11 为笼型电动机的丫/△降压启动控制线路。启动时合上 QS，按下启动按钮 SB2，接触器 KM、KMY 及时间继电器 KT 同时得电，KMY 将电动机定子绕组接成丫形并经 KM 主触点接通电源，电动机降压启动，当到达 KT 的延时整定时间时，KT 的常闭延开触点断开 KMY 线圈电路，常开延闭触点接通 KMD 线圈电路，将电动机定子绕组换接为△形，电动机全压启动运行。同理，为了尽量减少通电电器，在进入全压运行后，将 KT 切除。为了避免 KMD 与 KMY 在意外情况下同时得电引起电源短路，KMD 与 KMY 的线圈电路采用了电气联锁。

2. 笼型异步电动机的制动控制

电动机的电磁转矩与其旋转方向相反的运行状态叫电磁制动状态。制动可采用反接制动和能耗制动两种方式。无论采用哪种方式，都是采用制动停车时接入制动电源，转速为零时切除制动电源。在制动的过程中，变化参量有电流、时间和转速。因此在完成接入制动电源和切除制动电源这一转换控制的过程中，可取某一变化参量作为控制信号，实际控制系统中，可采用速度参量（适用于反接制动、能耗制动）和时间参量（适用于能耗制动）作为转换信号。

1）能耗制动

能耗制动的原理如下：三相交流电动机运行时，定子绕组产生转速为 n_0 的旋转磁场，

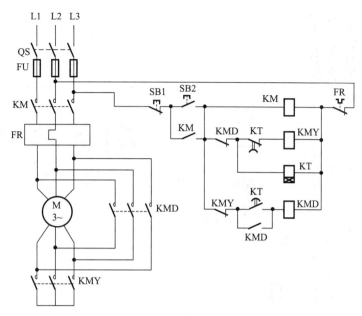

图 3-11   笼型电动机的丫/△降压启动控制线路

转子以速度 n 旋转，以 $\Delta n = n_0 - n$ 的相对转速切割磁场而产生电磁转矩，此转矩方向与电动机的旋转方向一致，为拖动转矩。按下停车按钮时，定子电源被切除 $n_0 = 0$，此时若在定子上施加一恒定的直流磁场，则在惯性的作用下仍以转速 n 旋转的电动机转子将以 $\Delta n = 0 - n = -n < 0$ 的相对转速切割定子磁场，产生与旋转方向相反的制动转矩，将电动机迅速制停。

能耗制动的控制方法为，停车时，在切除交流电源的同时，加入直流电源，进行能耗制动停车。制动完毕后，利用时间原则（借助于延时继电器）或速度原则（借助于速度继电器）将直流电源切除。换接电源可采用复合按钮进行。图 3-12 为能耗制动的控制线路。

电动机启动时，合上 QS，按下按钮 SB2，接触器 KM1 得电并自锁，主触点接通电动机定子回路，电动机 M 启动运行。

如图 3-12（a）所示，正常工作时，速度继电器 KV 的常开触点闭合，KM1 常闭触点打开。停车时按下停车按钮 SB1，KM1 失电，切断电动机交流电源且解除自锁及对 KM2 的互锁。由于机械惯性，KV 触点依然闭合，故 KM2 线圈得电，接通直流电源进行能耗制动。当速度趋于零时，速度继电器 KV 的定子柄复位，其常开触点打开，切除直流电源，制动过程结束。

图 3-12（b）为时间控制的能耗制动控制电路。停车时，按下停车按钮 SB1，KM1 线圈失电，切除电动机的交流电源且解除自锁及互锁，同时 SB1 的常开触点闭合，接通 KM2 及延时继电器 KT，即接通能耗制动电源并开始延时。当达到时间继电器的动作整定时间时，KT 的常闭延开触点打开，切除直流电源，制动过程结束。

为了避免意外情况下电源发生短路故障，KM1 与 KM2 之间应有联锁。

能耗制动能量损耗及制动电流均较小，制动过程比较平稳，但需要专用的整流电源且制动时间较长，适用于要求平衡制动的场合。

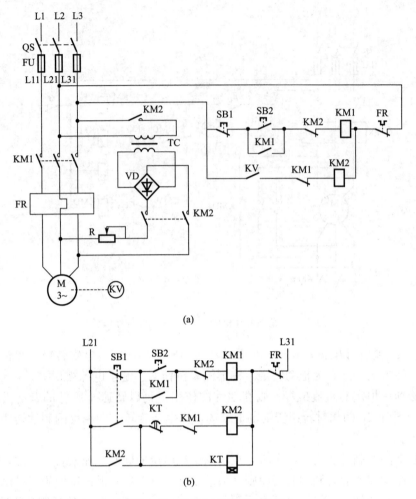

图 3-12　能耗制动的控制线路

（a）能耗制动；（b）时间控制的能耗制动控制电路

2）反接制动

反接制动的原理如下：电动机停车时，切除工作电源，接入反接制动电源。此时 $\Delta n = -n_0 - n = -(n_0 + n) < 0$，电磁转矩成为负向的制动转矩且制动转矩的绝对值与 $(n_0 + n)$ 有关，该制动力矩较大，电动机会迅速减速，当转速 $n = 0$ 时，相对切割转速 $\Delta n = -n_0$。故必须在 $n = 0$ 时切除制动电源，否则电动机将反向启动运行。

其控制思路和方法是：利用 2 个接触器分别接通工作电源和制动电源，停车时利用速度继电器将电源反接，制动到零速时，速度继电器常开触点复位，切除制动电源。笼式异步电动机反接制动线路如图 3-13 所示。

如图 3-13（b）所示，电动机正常运行时，正向接触器 KMF 得电，电动机正转，KV 闭合，为接通反转线路做准备。停车时，按下按钮 SBl，KMF 失电，切除正向电源且解除对 KMR 的互锁，电动机反向接入电源。在 $\Delta n = -n_0 - n$ 这样强大的相对切割转速下，转子绕组中产生极大的制动电流和制动转矩，将电动机迅速制停。当 n 趋于零速时，KV 常开触点复位打开，切除制动电源。

图 3-13（c）为电动机可逆运行反接制动，KVF 和 KVR 分别为速度继电器的正转触点和反转触点。其控制思路为，正转时，用速度继电器的正转触点 KVF 接通反转接触器 KMR 的线圈电路，为反接制动做准备（由于 KMR 线圈支路有 KMF 常闭触点互锁，故 KVF 常开触点的闭合不会形成通路），反转时与此相对应。

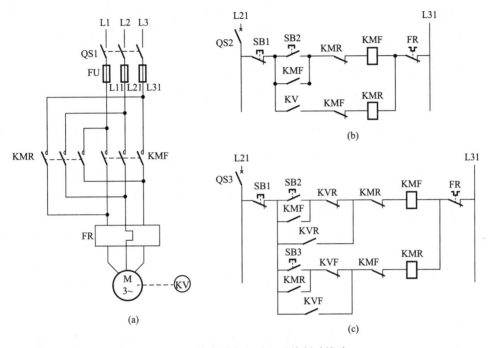

图 3-13　笼式异步电动机反接制动线路
（a）主回路；（b）电动机单向运行反接制动；（c）电动机可逆运行反接制动

与单向运行时的反接制动线路相比，可逆运行反接制动线路的控制特点是：为了避免制动接触器在制动时发生自锁，导致不能正常制动停车的现象发生，在制动接触器的自锁回路中串入速度继电器的常闭触点破坏自锁。这样可以保证在整个制动过程中，制动接触器仅通过速度继电器的常开触点接通维持吸合，确保当 n 趋于 0 时，速度继电器常开触点 KVF 和 KVR 打开切断制动电源，准确实现制动停车。

在反接制动过程中，通常不取时间作为控制制动过程的变化参量，这是因为制动的时间随负载及电网电压的波动而变化，而制动电源必须在电动机转速趋于零时及时切除，因此制动时间不易整定。若时间整定偏短，可能在转速未接近零速时取消了制动，使制动停车时间延长；若时间整定过长，则可能在实际转速为零时仍未取消制动，致使电动机反向启动运行。因此，在反接制动控制线路中，一般不采用时间原则进行控制。

3. 生产过程的行程控制

除时间、速度及电流等参量外，实现生产过程的自动控制最常用的一个重要参量就是行程。行程控制广泛用于机床的往复循环、起升机构的上下限位保护及电梯的平层开门等控制线路中。

下面以钻孔加工过程为例，介绍生产过程中行程开关的用法。通过本例，还可以看到时间继电器的又一用途。

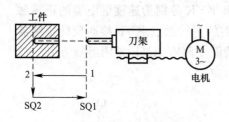

图 3-14 刀架自动循环示意

图 3-14 为刀架自动循环示意，具体工艺要求如下：

1) 自动循环：刀架能自动地由位置 1 到位置 2 进行切削加工并自动退回位置 1。

2) 无进给切削：刀具到达位置 2 时不再前进，但钻头（由钻头旋转电动机单独拖动）继续旋转，即进行无进给切削以提高产品光洁度。

3) 快速停车：当刀架退回位置 1 时，快速停车以减少辅助工时。

设计时应从基本控制环节入手，逐一满足工艺控制要求，具体分析如下：

1) 自动循环

这是一个典型控制环节。实现刀架的自动循环（即往复运动）即是实现刀架进给电动机的启动、停车、正反转运动及其运动状态的自动转换。以上运行状态的人工转换极为简单，采用异步电动机的可逆运行环节，如图 3-15（a）所示。此处要求实现自动循环，即要求控制装置根据控制过程中刀架的位置来改变其运动状态。很明显，用行程开关来反映刀架的位置并改变其运动状态是最合适的。

将图 3-15（a）中的手动控制按钮改为图 3-15（b）中的行程开关，便得到了自动循环控制电路。

由图 3-15 可知，单循环控制是用行程开关 SQ1、SQ2 分别代替手动停止按钮 STF 和 STR 得到的。

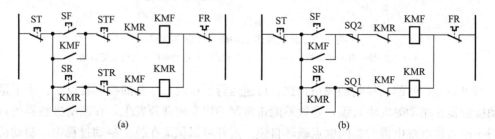

图 3-15 电动机的控制环节

(a) 可逆运行控制环节的手动控制电路；(b) 自动循环（单循环）控制电路

2) 无进给切削

根据工艺要求，为了提高加工精度，当刀架进给到位置 2 时，进给运动停止而钻头继续旋转以提高加工光洁度。这一控制信号严格地讲应根据工件表面的光洁度而定，但在加工过程中，光洁度这一参量不易测量，故可采用间接参数进行控制。实际生产中是以切削时间来表征无进给切削过程的。显然切削时间可用时间继电器测量，刀架进给到位置 2 时，进给电动机停止，同时接通时间继电器，延时 7s 后接通进给电动机反转线路，电动机带动刀架退回原位。

无进给切削的电动机控制环节如图 3-16 所示。

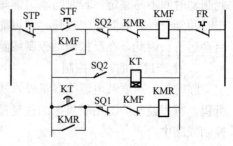

图 3-16 无进给切削的电动机控制环节

3）快速停车

对于可逆运行的电动机，最简单的快速停车方法是反接制动，仅增加一个速度继电器即可，完整的刀架进给电动机控制线路如图 3-17 所示。

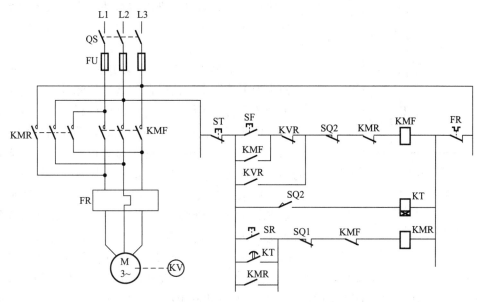

图 3-17　完整的刀架进给电动机控制线路

如图 3-17 所示，合上刀闸开关 QS，按下正转启动按钮 SF，KMF 线圈得电，电动机正向运行，带动刀架前进。当刀架到达位置 2 时，触碰行程开关 SQ2，SQ2 的常闭触点打开，切断正向接触器 KMF，使电动机停止正转，刀架不再前进，但由另一台电动机拖动的钻头继续旋转（钻头电动机控制电路不属本设计内容），进行无进给切削。与此同时，SQ2 的常开触点闭合时间继电器 KT 线圈得电，开始延时，到达预先整定的时间后，时间继电器 KT 延时触点动作，接通反向接触器线圈电路，电动机反向运行带动刀架返回。此时速度继电器 KV 的常闭触点 KVR 打开，常开触点 KVR 闭合，为反接制动做准备。当刀架返回原位时，触碰行程开关 SQ1，其常闭触点切断 KMR 线圈电路，KMR 的常开触点打开，切断电动机反相序电源，其常闭触点闭合，接通 KMF 线圈电路，进行反接制动，当转速趋于零时，KVR 复位，断开反接制动电路，为下一次循环做准备。

在实际生产机械的自动控制过程中，除按上述行程、时间和速度的变化参量进行控制外，还常常需要根据负载或机械力的大小进行控制。例如：根据机床主轴负载的大小决定其进刀量及根据夹紧力确定夹紧机构是否夹紧等。这些控制参量往往不易直接检测。在实际控制线路中，常常由其间接参量—流的变化来反映负载和夹紧机构的工作情况。

从以上分析可知，将生产工艺划分为若干个过程并找出反映每个过程实质的不同参量，将其准确检测出来作为控制信号，就可组成预期要求的各种自动控制线路。

4. 建筑供水系统控制

建筑供水系统主要包括生活用水、消防供水以及污水排放，其主要工作设备为各类水泵，水箱和污水池系统的水泵自动控制由液位触发，而消防系统的触发信号包括液位、压力以及流量。

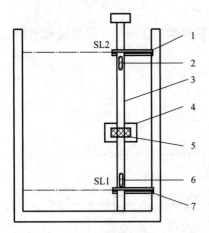

图 3-18　供水水箱与排水蓄水池
水位检测原理

1-上支架；2-上干簧管；3-导管；
4-浮球；5-磁环；6-下干簧管；
7-下支架

图 3-18 为供水水箱与排水蓄水池水位检测原理。水箱水位低于低水位时，水箱处于缺水状态，水泵启动供水；水箱达到高水位信号时，则水箱处于满水状态，水泵停止供水。而对于排水蓄水池来说，低于低水位表明排水完成，水泵停止工作；水位达到高水位时，蓄水池处于将满状态，则启动水泵排水。

水位的检测由液位开关来实现。图 3-18 所示的是一种称为干簧管水位信号器的液位检测开关，它由内置干簧管的导管（不锈钢导管或其他硬材质管）和内含磁环的浮球两部分构成。水位变化时，浮球沿导管上、下浮动，当接近导管中内置的干簧管位置时，触发干簧管的触点断开或闭合，以此发出液位检测的信号。

以供水水箱液位控制为例，低水位的干簧水位信号器 SL1 的干簧管触点为常开型，其高水位 SL2 的干簧管触点为常闭型。当浮标接近 SL1 位置时，该处内置的干簧管常开触点闭合，启动供水泵工作；当浮标接近 SL2 位置时，该处内置的干簧管常闭触点断开，供水泵停止工作。如果把常开触点用于高水位启泵信号，而常闭触点用于发出低水位停泵信号，则可用于排水池液位控制。

图 3-19 为单台泵自动控制系统，转换开关 SA 有 3 个挡位，左侧为手动，中间为停止，右侧为自动。

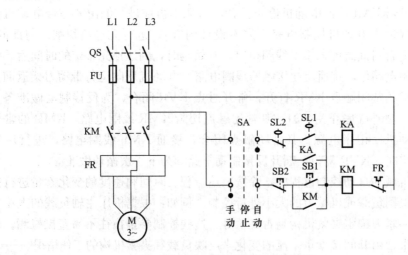

图 3-19　单台泵自动控制系统

SA 处于手动模式时，按动 SB1，接触器 KM 线圈得电，水泵启动，按下按钮 SB2，水泵停止工作。SA 处于停止模式时，没有回路接通，系统处于停止模式。SA 处于自动模式时，上面带有黑点的回路接通，水泵处于自动模式下，当水位低于低水位时，SL1 触点闭合，水泵启动运行，当水位达到高水位时，SL2 常闭触点断开，水泵停止运行。

图 3-20 为消防泵压力控制系统，也采用有三个挡位的转换开关，其控制思路与图 3-19 类似，区别在于图 3-20 中的自动信号触发的是中间继电器 KA，而不是直接触发水泵工作的接触器 KM，因为消防泵的使用是预防性使用。图 3-20 中 SP1、SP2 为低、高压力检测开关。

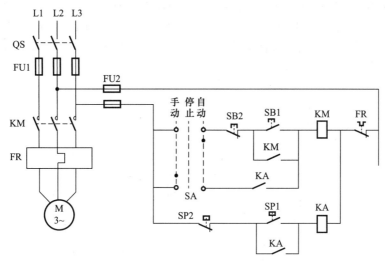

图 3-20　消防泵压力控制系统

3.3　常用的典型控制环节

3.3.1　延边三角形降压启动控制线路

如第 3.2 节中分析，Y/△降压启动方案中，启动转矩仅为降压启动前的 1/3，仅适用于轻载启动。设想若能兼取 Y 形接法启动电流小而三角形接法启动转矩大的优点，在启动时将电动机定子绕组的一部分接成 Y 形，另一部分接成△形，启动后期全部切换为△形接法，如图 3-21 为△形接法电动机抽头的连接方式。

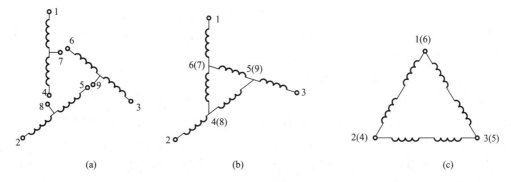

(a)　　　　　　　　　　　　　(b)　　　　　　　　　　　　　(c)

图 3-21　△形接法电动机抽头的连接方式

（a）9 抽头绕组；（b）延边三角形连接；（c）三角形连接

延边三角形降压启动控制线路如图 3-22 所示。

启动电动机时，合上刀闸开关 QS，按下启动按钮 SB2，接触器 KM1、KM2 及时间继电器 KT 线圈同时得电。绕组接点 4 与 8、5 与 9、6 与 7 分别由 KM2 的主触点接通，接点 1、2、3 通过 KM1 的主触点接通电源，此时电动机定子绕组被接成延边三角形接入电源进行降压启动。到达 KT 的时间整定值后，KT 的常闭延开触点打开，接触器 KM2 线圈失电，同时 KT 的常开延闭触点闭合，接触器 KM3 线圈得电，将电动机绕组的 1 与 6、2 与 4、3 与 5 接点相连，即将电动机绕组接成△形，通过 KM1 的主触点与电源接通进行全压启动运行。降压至全压的转换完成后，KM3 常闭辅助触点打开，切除 KT 以减少不必要的通电电器。

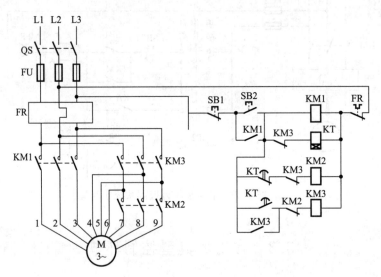

图 3-22　延边三角形启动控制线路

延边三角形启动方案与丫/△启动方案相比，具有启动转矩高、启动电流不太大的优点；与串自耦变压器降压启动方案相比，节约了专门的启动装置；因此这种降压启动方式应用广泛。但应当注意的是本启动方案仅适用于 9 抽头的异步电动机。

3.3.2　三相绕线式异步电动机的启动控制线路

三相异步电动机常用的除了鼠笼式还有绕线式。对于绕线式异步电动机，转子绕组串接一定数值电阻的启动方式可以提高启动转矩，改善启动特性。因此在那些要求启动转矩较高的场合，广泛应用绕线式异步电动机。

1. 转子绕组串电阻的启动控制线路

串接在三相转子绕组中的启动电阻，一般都接成丫形接线，启动前将电阻全部接入电路，随着启动过程的结束，启动电阻被逐段短接。转子绕组的启动电阻的短接方式有平衡短接和不平衡短接两种。所谓不平衡短接是指转子中各相电阻是轮流被短接的，是由凸轮控制器实现的。平衡短接是指短接电动机转子中三相绕组所串的电阻是等量的、对称的，是同时被短接的，平衡短接一般由接触器实现。

转子绕组所串电阻可采用逐级短接的方式，以保证始终有较大的启动转矩。逐级短接电阻的控制方式可遵循时间原则或电流原则，前者按时间参量而后者按电流参量为控制信号进行控制。

按时间参量进行控制的线路与笼式异步电动机的降压启动控制线路类似，绕线式异步电动机转子串电阻启动电路如图 3-23 所示。

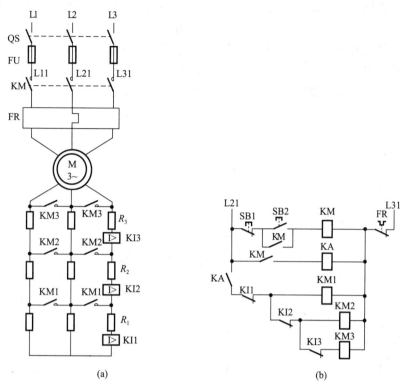

图 3-23　绕线式异步电动机转子串电阻启动电路
(a) 主回路；(b) 控制回路

　　图 3-23 所示线路利用电动机转子电流大小的变化来控制启动电阻的切除。具体分析如下：启动时，由于启动电流很大，过电流继电器 KI3、KI2、KI1 均吸合，其常闭触点打开，切断接触器 KM1～KM3 的线圈电路，电动机转子绕组串入全部电阻启动。随着转速的上升，启动电流不断下降，达到 KI1 的释放整定值时，KI1 释放，触点机构复位，其常闭触点接通 KM1 线圈电路，KM1 吸合，短接启动电阻 R1。随后启动电流依次下降至 KI2、KI3 的释放值，KI2、KI3 依次释放，KM2、KM3 依次接通并依次短接电阻 R_2 和 R_3，切除全部转子电阻，电动机全速运行。

　　这里，中间继电器 KA 的作用是在电动机启动时产生短暂延时，以保证 KI1～KI3 的动作时间，从而避免启动时 KM1～KM3 瞬时接通。

　　2. 转子绕组串接频敏变阻器的启动控制线路

　　在异步电动机的启动过程中，转子电流的频率为 $f_2 = s f_1$（f_1 为定子电流频率，s 为转差率），它随转速上升而下降，针对这一特点，采用阻抗与频率成正比的频敏变阻器，其阻抗随转子电流频率下降而自动减小，因此它是绕线式异步电动机的较为理想的启动装置，多应用在空气压缩机和桥式起重机上。频敏变阻器启动控制线路如图 3-24 所示。

　　图 3-24 所示线路可以利用转换开关 SM1 进行自动控制和手动控制两种运行方式的选择。当转换开关位于自动 AUT 挡时，接触器 KM1 线圈在启动按钮 ST1 按下后通电并自

锁，KM1 主触点接通电动机的电源，电动机绕组串频敏变阻器启动。同时 KT 线圈通电并开始延时，当到达延时整定时间后，其常开延闭触点闭合，中间继电器 KA 线圈得电并使接触器 KM2 得电，KM2 主触点闭合，短接频敏变阻器 RF，电动机由启动状态转入运行状态。转换开关 SM1 位于手动挡时，时间继电器 KT 不起作用，由手动控制按钮 ST2 切除频敏变阻器 RF。另外，在启动过程中，为了避免因启动时间较长而引起热继电器误动作，在整个降压启动过程中，用中间继电器的常闭触点将热继电器的热元件短接，这也是异步电动机降压启动控制线路中常采用的辅助措施之一。

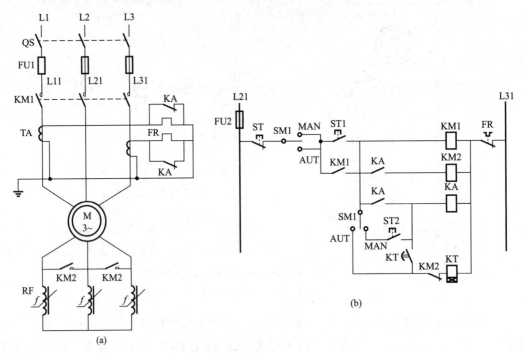

图 3-24　频敏变阻器启动控制线路

(a) 主回路；(b) 控制回路

3.3.3　自耦降压启动控制线路

电动机启动降低启动电流的方式可以采用降低启动时绕组输入电压，从而降低启动电流，这种方式一般需要额外使用一套自耦变压器，根据电动机的启动负载情况调节好启动电压。这种自耦降压启动过程的切换同样可以采用手动和自动切换两种方式，自动切换的参量可以选择时间参量和速度参量两种。

自耦降压启动控制电路的基本要求：

1）不允许存在全电压直接启动的可能；

2）降压启动完毕后，不允许在自耦变压器二次侧电压或经自耦变压器部分绕组降压后的电压下启动；

3）投入全电压运转后，不得存在自耦变压器再次接入主电路的可能，以防止自耦变压器部分绕组短路而另一部分绕组过电压运行；

4）在可能的情况下，尽量减少和避免电动机二次涌流（指第二次接入交流电网时过渡过程所产生的冲击电流）的冲击。

图 3-25 为自耦降压启动控制电路。图 3-25（a）中主回路中接触器 KM1 和 KM2 为自耦变压器接入控制电器，KM3 为全压运行接入控制电器。启动时，应先启动自耦变压器Y形接法控制电器 KM1，然后启动自耦变压器接入控制电器 KM2。启动结束后，切除自耦相关电器 KM1 及 KM2，切入全压接触器 KM3。从图 3-25（b）控制回路可以看出，按下启动按钮 SB1，KM1 线圈通过 KA 辅助常闭触点与 KM3 辅助常闭触点先通电，然后KM1 的辅助常开触点动合，KM2 线圈通电形成自锁，电动机启动过程开始；当电动机启动平稳后，按下手动切换按钮 SB2，中间继电器 KA 线圈通电，KA 的常闭触点先动断，KM1 线圈断电后其常开触点恢复常开状态，使得 KM2 线圈也断电。切除了自耦降压启动电路；全压运行 KM3 线圈通过 KA 常开触点动合，已经断电 KM1 常闭触点恢复常闭状态通电，KM3 线圈回路形成自锁，同时其常闭触点动断，断开接触器 KM1 和 KM2 线圈回路，使电动机全压运行后完全切除了自耦降压电路。在自耦降压启动要求中，全压接触器和自耦降压接触器要形成互斥联锁，在控制电路中也体现了这一点。

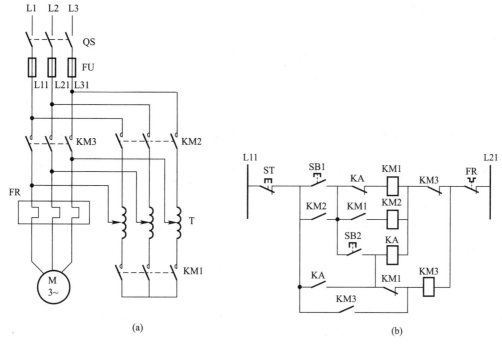

(a)　　　　　　　　　　　　　　　(b)

图 3-25　自耦降压启动控制电路
(a) 主回路；(b) 控制回路

图 3-26 为时间参量控制的自耦降压启动控制电路。这种电路的控制思路与图 3-25类似，其状态切换依靠的是时间参量。即将图 3-25 中的手动切换中间继电器 KA 换成时间继电器 KT，手动切换的按钮 SB2 换成时间继电器 KT 的启动触发，时间继电器 KT的触发是与自耦降压启动开始同步，接触器 KM2 的接通其常开触点动合，从而触发时间继电器 KT 的定时任务。KT 定时时间到，启动结束全压运行，时间继电器 KT 的常开通电延时闭合触点闭合，启动全压运行接触器 KM3 线圈回路自锁，电动机处于全压运行状态。

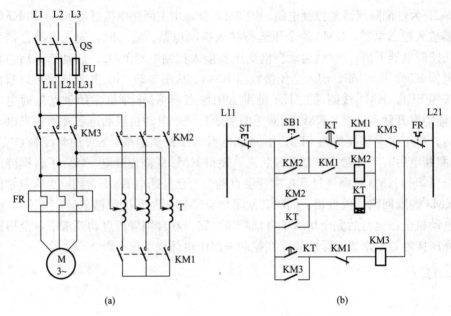

图 3-26　时间参量控制的自耦降压启动控制电路

(a) 主回路；(b) 控制回路

3.3.4　调速控制线路

三相异步电动机的转速为 $n=\dfrac{60f}{p}(1-s)$，影响转速的参量有 3 个：电源频率 f，电动机绕组的极对数 p，异步电动机转差率 s。针对这 3 个参量进行控制，得到三相异步电动机的调速方式：变极对数调速（也称为有级调速）、变频调速（无级调速）和变转差率调速（极少场合使用）。在建筑领域常用的异步电动机的调速方式有变级调速和线绕式电动机转子绕组回路串电阻调速等。

1. 双速电动机的调速控制线路

双速电动机是通过改变定子绕组的接线方式（从而改变定子绕组的极对数）来达到调速目的。

图 3-27、图 3-28 为双速异步电动机三相定子绕组接线示意图。图 3-27 为△形与丫丫形接法。图 3-28 为丫形与丫丫形接法。

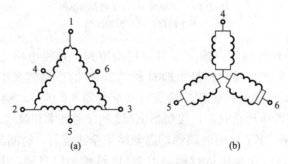

图 3-27　△形与丫丫形接法

(a) △形接法；(b) 丫丫形接法

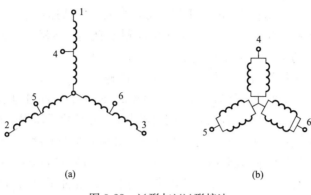

图 3-28　丫形与丫丫形接法

（a）丫形接法；（b）丫丫形接法

图 3-27 所示的△-丫丫的接线方式适用于恒功率负载；而图 3-28 所示的丫-丫丫的接线方式适用于恒转矩负载。

双速电动机控制线路如图 3-29 所示。合上 QS，将转换开关 SA 的手柄置于零位"0"，中间继电器 KA 得电吸合并自锁，为接通控制环节做准备，中间继电器和 SA 的零位"0"亦构成电路的失压保护环节。欲使电动机低速运行，可将 SA 置于低速"S"，此时，接触器 KM3 得电吸合，将双速电动机绕组 1、2、3 端子接电源，4、5、6 端子悬空，定子绕

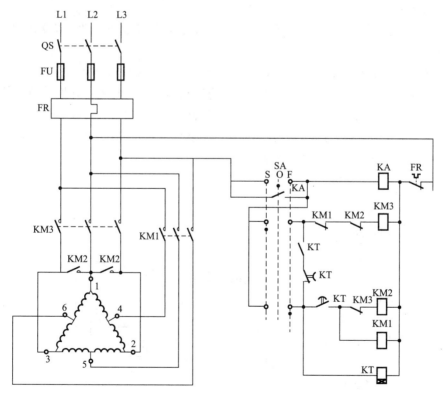

图 3-29　双速电动机控制线路

组为△形接法，4极，低速。欲使电动机高速运行，可将 SA 置于高速"F"，此时，时间继电器 KT 线圈得电，瞬动触点闭合，KM3 线圈得电，先低速启动，到达 KT 的预定延时时间后，KT 的常闭延开触点打开，常开延闭触点闭合，KM3 失电，KM1、KM2 得电，电动机定子绕组的 1、2、3 端子经由 KM2 主触点短接；4、5、6 端子经由 KM1 主触点接电源。此时，定子绕组为双星形接法，2极，高速。

停车时，将 SA 置于零位，接触器 KM1、KM2、KM3、时间继电器 KT 均失电释放，电动机停车。KA 的作用为采用万能转换开关控制电动机时的零压保护环节。即电动机在运行过程中，若电网电压突然消失后恢复供电时，必须先将 SA 置于零位，接通 KA 后方可重新启动电动机。KT 在本电路的作用是：电动机直接高速启动时，必须先经过低压启动环节再进入高速运行环节，从而限制了高速启动电流，保证了启动的平稳性。

2. 绕线式异步电动机转子串电阻调速控制线路

在绕线式异步电动机转子绕组中串入不同的电阻，使电动机工作在不同的人为特性上便可获得不同的转速，达到调速的目的。分段串电阻可由主令控制器配合接触器实现，也可由凸轮控制器实现。

3.3.5 电动机制动控制电路

因为电动机的转动部分有惯性，所以把电源切断后，电动机还会继续转动一定时间而后停止。为了缩短辅助工时，提高生产机械的生产效率，并且安全起见，往往要求电动机能够迅速停车和反转。这就需要对电动机制动，也就是要求它的转矩与转子的转动方向相反。这时的转矩称为制动转矩。

常见的制动方式有 3 种：机械制动、电气制动（反接制动和能耗制动）以及能量回收制动。

1. 机械制动

机械制动属于增加摩擦转矩，其制动方式有 2 种。一种是制动装置在电动机未运行时，抱紧主轴，使电动机静止时无法转动，当电动机需要运行时先打开抱轴器，使电动机主轴处于松开状态，电动机启动运行，这种方式为断电抱闸制动。另外一种是当电动机运行结束后需要停止时，打开制动装置，使得电动机停止，停止后松开制动装置，为下次电动机运行做准备，这种方式为通电抱闸制动。

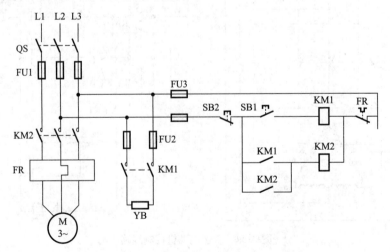

图 3-30　断电抱闸制动控制电路

图 3-30 所示为断电抱闸制动控制电路，通过上面介绍断电抱闸制动方式，可知在控制时闸主控接触器和电动机主控接触器是一个先后启动顺序的控制，闸在前。从图 3-30 可看出，按下启动按钮 SB1 后，KM1 先通电松开闸，KM1 的常开触点动合后，接通电动机接触器 KM2。按下停止按钮后 KM1 和 KM2 线圈同时失电，抱闸制动装置自动锁紧进行电动机制动。

图 3-31 为通电抱闸制动控制电路。从上文可知，制动抱闸装置只有在制动过程中起作用，所以其主控接触器的触发启动是由电动机运行主接触停止控制信号同步启动，制动过程结束后还需要解除抱闸装置的通电状态，其触发参量可选手动、电流、时间和转速。图 3-31 显示的是以时间为参量控制的控制电路。主接触器 KM1 的基本控制逻辑启动、保护、停止，与抱闸制动接触器属于互斥状态，所以在其线圈前加有 KM2 的常闭触点形成电气互斥联锁。制动抱闸装置启保逻辑由 KM1 停止复合按钮 SB2 启动形成自锁环节，其停止逻辑由时间参数 KT 的通电延时断开触点形成。做时间参量控制的时间继电器 KT 启动触发和 KM2 同步，其停止与 KM2 也同步也就是用 KM2 的辅助常开形成通断逻辑。

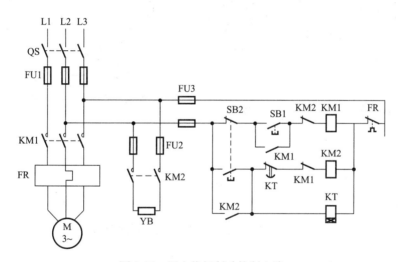

图 3-31　通电抱闸制动控制电路

这 2 种制动方式各有利弊，断电抱闸制动方式在断电情况下可以维持电动机保持原位置，这种方式在垂直运动以及某些要求场合下的水平运动控制中使用。

2. 电气制动

电气制动方式为反接制动和接入直流电源的能耗制动。这 2 种方式在 3.2 节中已做介绍。

3. 能量回收制动

能量回收是机械设备节能降耗的重要途径之一，常在电梯、电动设备、电动车中应用。能量回收的方式主要有两种，一种是利用制动过程向电容充电；另一种是利用制动反向电池充电。这里主要介绍利用向电容充电的方式进行回收制动。

电容制动是在切断三相异步电动机运行电源后，在定子绕组中接入三相电容器组，转子内的剩磁切割定子绕组产生感应电流，向电容组充电，充电电流在定子绕组中形成磁场，该磁场与转子感应电流相互作用，产生与转子运动方向相反的电磁转矩，形成制动力矩快速停止电动机。

图 3-32 为能量回收制动控制方式，图 3-32（a）的电容组与定子绕组通过接触器 KM2 连接。当电动机按下停止按钮 SB2 时，KM1 线圈断电，其辅助常开触点恢复断开状态，断电延时时间继电器 KT 开始工作，此时 KT 断电延时常开触点还处于闭合状态，KM1 的常闭触点恢复闭合状态，KM2 线圈通电，开始充电制动过程，等到达延时时间，KT 断电延时常开触点恢复断开状态，接触器 KM2 线圈断电，制动过程结束。同样制动与运行的接触器不能同时工作，它们之间存在一个互斥联锁逻辑。

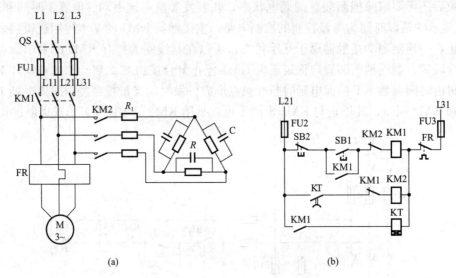

图 3-32　能量回收制动控制方式
（a）主电路；（b）控制电路

3.4　电气控制系统安装接线

3.4.1　电气工程图

电气控制系统是由电气设备及电气元件按照一定的控制要求连接而成，为了表达设备电气控制系统的组成结构、工作原理及安装、调试、维修等技术要求，需要用标准的工程语言形式来表达，即电气工程图。其主要包括电气原理图、电器布置图（或元器件布置图）、电气安装接线图等。

3.2 节与 3.3 节中介绍了一系列典型的控制电路原理图，电气原理图是用来表述设备电气的工作原理、各电器元件的作用及其之间的相互关系。它一般包括主电路、控制电路、保护电路、配电电路等几部分。另外电气原理图设计完成之后，需要根据实际工程需求选择电器元件即元器件选型，并给出元件明细表，电器元件明细表给出电器元件的技术数据，包括电器元件名称、符号、功能、型号、数量等信息。

电器布置图（或元器件布置图）主要用来表述所有电器在设备或装置中的实际安装位置，是电气控制系统的制造、安装、维护、维修的必要资料。电器元件布置图可根据复杂程度集中绘制在一张图上或将控制柜与操作台的电器元件布置图分别绘制。

电器元件布置图设计时遵循以下原则：

1）电器元件布置时，应把体积较大和较重的安装在控制柜或面板的下方；

2）发热的电器元件应该安装在控制柜或面板的上方或后方。但热继电器一般安装在接触器的下面，以方便与电动机和接触器的连接；

3）需要经常维护、整定和检修的电器元件、操作开关、仪器仪表，其安装位置应高低适宜，便于工作人员操作；

4）电源线、控制线应该分开走线，注意屏蔽层的连接；

5）电器元件的布置应考虑安装间隙，并尽可能做到整齐、美观。

电气安装接线图是按电器元件的相对位置绘制的实际接线图，按照电器元件的实际位置和实际接线绘制，绘制应遵循电气元件布置最合理、连接导线最经济等原则。

安装图的绘制遵循以下原则：

1）元器件的位置、文字符号必须和电气原理图中的标注一致，同一个电器元件的各部件（如同一个接触器的触点、线圈等）必须画在一起，各电器元件的位置应与实际安装位置一致。

2）不在同一安装板或电气柜上的电器元件或信号的电气连接一般应通过端子排连接，并按照电气原理图中的接线编号连接。

3）走向相同、功能相同的多根导线可用单线或线束表示。画连接线时，应标明导线的规格、型号、颜色、根数和穿线管的尺寸。

一般情况下，安装图和原理图需配合起来使用。安装接线图上所表示的电气连接，一般并不表示实际布线途径，施工时由操作者根据经验选择最佳走线方式。

按照导线连接的表达方式，电气控制安装接线图可分为三种类型：线束法、散线法和相对编号表示的安装接线图。

3.4.2　线束法表示的安装接线图

图 3-33 为三相异步电动机控制电路。从图 3-33 可以看出，原理图中包含了 3 个主令

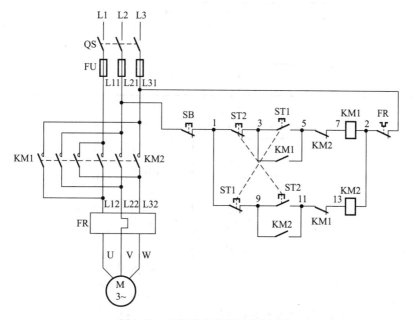

图 3-33　三相异步电动机控制电路

按钮：停止按钮 SB，正转控制按钮 ST1，反转控制按钮 ST2，它们用于控制电动机的启停，位于设备的控制面板上。除电动机 M 以外的其他电器用于给电气系统提供电源、控制电动机通电、断电以及过载保护，这些器件位于电气控制箱中。按照 3.4.1 节的电器布置图的设计原则，电器元件布置示意如图 3-34 所示。

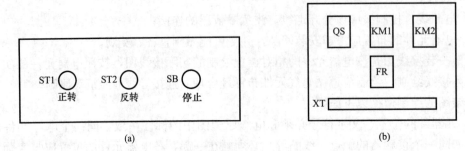

图 3-34　电器元件布置示意
（a）控制面板；（b）电气控制箱

图 3-35 是线束法表示的异步电动机可逆运行电路安装。

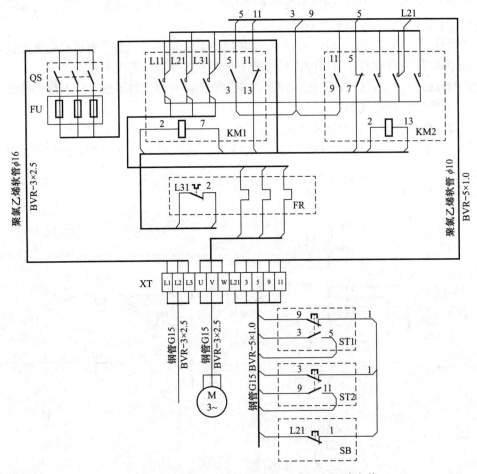

图 3-35　线束法表示的异步电动机可逆运行电路安装

　　线束法表示的安装图示表明了设备、元件、端子排之间的相对位置。它们之间的连接导线不是每根都要画出，而是把走向相同的导线合并为一条线表示。对于那些走向不完全相同，但只要在某一段上走向相同，这根线条在这一段上也代表了那些导线，在其走向发生变化时，可逐条分出去。线束法中的线条，既有从中途汇合进来的，也有从中途分出去的，最后各自到达终点，即所连接元件的接线端子。在线束法表示的安装接线图中，主电路和辅助电路应严格区分开来，即使二者走向相同也必须分别表示。在图中，一根线条代表导线的数目可从直观上分辨清楚，也可以从导线的标注根数上看出。

　　绘制电气安装接线图必须以原理图为基础。下面以图 3-35 电路各元件实际连接方式来说明。

　　主线路：电源进线采用塑料绝缘软线（BVR 型），芯线截面积为 2.5mm^2，三根线穿 G15 钢管，经过端子排上标号为 L1、L2、L3 的三个接线端子，穿入直径为 10mm 的聚氯乙烯软管，接至开关 QS，经过熔断器 FU 和接触器 KM1、KM2 的并联主触点、热元件 FR 及端子排上标号为 U、V、W 的 3 个接线端，再穿 G15 钢管敷设接至电动机 M。

　　辅助电路：主电路导线根数少，读图较为容易。辅助电路导线根数较多，一般采用逐个回路阅读的方法进行读图。本图中有两个主要控制回路，此处以接触器 KM1 线圈回路为例分析，KM2 圈回路的分析方法类似。

　　从接触器 KM2 的主触点的 L2 相上部（电源侧）引出导线 L21，穿入直径 10mm 的塑料软管（此管中有 5 根导线），接至标号为 L21 的接线端子，经过此端子穿入 G15 钢管，接至停车按钮 SB。应当注意的是，线束中有若干根导线，分辨导线的走向只能以导线的标号为准，同一根导线的两端应标以相同的标号（起止标号应相同）。经过按钮 SB 后 W21 导线的标号变为 1，然后分别与启动按钮 ST1 和 ST2 的常闭触点的各一个接线端子相连，经过 ST2 后的一根导线标号变为 3，并与 ST1 的常开触点相连，然后接至端子排上标号为 3 的端子上，再经过线束连至接触器 KM1 的辅助常开触点，经该触点后标号变为 5。5 号线分为 2 根，一根经线束送至端子排的 5 号端子与 ST1 的常开触点的另一端相连，即 KM1 的一对常开触点与 ST1 的常开触点经端子 5 和 3 并联。5 号线的另一根与 KM2 的常闭触点相连，经此触点后标号变为 7。7 号线与 KM1 线圈相连，经线圈后标号变为 2，再与热继电器常闭触点 FR 相连，经此触点后标号变为 L31。L31 与接触器 KM1 的 L3 相的主触点电源侧相连，从而构成了跨接 L2、L3 相的电源通路。

　　由图 3-35 可知，线束法表示的安装图具有以下特点：

　　1）主辅电路分别用不同的线束表示。主电路用粗实线、辅助电路用细实线。每一线束都要标注导线的根数、型号、截面积、敷设方式和穿线管的种类、型号（或管径）。

　　2）线束两端及中间分支出去的每一根与元件相连的导线，在接线端子处都应该进行标号，属于同一根导线的若干段应标注同一标号，并应与原理图上的标号完全一致。

　　3）端子排上的端子标号应与经过此端子的导线标号相同。

3.4.3　散线法表示的安装接线图

　　散线法是相对于线束法而言的，在这类安装图上，元件之间的连线是按照导线的走向逐根画出来的，其余各种表示方法与线束法相同。图 3-36 中示出的经过接触器 KM1、KM2 主触点的主电路及辅助电路中接触器 KM1、KM2 与端子排相连的 3、5、9、11、L21 5 根线，若用散线法表示则如图 3-36 所示。

由图 3-36 可知，散线法表示的安装图相比线束法表示的安装图，更清楚地反映出线路中各元件的连接关系，但线条明显增多，因而这种表示不适合画复杂的线路。

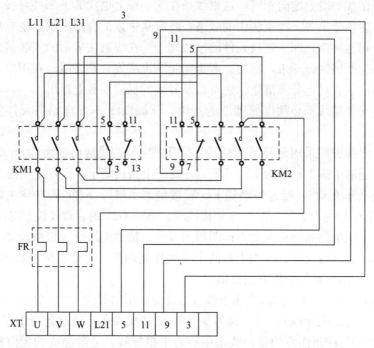

图 3-36　散线法表示的异步电动机可逆运行电路

3.4.4　相对编号法表示的安装接线图

采用相对编号法表示的安装接线图有如下特点：

1）元件采用与原理接线图相一致的符号标志，符号标志标注在表示元件的框线内或框线外的一侧。

2）元件的接线端子和端子排的接线端子按元件、端子排的接线端子间连线编号。如图 3-37 所示，2 号线的一端与 FR 常闭触点相连，另一端与 KM1、KM2 线圈相连，则 FR 的一个接线端子与 KM1、KM2 线圈的各一个接线端子均标注为 2。

3）元件与元件之间、元件与端子排之间的连线，采用以下方法标注：A、B 两元件相连，A 元件的接线端标注 B 元件的符号和端子编号，B 元件的接线端标注 A 元件的符号和端子编号。例如，KM1 的 2 号端子与 KM2 的 2 号端子相连，其标号分别为 KM2-2 和 KM1-2。

图 3-37 是相对编号法表示的安装接线图。

下面根据图 3-37 所绘的安装图，说明电动机控制线路中各元件的连接关系。从电源 L2 相引出 L21 导线至端子排 XT 标号为 L21 的端子，此端子的另一端标号为 SB-L21，说明是引向停车按钮 SB 的 L21 接线端，所以在 SB 的 L21 对接线端标号为 XT-L21；经 SB 后，导线标号变为 1，直接引至 ST1-1；经 ST2 的常闭触点，导线标号变为 3，直接引至 ST1-3；经 ST1 的常开触点，导线标号变为 5，因在此接线端上标号为 XT-5，表明是去端子排 XT 的 5 号端子。经 5 号端子，其另一端标号为 KM1-5，表明由端子 5 引出到 KM1 的 5 号接线端。在 KM1 的 5 号接线端上标注有 KM2-5，即是继续引至 KM2 的 5 号接线端，故 KM2 的 5 号接线端标注为 KM1-5；经过此触点后，导线的标号变为 7，在此接线端上标号为 KM1-7，说明接至 KM1 的 7 号接线端，故 KM1 的 7 号接线端子标号为 KM1-7。
经过 KM1 线圈后，导线标号变为 2，此接线端上标号为 FR-2，即要引至 FR 的 2 号接线
端，故此柱标号为 KM1-2，经过 FR 的常闭触点，导线标号变为 L31，即是引向 L3 相电
源。至此，KM1 线圈回路与 L2、L3 相接通。另外，图中接触器 KM1 的常开触点与按钮
ST1 的常开触点两端都标以 XT-3 与 XT-5，说明此两对触点经端子排的 3、5 号端子并联。
制图时可先不考虑这类并联小回路，待大回路完成后再予以考虑。KM2 线圈电路的接线
原理与 KM1 的相同，此处不再介绍。

在绘制用相对编号法表示的安装图时，可先将原理图表示如下（以 KM1 线圈回路
为例）：

电源 L2 相引出线 L21→端子排 XT 的 L21→SB-L21→SB 的 1 号线→ST2-1→ST2 的 3
号线→ST1-3→ST1 的 5 号端→XT-5→KM2-5→KM2 的 7 号线→KM1-7→KM1 线圈的 2
号线→FR-2→FR 的 L31 线→电源的 L3 相。再根据相对编号法表示的安装图的绘图特点
画图。

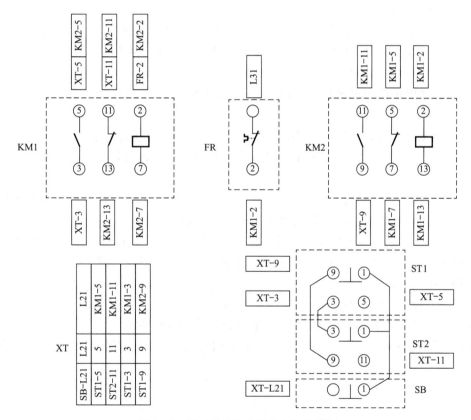

图 3-37　相对编号法表示的安装接线图

线束法、散线法和相对编号法 3 种形式的安装图各有优缺点。散线法表示的安装接线
图最接近实际，适用于元件较少的控制线路。线束法表示的安装接线图中，共一根线代表
一束线，这与实际布线时走线相同的线往往绑扎成一束相似；同时还标出了导线及穿管的
型号、规格，为安装接线创造了一定条件，但对每一根线的来龙去脉表现得不够明显，在
元件相对较多时也显得不够清晰。相对编号法表示的安装接线图表现元件接线端子之间的

连线最为清楚，便于接线和查线，但线路走向无明确表示、不直观。

从各种安装图的分析过程可见，在原理图中将各元件的连接导线进行编号是非常必要的。除了上述 3 种方法之外，在实际工程中还使用接线表方法。

思考题与习题

3-1　简述绘制电器控制原理图的原则。

3-2　简述自锁控制规律的特点。应用该规律，以三相异步电动机为控制对象，设计其启动停止控制电路。

3-3　简述互锁控制规律的特点。应用该规律，以三相异步电动机为控制对象，设计其启动停止控制电路。

3-4　电气联锁和机械联锁各有什么特点？

3-5　按钮长动与点动的应用场合有什么不同？长动与点动在联锁控制时的用法有什么不同？请举例说明。

3-6　鼠笼式异步电动机在什么情况下采用降压启动控制方式？

3-7　鼠笼式异步电动机的降压启动控制线路中，可采用哪些参量作为控制参量以实现降压到全压转换？各有什么优缺点？

3-8　简述以转速为变化参量控制电动机启动时，负载波动和电网电压波动对其的影响规律。

3-9　笼型异步电动机常用的制动控制方式有哪几种？简述其工作原理。

3-10　笼型异步电动机单向运转，要求采用自耦调压器进行降压启动，试设计主电路和控制电路。

3-11　笼型异步电动机可作正、反向运行，要求降压启动并快速停车（为限制制动电流，制动时应接入制动电阻），试设计主电路和控制电路。

3-12　消火栓泵由笼型异步电动机拖动，采用Y/△降压启动，要求在现场和消防控制中心都能进行启、停控制与过载时发出声光报警信号，试设计主电路与控制电路。

3-13　电气工程图通常包括哪些内容？

3-14　电器布置图的作用是什么？它的设计原则有哪些？

3-15　电器安装接线图起什么作用？它的设计原则有哪些？

3-16　请以图 3-30 为例，设计该电路的电器布置图、电器安装接线图（采用相对编号法）。

第4章　继电接触式控制系统的设计

本章学习目标
(1) 熟悉继电接触式控制系统的一般步骤，了解电气控制线路设计中的常用措施。
(2) 掌握经验设计法的分析过程和原理。
(3) 掌握逻辑函数简化方法，熟悉逻辑函数与继电器开关线路的转换方法。
(4) 熟悉继电接触式控制系统的逻辑设计基本方法与步骤。

电气控制系统的设计一般包括确定拖动方案，选择电动机容量和设计控制线路，最后正确选用控制电器。对于建筑电气而言，则主要是根据相关设备专业提出的设备及控制要求，设计满足实际需要的控制线路并选择出所需控制元件。

4.1　继电接触式控制系统的一般设计方法

4.1.1　设计电气控制线路的一般步骤

电气控制线路的设计方法通常有 2 种，即经验设计法和逻辑设计法。经验设计法是根据生产机械的工艺要求与过程或者根据受控设备的控制需要，利用各种典型线路环节为基础进行修改补充、综合成所需要的控制线路。这种设计方法比较容易掌握，但要求设计人员必须熟悉大量的控制线路并具有丰富的设计经验。在设计的过程中，应逐步进行工作原理分析，反复修改、推敲，力争得到最简单、最可靠的满足控制要求的电路。逻辑设计法是根据设备或工艺的控制要求，利用特征数表征控制设备的动作状态并用逻辑代数来分析设计控制线路。这种设计方法步骤较为复杂，难度较大，不易掌握，适合于设计较复杂的生产工艺所要求的控制线路。本节主要介绍实际中常采用的经验设计法，也称一般设计法。

采用经验设计法设计控制线路时的步骤如下：

1) 根据相关专业提出的控制要求和生产工艺要求，对被控设备和生产机械的工作情况作全面了解，并对已有相近设备的控制线路进行分析，制定出具体、详细的控制要求，作为设计控制线路的依据及控制目标；

2) 按控制要求的启动、停车、正反转、制动及调速等设计主电路；

3) 根据主电路的要求，参照典型控制环节设计控制线路的基本环节；

4) 根据设备（工艺）各部分运动要求的配合关系及联锁关系设计控制线路的特殊环节；

5) 分析运行过程中可能出现的故障，在线路中加入必要的保护环节；

6) 综合审查整体电路，按动作步骤分析线路工作原理，检查线路是否能达到控制目的，进一步完善电路，可以在继电控制模拟软件上进行模拟实验；

7）控制柜及设备硬件接线调试；

8）验收、实验报告和使用说明编写。

4.1.2　设计电气控制线路的措施

1. 使控制线路在满足控制要求的前提下简单、经济的措施

1）尽量选用典型的、常用的或经实际验证过的线路和环节。

2）尽量选用相同型号的电器，以减少备品量。

3）尽量缩短连接导线的长度。

设计控制线路时，应考虑各元件之间的实际位置。通常，按钮开关位于操作台，行程开关等位于控制现场，而接触器、继电器等位于控制柜内。因此，应特别注意电气控制柜、操作台和限位开关（水位信号、压力信号、速度信号等）之间的连线。如图 4-1 中所示线路在实际接线中就是不合理的，它引起电气柜到操作台的二次引出线；而图 4-2 中所示线路就可减少一次引出线（节约引出线的 25%）。因此在控制线路中，一般都将启动按钮和停车按钮（可推广至其他现场信号元件）直接相连。一般情况下，设计中还应注意到同一电器元件的不同触点在线路中应尽可能具有较多的公共连接线，这样可以减少导线段数和缩短导线的长度。

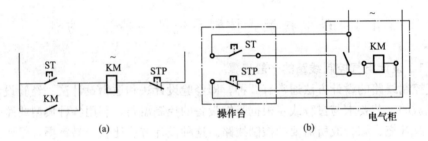

图 4-1　不合理的连接导线方法

(a) 原理图；(b) 接线图

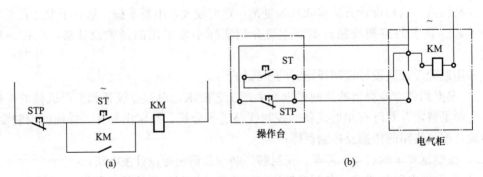

图 4-2　合理的连接导线方法

(a) 原理图；(b) 接线图

4）尽量减少触点数以简化线路，减少可能的故障点：

（1）合并同类触点，如图 4-3（a）所示。

（2）利用二极管的单向导电性简化直流电路，如图 4-3（b）所示。

（3）利用逻辑代数法合并同类触点。

用原状态表示常开触点、非状态表示常闭触点，并根据逻辑代数的性质和运算规律对控制电路进行简化。

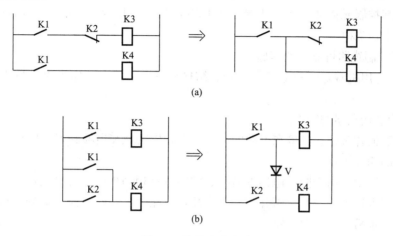

图 4-3 简化直流电路

（a）合并同类触点；（b）触点的简化方法

【例 4-1】如图 4-4 所示，其逻辑式为：$F(K4)=(K1+K2)\cdot(K1+K3)$，对该逻辑式进行简化。

$$F(K4)=(K1+K2)\cdot(K1+K3)$$
$$=K1+K1K3+K2K1+K2K3$$
$$=K1(1+K3+K2)+K2K3$$
$$=K1+K2K3$$

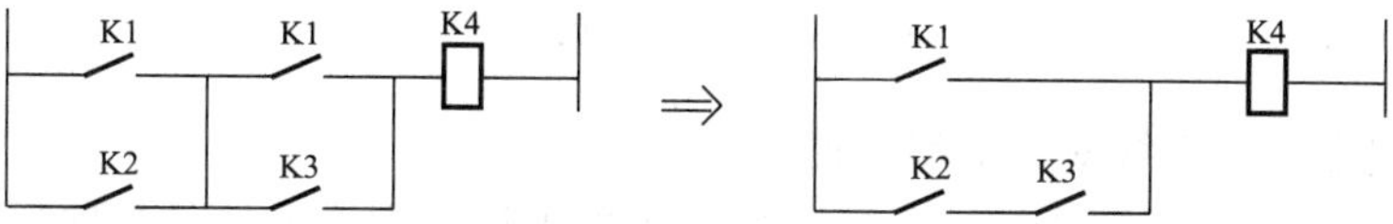

图 4-4 逻辑简化

【例 4-2】如图 4-5 所示，其逻辑式为：$F(D)=AC+\overline{A}B+A\overline{C}$，对该逻辑式进行简化。

$$F(D)=AC+\overline{A}B+A\overline{C}$$
$$=A(C+\overline{C})+\overline{A}B$$
$$=A+\overline{A}B$$
$$=A+B$$

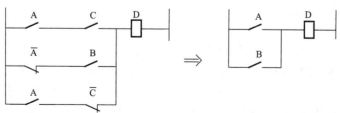

图 4-5 逻辑简化

利用逻辑代数法合并同类触点时，应注意校核触点容量。

5）尽量减少不必要的通电电器，以减少电能损耗、延长控制电器的寿命。

例如，在异步电动机的降压启动控制线路中，当降压—全压的转换过程完成后，辅助启动设备及其控制元件如电阻（电抗、自耦调压器）、时间继电器和降压启动接触器等，均应从线路中切除掉。

2. 保证控制线路可靠性的措施

1）尽量选用机械寿命和电气寿命长、结构合理、坚固、动作可靠且抗干扰性好的电器元件。

2）正确连接电器的触点。

同一电器的各对触点应接在电源的同一相上，以避免在电器触点分断电路产生飞弧时由飞弧引起的相间短路。

图 4-6（a）中，由于同一电器的常开、常闭触点相隔很近，若分别接在电源不同的相线上，则将因电位不等在触点断开时产生飞弧，可能引起相间短路。此外，若两对触点彼此绝缘不好，也易引起电源短路。

图 4-6（b）中，因 SQ 的 2 对触点均接在同一相上，故不会因飞弧引起短路，即使触点的绝缘损坏也不会将电源短路。

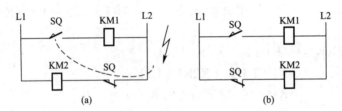

图 4-6　同一电器的各对触点应接在电源的同一相上
(a) 错误接法；(b) 正确接法

3）交流电器的电压线圈不能串联使用。

在交流控制电路中，不能串联接入 2 个电器的电压线圈，即使外加电压是两线圈的额定电压之和也是不允许。因交流线圈吸合前后，线圈的电感因气隙长度变化而显著变化，使得线圈的阻抗发生变化而导致线圈分压变化。两个电器因制造工艺问题动作上总存在着一定的时间差。如图 4-7 所示电路，设 KM2 先吸合，则由于 KM2 的磁路闭合，线圈电感显著增加，因而在 KM2 线圈上的电压降上升，从而使 KM1 的线圈电压达不到动作电压，不能正常吸合，造成控制失败。因此几个需要同时动作的交流电器的电压线圈应采用并联接入电路的方式。

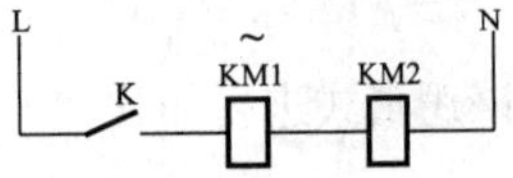

图 4-7　电压线圈串联

4）避免寄生回路。

所谓寄生回路是指在控制线路的动作过程中意外接通的电路，也叫假回路。

图 4-8（a）所示的控制电路即是一个具有寄生回路的电路。该电路是一个具有正反向运行指示和过载保护的电动机可逆运行控制电路。线路正常工作时，可完成正反向启动、停车及相应的运行信号指示。但当过载时，热继电器动作，接触器线圈则不一定能够释放，而通过图 4-8（a）中虚线构成寄生回路，使得电动机不能停车（图中所示情况为

KM1 线圈通电时，热继电器动作）。

KM1（KM2）不能释放的原因是：当热继电器 FR 的常闭触点打开之后，KM1、KM2 和指示灯 HL2（HL1）构成串联回路，如图 4-8（a）中虚线所示。由于 KM1（KM2）原处于吸合状态，阻抗很大，绝大部分线路电压降落于其上，而原处于开启状态的 KM2（KM1）分压小而不能吸合，造成 KM1（KM2）不能释放，电动机处于不能停车的保护失灵状态。

将指示灯 HL1、HL2 分别与 KM1、KM，线圈并联，便可消除寄生回路，如图 4-8（b）所示。

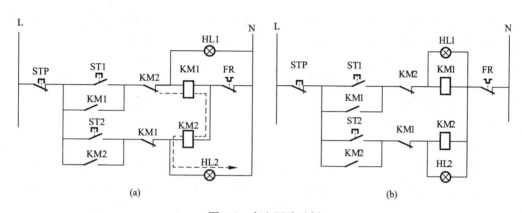

图 4-8　寄生回路示例
(a) 寄生回路；(b) 正确信号显示电路

5）两电感量相差悬殊的直流线圈不能直接并联使用。

图 4-9（a）中，直流电磁铁线圈与直流继电器线圈并联，当 KM 触点打开时，由于电磁铁线圈 YV 的电感量较大，产生的感应电势加在继电器 KA 的线圈上，可能达到 KA 的动作值而使 KA 重新吸合，KA 所控制的线路重新短时接通。因此两电感量相差悬殊的直流线圈不能直接并联使用。

解决的办法是在 KA 线圈电路中单独加一个 KM 的常开触点，如图 4-9（b）所示。

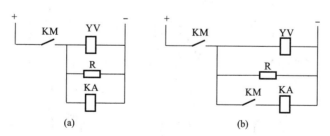

图 4-9　两电感量相差悬殊的直流线圈不能直接并联使用
(a) 错误；(b) 正确

6）在控制线路中应尽量避免许多电器触点依次接通才接通某一电器的控制方式，如图 4-10 所示。

7）在频繁操作的可逆运行电路中，正、反转接触器之间既要有电气联锁，也要有机械联锁。

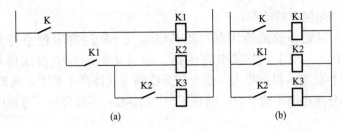

图 4-10　触点的合理布置

(a) 不合理；(b) 合理

8）应根据电网的容量及所允许的冲击电流值等因素决定电动机的启动方式。采用间接启动方式时应注意校核启动转矩是否够用，热继电器是否会发生误动作等。民用建筑电气设计中，当电动机容量为变压器容量的 10% 及以下时，允许直接启动。

9）采用小容量继电器控制大容量的接触器时，应校核其触点容量是否允许。若容量不够，可采用中间继电器进行扩展（中间转换）或采用多触点并联方式扩展接通能力。欲增加分断能力，可采用多触点串联的方式。

3. 保证控制线路安全性的措施

电气控制线路应具有完善的保护环节，以消除意外情况发生时可能带来的不利后果。控制系统的常规保护环节有过载、过流、短路、失压保护等，特殊保护环节有过压、弱磁、超速、极限保护等。有时还应设合闸、断开、事故及运行等必要的指示信号。

1）短路保护

短路保护可由熔断器或低压断路器实现。熔断器在被保护线路发生故障时，利用熔体熔化断开线路；低压断路器则是进行跳闸（脱扣）保护，事故处理完毕后，可再合闸，短路及过载保护如图 4-11 所示。

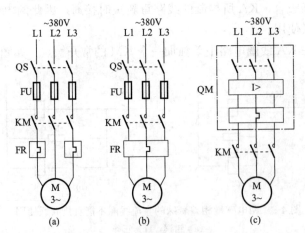

图 4-11　短路及过载保护

(a)、(b) 熔断器及热继电器做短路及过载保护；(c) 低压断路器做短路及过载保护

当主电动机容量较小时，允许主、辅回路合用短路保护，否则主、辅线路应该分别设置短路保护。由于熔断器的熔体受很多因素影响，其动作值不太稳定，所以熔断器常

用于准确度要求不高及自动化程度较差的系统中，如小容量的笼型异步电动机的拖动系统。

短路保护一般不用过电流继电器来实现。这是因为过电流继电器仅能分断控制电路，主电路的过电流保护要通过接触器来完成，而接触器一般不能分断短路电流。

2）过电流保护

不正确的启动和过大的负载转矩常引起电动机的过电流，此电流一般比过载电流大而比短路电流小。过电流会损坏电动机的换向器，过大的电磁转矩也会使机械传动部件受到损伤。因此，发生大的过电流时，应瞬时切断电源。在频繁启动和正反转的重复短时工作制的电力拖动系统中（如起重机），产生过电流比发生短路的可能性更大。

图 4-12 为绕线式异步电动机的过流保护，一般用于限流启动的直流电动机和绕线式异步电动机的过流保护，此时过流继电器的动作值一般为电动机限流启动电流的 1.2 倍。

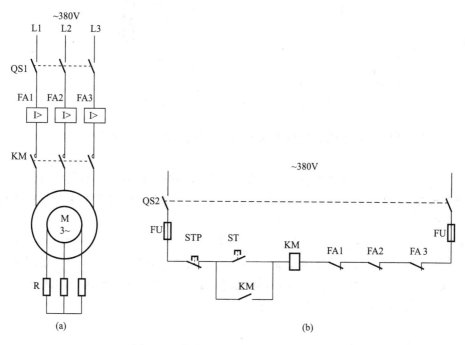

图 4-12　绕线式异步电动机的过流保护

(a) 主回路；(b) 控制回路

图 4-13 为笼式异步电动机的过流保护。为了避免过电流继电器在电动机启动时发生误动作，利用时间继电器和中间继电器在电动机启动过程完毕后将过电流继电器接入，即过电流继电器在电动机启动完毕后接入电路，开始起保护作用。这种控制方法也常用于那些降压启动的异步电动机的过载保护线路中。

3）过载保护

为了防止电动机因长期过载运行而使电动机绕组的温升超过允许值而损坏，需采用热保护，即过载保护。此种保护多采用热继电器实现。

由于热元件的热惯性，热继电器不会因电动机的短时过载冲击电流或短路电流的影响而瞬时动作。通常当 8~10 倍的额定电流通过热继电器时，其动作时间为 1~3s，这样一且短路发生，在热继电器动作之前，其热元件可能已被烧坏。所以在采用热继电器做过载保护时，还必须使用熔断器或低压断路器做短路保护，如图 4-11 所示。

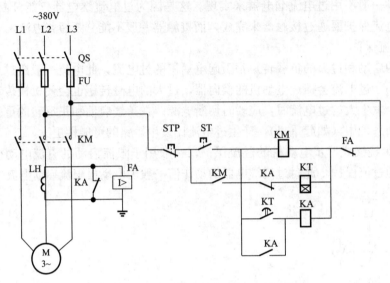

图 4-13　笼式异步电动机的过流保护

热继电器热元件的整定电流应与被保护的电动机的额定电流相等。

4）失压保护

防止电网电压恢复时电动机自启动的保护叫失压保护。它通过接触器的自锁触点或通过并联在万能转换开关或主令控制器的零位闭合触点上的零压继电器的常开触点实现，如图 4-14 所示。

如图 4-14（a），当转换开关 SA 置于"0"挡时，KV 吸合并自锁。当 SA 打向"A1"或"A2"工作挡时，KM 线圈得电，启动电动机。电网失电时，KV 释放；电网恢复供电时，电动机不会自行启动，重新启动电动机时，必须操作 SA，使其手柄置于"0"挡，KV 吸合，接通控制电路，否则不能启动。

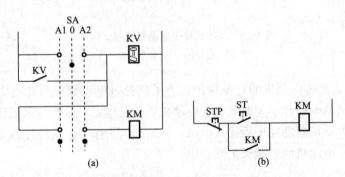

图 4-14　用零压继电器和自锁触点实现的零压保护
(a) 主回路；(b) 控制回路

5）弱磁保护

对于直流电动机，当其磁场减弱或者消失时，会引起电动机超速甚至"飞车"，所以，应设置弱磁保护。弱磁保护一般由欠电流继电器实现，其释放整定值一般为电动机额定最小励磁电流的 0.8 倍左右。

用于弱磁保护的欠电流继电器，其线圈串接于励磁回路，常开触点串联接在控制回路的零压保护电路中，如图 4-15 所示。

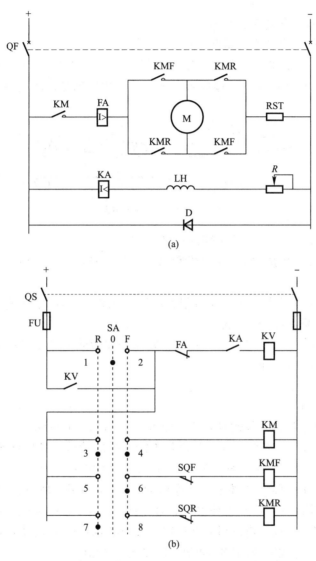

图 4-15 直流电动机的过流、弱磁、极限及失压保护
(a) 主回路；(b) 控制回路

6) 极限保护

极限保护是由行程开关的常闭触点实现的。其具体方法是：在拖动机构运行的极限位置上设置行程开关，当拖动机构因故障运行到极限位置时，触碰行程开关，其常闭触点打开，强制切除控制电路，使接触器的线圈失电而分断主电路。

7) 超速保护

控制系统为了防止生产机械超过预定允许速度运行，在控制线路中设置超速保护。超速保护一般用离心开关来完成，也有的用测速发电机实现。此外，根据生产机械的不同要求，还可设温度、水位、压力等特殊保护环节。

4.2 继电接触式控制系统经验法设计实例

4.2.1 皮带运输机控制系统设计

1. 皮带运输机的组成与工作原理

某皮带运输机由3条皮带组成，如图4-16所示。1号、2号皮带运送左、右两侧采剥的矿石，然后由3号皮带运出。运输皮带1号和2号的启动和停止是由手动按钮控制的，工作要求为：

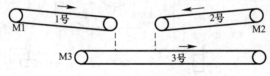

图4-16　皮带运输机示意

1）1号皮带和2号皮带不能同时启动，亦不能同时工作。

2）1号皮带或2号皮带启动时，先要使3号皮带启动，经20s后，1号皮带或2号皮带方可启动。

3）按下1号皮带或2号皮带停车按钮后，为了使皮带上不堆积矿石，1号皮带或2号皮带经20s停车，3号皮带经60s停车。

4）如1号皮带或2号皮带电动机过载，则1号皮带或2号皮带停车，3号皮带过载时，所有传输皮带应全部停止工作。

5）过载时应发出指示信号。

2. 设计基本控制电路

3台电动机由3个接触器控制其启停，如图4-17所示。分析如下：

在工作要求1）中，1号皮带和2号皮带不能同时启动符合互斥联锁条件，则1号皮带电动机和2号皮带电动机的接触器KM1、KM2之间应有电气互锁。

在工作要求2）中，要求3部皮带顺序启动，3号皮带电动机先启动，同时启动20s时间继电器KT1，定时到，启动1号皮带电动机或者2号皮带电动机。具体操作为：按下1号皮带电动机或者2号皮带电动机启动按钮，首先接通KM3，启动时间继电器延时，稍后接通KM1（KM2）支路，采用KA扩展启动按钮的触点。

在工作要求3）中，要求顺序停车，1号皮带和2号皮带先停，3号皮带后停。用停止按钮STP1或STP2控制1号皮带或2号皮带停车，同时启动定时时间继电器KT2、KT3分别延时20s和60s，20s定时到时间继电器KT2断开，切断1号皮带或2号皮带电动机电源，60s定时到切断3号皮带电动机电源。

在工作要求4）中，要求过载时停车。皮带过载时触发热继电器动作，1号皮带和2号皮带过载，相应的电动机应停止工作，则热继电器常闭触点只与其相应的接触器线圈串接即可，而3号皮带过载时，所有皮带电动机都停止工作，则其热继电器常闭触点动作时应断开所有接触器线圈的供电。

3. 设计保护环节，完善控制线路

对图 4-17 皮带运输机控制线路进行分析。当按下停车按钮 STP1（STP2）时，KA1（KA2）失电，KM3 也立即失电，为了使 KM3 延时停车，应在 KA1（KA2）常开触点上并接 KM3 的常开触点进行自锁。同理，KM1、KM2 线圈回路也应有相应的自锁环节。为使电动机全部停车后，时间继电器 KT2 和 KT3 失电，在它们的线圈回路中接入 KM3 的常开触点，使得最后一台电动机停车时，整个控制电路失电。

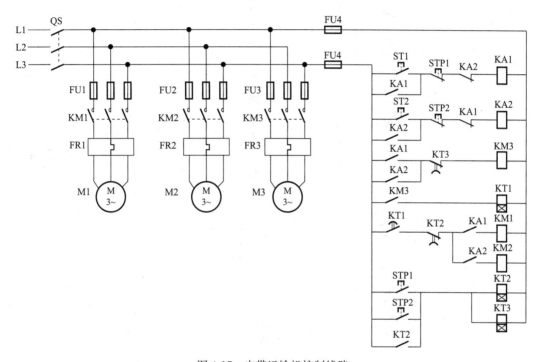

图 4-17　皮带运输机控制线路

根据过载保护的要求，FR1、FR2 分别串联于 KM1、KM2 的线圈电路中，FR3 串联于控制回路的电源侧。

控制过载信号灯的过载信号由热继电器的常开触点输出。线路的失压保护由 KA1、KA2 及各接触器的自锁触点实现。

修改后的控制电路如图 4-18 所示。

4. 对线路工作原理进行分析，最后审查确定线路的可靠性

线路工作原理分析如下：

1）启动：合上刀闸开关 QS，按下启动按钮 ST1，KA1 线圈得电，自锁并互锁 KA2，接通 KM3 线圈电路，3 号电动机启动，同时接通 KT1 线圈，开始延时。到达 KT1 的整定时间后，KT1 常开延闭触点闭合，使得 KM1 线圈得电并自锁，1 号电动机启动。

由于线路具有对称性，操作 ST2 的工作过程与操作 ST1 时类似。

2）停车：按下停车按钮 STP1，其常闭触点断开 KA1 的线圈电路，KA1 线圈失电，常开触点 KA1 复位，KM1、KM2、KM3 依赖各自的自锁回路维持接通；STP1 的常开触点闭合，接通时间继电器 KT2、KT3 的线圈回路，延时 20s 后，到达 KT2 预先整定的时间，KT2 常闭延开触点打开，切断 KM1 线圈回路，M1 停车；延时 60s 时，到达 KT3 预

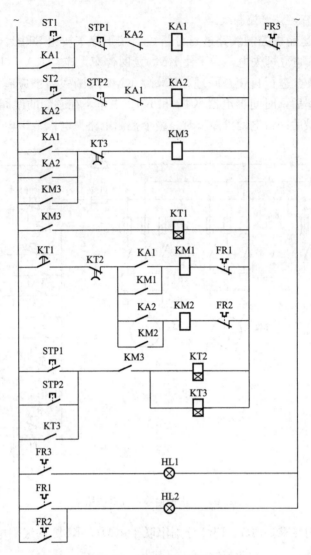

图 4-18　修改后的控制电路

先整定的时间，KT3 常闭延开触点打开，KM3 失电，M3 停车，同时，KT1、KT2、KT3 均失电。

3）保护：M1（M2）过载时，热继电器 FR1（FR2）动作，KM1（KM2）失电，电动机 M1（M2）停车，同时发出过载信号。电动机 M3 过载时，FR3 动作，切断整个控制电路，全部电动机停车并发出过载信号。

短路保护由熔断器 FU1～FU4 实现。零压保护由 KA1、KA2 等的自锁触点实现。

通过以上分析可知，图 4-18 所示控制线路可以满足皮带运输机控制要求，但进一步观察分析发现，线路还可以进一步简化：

1）根据控制条件，电动机 M1、M2 不能同时工作，所以 2 台电动机可合用一个停车按钮。

2）因启动完成后，KM1～KM3 均有自锁，所以，可以将 KA1（KA2）在 M1（或 M2）启动后切除，以减少通电电器；同时，停车按钮 STP 可由复合按钮改为单按钮。

为了体现 KA1（KA2）切除后，KM1 和 KM2 之间的互锁功能，在 KM1 与 KM2 线圈回路中增设互锁触点。考虑一般接触器只具有 2 对常开辅助触点，将 KT1 线圈回路中串接的 KM3 常开触点与 KM3 的自锁触点合用。皮带运输机控制电路如图 4-19 所示。

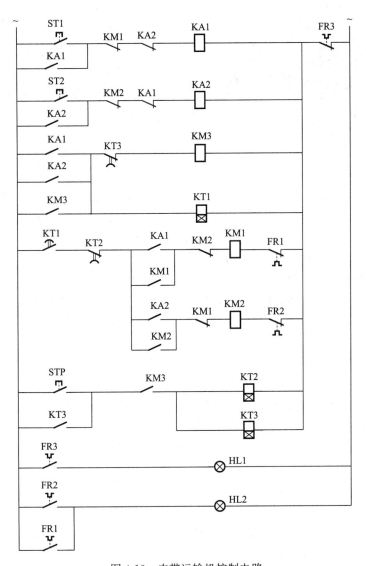

图 4-19　皮带运输机控制电路

由本例可以看出，满足控制要求的线路有多种，设计时，应尽量考虑各方面的因素，全盘考虑，仔细推敲，认真分析工作原理，以期得到安全、可靠、经济性均较好的控制电路。

读者可自行设计采用断电延时继电器满足停车要求的皮带运输机控制系统，并与图 4-19 所示控制电路进行比较，两种控制线路各具有的特点。

4.2.2 龙门刨床横梁升降控制系统设计

1. 龙门刨床的结构与工作原理

龙门刨床结构示意如图 4-20 所示。在龙门刨床（或立车）上装有横梁机构，刀架装

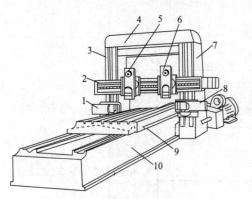

图 4-20 龙门刨床结构示意

1、8-左右侧刀架；2-横梁；3、7-立柱；
4-顶梁；5、6-垂直刀架；
9-工作台；10-床身

在横梁上，随加工件大小不同横梁需沿立柱上下移动，在加工过程中，横梁又需要保证夹紧在立柱上不允许横梁松动歪斜，保证加工精度而设置的。横梁升降电动机安装在龙门顶上，通过涡轮传动使立柱上的丝杠转动，使横梁上下移动。横梁夹紧电动机通过减速机构传动夹紧螺杆、通过杠杆作用使压块将横梁夹紧或放松。

综上所述，横梁机构对电气控制系统提出的要求是：

1）横梁可做升、降调整运动，以满足机床加工不同工件的需要。夹紧机构应能实现横梁的夹紧和放松。

2）横梁夹紧与移行机构之间的动作顺序应满足：

上升时动作顺序：横梁放松——横梁上升——横梁夹紧；

下降时动作顺序：横梁放松——横梁下降——横梁回升——横梁夹紧。

其中，横梁回升是为了消除横梁的丝杆与螺母的间隙，防止横梁歪斜，保证加工精度。

3）具有上、下行程限位保护及必要的联锁关系。

2. 设计基本控制线路

1）横梁移动与横梁夹紧机构分别由两台异步电动机 M1、M2 驱动，均可正反转。因横梁升降为调整运动，故升降电动机 M1 为点动控制。

2）发出上升指令后，电动机 M2 先运行，使横梁放松，完全放松后压下行程开关 SQ1 发出放松信号，使电动机 M2 停车，同时电动机 M1 启动运行。

3）横梁升至指定位置时，松开点动按钮，电动机 M1 停车，同时反向接通的电源，通过夹紧装置使横梁夹紧，在夹紧的过程中，SQ1 复位；完全夹紧后，利用过电流继电器发出夹紧信号（过流保护），使电动机 M2 停车。

4）不考虑横梁下放后的回升，横梁下放与上升时的控制过程类似。

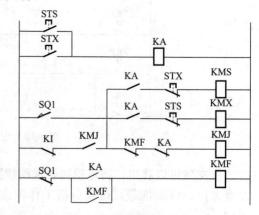

图 4-21 横梁控制电路草图

5）由于一般不采用具有 2 对常开触点的复合按钮，故采用中间继电器 KA 控制横梁移行和升降，用复合按钮的常闭触点作为升降的互锁触点。

横梁控制电路草图如图 4-21 所示。

3. 考虑特殊环节的电路设计

1）回升

因横梁下降后回升时间短暂，可采用断电延时时间继电器控制回升运动。控制思路是在横梁夹紧动作开始（即下降动作停止时）通过时间继电器瞬时接通上升继电器，随后失电，注意回升时，行程开关 SQ1 仍处于被压下状态。

2）限位与电气联锁

横梁的升、降限位保护由限位开关 SQ3、SQ4 实现，横梁与侧刀架运动的限位保护由限位开关 SQ2 实现。横梁升降之间、夹紧与放松之间有电气互锁。

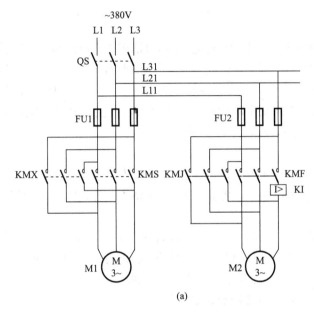

(a)

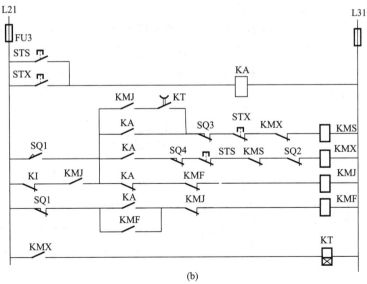

(b)

图 4-22　改进后的横梁控制电路

（a）主回路；（b）控制回路

3）防止误操作引起意外事故

在龙门刨加工过程中，横梁机构必须保持夹紧状态，否则导致加工废品。为了避免意外操作 STU（STD）横梁放松未到位（未压下 SQ1）就松开了按钮，以致使横梁放松引起的事故，需在横梁放松回路中加入一个自锁环节，用来保证一旦按下 STU（STD）按钮，横梁就放松到位，压下 SQ1，接通夹紧回路，将横梁夹紧。

改进后的横梁控制电路如图 4-22 所示。

4. 控制回路工作原理分析

设用符号"↑"表示线圈通电或触点接通，用"↓"表示线圈失电或触点断开。现对图 4-21 分析如下：

1）上升过程：

（1）按下 STS→KA↑，为 KMS 得电准备，KMF↑，电动机 M2 正转，放松横梁；

（2）横梁压下 SQ1→KMF↓，停止放松；KMS↑横梁上升，上升指定位置；

（3）松开 STS→KA↓→KMS↓，横梁上升停止，KMJ↑，横梁夹紧（电动机 M2 反转）。随着夹紧力增大，电动机 M2 中电流逐渐增大，直至过电流继电器 KI 动作，切断夹紧接触器 KMJ 的自锁回路，KMJ↓，上升过程结束。

2）下降过程

（1）按下 STX→KA↑，KMX 得电准备，KMF↑、电动机 M2 正转，放松横梁；

（2）横梁压下 SQ1→KMF↓，停止放松，KMX↑，KT↑，其常开延时触点闭合，为回升做准备。

（3）横梁下放指定位置，松开 STX→KA↓→KMX↓，KT↓上升停止，KMJ↑，横梁夹紧（M2 反转）。夹紧后，KI 吸合，切断 KMJ 回路，下降结束，KMS↑横梁回升，一定时间后，时间继电器 KT 常开延时触点复位，回升结束。

4.2.3　建筑生活水泵的电气控制系统设计

1. 建筑供水系统的工作原理和控制要求

由于高层建筑的建筑高度原因，自来水厂的水压不能直接为大厦的中层和高层部分提供用水，所以一般采用市网供水先注入大厦地下或低层贮水池，再用水泵把水输送至大厦高位水箱或天面水池，由高位水箱下部的输水管送至大厦中、高部各用水单位的供水方式，如图 4-23 所示。

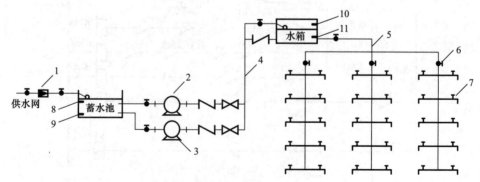

图 4-23　建筑供水系统示意

1-水表；2、3-供水泵；4-供水管；5-立管；6-手动阀门；7-配水龙头；

8、9-蓄水池液位开关；10、11-水箱液位开关

对生活水泵的一般控制要求：

1）在地下水池与高位水箱中均设置水位信号器，由两处的水位信号器控制水泵的自动运行。当高位水箱水位达到低水位时，生活水泵启动往高位水箱注水；当水箱中水位升至高水位时，自动关闭水泵。生活水泵同时应受地下水池水位的制约，当地下水池水位处于低水位时，为了避免水泵空转运行，无论高位水箱水位如何，生活水泵都不能启动。

2）为了保障供水可靠性，生活水泵分为工作泵和备用泵，当工作泵发生故障时，备用泵应能自动投入。

3）应有水泵电动机运行指示及自动、手动控制的切换装置、备用泵自动投入控制指示。

2. 基本设计思路

在高层建筑中，水泵及其设备控制室通常位于建筑物的地下层，水箱设于大厦的顶部。将水箱中的水位信号传送到设备控制柜，需传输相当长一段距离。为了避免信号传输过程中由于信号线中途接地等故障引起的继电器误动作，信号控制回路通常采用 220V 及以下的电压。另外由于水位信号器为小容量的继电器，其触点不适合直接控制接触器，因此需要通过中间继电器进行中间转换，即扩展触点容量。归纳起来，为了便于线路的维护、管理等，应将辅助线路分为信号控制回路和电动机控制回路等几部分，这样使得控制线路的分工更加明确，可读性增强。

根据控制要求 1），水泵电动机的启动应受水箱水位信号器和地下水池水位信号器的制约。其逻辑关系为，当地下水池不为低水位时，由高位水箱的低水位信号器发出启泵信号，高水位信号器发出停泵信号；当地下水池为低水位时，高位水箱的低水位信号器不能发出启泵信号，这一逻辑关系很容易由触点的串并联组合实现。

根据控制要求 2），工作泵不能正常运行时，备用泵应能自动投入。工作泵与备用泵二者工作转换的关键是寻找一个合适的转换信号，即能反映工作泵不能正常运行的信号。一般情况下，水泵不能正常运行的原因为，其一是运行接触器的衔铁卡住，触点不能正常吸合；其二是水泵运行过程中，电动机因过载或线路发生短路等故障而保护停车。这 2 种停车情况反映在接触器上即是接触器的触点机构不能动作，其常闭触点处于闭合状态。因此接触器的常闭触点的闭合与否反映了电动机的工作情况。故可利用接触器的常闭触点监视电动机的运行情况并作为备用泵电动机的启泵信号。为了与正常停车相区别，由常闭触点控制备用泵启泵的信号回路受工作泵启泵信号制约，即备用泵自投信号仅在工作泵启动信号发出后方起作用。为了判别工作泵是否因故障不能启动，备用泵启动信号应延时发出。

根据控制要求 3），水泵电动机运行时应有运行指示，备用泵自投时也应发出指示，这些信号指示可由运行接触器及转换继电器发出，利用声光信号提醒管理人员。为了实现手动和自动的切换控制，拟采用万能转换开关，利用万能转换开关的不同挡位作手动和自动控制之间的转换。自动控制时，由水位信号器送出信号启动工作泵或备用泵；手动控制时，直接由控制柜上的按钮开关送出控制信号。

水泵电动机的启动方案由电网容量及电动机容量决定。电网容量不够时，通常采用 Y/△ 降压启动方案。需要指出的是，无论是直接启动还是间接启动，水位控制信号回路的控制形式不变，改变的只是各电动机的控制电路。

3. 线路工作原理分析

根据以上控制思路拟定的生活水泵主回路原理如图 4-24 所示，生活水泵电气控制原理如图 4-25 所示。

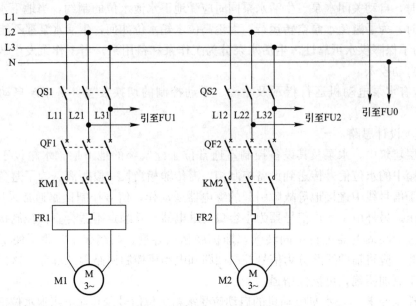

图 4-24　生活水泵主回路原理

拟定控制线路方案之后，应对控制线路进行分析，看其是否能达到实际控制要求，验证其合理性。KP1、KP2 为地下水池低水位、高水位检测开关，KPL、KPH 为高位水箱低水位、高水位检测开关。

1）自动控制

设手柄位于 A1 挡，控制过程如下：

（1）正常工作：当地下水池水位为高水位时，KP1、KP2 触点均闭合。此时若高位水箱为低水位，KPL 闭合，KA1 线圈电路被接通，其常开触点闭合，01—11 点接通，109—107 点接通，209—207 点接通，由于万能转换开关 SA 手柄置于 A1 挡，触点⑨—⑩及⑤—⑥接通，所以线圈 KM1 得电（此时，回路 101—109—107—104—102 接通），1 号电动机驱动工作泵启动运行。直到高位水箱中的水位到达高水位时，水位信号器 KPH 动作，触点打开，KA1 线圈失电，则 KM1 线圈失电，水泵停止供水。

（2）备用泵自投：高位水箱的低水位信号发出后，水位继电器 KA1 闭合，若工作泵 M1 不能启动，或运行中保护电器动作导致工作泵停车，KM1 的常闭触点复位闭合，接通回路 01—09—11—13—15—02，警铃 HA 发出事故报警信号，同时时间继电器 KT 线圈得电，经预先整定的延时时间，KA2 吸合，其常开触点 111—107、211—207 接通，由于 SA 手柄置于 A1 挡，故回路 201—211—207—204—202 接通，KM2 线圈得电，备用泵自动投入。

当地下水池处于低水位时，水位信号器 KP1 触点打开，KA1 不能得电，不能送出高位水箱的低水位信号；同样，当地下水池中的水未达到允许抽水的高水位信号时，水位信号器 KP2 不能闭合，KA1 也不能得电，在这两种情况下，无论高位水箱是否需供水，均不能自动启泵。

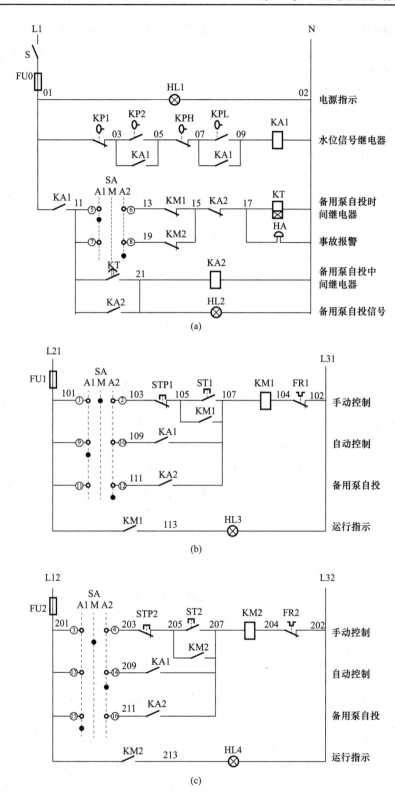

图 4-25　生活水泵电气控制原理

(a) 水位信号控制回路；(b) 电动机 M1 控制回路；(c) 电动机 M2 控制回路

由于线路的对称性，当万能转换开关 SA 手柄位于 A2 挡时，M2 为工作泵（受 KA1 发出的启、停泵信号控制），M1 为备泵（受备用泵启停信号 KA2 的控制），其工作原理与 SA 位于 A1 挡时类似。

2）手动控制

将万能转换开关 SA 的手柄置于 M 挡，则信号控制回路不起作用，SA 的①—②、③—④触点接通，此时操作手动按钮开关，可以通过 KM1 和 KM2 对电动机 M1、M2 进行启停控制，此挡主要用于调试。

3）信号显示

当 S 合上时，控制电源信号灯 HL1 亮，说明水位控制信号回路投入工作。电动机 M1 启动时，信号灯 HL3 亮；M2 启动时，HL4 亮；备用泵投入时，事故信号灯 HL2 亮。为了区分不同信号，信号灯可采用不同的颜色，如电源指示用绿色，事故指示用黄色，运行指示用红色。

4.3　电气控制逻辑设计法

分析继电—接触器控制电路的工作情况时，常以线圈的通电或失电为基础判定。线圈通、断电与否取决于供电电源电压及与线圈相连的触点闭合情况。若假定供电电源电压不变，则触点的闭合与否是线圈得电与否的决定因素。

把控制电路中的接触器、继电器线圈的通电与断电、触点的闭合与断开及主令电器的通与断看成逻辑变量，用逻辑"1"表示通，用逻辑"0"表示断，并将这些逻辑变量关系表示为逻辑函数关系式，再运用逻辑函数的基本公式和运算规律，对线路的逻辑函数进行化简，然后按化简后的逻辑函数式绘制相应的电路图，再进行工作原理分析、校核、完善，便可得到最简的控制方案，这便是控制线路的逻辑设计。

逻辑设计中规定，对于电磁式低压电器，线圈的通电状态规定为"1"（吸合为"1"），线圈失电状态为"0"（释放为"0"）。继电器、接触器及开关元件等的触点闭合状态为"1"，断开状态为"0"。在上述规定下，元件的线圈及触点用同一字符表示，但常开触点以原状态表示，常闭触点以非状态表示。则逻辑代数式与控制原理图之间就存在着一一对应的关系，利用逻辑代数的运算规律对逻辑式进行简化，也相当于对控制线路进行了简化。因此运用逻辑设计方法可以将继电接触系统设计得更为合理，线路中的元件能更充分地发挥作用，使所采用的元件数量为最少，但这种设计的难度较大，不易掌握，一般用于复杂控制线路的设计。

4.3.1　逻辑函数及简化

1. 逻辑函数与真值表

在继电—接触式控制电路中，把表示触点状态的逻辑变量称为输入逻辑变量，表示继电器、接触器等受控元件的逻辑变量称为输出逻辑变量，输出逻辑变量的取值随各输入逻辑变量取值变化而变化。输入、输出逻辑变量的这种相互关系称为逻辑函数关系，这种逻辑输入输出函数关系也表达了输出（线圈）状态对输入（触点）状态的对应关系。

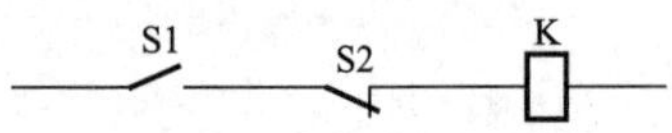

图 4-26 中的 K 线圈是开关元件 S1、S2 的逻辑函数，其逻辑表达式为：

图 4-26　逻辑表示

$$F(K) = S1 \cdot \overline{S2} \qquad (4-1)$$

将控制线路中输入和输出关系用列表方式表达出来，这种表称为真值表。真值表反映了控制线路输入逻辑变量所有可能状态的组合与其对应的输出逻辑变量的关系，图 4-26 所示的控制线路，逻辑"与"真值表如表 4-1 所示。

逻辑"与"真值表　　　　　　　　　　　　　　表 4-1

真值表 1			真值表 2		
S1	S2	K	A	B	F
0	0	0	0	0	0
1	0	1	1	0	0
0	1	0	0	1	0
1	1	0	1	1	1

2. 逻辑运算关系的触点电路形式

1）逻辑"与"—触点串联

串联电路的逻辑表达式为逻辑与运算，"与"运算符号用"·"表示，也可以省略。

逻辑表达式 $F = A \cdot B$ 所对应的线路是唯一的，如图 4-27 所示。反过来，图 4-27 的逻辑表达式 $F = A \cdot B$ 也是唯一的，所以逻辑表达式与控制线路之间存在着一一对应的关系。

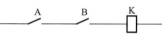

图 4-27　"与"电路

$F = A \cdot B$ 的"与"电路的真值表如表 4-1 的真值表 2 所示，由真值表可知，当 $A = 1$，$B = 1$ 时，$F = 1$，这与 A 接通，B 接通时，K 线圈通电的电路表示结果吻合。

2）逻辑"或"—触点并联

并联电路的逻辑表达式为逻辑"或"运算，或运算符号用"+"表示。图 4-28 所示电路对应的逻辑表达式为 $F = A + B$，逻辑"或"真值如表 4-2 所示。

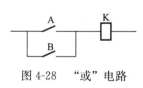

图 4-28　"或"电路

逻辑"或"真值　　表 4-2

A	B	F	或运算规律
0	0	0	0+0=0
0	1	1	0+1=1
1	0	1	1+0=1
1	1	1	1+1=1

3）"非"逻辑

图 4-29 为"非"逻辑，当开关 S 闭合，线圈 A 得电，A 的常闭触点打开，即 $\overline{A} = 0$，线圈 K 立即失电；当开关 S 打开，线圈 A 失电，A 的常闭触点恢复闭合，即 $\overline{A} = 1$，线圈 K 得电。可以看出通过该逻辑电路，开关 S 的输入通过 A 的操作，其逻辑结果与输入相反，这就是"非"逻辑操作，其表达式为 $F = \overline{A}$，"非"逻辑真值如表 4-3 所示。

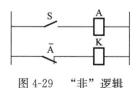

图 4-29　"非"逻辑

逻辑"非"真值　　表 4-3

A	$\overline{A}$
1	0
0	1

上述的"与""或""非"三种逻辑运算是基本逻辑运算，其基本运算结果对应着继电—接触式控制线路的一定结构，所以当一个逻辑函数用逻辑变量的三种基本运算结果表示出来后，可很容易地画出其对应线路。

在继电—接触式控制线路中，最常用的是"与、或"函数形式。在"与、或"函数中，若有 n 个"与"项被"或"起来，则表示有 n 个并联支路；若每个"与"项含有 m 个变量，则表示有 m 个触点相串联。

2 个具有完全相同逻辑功能的控制电路，其结构简繁程度可能相差很大。在保证线路逻辑功能不变的前提下，力求得到最简单或较简单的控制线路是设计人员努力的目标。通常控制线路的简化是通过对逻辑表达式的化简进行的。

对于比较简单的逻辑函数式可采用逻辑代数的基本公式进行化简，而对于较复杂的逻辑函数则需要运用卡诺图法进行化简。

3. 逻辑函数的化简

1）逻辑代数定理

（1）交换律

$$A \cdot B = B \cdot A \tag{4-2}$$

$$A + B = B + A \tag{4-3}$$

（2）结合律

$$A \cdot (B \cdot C) = (A \cdot B) \cdot C \tag{4-4}$$

$$A + (B + C) = (A + B) + C \tag{4-5}$$

（3）分配律

$$A \cdot (B + C) = A \cdot B + A \cdot C \tag{4-6}$$

$$A + (B \cdot C) = (A + B) \cdot (A + C) \tag{4-7}$$

（4）吸收律

$$A + AB = A \tag{4-8}$$

$$A \cdot (A + B) = A \tag{4-9}$$

$$A + \overline{A}B = A + B \tag{4-10}$$

$$\overline{A} + AB = \overline{A} + B \tag{4-11}$$

（5）重叠律

$$A \cdot A = A \tag{4-12}$$

$$A + A = A \tag{4-13}$$

（6）非非律

$$\overline{\overline{A}} = A \tag{4-14}$$

（7）反演律（摩根定律）

$$\overline{A + B} = \overline{A} \cdot \overline{B} \tag{4-15}$$

$$\overline{A \cdot B} = \overline{A} + \overline{B} \tag{4-16}$$

上述 7 个定律可用于继电控制线路或者真值表证明。以吸收律证明为例，证明如下：

$K = A + \overline{A}B$ 其逻辑对应图 4-30（a）所示，当 A＝1 时，上面逻辑支路接通，下面逻辑支路断开，线圈 K 的接通只与 A 相关，当 A＝0 时，上面逻辑支路断开，下面逻辑支路是否接通只与 B 相关，通过分析该电路逻辑可以等效为图 4-30（b），该逻辑表达式为 K＝A＋B，从而有 A＋$\overline{A}$B＝A＋B。

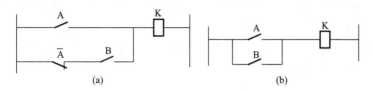

图 4-30　吸收律证明

（a）A＋$\overline{A}$B 表达式的逻辑；（b）等效逻辑

2）逻辑化简的常用方法

常用逻辑化简的关系式如下：

A＋0＝A、A・1＝A、A＋1＝1、A・0＝0、A＋$\overline{A}$＝1、A・$\overline{A}$＝0。

逻辑化简常用方法：

（1）合并项法：利用 AB＋$\overline{A}$B＝A；

（2）吸收法：利用 AB＋A＝A；

（3）消去法：利用 A＋$\overline{A}$B＝A＋B；

（4）配项法：乘以（X＋$\overline{X}$）因子化简。

3）逻辑化简举例

【例 4-3】已知 F＝AC＋$\overline{A}$B＋A$\overline{C}$，化简该逻辑表达式。

$$F = AC + \overline{A}B + A\overline{C}$$
$$= A(C + \overline{C}) + \overline{A}B$$
$$= A + B$$

【例 4-4】已知 F＝A$\overline{B}$C＋A$\overline{B}$$\overline{C}$＋$\overline{B}$$\overline{C}$＋AC，化简该逻辑表达式。

$$F = A\overline{B}C + A\overline{B}\,\overline{C} + \overline{B}\,\overline{C} + AC$$
$$= AC(\overline{B} + 1) + \overline{B}\,\overline{C}(A + 1)$$
$$= AC + \overline{B}\,\overline{C}$$

【例 4-5】已知 F＝$\overline{A}$B＋A$\overline{B}$＋ABCD＋$\overline{A}$ BCD，化简该逻辑表达式。

$$F = \overline{A}B + A\overline{B} + ABCD + \overline{A}\,BCD$$
$$= \overline{A}B + A\overline{B} + CD\,\overline{\overline{\overline{AB + \overline{A}\,\overline{B}}}}$$
$$= \overline{A}B + A\overline{B} + CD\,\overline{\overline{\overline{AB} \cdot \overline{\overline{A}\,\overline{B}}}}$$
$$= \overline{A}B + A\overline{B} + CD\,\overline{(A + \overline{B})\cdot(\overline{A} + B)}$$
$$= \overline{A}B + A\overline{B} + CD\,\overline{(\overline{A}B + A\overline{B})}$$
$$= \overline{A}B + A\overline{B} + CD$$

对逻辑代数式进行化简，就是对继电接触器线路化简，但是在实际组成线路时，有些具体因素必须加以考虑：

1）触点容量：应校核触点容量是否够用。

2）在不增加控制电器且多用些触点能使线路的逻辑功能更加明确的情况下，不必强求化简来节省触点。

4.3.2 继电器开关线路与逻辑函数

继电器开关的逻辑电路常用逻辑函数来描述，其输出变量是受控元件（如接触器、继电器的线圈等），输入变量是主令信号、中间单元、检测信号及输出变量的反馈触点。

下面通过启动、保护、停止控制线路说明列写逻辑函数表达式的规律。启动、保护、停止控制线路如图 4-31 所示。

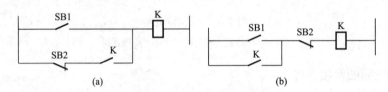

图 4-31　启动、保护、停止控制线路
(a) 开启优先式；(b) 关断优先式

图 4-31（a）所示线路的逻辑函数表达式为：

$$F = SB1 + \overline{SB2} \cdot K \tag{4-17}$$

启动、保护、停止控制的逻辑一般表达式为：

$$F = X_O + X_C \cdot K \tag{4-18}$$

当开启逻辑 $X_O = 1$，$F = 1$，此时，关断逻辑 X_C 在逻辑运算中就不起作用，所以这种电路为开启优先电路。

图 4-31（b）所示线路的逻辑函数表达式为：

$$F = \overline{SB2}(SB1 + K) \tag{4-19}$$

其一般表达式为：

$$F = X_C(X_O + K) \tag{4-20}$$

当关断逻辑 $X_C = 0$，$F = 0$，此时 X_O 在逻辑运算中不起作用，所以这种电路称之为关断优先电路。

式（4-18）和式（4-20）所示的逻辑函数具有相同的 3 个逻辑变量：

式中　X_O——继电器 K 的开启信号，应选取在继电器开启边界上发生状态转变的逻辑变量，如启动控制按钮等；

　　　X_C——继电器 K 的关断信号，应选取在继电器关断边界上发生状态转变的逻辑变量，如停车控制按钮等；

　　　K——继电器本身的动合触点，属于继电器的内部反馈逻辑变量，起自锁作用。

实际工程中的启动、保护、停止控制电路往往都有许多联锁条件。例如电梯控制系统中，只有在轿门、厅门都关好之后才允许轿厢曳引电动机启动运行，只有在平层开关动作之后才允许其停车。又如空调制冷控制系统中，只有当冷却塔风机启动之后，循环泵（冷却水泵）方可允许启动；只有在冷水泵停车后，方可允许循环泵停车。因此，对开启信号和关断信号都增加了约束条件，将一般表达式（4-18）和式（4-20）加以扩展，就能全面的表示输出逻辑函数。

对于开启信号而言，用 X_{OM} 表示开启主令信号，用 X_{OR} 表示开启约束信号，显然当开启主令信号与约束信号均满足时方可开启，故 X_{OM} 与 X_{OR} 之间是"与"的关系，即 $X_O = X_{OM} \cdot X_{OR}$。$X_{CM}$ 表示关断主令信号，X_{CR} 表示关断约束信号，显然只有当关断主令信号和关断约束信号均满足（两者同为"0"）时能关断，即 X_{CM} 与 X_{CR} 之间是"或"的关系，即 $X_C = X_{CM} + X_{CR}$。

将上述约束条件代入式（4-18）和式（4-20），可得启动、保护、停止控制线路的扩展形式：

$$F = X_{OM} \cdot X_{OR} + (X_{CM} + X_{CR}) \cdot K \tag{4-21}$$

$$F = (X_{CM} + X_{CR}) \cdot (X_{OM} \cdot X_{OR} + K) \tag{4-22}$$

例如，空调制冷控制系统中的循环泵，要求在冷却塔风机启动后方可启动，冷水泵停车时方可停车，此循环泵的逻辑输出表达式可按以下方式列写：

设冷却塔风机由 KM1 控制，循环泵由 KM2 控制，启动按钮 SB1，停车按钮 SB2，冷水泵由 KM3 控制，则：$X_{OM} =$ SB1（循环泵启动按钮）、$X_{OR} =$ KM1（冷却塔风机的联锁触点）、$X_{CM} = \overline{\text{SB2}}$（循环泵停车按钮）、$X_{CR} =$ KM3（冷水泵的联锁触点）。则由式（4-21）得：

$$F_{KM2} = \text{SB1} \cdot \text{KM1} + (\overline{\text{SB2}} + \text{KM3}) \cdot \text{KM2} \tag{4-23}$$

由式（4-22）得：

$$F_{KM2} = (\overline{\text{SB2}} + \text{KM3}) \cdot (\text{SB1} \cdot \text{KM1} + \text{KM2}) \tag{4-24}$$

由式（4-23）、式（4-24）分别可得如图 4-32 所示的电路。

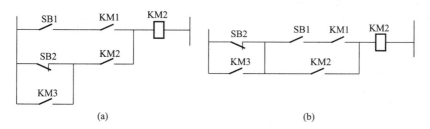

图 4-32　循环泵的联锁控制电路

(a) 开启从优式；(b) 关断从优式

4.3.3　继电接触式控制线路的逻辑设计基本方法与步骤

1. 继电接触式控制线路的组成

继电—接触式控制线路一般由输入电路、输出电路和执行元件机构组成。

输入电路由主令元件和检测元件组成。主令元件（如手动按钮、开关及主令控制器等）的作用是发出开机、停机和调试等控制信号，这些信号也称为主令信号。检测元件（如行程开关及各种信号继电器等）的作用是检测压力、温度、行程、电压、电流、水位及速度等物理量，作为电器控制电路进行自动切换程序的控制信号，这些信号简称为检测信号。主令信号、检测信号、中间元件所发出的信号及输出变量的反馈信号统称为控制线路的输入信号。

输出电路是由中间记忆元件（继电器）和执行元件所组成的。中间记忆元件的功能是记忆输入信号的变化，以使各程序两两相区分。执行元件为继电器、接触器、电磁阀和电磁铁等，其主要功能是驱动生产机械的运动部件。

2. 逻辑设计法的一般步骤

1）在充分研究工艺流程的基础上，做出工作示意图。

2）确定执行元件和检测元件，并按工作示意图做出执行元件动作节拍表及检测元件状态表。执行元件动作节拍表是由被控设备对电器控制的要求所确定；检测元件状态表是对照工作示意图并根据各程序中检测元件状态变化情况列写。

3）根据检测元件状态表写出各程序的特征数，并确定待相区分组；设置中间记忆元件，使各待相区分组的所有程序区分开。

程序特征数就是由对应程序中所有主令元件和检测元件的开关量所构成的二进制数码。当 2 个程序中不存在相同的特征数时，则这 2 个程序就是已相区分的。若两个程序的特征数相同，则两个程序为不相区分的。待相区分组就是那些有着相同特征数的程序的集合。

确定待相区分组后，就可设置中间记忆元件将各待相区分组分开。

4）列写中间记忆元件开关逻辑函数表达式及执行元件动作逻辑函数表达式。

5）根据逻辑函数表达式绘制控制线路图。

6）进一步完善电路，增加必要的保护环节和联锁，检查电路是否符合控制要求，有无寄生回路，是否存在着触点竞争，触点容量是否够用等。

4.3.4 沙料皮带运输机控制系统的逻辑设计

1. 沙料皮带运输机的组成与控制要求

某建筑工地采用皮带运输机运送沙料，其皮带运输机工作示意如图 4-33 所示。它由沙料箱和 3 部传送带组成，把沙料逐级传送到指定的位置。M1、M2、M3 分别为 1 号、2 号、3 号传送带的驱动电动机。已知皮带运输机的控制要求为：

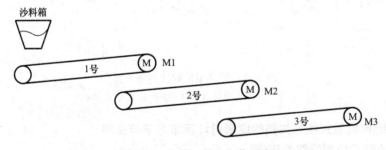

图 4-33　皮带运输机工作示意

1）启动时，顺序为 M3、M2、M1，并要有一定的时间间隔，以免沙料在皮带上堆积、造成后面的皮带重载启动。

2）电动机的停车顺序为 M1、M2、M3 且也应有一定的时间间隔，以保证停车后皮带上不残存沙料。

3）无论哪台电动机过载，所有电动机必须按顺序停车，以免造成沙料堆积。

4）线路应有失压、过载、短路等保护环节。

2. 控制思路与工作循环图

根据控制要求，提出控制思路，并做出工作循环图或工作示意图。根据控制要求，发出启动指令后，3 号皮带机立即启动，Δt_1 后，2 号皮带机自行启动，再经一时间 Δt_2 间隔，1 号皮带机启动，如图 4-34 所示。这里可利用两个通电延时时间继电器来完成启动信号的延时输入工作，其动作时间整定值应为 $\Delta t_1 < \Delta t_2$。

同理，如图 4-34 所示，发出停车指令时，1 号皮带机立即停车；经一定时间间隔，2 号皮带机自动停车；再经一定时间间隔，3 号皮带机停车。对 2 号及 3 号皮带机停车信号的延时输入，也可以借助于通电延时时间继电器来完成。

图 4-34　皮带运输机工作循环图

3. 做出执行元件节拍表与检测及控制元件状态表

列表时，元件处于原始状态为 "0" 状态，受激励状态为 "1" 状态，若在一个程序内状态有 1 到 2 次变化，则用 1/0 或 0/1、0/1/0 或 1/0/1 表示。

执行元件为接触器 KM1、KM2、KM3；检测元件为时间继电器 KT1、KT2、KT3、KT4；主令元件为启动按钮 ST 和停车按钮 STP。

执行元件动作节拍、检测及控制元件状态分别如表 4-4、表 4-5 所示。

执行元件动作节拍　　　　　　　　　　　　　　　　　表 4-4

程序	状态	KM1	KM2	KM3	KT1	KT2	KT3	KT4	备注
0	原位	0	0	0	0	0	0	0	此处时间继电器均指线圈状态通电时为 1，失电时为 0
1	3 号启动	0	0	1	1	1	0	0	
2	2 号启动	0	1	1	1	1	0	0	
3	1 号启动	1	1	1	1	1	0	0	
4	1 号停车	0	1	1	0	0	1	1	
5	2 号停车	0	0	1	0	0	1	1	
6	3 号停车	0	0	0	0	0	1	1	

检测或控制元件触点状态　　　　　　　　　　　　　　表 4-5

程序	状态	KT1	KT2	$\overline{KT3}$	$\overline{KT4}$	ST	STP 常闭	STP 常开	转换主令信号
0	原位	0	0	1	1	0	1	0	
1	3 号启动	0	0	1	1	1/0	1	0	ST
2	2 号启动	1	0	1	1	0	1	0	KT1
3	1 号启动	1	1	1	1	0	1	0	KT2
4	1 号停车	0	0	1	1	0	0/1	1/0	$\overline{STP}$、STP、KT1、KT2
5	2 号停车	0	0	1	1	0	1	0	KT3
6	3 号停车	0	0	0	0	0	1	0	KT4

4. 确定待相区分组，设置中间记忆元件

在各程序由检测元件构成的二进制数称为该程序的特征数，根据检测及控制元件状态表可列写出程序特征数见表 4-6。

程序特征数　　　　　　　　　　　　　　表 4-6

程序	程序特征数
0	0011010
1	0011110，0011010
2	1011010
3	1111010
4	0011001，0011010
5	0001010
6	0000010

比较表 4-6 的程序特征数可知，程序 0、程序 1 和程序 4 具有相同的特征数"0011010"，但启动信号 ST 和停车信号 STP 均为短信号，因此 3 个程序均可相区分，因为无待相区分组，所以不需要设置中间记忆单元。

5. 列写输出元件的逻辑函数表达式

由执行元件动作节拍表知，KM3 的工作区间是程序 1～程序 5，程序 0、程序 1 间的转换主令信号为 ST，由 0→1，故取 X_{OM} 为 ST；程序 5 和程序 6 之间的转换信号是 $\overline{KT4}$，由 1→0，所以 X_{CM} 为 $\overline{KT4}$，因 ST 是短信号，所以需要自锁，因此有：

$$KM3 = (ST + KM3)\overline{KT4} \tag{4-25}$$

KM2 的工作区间是程序 2～程序 4，程序 1、程序 2 间的转换信号为 KT1，由 0→1，取 X_{OM} 为 KT1；程序 4 和程序 5 之间的转换信号是 $\overline{KT3}$，由 1→0，所以 X_{CM} 为 $\overline{KT3}$，因在开关边界内（由程序 4 的特征数可知）$X_{OM} \cdot X_{CM}$ 不全为 1，所以需要自锁，因此有：

$$KM2 = (KT1 + KM2)\overline{KT3} \tag{4-26}$$

KM1 的工作区间是程序 3，程序 2、程序 3 之间的转换信号为 KT2，由 0→1，所以取 X_{OM} 为 KT2。程序 3 和程序 4 之间的转换主令信号为 $\overline{STP}$，有 1→0→1，故取 X_{CM} 为 $\overline{STP}$，因此有：

$$KM1 = \overline{STP} \cdot KT2 \tag{4-27}$$

KT1、KT2 的工作区间为程序 1～程序 3，程序 0、程序 1 之间转换主令信号为 ST，从 0→1，因 ST 是短信号，需加自锁，取 X_{OM} 为 ST；程序 3 和程序 4 间转换信号为 $\overline{STP}$，从 1→0→1，所以 X_{CM} 为 $\overline{STP}$。因此有：

$$KT1 = (ST + KT1)\overline{STP} \tag{4-28}$$
$$KT2 = (ST + KT2)\overline{STP} \tag{4-29}$$

式（4-28）与式（4-29）的电路可等效为：

$$KT1 + KT2 = (ST + KT1)\overline{STP} \tag{4-30}$$

等式左边字符表示线圈，右边表示触点，"+"表示并联。

KT3、KT4 的工作区间为程序 4～程序 6，程序 3、程序 4 之间转换主令信号为 STP，从 0→1，因 STP 是短信号，需加自锁，取 X_{OM} 为 STP 并加自锁；程序 6 完成之后，KT3、KT4 应失电为下次启动准备，所以取 KM3 的常开触点作为 KT3、KT4 的失电信号，即 X_{CM} 为 KM3。因此有：

$$KT3 = (STP + KT3)KM3 \tag{4-31}$$
$$KT4 = (STP + KT4)KM3 \tag{4-32}$$

以上电路并联可等效为：

$$KT3 + KT4 = (STP + KT3)KM3 \quad (4-33)$$

6. 按逻辑表达式绘制控制草图

由逻辑表达式（4-25）、式（4-26）、式（4-27）、式（4-30）和式（4-33）可以得到控制逻辑电路草图如图 4-35 所示。

7. 加上必要的保护环节，进一步完善

1）考虑一般按钮多为一对常开、一对常闭，电路中多次出现同一按钮的常开、常闭触点，可采用中间继电器进行扩展：$KA = (ST + KA)\overline{STP}$。

2）考虑时间继电器 KT1、KT2 在 KM2、KM1 启动后，无继续通电的需要，可用 KM1、KM2 的常闭触点进行切除。

3）考虑过载保护的需要，在控制线路中每个电动机的绕组接入热继电器，热继电器 FR1、FR2、FR3 常闭触点串接到 KA 线圈前。

4）过载时顺序停车的需求，用 FR1、FR2、FR3 的常开触点或者 KA 的常闭触点控制 KT3、KT4。

完善后的皮带运输机控制电路原理如图 4-36 所示。

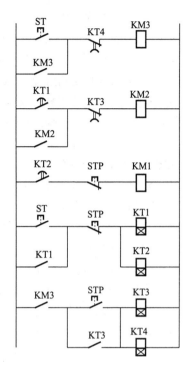

图 4-35　控制逻辑电路草图

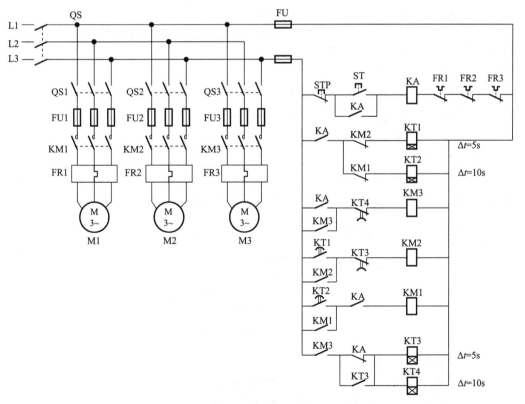

图 4-36　皮带运输机控制电路原理

8. 工作原理分析

1）正常工作。启动时合上 QS、QS1～QS3，按下启动按钮 ST，KA 得电吸合并自锁，则 KT1、KT2、KM3 线圈通电，KT1、KT2 开始延时，电动机 M3 启动运行。5s 后，KT1 的常开延闭触点闭合，KM2 通电，电动机 M2 启动且断开 KT1 线圈电路。10s 时，KT2 的常开延闭触点闭合，KM2 线圈通电，电动机 M2 启动且断开 KT1 线圈电路，KM1、KM2 均以自锁触点维持吸合。

2）停车。按下停车按钮 STP，KA 线圈失电，其常闭触点复位接通 KT3、KT4 的线圈电路，KT3、KT4 开始延时，KA 的常开触点复位断开 KM1 线圈电路，电动机 M1 停车。延时 5s 时，KT3 常闭延开触点动作，切断 KM2 线圈电路，电动机 M2 停车。延时 10s 时，KT4 常闭延开触点动作，切断 KM3 线圈电路，电动机 M3 停车，同时 KM3 常开触点打开，断开 KT3、KT4 线圈电路。

3）过载保护。过载时无论 FR1、FR2、FR3 中哪对触点打开，其停车顺序均为 M1→M2→M3。其原理同正常停车。

失压保护由 KA 的自锁触点实现，短路保护由各熔断器实现。

由本节设计案例可见，对于一般的控制电路，采用经验设计法比逻辑设计法更为简单方便，所以本课程要求熟练掌握经验设计法。

思考题与习题

4-1　简述经验设计法设计控制线路的步骤。

4-2　某机床主轴由一台笼型异步电动机拖动，润滑泵由另一台笼型异步电动机掩动，均采用直接启动，工艺要求：

（1）主轴电动机必须在油泵电动机开动后方可启动；

（2）工作情况下，主轴为单向运转，但为了调试方便，要求能进行正、反向点动；

（3）主轴电动机停止后，油泵电动机方可停止；

（4）有失压、短路及过载保护。

试设计满足上述工艺要求的主电路及控制电路。

4-3　试设计 2 台皮带运输机联合运行控制电路。皮带运输机分别由两台鼠笼式异步电动机 M1 和 M2 拖动，其工作方式如图 4-37 所示已知其控制要求为：

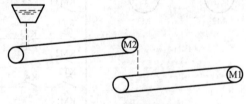

图 4-37　4-3 题工作示意

（1）电动机允许直接启动；

（2）启动顺序为 M1 先启动，2s 后，M2 自行启动；

（3）停车顺序为 M2 先停车，4s 后，M1 自行停车；

（4）采用按钮操作，两地控制并可进行紧急停车；

（5）其过载保护要求为：当 M2 过载时，遵守正常的停车顺序停车；当 M1 过载时，两台电动机应同时停车。

4-4 如图 4-38 所示，A、B 两个移行机构，分别由笼型电动机 M1 和 M2 拖动，均采用直接启动。要求按顺序完成下列动作：

（1）按下启动按钮后，A 部件从位置 1 移动到位置 2 后停止；

（2）B 部件自动从位置 4 移动到位置 3 停止；

（3）A 部件从位置 2 回到位置 1 停止；

（4）B 部件从位置 3 回到位置 4 停止；

（5）上述动作往复进行，要停车时，按下总停按钮。

试设计满足上述要求的主电路和控制电路。

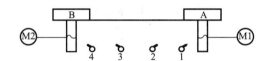

图 4-38 4-4 题移动机构工作示意

4-5 有 3 台鼠笼式异步电动机 M1、M2、M3，要求 Ml 启动以后经一段时间，M2 和 M3 同时启动。当 M2 或 M3（或 M2 和 M3）停止后，经过一段时间 M1 停止，试设计控制电路。设 M1、M2、M3 均可直接启动。

4-6 供水系统如图 4-39 所示，系统工作时，由水泵把低位蓄水池的水提升到高位蓄水池。图中 L1 为低位蓄水池的超低水位检测开关，L2、L3 分别为低位蓄水池的低、高水位检测开关，L4、L5 分别为高位蓄水池的低、高水位检测开关。要求控制系统实现如下功能。

（1）系统具有手动、自动工作模式；

（2）任何模式下，水位低于 L1 时，禁止供水系统启动；

（3）手动模式时，用按钮控制供水系统的启停；

（4）正常工作时，低位蓄水池的水位应维持在 L2 与 L3 之间，否则报警；

（5）自动模式时，高位蓄水池液位低于 L4 时，启动水泵供水，高于 L5 时，水泵停止工作；

（6）系统具有工作模式指示、工作状态指示和报警指示功能。

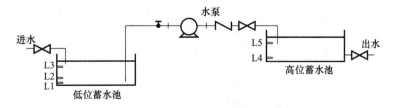

图 4-39 4-6 题供水系统

4-7 供水系统如图 4-40 所示，由 2 台水泵给高位蓄水池供水，1 号泵为工作泵，2 号泵为备用泵，系统工作时，由水泵把低位蓄水池的水提升到高位蓄水池。图中 L1 为低位蓄水池的超低水位检测开关，L2、L3分别为低位蓄水池的低、高水位检测开关，L4、L5分别为高位蓄水池的低、高水位检测开关。要求控制系统实现如下功能。

（1）系统具有手动、自动工作模式；

（2）任何模式下，水位低于L1时，禁止供水系统启动；

（3）手动模式时，用按钮可控制1号泵、2号泵供水；

（4）正常工作时，低位蓄水池的水位应维持在L2与L3之间，否则报警；

（5）自动模式时，高位蓄水池液位低于L4时，启动水泵供水，高于L5时，水泵停止工作；

（6）当1号泵出现故障时（假设过载），2号泵自动投入运行，实现自动供水；

（7）设置急停按钮，按下该按钮，供水系统停止工作；

（8）系统具有工作模式指示、工作状态指示和报警指示功能。

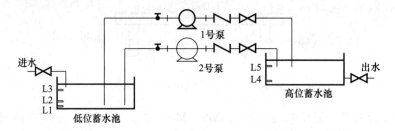

图4-40　4-7题供水系统

4-8　某小区出入口设置了出入口闸机用来控制车辆进入。闸机采用推杆电动机控制起落杆，具有手动、自动和检修3种操作方式。控制系统要求实现下列功能：

手动方式时，操作人员可以手动控制起落杆上升，到达上限位时停止，10s后起落杆自动下降，到达下限位时停止。如果在起落杆下降过程中，检测到入口有车辆驶入时，则起落杆停止下降，转为上升模式，返回到上限位停止，10s后起落杆再次落杆。

自动方式时，控制系统与识别系统联动实现"一车一杆"的要求。当控制系统接到识别系统联动信号后（联动开关触点闭合），则控制起落杆上升，到达上限位时停止，10s后起落杆自动下降，到达下限位时停止。如果在起落杆下降过程中，再次检测到联动开关闭合，则起落杆停止下降，转为上升模式，返回到上限位停止，10s后起落杆再次落杆。

检修方式时，车辆检测和联动功能失效，可以通过点动方式控制起落杆上升和下降，起落杆到达上限位（或下限位）时，起落杆不能继续升杆（或降杆）。

4-9　小车运动示意如图4-41所示，轨道中部设置为初始位置，小车在此位置时初始位限位开关接通。按下启动按钮S，小车从初始位向右运行，触碰到右限位开关时，暂停2s后启动再向左运行，碰到左限位开关时，再暂停2s，然后启动运行到初始位停车。小车采用三相异步电动机驱动，请设计电气控制系统。

图4-41　小车运动示意

4-10　送风系统由引风机和鼓风机 2 级构成。当系统之后（按动启动按钮），引风机先工作，$t_1(\text{s})$ 后鼓风机工作。停机时，按下停止按钮之后，鼓风机先停止工作，$t_2(\text{s})$ 之后引风机才停止工作。设计电气控制系统。

4-11　写出图 4-42 所示线路中线圈 F 的逻辑表达式，并进行化简，画出简化后的继电控制电路。

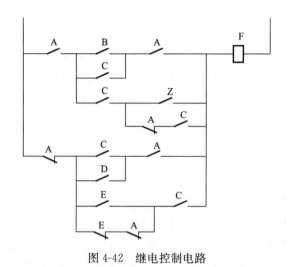

图 4-42　继电控制电路

第 5 章 典型设备的电气控制线路分析

本章学习目标

(1) 了解电气识图的步骤和过程，掌握电气识图的基本方法。

(2) 熟悉典型建筑施工机械设备工作原理和电气控制原理图的特点。

(3) 熟悉典型给水排水、消防等建筑设备工作原理，能够根据电气图正确分析其控制原理。

5.1 电气控制系统识图

电气控制系统图是提供最主要信息的一种直观方式，它以电动机或其他机械的电气控制装置为主要的研究对象，提供的信息内容包括功能、位置、设置、接线等。系统图包括原理图、接线图和布置图。电气原理图提供信息为电气设备和电气元件的用途、作用及工作原理，由主电路和辅助电路组成。辅助电路包括控制电路、照明保护等电路。

1. 电气识图的基本方法

电气控制系统图包含图纸较多，一般主要是以电气原理图为主进行解读，分析电气系统。解读电气原理图一般遵循先全局后局部，先主线后辅线，先基本后功能的原则。全局是分析所有电气主设备的关系和系统主要功能作用，局部是针对一台或者具有相同主电路的多台设备的主电路分析、辅助电路分析。主线是分析控制的电气设备功能及相应的控制主元件，辅线是分析控制主元件的通断及功能实现。基本是将电气设备的基本环节和控制规律的元件及触点找出，如基本环节的启、保、停的自锁结构、正反转的自锁和互锁结构、多点控制的启并停串、先启串联、后停并联等；功能主要是剔除这些基本结构和触点元件后，剩余结构和元件触点的启、停分析。

2. 电气识图的步骤和过程

熟悉生产过程或机电设备的结构其工作特点，了解生产工艺对设备的动作要求和顺序要求，掌握操作规定、安全规定等。

首先阅读主电路电气图，了解电动机数量和型号，各电动机的作用，电动机的运行特点、启动方法、制动方式、有无正反转、采用哪些保护措施等。

对应电动机分步阅读控制线路，分清哪些动作是由电气控制或电器机械联动控制。明确每个电器元件的安装位置，特别是行程开关、限位开关等位置和动作方式。弄清电气图中每一个电器元件的作用，对于时间继电器要清楚延时动作的方式和目的。

对于比较复杂的控制线路，化繁为简。根据设备动作的过程、步骤分解控制线路，从启动—运行—停机的控制过程逐次分析每个元件的动作过程和功能，并对每一种保护功能逐一验证。

5.2　典型建筑施工机械设备

5.2.1　卷扬机

卷扬机是一种使用卷筒缠绕钢丝绳或链条提升或牵引重物的小型起重设备，也称为绞车，其具有结构简单、造价低、使用方便的优点。卷扬机可在垂直、水平或倾斜方向提升或拽引重物。图 5-1 为电动卷扬机组成示意。它主要由电动机、联轴器、制动器、减速器、卷筒、导向滑轮、滑轮组、吊钩等组成。卷扬机工作时，电动机正转或反转启动，制动器松开，电动机通过联轴器驱动减速器高速轴转动，其低速输出轴再带动卷筒旋转，钢丝绳在卷筒上绕进或放出，使重物起升或下降。电动机停止转动时，制动器抱闸，制动减速器的高速轴，从而使悬吊的重物停在空中。通常还可装设其他辅助装置，如：起重量限制器、起升高度限位器、速度限制器以及钢丝绳排绳装置（钢丝绳多层卷绕时，使钢丝绳顺序地排列在卷筒上），因此提升到极限位置时，电动机自动停止运行以保证安全。

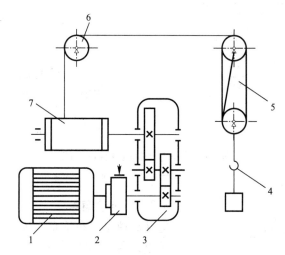

图 5-1　电动卷扬机组成示意

1-电动机；2-联轴器与制动器；3-减速机；4-吊钩；5-滑轮组；
6-导向滑轮；7-卷筒

图 5-2 是电动卷扬机电气控制系统。

1）起升

合上 QS，按下按钮 SB2，如果提升高度未到极限位置，则接触器 KM1 线圈得电并自锁，其主触点接入三相交流电源，制动器线圈 YB 通电松闸，电动机启动运行，提升过程开始。

如果提升过程中，按下 SB1，KM1 线圈失电，其主触点断开电动机和制动器线圈的电源，制动器抱闸制停电动机，中止起升过程，重物被悬吊在空中。

如果起升高度超过限位，则限位开关 SQ 断开，KM1 线圈失电，其主触点断开电动机和制动器线圈的电源，制动器抱闸制停电动机，起升过程中止，重物被悬吊在空中。

2）下降

合上 QS，按下按钮 SB3，则接触器 KM3 线圈得电并自锁，其主触点接入三相交流电源，制动器线圈 YB 通电松闸，电动机启动运行，下降过程开始。如果提升过程中，按下

SB1，KM2 线圈失电，其主触点断开电动机和制动器线圈的电源，制动器抱闸制停电动机，下降过程中止，重物被悬吊在空中。

在下降过程中，按下 SB2，卷扬机转换为起升过程，反之亦然。

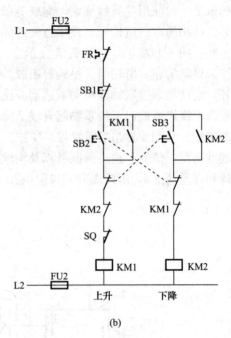

图 5-2　电动卷扬机电气控制系统

（a）主回路；（b）控制回路

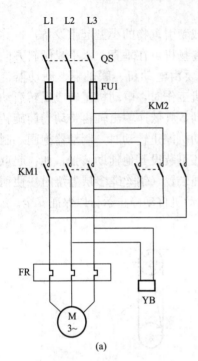

图 5-3　电动葫芦组成示意

1-操作盒；2-减速器；3-卷筒；

4-电动小车；5-横梁导轨；

6-起升电动机；7-钢丝绳；

8-吊钩

5.2.2　电动葫芦

电动葫芦是可在垂直、水平两个方向作业的一种小型起重设备，简称电葫芦。操作可在地面采用按钮跟随操作，也可在控制室内采用有线或无线远距离控制。电动葫芦一般安装在天车、龙门吊上，它体积小，自重轻，操作简单，使用方便，广泛用于工矿、仓储、码头以及建筑施工等场所。图 5-3 为电动葫芦组成示意。

电动葫芦由起升电动机、减速器、电动小车、横梁导轨、钢丝绳和吊钩等主要部分组成，其中电动小车、横梁导轨等构成水平运动机构，电动小车由水平电动机驱动，可沿导轨左、右运动，起升电动机、减速器、钢丝绳和吊钩构成起升系统，用于提升重物上、下运动。图 5-4 为电动葫芦电气控制系统。其中 S1、S2 分别为升、降按钮，S3、S4 分别为前行、后退按钮，SQ1 为起升高度限位开关，SQ2、SQ3 分别为电动小车左、右行程限位开关。

YB 为起升制动器。图 5-4 电路的基本原理与图 5-2 相似，在此不再解释分析。

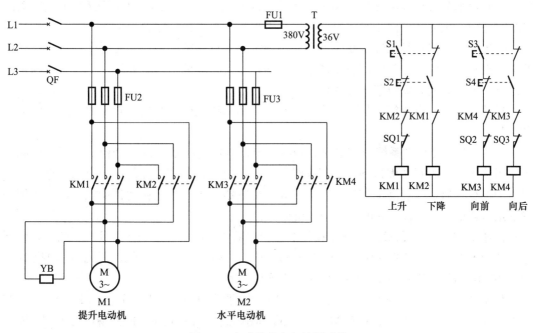

图 5-4　电动葫芦电气控制系统

5.2.3　混凝土搅拌系统

混凝土搅拌系统是布置在施工现场，将水泥、砂石骨料和水按一定比例混合并拌制均匀成混凝土混合料的一套机械装置。如图 5-5 所示，某混凝土搅拌系统由原料运输装置（砂石、砂子等）、搅拌料投入装置和搅拌装置等组成。

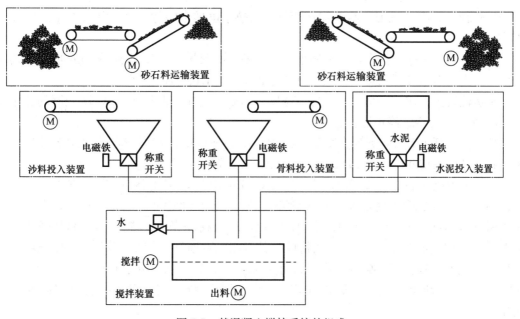

图 5-5　某混凝土搅拌系统的组成

原料运输装置用于将砂石料场研磨好的砂石骨料、砂子运输到现场搅拌站。在图 5-4 中，每套运输装置有 2 部皮带传输机。在工作过程中，2 部皮带传输机都存在重载启动的可能，任何一级传送带停止工作时，其他传送带都必须停止工作。

搅拌料投入装置是保证混凝土混合比例稳定的加料系统，由原料传送带、料仓、称重开关、电磁门组成。原料由原料传送带送到料仓，当原料重量量达到设定重量时，称重开关断开，打开料门，原料落入搅拌筒。

搅拌装置主要由拌筒、加料机构、供水系统和卸料机构等组成，它完成混凝土的搅拌和出料。

图 5-6 为皮带传动系统控制电路，图中 SQ1、SQ2 为该装置的 2 个传送带下沉检测开关，当传送带上砂石料堆积到一定程度时，下沉检测开关断开。在传送带启动工作时，如果电动机载重启动，启动电流较大，会引起热继电器动作，因此在此种情况下，常采用切除热继电器的方法。图 5-6 电路原理分析如下：

接通 QF1、QF2 和 QF3，按下按钮 SB6，如果 2 个传送带上的下沉开关未断开，则下列支路导通并自锁：SB5→SB6→SQ1→SQ2→KM 线圈，KM 常开触点接通电动机 M1、M2 的控制回路，与此同时时间继电器 KT 线圈得电。

如果 2 个传送带上的下沉开关断开，则下列支路导通并自锁：SB5→SB6→KT→KM 线圈，KM 常开触点接通电动机 M1、M2 的控制回路。与此同时，时间继电器 KT 线圈得电。2 个传送带启动运行一段时间后，KT 常闭触点延时断开，如果堆积情况消除，SQ1、SQ2 下沉检测开关复位，使下列支路导通并自锁：SB5→SB6→SQ1→SQ2→KM 线圈，接通电动机 M1、M2 的控制回路。此时按下 SB1，KM1、KM3、KT1 的线圈得电，电动机 M1 切除热继电器启动，一段时间后，KT1 延时结束，KT1 常闭触点断开，KM3 线圈失电，电动机 M1 接入热继电器 FR1 运行。按下 SB3，启动电动机 M2，其过程与电动机 M1 启动控制过程相同。M1、M2 启动后，运输装置开始工作，在其工作过程中，任何一台电动机因过载而停止运行，其热继电器常闭触点都会使 2 个传送带停止工作。

在运输装置工作过程中，不论哪个传送带发生物料堆积致使 SQ1 或 SQ2 断开，运输装置将会由于 KM 线圈失电而停机，并通过指示灯 HL1、HL2 报警。

在运输装置工作过程中，按下按钮 SB2、SB4，分别切断 KM1、KM2 线圈的控制回路，电动机 M1、M2 停止运转。

按下按钮开关 SB5，下列支路断开：SB5→SB6→SQ1→SQ2→KM 线圈，KM 线圈失电，其常开触点切断电动机 M1、M2 供电电源，运输装置停止运行。

图 5-7 为搅拌料投入装置控制电路。系统上电后，按下按钮 SB1、SB2，电动机 M1、M2 启动加料，检测电路通过检测开关 SQ1、SQ2 来检测物料是否达到要求，若在加物料（未达到要求），通过 HL1、HL2 指示灯亮表示正在加物料。当物料加载达到要求时，中间继电器 KA1、KA2 线圈得电，其常闭触点断开，切断 KM1、KM2 线圈控制回路，电动机 M1、M2 停转，物料停止加载，HIL1、HL2 指示灯熄灭。与此同时，KM3、KM4 的线圈得电，电磁铁 YV1、YV2 通电，物料门打开，把物料卸载到搅拌筒中。

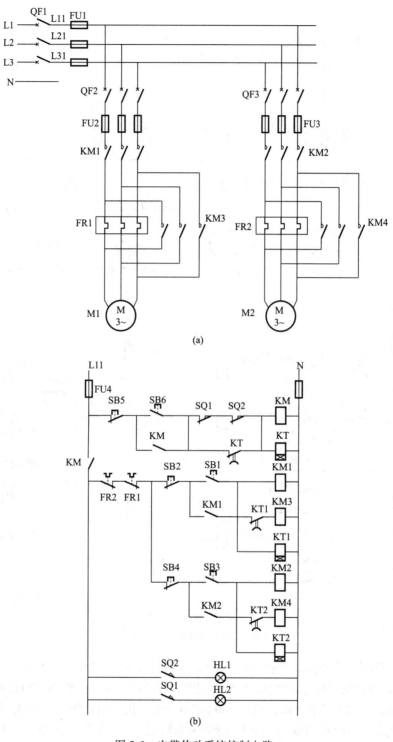

图 5-6　皮带传动系统控制电路

（a）主电路；（b）控制回路

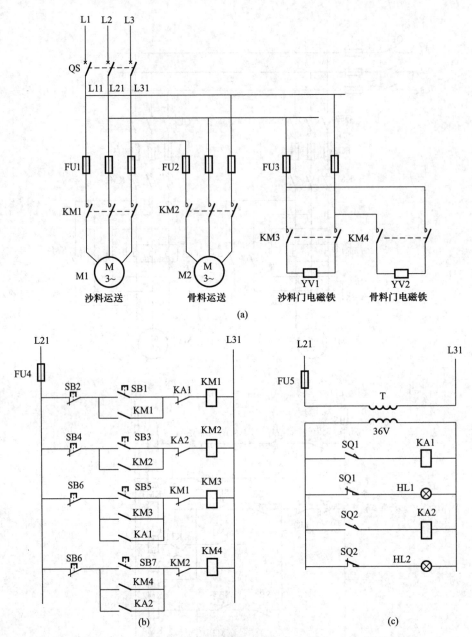

图 5-7　搅拌料投入装置控制电路

(a) 主电路；(b) 控制电路；(c) 检测电路

　　图 5-8 为搅拌装置电路，搅拌装置主要用于混凝土搅拌以及出料。图中 M1 是搅拌电动机，工作时，电动机正转搅拌物料，反转时把混合好的物料从搅拌筒推出到卸料箱，电动机 M2 用于驱动卸料箱上升和下降，YB 为卸料箱驱动电动机的抱闸线圈，YB 通电时，制动闸打开，YB 线圈失电时抱闸制动。QS1、QS2 为卸料箱的上、下行程限位，在上限为卸除出料，在下限位等待物料落入。出料时，电动机 M1 反转，物料被推出料筒，当卸料箱的物料达到设定的重量时，检测开关 SQ3 闭合，线圈 KM5 得电，接通电动机 M2，卸料箱可以上行。图 5-8（b）中电磁阀 YV 用来控制进水。搅拌装置控制原理请读者自行分析。

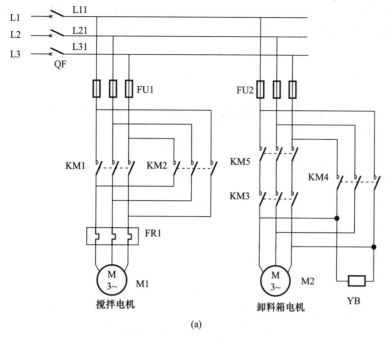

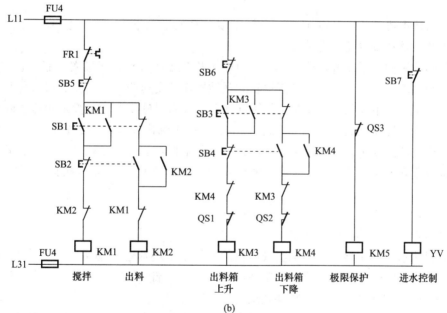

(b)

图 5-8　搅拌装置电路

（a）主电路；（b）控制电路

5.2.4　塔式起重机

1. 塔式起重机的结构与工作原理

塔式起重机简称塔机，用来在短行程内提升和平移物体。塔机是一种塔身竖立、起重臂回转的起重机械，适应范围广、回转半径大、提升高度高、操作简单、安装拆卸方便，广泛应用于建筑施工和安装工程中。

塔机通常包括顶升、升降、变幅和回转等基本功能，塔机结构如图 5-9 所示，由金属结构、驱动机构、液压顶升、电气系统及安全保护装置等组成。

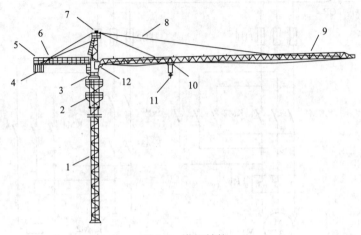

图 5-9　塔机结构

1-塔身；2-顶升机构；3-回转机构；4-配重；5-平衡臂；6-起升机构；7-塔帽；
8-吊臂拉杆；9-吊臂；10-变幅小车；11-吊钩；12-驾驶室

金属结构主要包括：基础节、塔身标准节、套架、上下支座、过渡节、塔帽、起重臂、平衡臂、驾驶室以及附着装置等。

工作驱动机构包括起升机构、小车牵引机构及液压爬升机构等装置。起升机构采用 3 速带涡流制动的电动机，是通过带制动轮的联轴器连接变速箱驱动卷筒获得 3 种起升速度（绳速），司机可对不同的起吊重量采用不同速度，以满足施工要求。变速箱输入轴的联轴器上装有液压推杆制动器，起升机构不工作时，制动机构处在制动位置，起吊工作开始时，制动机构脱离联轴器。为了启动和制动迅速、平稳，起升电动机的另一端也有涡流制动器。部分起重机在卷筒轴另一端装设高度限位器，高度限位器可根据实际需要调整高度。

回转机构带动塔机上部的起重臂、平衡臂等左右回转，电磁制动器用于制停，对塔机起重臂精确定位，使物品就位准确。

变幅机构通过小车前、后运动实现塔机的变幅，采用双速电动机驱动，载重小车由 2 条钢丝绳牵引，它们的一端缠绕后固定在卷筒上，另一端则固定在载重小车上，变幅时通过绳的一收一放实现载重小车在臂架轨道上来、回运动。

液压顶升系统用于将标准架加入塔机塔身。当需要顶升时，起重吊钩吊起标准节并送进引入架，拆去塔身标准节与下支座连接螺栓，启动液压泵站工作，先顶升塔机上部结构，再用爬爪支撑塔机上部重量，由于油缸活塞长度的限制，需要进行多次这样的工作循环，即可接入一个标准节。

2. 电气系统分析

下面以 QTZ80A 塔式起重机为例，对其电气系统进行分析。图 5-10 为塔式起重机电气拖动电路原理，图 5-11 为其塔式起重机电气控制原理。

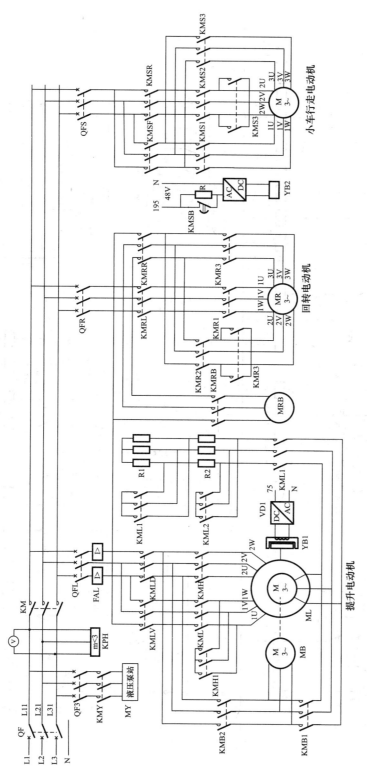

图 5-10　塔式起重机电气拖动电路原理

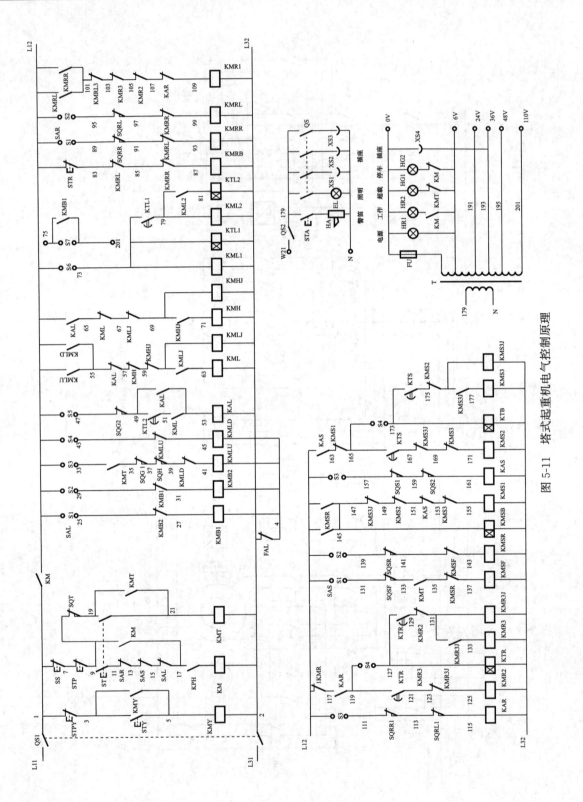

图 5-11 塔式起重机电气控制原理

1）电源控制

QTZ80A 塔式起重机由 380V 三相四线制电源供电，其装机容量约为 38.8kW，电源总开关为低压断路器 QF，此断路器可对塔机电气系统进行短路及过载保护。闭合 QF 及系统中所有低压断路器开关，塔机系统上电，图 5-10 中电压表 V 指示电压值为 380V，图 5-12（a）中，电源指示灯 HR1 亮，控制变压器 T 副边输出 6V、24V、36V、48V、110V 的系列电压，塔机系统上电。

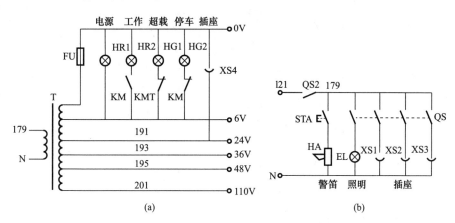

图 5-12　塔式起重机电源控制辅助电路

（a）塔机工作警示与照明；（b）报警和辅助电源

断开 QF，塔机系统断电，电压表 V 指示电压值为 0，电源指示灯 HR1 灭，控制变压器无输出。

合上开关 QS，打开照明 EL。当塔身超过一定高度时，需要在塔帽、吊臂等处设置航空障碍灯，航空障碍灯的电源需要与塔机系统的电源分开设置，即使在塔机不工作时，航空障碍灯依然需要正常工作。

如果接下来塔机系统工作，则按动按钮 STA，如图 5-12（b）所示，触发警笛 HA（或电铃），提示现场人员塔机即将工作。

2）液压顶升

塔机系统上电后，如果需进行插入标准节，则要启动液压顶升装置的工作。首先按动按钮 STY，图 5-13 电路中，接触器 KMY 线圈得电并自锁，液压泵站供电工作，操作人员可通过液压顶升装置上的控制面板操作液压顶升装置实现顶升和插入标准节的操作。

顶升过程结束，按下 STPY，接触器 KMY 线圈失电，断开液压泵站电源。

从图 5-10、图 5-13 可以看出，液压顶升与起升、回转、变幅是相互独立的，在顶升过程中，起升、回转、变幅是不能进行的。

3）塔机启动控制

如图 5-13 所示，塔机启动控制电路包括零位（失压）及力矩保护。控制线路由电源接触器 KM、力矩保护接触器 KMT、紧急按钮 SS、总启动按钮 ST、总停车按钮 STP 及回转、起升及小车的控制开关（SAR、SAL 及 SAS）的零位触点以及相序继电器 KPH 触点构成。

如图 5-13 所示，当供电电源供电正常且相序正确（KPH 常开触点闭合），并当且仅当 SAR、SAL 及 SAS 的控制手柄均处于零位时，其零位触点闭合，此时按下启动按钮 ST，接触器 KM 吸合，分别接通塔机的主回路及控制回路电源，随后在联动操作台上分别操作各控制手柄，即可进行起升、回转和变幅控制。

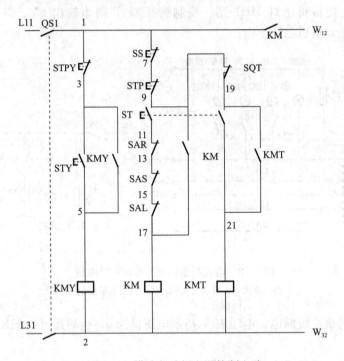

图 5-13　塔式起重机电源控制电路

所谓零位（零压）保护，是指当电网电压消失又恢复供电时，操作人员必须将各控制操作手柄拨回零位方可重新接通小车、回转及起升电动机的主电源和控制电源，即可实现零压保护。

另外当塔机力矩超限时，力矩行程开关 SQT 动作，切断力矩接触器 KMT 的线圈回路，如图 5-11 所示，从而切断了塔机起升向上（接触器 KMLU）和小车向前（接触器 KMSF）的控制回路，即停止塔机增大力矩的操作。此时只能接通向下或向后的控制回路，减少力矩至塔机允许的额定力矩时，SQT 复位，KMT 得电。此时可恢复小车向前或起升向上的操作。

4）起升电动机的控制

起升电动机为 YZRDW225-4/8 滑环变极（P＝2、4）涡流制动电动机，配合 YWZ-300/45 液力推杆制动器进行调速制动，见表 5-1。

起升电动机控制回路如图 5-14 所示。

以起升为例，将控制开关 SAL 拨向上升。

第 1 挡时，S1、S4 闭合，接触器 KMB1、KMLU、KML、KMLJ 线圈得电，相应触点闭合，滑环电动机 ML 定子绕组 8 极接法，转子绕组串入全电阻及涡流制动器启动，转子电压加在液力制动器电动机上，控制器在半制动状态下慢速起升就位（工作距离小于 1m）；

起升控制开关 SAL 触点闭合　　　　　　表 5-1

触点		工作方式										
		下降					停车	上升				
电路编号	触点编号	5	4	3	2	1	0	1	2	3	4	5
15—17	S0						×					
23—25	S1					×		×				
23—29	S2	×	×	×	×				×	×	×	×
23—33	S3							×	×	×	×	×
23—43	S4	×	×	×	×	×						
23—47	S5	×										×
23—73	S6	×	×								×	×
75—201	S7				×			×				

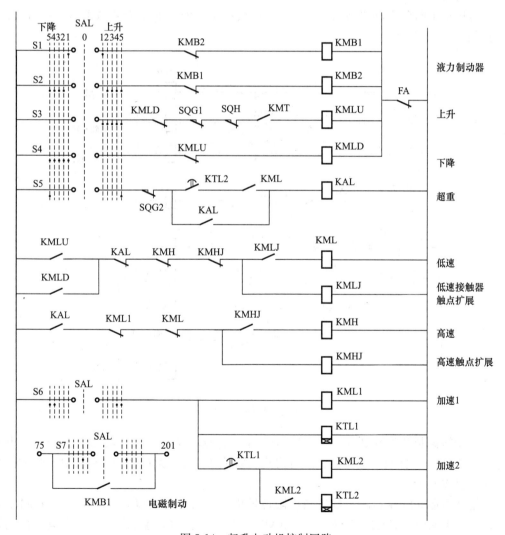

图 5-14　起升电动机控制回路

第 2 挡时，KMB2 接通，KMB1 断开，S7 闭合，接入整流桥，8 极电动机转子串全电阻，涡流制动器调速；

第 3 挡时，8 极电动机串入全电阻运行；

第 4 挡时，S6 接通，KML1 得电，短接一段转子电阻，5s 后 KTL1 长开延闭触点闭合，KML2 得电，短接全部转子电阻，电动机定子绕组 8 极接法运行。

第 5 挡时，S5 接通（其余同 4 挡），KAL、KMH、KMHJ 线圈得电，定子绕组为 4 极接法，转子短接，高速运行。

线路保护。提升线路中设有起升高度限位保护 SQH，力矩超限保护 SQG1，起重超重保护 SQG2。当起升高度限位器动作后切断提升电路，KMLU 失电，起升动作停止；力矩超限时，SQG1 打开，切断起升电路；当电动机在第 5 挡，4 极运行时，若起重量超过 1.5t，超重行程开关 SQG2 动作，KAL 失电，KMH、KMHJ 相继失电，KML 及 KMLJ 得电，电动机定子绕组由 4 极接法转入 8 级接法低速运行。

5）回转控制

旋转机构由两台 YD132-4/8/16 三速电动机拖动，液力制动器为 YT1-25/4。回转控制电路如图 5-15 所示。

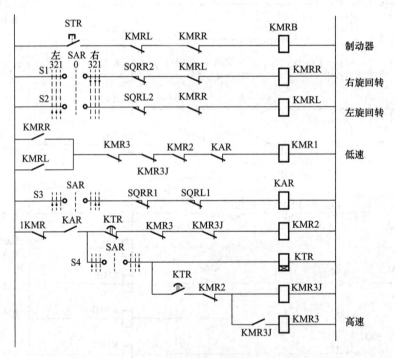

图 5-15　回转控制电路

操作旋转控制开关 SAR 可使旋转电动机左右旋转，其 1 挡、2 挡、3 挡运行时，电动机分别为 16 极、8 极及 4 极接法，即可得到 3 挡速度，时间继电器用于中速到高速间的延时转换，见表 5-2。

左旋或右旋 500°左右时，旋转角度限位器中减速限位开关动作 SQRLI 或 SQRR1 动作，KAR、KMR2、KMR3 相继失电，KMR1 得电，旋转电动机由高速（中速）自动转到低速运行；左旋（右旋）540°时，旋转角度限位器（SQRL2、SQRR2）动作打开，旋转电动机左旋（右旋）运动停止，只能反向运行。

旋转控制开关 SAR 触点闭合　　　　　　　　　　　　　表 5-2

触点		工作方式						
		左旋			停车	右旋		
电路编号	触点编号	3	2	1	0	1	2	3
11—13	S0				×			
23—89	S1					×	×	×
23—95	S2	×	×	×				
23—111	S3	×	×				×	×
119—127	S4	×						×

6）变幅控制

小车由 YD132—4/8/16 三速电动机拖动，配合直流常闭电磁制动器进行制动，变幅控制电路如图 5-16 所示。

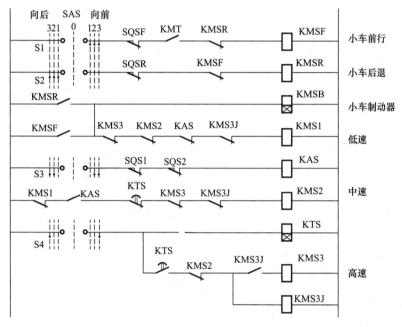

图 5-16　变幅控制电路

小车控制开关 SAS 用于控制小车前进、后退及低、中、高三种速度运行。KMSB 的时间整定值为 2s，即在小车控制开关从零位操作小车向前（向后）时，电磁制动器通以直流 48V 电压，2s 后，KMSB 常闭延开触点断开，电阻 R 串入分压，电磁制动器工作电压为 20V，见表 5-3。

小车电动机控制在中速至高速之间设有加速延时继电器，以保持电动机中速运行 3～5s 后转到高速运行。

小车向前（向后）运行到终点前 1.5m 处，小车减速限位开关 SQS1（SQS2）动作，使小车电动机由高速（中速）自动转换到低速运行；当小车运行到前（后）终点 0.2m 处时，小车前（后）极限开关 SQSF（SQSR）动作，切断小车前（后）行电路，小车电动机只能反方向运行，脱离极限位置。

小车控制开关 SAS 触点闭合表 表 5-3

触点		工作方式						
		向后			停车	向前		
电路编号	触点编号	3	2	1	0	1	2	3
13—15	S0				×			
23—131	S1					×	×	×
23—139	S2	×	×	×				
23—157	S3	×	×				×	×
165—173	S4	×						×

当力矩限位器保护行程开关 SQT 动作时，KMT 失电，小车停止向前运行。

5.3 典型建筑设备的电气控制线路分析

5.3.1 生活水系统

为了保证房屋建筑的持续稳定用水，一般在建筑底部建有蓄水池，用于存储市政管网的供水，避免市政管网供水中断或水压不稳带来的用水不便。多层建筑和高层建筑的屋顶一般设置高位水箱对用户进行供水。水从底部蓄水池到高位水箱，需要水泵提供动力，水泵控制需要自动或手动。

1. 水位检测原理

图 5-17 是水位检测原理，SL1 和 SL2 为干簧管，用于检测储水容器的低水位和高水位，干簧管装于导管中（不锈钢导管或其他硬材质管），当容器注水时，含有磁环的浮标随水位的升高而升高，当浮标到达 SL2 时，干簧管触点状态由于磁环磁场的作用发生翻转（由接通变为断开，或者由断开变为接通）。当容器放水时，浮标随水位的降低而降低，当浮标到达 SL1 时，干簧管触点状态翻转。干簧管触点的状态可以用于控制水泵的启停。对于供水水箱，SL2 干簧管常闭触点断开，切断给水控制回路，SL1 触点的常开触点闭合，接通给水控制回路供水，如图 5-18（a）所示。对于排水系统，可把 SL2 常开触点闭合用于高水位启泵排水，SL1 常闭触点用于低水位停泵排水，如图 5-18（b）所示。

2. 给水泵控制电路

图 5-19 为 2 台水泵供水示意，1 号泵、2 号泵互为备用，备用泵投入时采用手动方式。

图 5-20 为 2 台水泵供水的互为备用手动投入的控制电路，图 5-20（a）为主回路电路，1 号泵、2 号泵水泵驱动电动机分别为 M1、M2，图 5-20（b）~（c）分别为水位检测与水泵启停电路，图中的 SA1 和 SA2 是万能转换开关，SB1、SB2 分别为 1 号泵的停止和启动按钮，SB3、SB4 分别为 2 号泵的停止和启动按钮，SL1、SL2 分别为水箱的低位、高位检测开关。

1）水位检测

SA1 与 SA2 手柄打向左侧 Z，SA1 与 SA2 的 3、4 触点接通，当水位低于下水位时，SL1 常开触点闭合，中间继电器 KA 线圈通电并自锁，发出水泵自动启动信号。在供水过程中，如果出现故障，接触器 KM1、KM2 线圈不能得电，其常闭触点接通警铃进行报警。

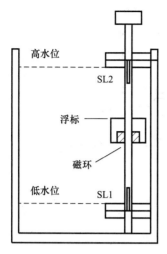

图 5-17　水位检测原理

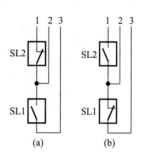

图 5-18　水位检测信号

（a）供水；（b）排水

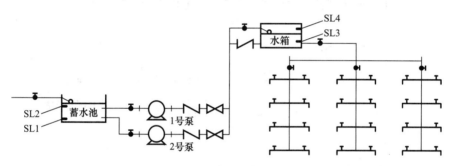

图 5-19　2 台水泵供水示意

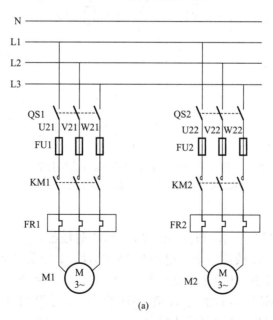

(a)

图 5-20　2 台水泵供水的互为备用手动投入的控制电路（一）

（a）主回路

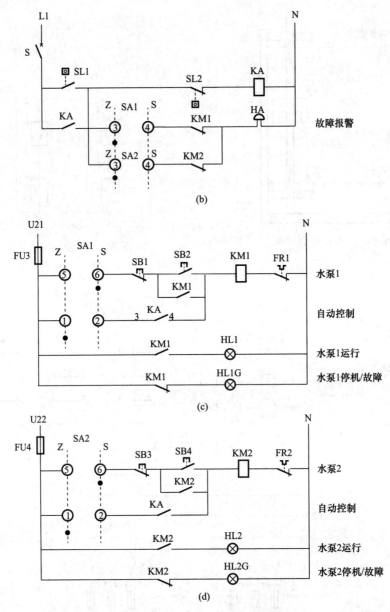

图 5-20　2 台水泵供水的互为备用手动投入的控制电路（二）
（b）水位检测和故障报警电路；（c）1 号泵控制电路；（d）2 号泵控制电路

2）水泵启停控制

以 1 号泵为例。SA1 打向左侧自动模式 Z，SA1 的触点 1 与 2、触点 3 与 4 触点接通，KA 常开触点闭合，KM1 线圈得电，电动机 M1 启动，1 号泵启动供水。KA 触点断开，KM1 线圈断电，M1 停机，1 号泵停止供水。SA1 打向右侧手动 S，SA1 的触点 5 与 6 接通，按下按钮 SB2，KM1 线圈得电自锁，M1 启动，1 号泵启动供水。按下按钮 SB1，KM1 线圈断电，M1 停机，1 号泵停止供水。

2 号泵与 1 号泵控制电路相同。

3）投入运行与备用

当需要单台泵自动投入，备用泵手动投入模式时，将万能开关 SA1 和 SA2 的其中一个打向左边（自动 Z），一个处于中间位置。当 SA1 为自动，SA2 处于中间位置时，即 1 号泵使用、2 号泵备用，当 1 号泵发生故障时，KM1 的常闭触点闭合、HA 报警，此时，SA1 打到中间位置，1 号泵为空闲状态等待维修，同时解除 HA 报警。将 SA2 打向左侧（自动），2 号泵为自动模式，其控制过程与图 5-20（b）相同。

图 5-21 为 2 台水泵互为备用、备用自动投入的控制电路。由水位检测继电器 KA1 提供启停控制信号。

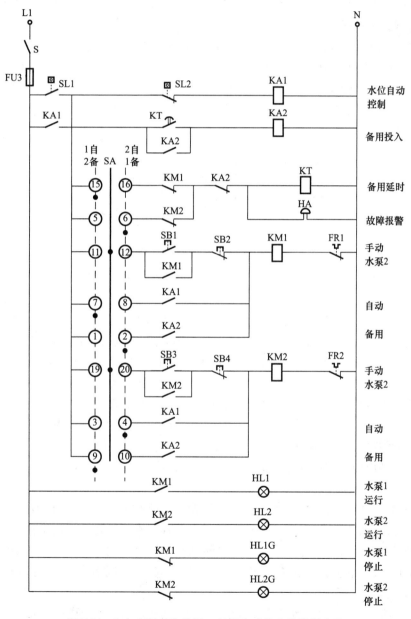

图 5-21　2 台水泵互为备用、备用自动投入的控制电路

SA 打到中间位置时为手动模式，SA 的触点 11 与 12 接通，1 号泵可通过按钮控制启停；SA 的触点 19 与 20 接通，1 号泵可通过按钮控制启停。

SA 打到左边位置时，处于 1 号泵自动启动（在用）、2 号泵为备用的模式。SA 打到右边位置时，处于 2 号泵自动启动（在用）、1 号泵为备用的模式。

中间继电器 KA1 用于发出供水启停控制信号，其常开触点闭合，启动供水，反之停止供水。KA2 为备用泵延时启动继电器，当在用水泵停止工作一段时间后（时间继电器 KT 的延时），KA2 线圈得电，其常开触点接通接触器线圈的控制回路，备用泵启动供水。

3. 排（污）水系统

排水系统与给水系统不同的是，排水系统通常只有一个蓄水池，控制系统的工作任务是将蓄水池或排污池排空。

图 5-22 为 2 台水泵的排水系统示意。图 5-23 为该排水系统电气控制系统原理，其中图 5-23（a）为主回路，图 5-23（b）、（c）为液位检测及水泵投入控制原理。表 5-4 为 SA 转换开关接点。SA 转换开关实现 3 种操作模式：（1）A1：1 号泵（1SP）为工作泵、2 号泵（2SP）为备用泵；（2）A2：2 号泵（1SP）为工作泵、1 号泵（1SP）为备用泵；（3）M：手动模式。

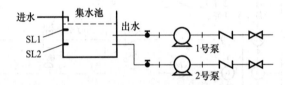

图 5-22　2 台水泵的排水系统示意

与前述主回路电路不同的是，图 5-23（a）所示的主回路采用了 KBO 开关：1KBO、2KBO。KBO 开关是一种模块化结构的控制与保护开关，"K" 与 "B" 为控与保的汉语拼音首字母，O 为第一代产品，是 CPS 装置的一种。它集成了传统的断路器（熔断器）、热继电器、接触器、过载（或过流、断相）保护继电器、启动器、隔离器等功能，可远距离自动控制和就地直接手动控制，其控制面板可以指示状态及信号报警，具有过压欠压保护、断相缺相保护等功能，还具有协调配合的时间—电流保护特性（具有反时限、定时限和瞬时三段保护特性）。其次，可根据需要选配功能模块或附件实现对各类电动机负载、配电负载的控制与保护。KBO 开关主要用于交流额定电压不大于 690V、额定电流不大于 100A 的电力系统中。它解决了传统分立元器件（断路器或熔断器＋接触器＋过载继电器）由于选择不合理而引起的控制和保护配合不合理的问题，提高了控制与保护系统的运行可靠性和连续运行性能。

图 5-23 中 KBO 开关的数字表示其触点的编号，1KBO、2KBO 分别为 1 号泵电动机、2 号泵电动机的控制与保护开关，SL1 为高水位检测开关，作为排水启动信号，SL2 为低水位检测开关，作为排水停止信号，SL3 是超高水位检测开关，当 SL3 开关闭合时，2 台水泵同时工作。SA 转换开关接点见表 5-4，图 5-23 电气控制系统原理分析如下：

1) 自动

假设 1 号泵（1SP）为工作泵、2 号泵（2SP）为备用泵。SA 置于自动位置 A1。当污水蓄水池（污水池）水位达到高位时，SL1 开关闭合，在图 5-23（b）中，KA1 线圈得

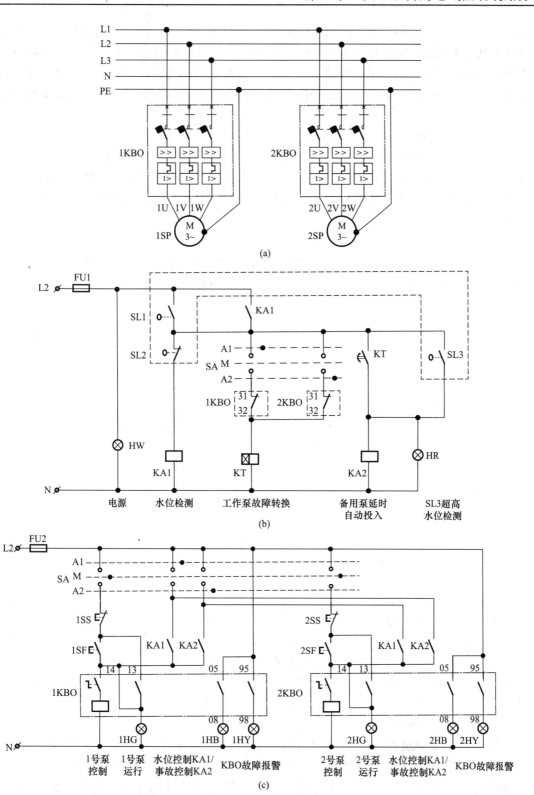

图 5-23　排水系统电气控制系统原理

（a）主回路；（b）液位检测；（c）水泵投入控制原理

电，其常开触点使在图 5-23（c）中的 1KBO 线圈得电，1 号泵（1SP）启动排水。当污水池水位低于低位时，SL3 开关断开，KA1 线圈失电，其常开触点断开，1KBO 线圈失电，2 号泵（2SP）停止排水。由于异常情况，当污水池水位出现超高位时（高于高位水位），检测开关 SL3 闭合，在图 5-23（c）中，可使 KA2 得电，启动备用水泵，从而实现双泵排水。

2）备用泵启动

假设 1 号泵（1SP）为工作泵、2 号泵（2SP）为备用泵。SA 置于自动位置 A1。当污水蓄水池（污水池）水位达到高位时，SL1 开关闭合，一段时间之后，1KBO 线圈仍然没有得电，时间继电器 KT 常开触点闭合使 KA2 线圈得电，2KBO 线圈得电，启动 2 号泵（2SP）启动排水。

3）手动

SA 置于手动位置 M。以 1 号泵为例，按下启动按钮 1SF，1 号泵（1SP）启动运行，按下 1SS 按钮，1 号泵（1SP）停止运行。另外当 KBO 装置出现异常时，可通过 1HB、1HY 报警。

SA 转换开关接点   表 5-4

序号	接点号	位置与用途		
		自动	手动	自动
		A2	M	A1
		45°	0°	45°
1	1 ○─┤├─┤├─○ 2			×
2	3 ○─┤├─┤├─○ 4			×
3	5 ○─┤├─┤├─○ 6		×	
4	7 ○─┤├─┤├─○ 8		×	
5	9 ○─┤├─┤├─○ 10	×		
6	11 ○─┤├─┤├─○ 12	×		

5.3.2 消防水系统

消防系统是建筑中重要系统之一，建筑消防灭火常用消火栓灭火和自动喷淋灭火等方式。

消火栓主要用于人工灭火，可分为低层建筑消火栓和高层消火栓。自动喷淋灭火是由火灾信号或者其他信号触发后再给水灭火的方式。建筑灭火的消防水系统是与建筑中的生活水系统是分开设置的，通常建筑底层建有消防水池、顶部建有消防高位水箱。当发生火灾时，火灾报警控制器给消防联动系统发布信号，启动水泵供水。

1. 消火栓水泵的控制

图 5-24 为某建筑的消火栓水泵水系统示意。图 5-25 为消火栓水泵电气控制系统原理图，其中图 5-25（a）为主回路，图 5-25（b）、（c）为水位检测及转换控制电路和水泵投入控制电路。图中 1PA、2PA 为电流表，1TA、2TA 为电流互感器，SL 为消防水池的低位水位检测开关，S1_1～S1_n 为第 1～n 号消火栓按钮直接控制开关，SA 为转换开关，它的接点号与表 5-4 相同。1KBO、2KBO 分别为 1 号泵电动机、2 号泵电动机的控制与保护开关。

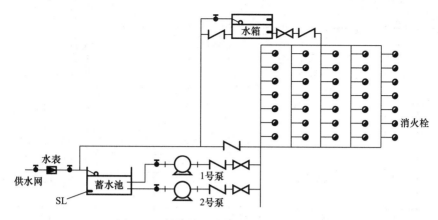

图 5-24　某建筑的消火栓水泵水系统示意

消火栓水泵属于一级负荷，其主电路供电需要采用双电源供电。图 5-25 为"一备一用"方案，SA 可选择以下方式：（1）A1：1 号泵（1SP）为工作泵、2 号泵（2SP）为备用泵；（2）A2：2 号泵（1SP）为工作泵、1 号泵（1SP）为备用泵；（3）SAM：手动模式。

SA 选择 A1 模式时，1 号泵为工作泵、2 号泵为备用泵，S1_1～S1_n 之中任意一个消火栓旋钮接通，在消防水池有水条件下（SL 常开触点断开），1KBO 线圈得电，1 号泵（1SP）启动。

当消防水池出现最低水位时，SL 检测开关闭合，KAC 线圈得电，其常闭触点断开切断了 KA 线圈的电路，使 1KBO、2KBO 的线圈无法得电，水泵不能运转，防止消防水池缺水时水泵空转发生。由水位信号继电器 SL 触发 KAC，KAC 常闭断开，停止水泵系统工作。

图 5-25 的电气控制电路与图 5-23 基本相同，请读者自行分析其工作原理。

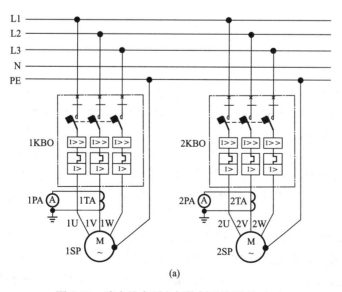

(a)

图 5-25　消火栓水泵电气控制系统原理（一）

（a）主回路

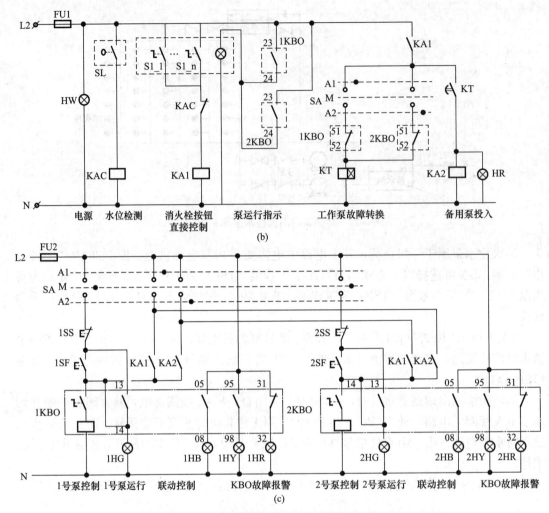

图 5-25　消火栓水泵电气控制系统原理（二）

（b）水位检测及转换控制电路；（c）水泵投入控制电路

2. 喷淋系统的控制

喷淋系统用于灭火的介质水需要保证足够的压力，其喷淋半径和流量才能起到火灾消防的作用。自动喷淋系统属于一级负荷，在电源供电中需要双电源供电。

图 5-26 为自动喷淋系统。

图 5-27 为 2 台自动喷淋泵控制电路，其主回路与图 5-25（a）相同，图 5-27（a）、（b）为压力检测及转换控制电路和水泵投入控制电路。转换开关 SA 的接点号与表 5-4 相同，具有 3 种操作方式。KP 为压力检测开关，F1 和 F2 为消防控制室的控制手盘，KAC 为低位水位继电器。

以 A1 方式为例，当水压力低于设定值时，KP 常开触点闭合，时间继电器 KT 延时，到延时时间后由 KT 常开闭合使中间继电器 KA 线圈得电，KA 常开触点闭合是中间继电器 KA1 线圈得电，1KBO 线圈得电，1SP 泵启动。另外消防控制室的控制手盘 F1 和 F2 可接通断开 KA1，使 1KBO 线圈得电，1SP 启动运行。

当蓄水池水位降低到极限值时低位水位继电器 KAC 接通，其常闭触点断开，KA1 线圈断电，1SP 泵停止运行；当 1SP 泵发生故障时，1KBO 常闭触点接通 KT1 延时，KT1 常开触点延时闭合接通备用投入继电器 KA2 线圈，备用泵 2SP 泵投入运行。

SA 处于手动方式 M 时，通过按钮控制水泵启停。

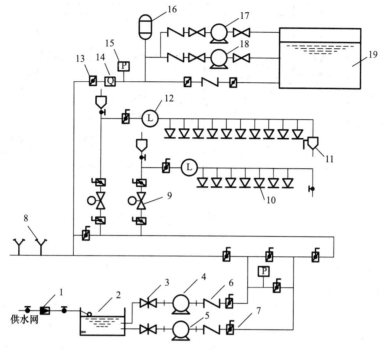

图 5-26　自动喷淋系统

1-水表；2-消防水池；3-闸阀；4、5-喷淋泵；6-单向阀；7-信号蝶阀；8-消防水泵接合器；
9-湿式报警阀；10-洒水喷头；11-末端测试阀；12-水流指示器；13-蝶阀；14-流量开关；
15-压力开关；16-气压罐；17、18-稳压泵；19-高位消防水箱

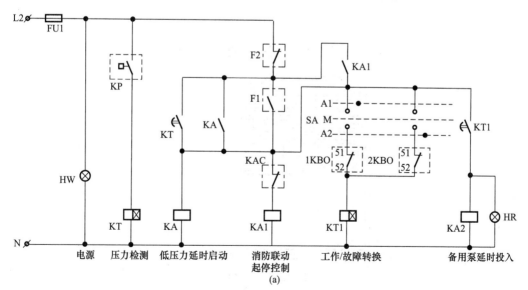

图 5-27　2 台自动喷淋水泵控制电路（一）

（a）压力检测及转换控制电路

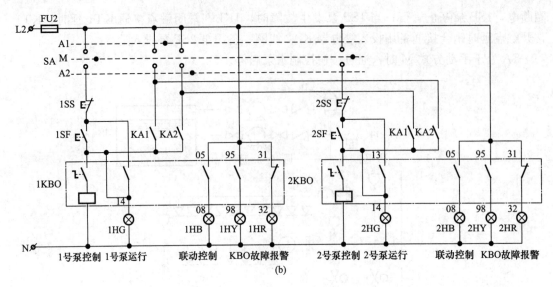

图 5-27　2 台自动喷淋水泵控制电路（二）

（b）水泵投入控制电路

5.3.3　消防联动设备

1. 防火卷帘的控制

防火卷帘是广泛应用于工业与民用建筑的防火隔断区，能有效地阻止火势蔓延，保障群众生命财产安全，是现代建筑中不可或缺的防火设施。防火卷帘结构示意如图 5-28 所示。防火卷帘设置于建筑物中防火分区通道口处，当火灾发生时可根据消防控制室、探测器的指令或就地手动操作，使卷帘门下降至一定高度，以达到人员紧急疏散、灾区隔火、隔烟、控制火灾蔓延的目的。通常在疏散通道上的防火卷帘两侧设置有感温、感烟探测器组、警报装置和手动控制按钮。

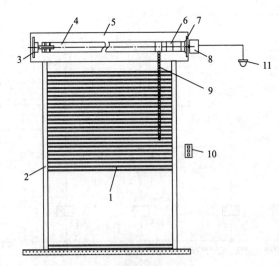

图 5-28　防火卷帘结构示意

1-卷帘；2-导轨；3-支座；4-卷轴；5-箱体；6-限位器；7-卷门机；8-电动机及控制箱；

9-手动拉链；10-操作盒；11-感温、感烟探测器

防火卷帘的工作原理如下：

火灾发生时，一般先产生浓烟。此时烟雾报警器触发，火灾信息发送到火灾报警控制器中，同时烟雾报警器触发相关消防联动系统，防火卷帘在烟雾报警器触发下，卷帘控制器要完成以下工作。

1）先打开卷帘门头，并下降关门；

2）下降到 1.5～1.8m 的时候，下降自动停止，这是由于烟雾在空间上部。卷帘处于中间位置时，可以防止烟雾蔓延，同时留有足够人员疏散的下半空间；

3）火灾上升阶段后，烟雾减少，温度升高，采用温度报警器触发相应的消防联动；此时温度报警器触发时间继电器延时，延时后防火卷帘下降，下降到底部时自动停止；

4）火灾消退后，在现场或者消防控制中心上升开门，到顶部后自动停止。

另外在下降的中间位置需要停止采用行程开关的触发逻辑，停止后延时一段时间后再次下降，下降到底自动停止也采用行程开关的触发逻辑，上升到顶后自动停止采用行程开关常闭触点。

图 5-29 为疏散通道卷帘门控制系统原理。卷帘门驱动电动机 M 为三相交流异步电动机，额定工作电压为 380V，电磁制动方式，YA 为制动器电磁铁。1KA 为感烟传感器、2KA 为感温传感器，S 为检修开关，SB1 上升按钮，SB2 上升停止、SB3 下降、SB4 与 SB5 上升、SB6 急停。

SQ1、SQ2、SQ3 分别为卷帘门的顶部、中位、底部位置检测开关，它们位于限位器中，限位器是一套齿轮丝杠装置，卷门机工作时，与卷门机同轴的主动齿轮驱动从动齿轮转动，从动齿轮带动丝杠和螺母移动，当螺母移动触碰限位微动开关时，限位微动开关动作，输出门帘的位置信号。

1）烟雾触发下降卷帘

出现火情时，若防火分区的感烟传感器 1KA 动作，感烟继电器 KA1 线圈得电，HA、HL 声光报警。同时 KA1 常开触点闭合使电磁制动器线圈 YA 得电，卷帘门驱动电动机松闸。与此同时，KA1 常开触点闭合把整流电源的正极与卷帘门下降/上升控制回路接通。下列支路导通：

＋→KA1→SQ2→KA1→KA3→SB4→SB5→KA6→KA4→KA5 线圈→－KA5 线圈得电并自锁，则接触器 KM2 线圈得电，驱动电动机 M 启动，卷帘门开始下降。下降到中位时，SQ2 常闭触点断开，下降继电器 KA5 线圈失电，使得接触器 KM2 线圈失电，电动机 M 停机，卷帘门停止下降。

2）温度触发延时下降卷帘

火情发生之后，防火分区温度上升，感温传感器动作，则感温继电器 KA2 线圈得电，卷帘门落到中位位置时，通过时间继电器 KT 进行中位延时（1～255s），延时时间到后，KT 常开触点延时闭合，下列支路导通：

＋→KA1→KT→KA1→KA3→SB4→SB5→KA6→KA4→KA5 线圈→－KA5 线圈得电并自锁，则接触器 KM1 线圈重新得电，卷帘门继续下降，直至落到底部位置，SQ3 检测开关闭合，使继电器 KA4 的常闭触点断开，使下降继电器 KA5 线圈失电，主回路中 KM2 主触点断开，电动机停转。

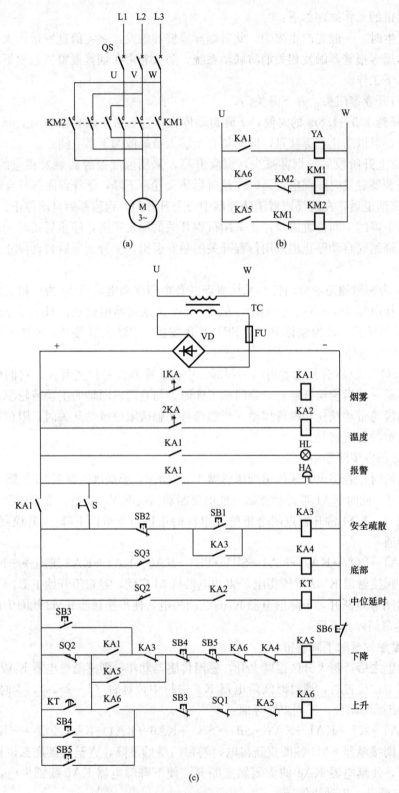

图 5-29　疏散通道卷帘门控制系统原理

(a) 主回路；(b) 接触器线圈驱动电路；(c) 升降控制电路

3）手动下降卷帘

火情发生后，KA1 常开触点闭合，按下下降按钮 SB3，下列支路导通：

＋→KA1→SB3→KA3→SB4→SB5→KA6→KA4→KA5 线圈→－KA5 线圈得电，卷帘门下降。因此，卷帘门在中位停滞时，按动 SB3 可使其继续下降，松开 SB3，下降即停。

4）安全疏散

继电器 KA3 是一个用于人工主动控制疏散通道的中间继电器。火灾发生后，按下 SB1，KA3 线圈得电，当卷帘门下降到中间位置时，SQ2 常闭触点断开，KA3 常闭触点断开，KA5 线圈失电，卷帘门不会下降，这样可以防止卷帘门因各种原因下降。

5）卷帘门上升

火情发生之后，卷帘停止下降期间（KA5 线圈失电），按下按钮 SB4/SB5，可使 KA6 线圈得电，其常开触点闭合使 KM1 线圈得电，卷帘上升。卷帘到达顶部，SQ1 动作，停止上升。

SB6 为停止开关，在上升、下降过程中，按下 SB6，卷帘门停止升、降。

S 为检修开关，请读者自行分析电路工作原理。

2. 防排烟风机的控制

建筑物火灾多为固体物火灾，其在火灾前期时产生的烟雾主要成分为一氧化碳及悬浮颗粒，火灾发生因吸入烟雾而死亡的死亡率占比较高，约占 $50\%\sim70\%$。烟雾弥漫导致可见度较低，在疏散时难以辨别方向，并在高层建筑中井道等垂直通道产生烟囱效应，烟雾上升速率极快，如不及时排除，烟雾会垂直扩散到各处。自动消防系统监测到火灾时，防排烟设备立即投入工作，排烟设备快速打开，将烟雾迅速地排向室外，防止烟气窜入楼梯间及其他区域。

图 5-30 为排烟风机控制电路，具有 2 种工作模式，由开关 SA 选择（表 5-5），手动模

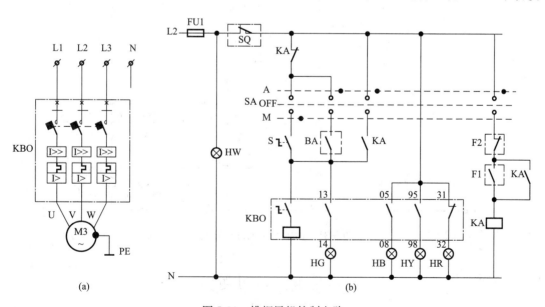

图 5-30　排烟风机控制电路

（a）主回路；（b）模式选择排烟风机电路

式用于检修调试；自动模式用于在非火灾正常情况由楼宇自动化系统进行远程控制，发生火灾时由消防联动系统进行控制。SQ 为防火阀限位开关，温度超过 280℃时断开。手动模式下选用的是旋钮开关进行 KBO 通断。自动模式下，非火灾情况由楼宇自动化系统的联络触点 BA 控制 KBO 线圈，发生火灾时由消防联动系统 F1、F2 控制中间继电器 KA，KA 常开触点控制 KBO 线圈。

SA 转换开关接点　　　　　表 5-5

序号	接点号	位置与用途		
		手动	OFF	自动
		A2	M	A1
		45°	0°	45°
1	1 ○─┤├─┤├─○ 2	×		
2	3 ○─┤├─┤├─○ 4			×
3	5 ○─┤├─┤├─○ 6			×
4	7 ○─┤├─┤├─○ 8			×

图 5-31 为加压送风风机控制电路。SQ 为防火阀限位开关，温度超过 280℃时断开。旋钮位置开关 SG 用于模式选择，手动模式下采用旋钮开关 S 进行启停控制，消防联动模式下 F1、F2 启停控制。

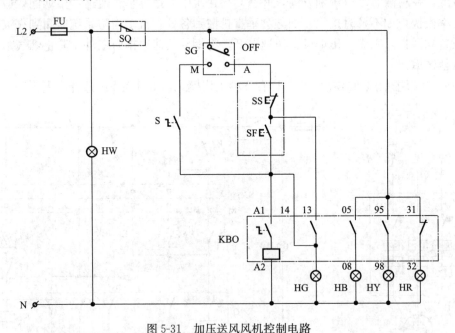

图 5-31　加压送风风机控制电路

思考题与习题

5-1　简述电气控制系统的识图基本方法和步骤。

5-2 假设要求卷扬机具有最大起升重量的限制，当超过最大起升重量时，相应的检测开关动作，卷扬机不能启动。请以图 5-1 的基本功能为基础进行完善设计。

5-3 请分析图 5-4 中电动葫芦电气控制系统的工作原理。在图 5-4 的基础上增加系统电源、工作模式（上升、下降、左移、右移）指示以及故障报警指示（如接触器）。

5-4 请分析图 5-8 中搅拌装置电路。在图 5-8 的基础上，设计实现自动模式的控制电路：加水 t_0→搅拌 t_1→出料箱在下方（下限位）时出料、料重达到要求→出料箱上升到达→上限位停、卸料 t_2→出料箱回下方（下限位），t_0，t_1，t_2 分别为加水、搅拌、卸料时间（s）。

5-5 图 5-10 中，电流继电器 FAL 起什么作用？为什么塔式起重机电气拖动电路中过载保护不采用热继电器？

5-6 图 5-13 中，接触器 KM 起什么作用？什么情况下其线圈得电？

5-7 分析图 5-14 起升电动机控制回路重物上升的实现过程。

5-8 分析图 5-15 回转控制电路起重机大臂向右旋转的实现过程。

5-9 分析图 5-16 变幅控制电路小车后退的实现过程。

5-10 某城市小区供水系统容量需求较大，用 3 台水泵供水，其中 2 台水泵同时运行、1 台备用泵，当运行水泵出现故障时，自动投入备用泵。请设计该供水系统电气控制系统。

第6章　可编程序控制器基础

本章学习目标

(1) 了解可编程序控制器的发展历史、现状及应用领域。

(2) 熟悉可编程序控制器的基本组成及各个部分的功能，掌握输入/输出模块的结构特点及其工作原理，了解编程装置的应用场合和使用方法。

(3) 熟悉可编程序控制器的工作原理，能够理解可编程序控制器执行程序的巡回扫描、输入输出映像区、工作过程等机制，了解其输入输出滞后现象形成的原因。

(4) 了解常用的梯形图、指令表、功能框图、顺序功能图、结构化文本等编程语言特点。

(5) 熟悉可编程序控制器常用的性能指标。

可编程逻辑控制器是一种为工业环境中的设备控制和过程控制而设计的数字式电子控制系统，它可以取代传统的继电器控制系统，用程序实现以前用继电器控制逻辑完成的工作，被广泛地应用在各个行业领域。本章简要概述可编程逻辑控制器的发展历史、现状以及应用领域，介绍可编程逻辑控制器的组成、工作原理以及常用的几种编程语言特点，最后从可编程逻辑控制器应用角度出发，介绍几种常用的性能指标。

6.1　可编程序控制器概述

6.1.1　可编程序控制器发展历史

根据国际电工委员会（International Electrotechnical Commission，IEC）的定义，可编程控制器是一种数字运算操作的电子系统，专为在工业环境应用而设计。它采用一类可编程的存储器，用于其内部存储程序，执行逻辑运算、顺序控制、定时、计数与算术操作等面向用户的指令，并通过数字或模拟输入/输出控制各种类型的机械或生产过程。

最初，可编程控制器（Programmable Controller）简称PC，20世纪90年代随着个人计算机（Personal Computer，PC）发展迅猛，为了彰显可编程控制器的功能特点，美国一家公司将可编程序控制器命名为Programmable Logic Controller，即PLC，并被其他产品制造厂商和工程技术人员广泛接受，成为可编程序控制器简称。

可编程序控制器是工业化和制造业现代化需求下的产物。1968年，美国通用汽车公司在对生产线进行调整时，发现继电器、接触器控制系统存在修改难、体积大、噪声大、维护不方便、可靠性差的问题，提出了标准机器控制器（Standard Machine Controller）的招标指标，意在取代继电器控制装置。Bedford联盟（Bedford Associates）提出的模块数字控制器（MOdular DIgital CONtroller）MODICON方案中标，在Dick Morley领导下于1969年成功推出了"Modicon 084"，它采用梯形图逻辑，编程简单，并安装在硬质外壳内，具有较高的安全等级。迪克·莫利（Dick Morley）因此而被誉为"PLC之父"。在同一时期，欧洲大陆的 Siemens 公司也在研发自己的 PLC——Simatic，在 1971—1973 年间相继推出了 S1、S2 和 S3，其中，S3 是 Siemens 的第一个携带存储器的 PLC，与 Modicon 不同，它们采用 STL（Statement List）语言编程。亚洲地区，日本在 1971 年也研制出了其第一台 PLC 产品，其编程方式与 Modicon 相同。自此，PLC 逐步被应用于各个工业领域。

迪克·莫利成立了 Modicon 公司，随后又于 1973 年推出"Modicon 184"，1975 年推出"Modicon 284"，1979 年推出工业通信网络 Modbus。1979 年 Siemens 推出了 S5 系列 PLC，同年在日本也出现了欧姆龙、富士、三菱等一批 PLC 制造公司。

20 世纪 70 年代，随着集成电路技术的发展，微处理器和半导体存储器被应用到 PLC 中，使 PLC 体积变小，可靠性提高，逻辑运算功能增强。PLC 引入了算术运算功能，具备了数据传送、数据处理的能力；接口功能得到了扩展，可接入压力、温度等传感器实现模拟 PID 调节，并可以连接打印机和显示器。另外，PLC 还引入了自诊断功能。

20 世纪 80 年代，PLC 进入快速发展时期。PLC 采用 8 位、16 位微处理器或微控制器，或者采用多处理器结构，使得运算速度提高，PLC 数值运算和处理能力加强，并具备了高速计数、浮点运算、查表、列表和初级函数运算功能；增加了 A/D 和 D/A 通道，可以实现数字 PID 功能；引入了计算机的中断技术，增强了 PLC 的实时处理能力；网络通信功能应用到 PLC 及其控制系统中，出现了分布式 I/O 和远程 I/O 模块；PLC 可以实现自诊断，容错能力提升。另外，存储器容量进一步扩大，有的 PLC 还提供一定数量的数据存储器。经过十多年的发展，PLC 编程语言不论是梯形图还是 STL，其功能日臻完善。

20 世纪 90 年代，16 位、32 位微处理器或微控制器被应用在一些 PLC 中，其数据处理能力和函数运算能力增强，具备了大批量数据处理功能；随着网络技术的广泛应用，PLC 的网络功能也随之增强，工业以太网协议以及各种总线协议被引入到 PLC 应用中，出现了工业以太网与各种总线的接口或模块，不仅可以连接监控计算机，还可以实现 PLC 之间、PLC 与远程模块之间的互联互通，具备了构建分布式控制系统的能力。为了适应工业控制对象的要求，出现了专用功能模块，用于压力、温度、转速、位移等控制，如热电偶模块、热电阻模块、运动控制模块、伺服驱动模块、步进电动机驱动模块、通信模块等。

另外，人们通过人机接口（Human Machine Interface）实现了各种人机设备（显示器、触摸屏等）与 PLC 信息交换。在编程语言方面，梯形图语言和 STL 语言已实现标准化，法国人提出的顺序功能图 SFC（Sequential Function Chart）语言已被人们广泛接受，也出现了支持 Basic、Pascal 等高级语言编程的 PLC。

2000 年以后，随着超大规模集成电路技术的发展，微处理器和微控制器集成度提高、功能增强，随之而来的是 PLC 体积减小、运算速度加快、功能更强、可靠性提高。在这一时期，数字通信技术和网络技术与 PLC 深度融合，通过网络或者通信总线，PLC 可以连接各种智能装置，如智能传感器、条形码读码器、伺服电动机、变频器等，与这些装置实现信息交换，或者通过以太网远程读取另外一台 PLC 的数据区。如：Rockwell 公司提出了多层结构体系，即 EtherNet、ControlNet、DeviceNet 及 Asi 等现场总线。Siemens（西门子）公司构建了 Profibus-DP 通信网络及 Profibus-FMS 网络体系，并提出了 S7 RouT-Ing 网络，即 Profibus-DP 和 Industrial Enternet 两层结构。另外，微型 PLC（Nano PLC）异军突起，这种 PLC 含有若干个 I/O，具有联网功能，使控制系统可触及工厂的各个角落。如 Siemens 公司的 LOGO，具有支持以太网组网，集成 Web Server 实现远程控制的功能，Schneider 公司的 Zelio Logic，可通过通信接口实现远程监视、控制和程序更新；Rockwell 公司的 Pico 系列控制器具有 USB 编程端口、用于 RS-232 和 RS-485 通信的串行口和以太网接口，支持 EtherNet/IP 应用协议。其次，便携式存储器的使用为 PLC 提供了廉价的、大量的外存储空间，增强了 PLC 本地存储数据的能力，如一张 SD 存储卡可为 PLC 增加 32GB 的存储空间。近年来，出现了用户定制 PLC，既可满足用户的需求，也可避免通用 PLC 功能不足或有盈余的问题。目前，全世界约有 200 多个厂家生产 300 多品种型号的 PLC。

美国是 PLC 生产大国，约有 100 家，其中比较著名的厂家有 Rockwell（罗克韦尔）公司、GE（General Electric Company）公司、德州仪器（Texas Instruments）公司等。罗克韦尔（Rockwell）公司于 1985 年收购了 Allen-Bradley 品牌，是美国最大的 PLC 制造商，产品有 SLC、Micro Logix、Control Logix 系列等。GE 公司 GE 系列有大、中、小型 PLC。TI 公司的小型 PLC 有 510、520、TI100 等系列，中型 PLC 有 TI300、5TI 等系列，大型 PLC 有 PM550、530、560、565 等系列。

Schneider 公司是一家法国公司，拥有 Modicon 和 Telemecanique 品牌，其产品有 TSX Micro、M、Premium 以及 Zelio Logic 等系列。德国的 Siemens 公司推出了 LOGO、S7-200、S7-300、S7-400、S7-1200、S7-1500 等系列。总部位于瑞士的 ABB 公司生产了 AC500 系列，德国的（倍福）Beckhoff 公司推出了 CX 系列嵌入式控制器，奥地利的 B&R（贝加莱）公司的 X20 系列 PLC。日本的欧姆龙（Omron）、三菱（Mitsubishi）、富士（Fuji）、松下（Panasonic）、东芝（Toshiba）、光洋（KOYO）等公司也生产了多种型号的 PLC 产品。

20 世纪 70 年代后期，我国开始改革开放，从国外陆续引进了一系列大型成套设备和系统，PLC 随之进入国内，引起了工程技术人员的极大兴趣。到 20 世纪 80 年代初期，上海、北京、西安、广州、长春等地有约 20 多家科研单位、大专院校和企业在研制和生产可编程序控制器（PLC）产品，由于缺乏资金和后续研究力量、生产技术相对落后，少有形成批量生产的产品。同期，一些企业通过与国外企业合作的方式开展了基于国外产品的二次开发与应用研究，建立企业合作生产可编程序控制器（PLC）。

20 世纪 90 年代初，随着可编程序控制器在各行各业应用不断深入，其发展得到政府的重视。1991 年，在当时的机械电子工业部指导下成立了可编程序控制器行业协会，与此同时，可编程序控制器标准化工作也得到重视，1993 年成立了可编程序控制器标准化技术委员会，并于 1995 年 12 月颁布了我国可编程序控制器国家标准《可编程序控制器》GB/T 15969—1995 系列标准，推动了我国可编程序控制器的开发、研制、生产和应用。

2000 年以后，我国可编程序控制器（PLC）自主研发进入了一个新的阶段，形成了一大批自主品牌的可编程序控制器（PLC）产品。国内 PLC 研发生产企业有 30 余家，据统计，2020 年在我国可编程序控制器（PLC）市场中，欧美品牌占 63%，日本品牌占 26%，我国自主品牌已占 11%，有些产品已具备与先进品牌同场竞技的能力。代表性产品有：山东信捷电子科技有限公司的 XC 系列 PLC，深圳市汇川技术股份有限公司的 AM 系列中型 PLC 和 H 系列小型 PLC，和利时集团股份有限公司的 LM 系列小型

PLC 和 LK 系列大型 PLC，黄石市科威自控有限公司的 LP1 系列和 LP2 系列 PLC，深圳市英威腾电气股份有限公司的 AX 系列和 IVC1 微型 PLC，台达电子工业股份有限公司的 DVP 系列、AS 系列、AH 系列 PLC 等。2021 年 6 月，上海宝信软件股份有限公司试验成功了新一代 PLC——广域云化 PLC，采用基于确定性广域网技术和工业控制边缘计算架构，实现了沪宁两地间传输距离约 600km 的广域云化 PLC 工业控制系统的部署和稳定运行。随着我国装备制造业的产业升级，需要中国企业制造出具有自主知识产权的高可靠性、高精密度、信息化的高端装备，PLC 技术必然成为装备信息化、自动化系统的核心技术之一。我国本土 PLC 研发生产企业具有较大的业务竞争优势，如了解和理解用户需求、可为用户定制产品、成本低、服务响应速度快等。在未来，国产的 PLC 产品应用将会更加广泛。

6.1.2 可编程序控制器的发展趋势

随着 PLC 应用领域不断扩大，其结构将不断改进，功能将日益增强，其发展具有以下趋势：

1. 高速的运算处理，大容量的信息存储

伴随着微电子技术的发展，高性能的微处理器和大容量的存储器将被应用到 PLC 中，提高了 PLC 的处理能力，使 PLC 具有更高的响应速度和更大的存储容量。

高速 PLC 也是为了适应应用的需求。例如，随着 PLC 网络通信能力的增强，PLC 能实现的控制功能和控制范围扩大，这要求 PLC 具有高速运行和实时通信功能，以实现运算的高速化，与外部设备交换数据的高速化，编程设备服务处理的高速化，外部设备响应的高速化等。

2. 网络互联能力不断增强

网络互联使 PLC 突破了原有的使用范围，实现了 PLC 之间的信息通信、PLC 与管理计算机之间的信息通信，其网络技术包括现场总线、工业以太网、无线网络及 Internet 等。PLC 网络典型拓扑结构为设备控制层、过程控制层和信息管理层等 3 个层次。在设备控制层中，现场总线将现场检测仪表、变频器、电气控制柜等现场设备与 PLC 相连；在过程控制层中，人机界面功能使 PLC 能实现跨区域编程、监控、诊断、管理，实现整个车间及企业范围的控制与监测；在信息管理层，通过工业以太网将控制与信息管理融为一体。网络技术融入 PLC 适应了设备控制系统和企业信息管理系统结合的发展趋势，满足了在设备控制层不同品牌的 PLC 之间、PLC 与分布式控制系统之间交换数据的需求。

3. 具有特殊功能的智能模块广泛应用

为满足不同领域工业自动化各种控制系统的需要，将会出现越来越多的具有特定功能的模块。除了传统的 I/O 扩展模块、A/D 模块、D/A 模块外，高速计数模块可以对传统输入模块无法测量的高速脉冲计数，用于直接连接旋转编码器；温度控制模块连接热电偶或热电阻检测被控对象的温度变化，采用 PID 控制算法实现被控对象的温度控制、阈值设定、越限报警等；运动控制模块用于实现控制运动对象的位置、速度和加速度，可实现被控对象的直线或旋转运动、单轴或多轴运动，用于机床、装配机械等场合；通信模块实现 PLC 与 PLC 之间、PLC 与其他智能设备之间的通信；有线或无线网络模块能够实现设备联网、数据采集及传输等，也可以进行 PLC 应用程序远程下载和远程维护；具有数据采集与传送功能的远程 I/O 模块用于把现场数据送到 PLC 或控制中心，接收 PLC 或控制中

心的参数或指令控制现场设备等。这些特殊功能的模块可扩展 PLC 的功能，扩大其应用范围，使 PLC 更加柔性化和智能化。

4. 体积更小、功能更强

随着集成电路技术和电子工艺技术的不断进步，使微处理器、元器件、电路板及其相关附件的尺寸不断缩小，也驱使 PLC 体积缩小，使其更加紧凑、坚固和可靠。同时由于 PLC 的微处理器和存储器空间的升级，为了适应不同领域的应用需求，一些大型 PLC 的特性和功能也不断地向中、小型 PLC 迁移，人工智能、边缘计算、云计算等新技术的引入也将为 PLC 增加新的功能。

并且随着网络技术融合到 PLC 应用中，具备网络互联功能的微型 PLC 将会被广泛应用。这种微型 PLC 体积小，一般有 8～64 点数字量输入/输出，1～4 路模拟量输入/输出，具有完善的网络互联和人机接口功能，可用于实现单个设备或整个车间的控制任务，通过联网功能控制系统可将触角延伸到企业的各个角落。

5. 编程语言及编程工具多样化和标准化

除了绝大多数 PLC 使用的梯形图语言外，面向顺序控制的步进编程语言，面向过程控制的流程图语言、高级程序语言等也用于 PLC，多种编程语言的并存、互补与发展是 PLC 软件发展的一种趋势。PLC 厂家在提升硬件及编程工具升级换代的同时，融合用于工厂自动化的工业局域网络的协议 MAP（Manufacturing Automation Protocol），将使其输入输出模块、通信协议、编程语言和编程工具等规范化和标准化。

6. 高度安全性和可靠性

据统计，PLC 控制系统的故障事件中，微处理器占 5%、I/O 接口占 15%、输入设备占 45%、输出设备占 30%、电气线路占 5%。微处理器和 I/O 接口故障为 PLC 内部故障，占 20%；其他故障为 PLC 外部故障，占 80%。随着 PLC 应用领域的不断扩大，增强 PLC 安全性和可靠性将成为一个新的发展方向，未来的 PLC 将具有容错性能和智能诊断功能。

6.1.3 PLC 的特点与应用领域

1. 可编程序控制器的特点

1) 功能齐全，性价比高

可编程序控制器能够用软件编程实现逻辑运算、定时、计数、步进等功能，还能完成 A/D 转换、D/A 转换、数学运算、通信联网、生产过程监控等任务；另外，PLC 及其相关产品已经实现系列化、标准化和模块化，各个 PLC 厂家提供了丰富的产品种类供用户选用，使用户能根据需求配置系统硬件，组成不同用途、不同规模的系统；再者，各种 PLC 品牌提供了标准的开放网络通信和控制总线协议，使不同厂家的 PLC 及外部设备可以实现互联。因此，其适用性强，既可用于开关量控制，又可用于模拟量控制；既可控制单台设备，也可控制一组或多组设备；既可用于现场控制，又可用于远距离控制，也能用于跨地域的设备集群控制。

2) 抗干扰能力强，可靠性高

PLC 作为一种专为工业环境设计的控制装置，采取了多种硬件和软件的抗干扰措施，使之可以直接在干扰大、环境恶劣的工业现场使用。通常可以承受幅度为 1000V，宽度为 $1\mu s$ 的脉冲串的干扰。另外，由于严格按照一定的技术标准设计，具有良好的耐热、防潮、防振动等性能，通常平均无故障时间可达几万小时。

3）编程简单，使用方便

梯形图语言是 PLC 最常用编程语言之一，这种语言融逻辑运算与控制于一体，是一种实时的、图形化的编程语言，在形式与阅读方法上与现场电气技术人员所熟悉的继电器线路非常相似，容易被电气工程技术人员所理解和接受。

PLC 输入和输出接口都经过标准化设计，可以与控制现场的电气元件及装置直接连接，无需考虑增加转换电路。另外，对已配置好的系统，通过修改用户的应用程序就可以适应生产工艺的改变，无需改动硬件设计和接线。

4）配置灵活，开发周期短

PLC 是一种通用数字式电子控制系统，它通过软件编程实现控制任务。当同一台 PLC 需要控制不同的对象或需要改变某些控制参数时，只需要修改相应的软件，而不必像继电器线路等硬接线系统那样去进行大量复杂的线路连接。

PLC 及其相关模块通常是系列化和模块化，硬件配置灵活，用户可方便地扩充或删减不同功能的模块以适应不同控制的需要。每一种 PLC 的输入、输出及内部变量分配都是确定的，设计开发人员一旦选定了某种机型，即便在没有购置硬件设备之前也可以提前进行控制软件的设计工作，从而缩短了控制系统的研发周期，降低了研发费用。

5）安装简单，调试容易，维修方便

PLC 用软件编程的"软接线"方式代替了大量复杂的硬接线。因此只需将控制现场为数不多的输入、输出信号与 PLC 直接连接即可，现场安装简单。

PLC 用户程序可以在实验室先行模拟调试，数字量输入信号用微型开关或按钮代替，通过观察 PLC 上的输出指示信号就可了解输出状态的变化。经模拟调试后的软件在现场一般都能正常运行，减少了现场调试的工作量。另外，PLC 模拟仿真软件可以让工程技术人员不依赖于具体硬件，并利用仿真调试软件对设计的控制程序进行校验、测试和优化，从而提高开发效率，降低风险和成本。

PLC 的故障率很低，并且有完善的诊断和显示功能。一般其内部硬件系统不需要经过特殊的维护。当外部输入装置或执行机构发生故障时，可以根据 PLC 上的指示或通过编程软件的监控功能迅速查明故障的原因，并更换模块迅速排除故障。

2. 可编程序控制器在工业控制中的应用领域

目前，PLC 被广泛地应用在工业电气控制系统中，主要领域包含以下几方面：

1）逻辑控制

逻辑控制是各种工业现场中最常见的一种控制类型，很多生产机械或工作设备都需要对反映工作状态的逻辑量进行控制。传统的逻辑控制用继电器线路实现，当逻辑关系比较复杂时，继电器线路也相应复杂，给设计、施工、维修均带来不便。用 PLC 取代继电器线路实现逻辑控制使控制线路大大简化，并且减少了故障率，提高了系统可靠性。PLC 在不同行业的机械设备逻辑控制中被广泛地应用，如在建筑机械及施工设备中起重机、施工升降机、搅拌站、电梯、自动扶梯、给水排水泵站等控制也采用 PLC。

2）闭环控制

PLC 可以通过模拟量 I/O 模块，实现 A/D 和 D/A 转换，从而对模拟量实现闭环控制。也可以采用特殊功能模块，如温度控制模块连接热电偶或热电阻检测被控对象的温度变化，后用 PID 控制算法实现被控对象的温度控制；采用运动控制模块实现运动对象的位置、速度和加速度闭环控制等。在建筑设备中，如电梯运行速度控制，空调的温、湿度调节等，均可由 PLC 实现闭环控制。

3）数据处理

PLC 具有数据运算、数据传递、数制转换、比较、排序、查表等数据处理功能，可以完成数据采集、分析和处理，结合人机接口设备可以实现参数设置与修改、数据存储、数据查询、数据分析、生产过程动态监控、过程参数数值显示、过程参数变化图形和曲线显示、报警提示等。

4）网络通信

PLC 的通信总线接口或通信模块使其具有较强的网络互联功能。通过通信总线或网络接口，PLC 之间、PLC 与其他智能设备之间实现信息交换，构成多台 PLC 分散控制、中央计算机集中管理的多级分布式控制系统，形成工厂自动化网络。另外，PLC 的网络互联功能推动了企业的设备控制系统和信息管理系统融合。在设备控制层，现场总线连接智能终端，如智能仪表、智能传感器、变频器、智能控制单元；过程控制层，通过现场总线或工业以太网连接的人机接口设备实现指定区域设备的监测与控制；在信息管理层，工业以太网使设备控制与企业信息管理融为一体，形成了全方位的、全集成的数字化自动化生产系统。

6.2　可编程序控制器的基本组成

6.2.1　PLC 基本组成

PLC 是一种以微处理器为核心的专用计算机系统，通常由 CPU 模块、输入/输出模块、编程装置、通信模块、电源等部分组成，图 6-1 是 PLC 典型硬件系统结构示意。

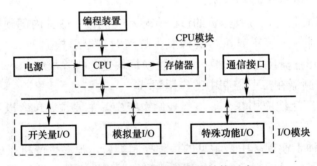

图 6-1　PLC 典型硬件系统结构示意

电源模块把外部供给的交流电源转换为直流电源，为 PLC 其他模块提供工作电源。CPU 模块是 PLC 的"大脑"，包括微处理器和存储器，它执行程序，协调各个模块之间的信息交换，用来存储 PLC 系统程序、用户程序、用户设置的参数、采集的现场数据、程序运算结果以及输入输出设备的状态等，周而复始地执行用户程序，实现 PLC 控制系统功能；I/O 模块把外部设备与 PLC 相连，接收和采集输入设备（开关、按钮、传感器等）的各种信号，并把信号转换为 CPU 所要求的形式；或者输出 CPU 的运算结果并进行转换以驱动输出设备（指示灯、继电器、电磁阀等）。与此同时，实现外部设备与 PLC 内部电路的电气隔离；编程装置用来编写和调试程序，将用户程序输入到 CPU 模块的存储器中；通信模块用于实现连接智能外部设备（如：触摸屏、变频器、智能传感器）与网络互联，另外，通过通信模块的接口，可以下载和读取用户控制程序，调试和监控用户控制程序的运行状态。

按照结构特点，PLC 可分为整体式和模块式两大类。

整体式结构把 CPU、存储器、输入/输出单元、通信模块、电源等集成为一个基本单元，结构紧凑、体积小、成本低、安装方便。基本单元上设有扩展端口，通过电缆与扩展单元模块相连，也可配接特殊功能模块。

模块式结构由一系列标准的模块单元构成，这些标准模块包括 CPU 模块、输入模块、输出模块、电源模块和各种特殊功能模块等，用户根据自己的需求配置模块单元，把这些模块插在标准机架内即可构成 PLC 系统。各模块功能独立，外形尺寸统一。模块式 PLC 的硬件组态方便灵活，装配和维修方便，易于扩展。

6.2.2　CPU 模块

CPU 模块是包括微处理器（CPU）和存储器，它用来存储 PLC 操作系统程序、用户程序、用户设置的参数、采集的现场数据、程序运算结果以及输入输出设备的状态，周而复始地执行用户程序，协调各个模块之间的信息交换，实现 PLC 控制系统功能。

1. 微处理器（CPU）

微处理器（CPU）是 CPU 模块的核心，它在 PLC 系统中用来执行程序实现各种运算、对整个系统进行控制与管理，也是 PLC 的核心。CPU 执行的程序包括两个部分：系统程序和用户程序。

系统程序是由 PLC 制造厂家设计的，在 PLC 使用过程中用户不能进行修改。系统程序包括监控程序、编译程序及诊断程序等。监控程序用于管理 PLC 各个组成部分的工作，编译程序用来把程序语言翻译成机器语言。诊断程序用来监测和诊断 PLC 运行相关的故障。

用户程序是用户根据控制需求，采用 PLC 程序语言编制的应用程序，只要 PLC 处于运行状态，用户程序被 CPU 周而复始地执行。

由于不同型号的 PLC 采用的 CPU 不同，其结构体系存在差异，通常不同型号的 PLC 的程序是不兼容的。

在 PLC 运行时，CPU 的主要工作如下：

1）以扫描方式检测并接收现场输入设备（如开关、按钮、触点、编码器等）的状态或数据，并存入存储器指定的区域或数据寄存器中。

2）接收并存储从编程装置输入的用户程序或数据。

3）读入和解释用户程序，产生相应的控制信号去控制相关的电路，实现数据的存取、传送、比较、变换等，并根据逻辑运算或算术运算的结果更新各有关寄存器的内容。

4）把最新产生的存储器状态或数据寄存器有关内容传送给输出单元，去控制相关的外部负载。

5）监视和诊断电源、内部电路、运算过程和用户程序中的语法错误等。

2. 存储器

存储器用来存储 PLC 系统程序、用户程序、用户设置的参数、采集的现场数据、程序运算结果以及输入输出设备的状态等。PLC的存储器一般分系统程序存储空间和用户程序存储空间。

如前所述，系统程序是由PLC制造厂家设计的，用户不能修改，系统程序存储空间的存储器一般为只读存储器（ROM）。用户存储空间可分为程序存储区和数据存储区。程序存储区存放用户程序，数据存储区存放输入、输出变量、内部变量状态、定时器、计数器的设定值、运算结果以及其他数据。PLC中的用户存储空间的存储器一般为可读/写的存储器，允许用户开发和更新其控制程序、存储相关状态和数据。通常PLC使用说明书中所列的存储器型式及容量是指用户存储空间，并以字节为单位。用户存储空间容量是一个重要指标，它决定了PLC是否能够满足处理特定应用程序的要求。

在PLC中经常使用的存储器类型如下：

1）RAM

RAM是可读写的存储器，这种存储器具有易失性，一旦存储器芯片断电，存储在其中的数据就会丢失。为避免在芯片掉电时丢失数据，需要为其配置备用电池，并芯片断电时为其提供维持电源。RAM具有读写速度快、价格便宜、改写方便的特点。

在PLC中，RAM被用作用户存储空间的存储器，并配设锂电池作为备用电源。目前，大多数PLC使用CMOS RAM，CMOS RAM芯片的电流消耗低，使用锂电池延长存储时间可以维持2～5年。有些PLC中设置有一个较大容量的电容，当电池断开和电源关闭时，可以使RAM芯片供电维持30min左右。

2）ROM

ROM是一种只读存储器，这种存储器是非易失性的，ROM存储器芯片掉电后，其内容不会丢失。在PLC中，ROM用于存放系统程序，系统程序被制造商采用特殊的方式刻录到ROM芯片中，用户无法改写。

3）EPROM

EPROM是一种可改写的只读存储器。当用户程序调试好后，可以写入其中保存，如果需要更新程序，用紫外线光照射即可擦除原来内容，后再写入新内容即可。EPROM存储器用于备份、存储PLC用户程序。

4）EEPROM

EEPROM是电可擦除的只读存储器，也是一种非易失性存储器，可以用电信号对其进行擦除并改写，它兼有ROM的非易失性和RAM的可读/写性优点。因为是非易失性存储器，它不需要备用电池，因此它可以永久存储程序，而且可以很容易地使用标准的编程设备更改程序。EEPROM用于存储、备份PLC程序。

5）Flash ROM

Flash ROM与EEPROM相似，主要区别在于Flash ROM具有较快的写入和读取速度。另外，重新编程时无需擦除Flash ROM，而是直接写入新的程序覆盖原有内容。在PLC中，Flash ROM除了可用于存储用户程序之外，也用于CPU自动备份RAM指定区域的内容，若发生断电事件，PLC再次上电恢复运行后，不会丢失任何工作数据。

另外，存储卡也用在PLC中，作为PLC的外存储器，是对CPU的用户存储空间的扩展，用于用户程序传输、初始化PLC、PLC固件升级等，或者作为外部装载存储器存储用户程序和数据。常见的有Micro SD卡、MMC卡（Micro Memory Card）、MC Flash

(Miniature Card Flash) 卡等。

6.2.3　输入/输出模块

输入/输出（I/O）模块是 PLC 连接外部现场设备的通道，是为这些外部设备与 CPU 之间提供数据交换的接口。I/O 模块把外部设备与 PLC 相连，通过接收和采集输入设备（开关、按钮、传感器等）的各种信号，把信号转换为 CPU 所要求的形式，或者输出 CPU 的运算结果并进行转换以驱动输出设备（指示灯、继电器、电磁阀、比例调节阀等）。I/O 模块通常包括开关量 I/O 模块、模拟量 I/O 模块和一些特殊功能模块。

1. 开关量 I/O 模块

1）开关量 I/O 模块的基本功能

开关量输入模块的主要作用是接收和采集来自现场或外部设备送入 PLC 的信号，把信号转换为 CPU 所要求的形式提供给 CPU 使用。开关量输出模块的主要作用是把 CPU 的运算结果送往执行元件完成控制作用。

开关量 I/O 模块一般都具有电平转换和电气隔离两个基本功能。输入电平转换是把送入 PLC 的不同等级电压、电流信号转换成 CPU 能够接收的标准电平信号；输出电平转换则是将 CPU 产生的逻辑信号转换成为执行机构或工作负载所需的电压信号。为了防止现场的强电信号或长距离信号传输产生的噪声对 CPU 的干扰，I/O 模块中都有光电隔离电路，把外部现场设备与 CPU 隔离开来。

开关量 I/O 模块的每一条 I/O 回路被称为一个 I/O 点，每个 I/O 点都有固定编号，编号原则因 PLC 产品而异。每一个编号对应 RAM 存储器中的一位。因此，可以把 I/O 状态用软件编在程序中进行逻辑运算。通常人们习惯用 I/O 点数对 PLC 分类，一般来说微型 PLC 的 I/O 点不大于 16，小型 PLC 的点数为 16～128 个 I/O 点、中型 PLC 为 128～512 个 I/O 点，大型 PLC 则超过 512 个 I/O 点。

微、小型 PLC 一般把 I/O 模块与 CPU 模块、电源模块组装在一个机箱内，属于整体式结构，称之为基本控制单元（或基本模块）。通常其 I/O 点数在 12～64 个之间。与基本控制单元配合使用的有扩展 I/O 单元（或 I/O 扩展模块），这些模块通常有输入扩展模块、输出扩展模块、既有输入又有输出的混合模块。当基本控制单元的 I/O 数目不能满足控制要求时，可以用扁平电缆加接扩展单元。

大、中型 PLC 通常采用模块式结构，CPU 模块、电源模块和 I/O 模块等插在一个标准机架底板的插槽上，在机架底板上的印刷电路板提供 PLC 总线母线，各个插槽固定在印刷电路板上与母线相连。I/O 模块按操作类别、点数等制成一系列标准插接模块，用户可以按控制要求灵活地进行配置系统。

通常，每一个 I/O 点都配有一个发光二极管 LED 作为状态显示，如：微、小型 PLC 面板的 LED 指示 I/O 状态，大、中型 PLC 的 I/O 模块上也为每个 I/O 点设置了 LED，可以方便地监视 I/O 的状态，也便于离线模拟调试编制的程序。

2）开关量 I/O 模块的典型电路及工作原理

I/O 模块型号多种多样，但基本原理大致相同。下面以常见的开关量 I/O 模块为例介绍其典型电路及其工作原理。

（1）开关量输入模块典型电路

开关量输入模块根据使用电源的不同分为直流输入模块和交流输入模块。

直流输入电路通常由分压电路、电气隔离电路、整形电路等部分组成，有的电路还包含 RC 滤波电路和防止电源极性接反的电路。图 6-2 是典型直流输入电路原理，它是一个输入点的开关量输入电路，图中 I 为输入点接线端，COM 是公共点接线端。

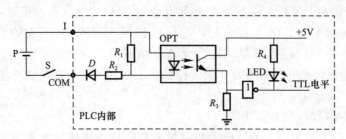

图 6-2　典型直流输入电路原理

如图 6-2 所示，在 PLC 内部电路中，包括了电阻 R_1 和 R_2 组成分压电路、光电耦合器 OPT 实现的电气隔离电路、OC（集电极开路）非门构成整形电路以及电阻 R_4 与 LED 组成输入点状态指示电路等。当外接开关 S 闭合时，把电源 P 与 PLC 内部的输入回路接通，OPT 上的发光二极管导通发光，其光敏三极管导通使 OC 非门输出低电平，供 CPU 作逻辑或算术运算用，同时 LED 亮，给出相应指示，表示输入点 I 输入信号有效；当 S 断开时，切断输入回路电源，OPT 截止，OC 非门输出高电平，LED 熄灭，输入点 I 输入信号失效。OC 非门也起整形作用，它把电阻 $R3$ 的电压变化变成规则的 TTL 电平。另外，电路中的二极管 D 起防止信号输入极性接反的作用。

在一些 PLC 中，直流输入回路所用的直流电源是由 PLC 自身供给，用户只要用导线将其与各输入元件连起来即可。有的 PLC 输入点回路所用电源与其所有的输入回路在其内部已连接好，因此，在其外部只需连接输入元件触点即可，如图 6-3 所示。

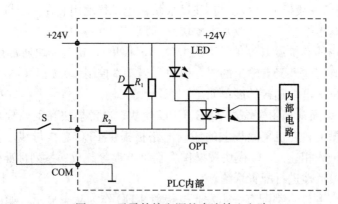

图 6-3　无需外接电源的直流输入电路

图 6-4 是典型交流输入的电路原理。其基本原理与直流输入电路相似，只是由于使用交流电源，光电耦合器 OPT 中的 2 个发光二极管为反向并联。电路中 OPT 一方面起隔离作用，另一方面对交流信号整流，使得 OPT 在交流电的正、负半周期都能导通。图中 R_1 为限流电阻，它与电容 C 组成滤波电路，R_2、R_3 构成分压电路。

当开关 S 闭合时，把交流电源接入 PLC 内部输入回路，在交流电的正、负半周期，R_3 上的分压不低于 OPT 的发光二极管导通电压时，其光敏三极管导通使 OC 非门输出低电平，供 CPU 作逻辑或算术运算用，同时 LED 亮，给出相应指示。当 S 断开时，断开输入回路供电，OPT 截止，OC 非门输出高电平，LED 熄灭。

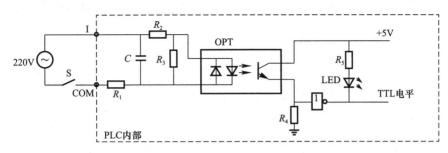

图 6-4　典型交流输入的电路原理

图 6-5 是带整流的交流输入电路原理。这种电路由 4 部分构成：整流滤波电路、分压电路、电气隔离电路和逻辑电路。整流滤波电路包括限流保护电阻 R_1 和 R_2、桥式整流器 VR、滤波电容 C。R_3 和 R_4 构成分压电路。稳压二极管 DZ 与光电耦合器 OPT 构成电气隔离电路实现外部输入电路与 PLC 内部逻辑电路之间电气隔离。逻辑电路包括 OC 门整形电路、电阻 R_4 与 LED 组成输入点状态指示电路等，其功能为把输入信号变成了 TTL 电平。

当开关 S 闭合时，把交流电源接入 PLC 内部输入回路，经桥式整流器 VR 和滤波电容 C 转换为直流电源，当 R_4 的分压大于预设电压值时，OPT 的发光二极管导通，其光敏三极管导通使 OC 非门输出低电平，供 CPU 使用，同时 LED 亮。当 S 断开时，断开输入回路供电，OPT 截止，OC 非门输出高电平，LED 熄灭。图中稳压二极管 DZ 的电压额定值用于预设 OPT 导通的阈值电压。R_1 和 R_2 是用于预防电源电路部分短路。

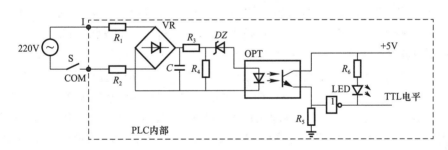

图 6-5　带整流的交流输入电路原理

交流输入点所用的交流电源一般需要用户外接，其电压等级在我国通常为 220V。

输入模块的外部接线通常有汇点式、分组式和分隔式三种形式。如图 6-6 所示。

汇点式接线的特点是各输入回路有一个公共的 COM 端，全部输入点共用一个电源和 COM，如图 6-6（a）所示；分组式把全部输入点分为若干组，每组各一个公共端 COM 和一个电源，各组之间是分隔开的，如图 6-6（b）所示，这种接线方式适用于使用不同的输入电源；分隔式接线方式的特点是每个输入回路都有一个 COM 端，由单独的电源供电，由于各输入回路是互相隔离的，因此每组可以使用不同的电源，这种接线方式常用于交流输入模块，如图 6-6（c）所示。

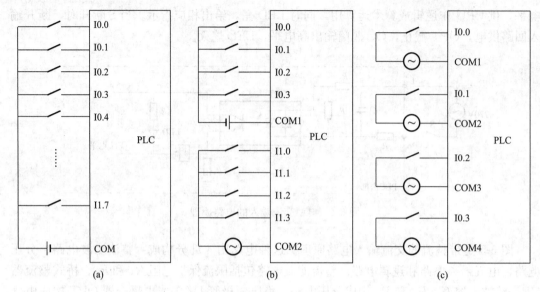

图 6-6 输入模块的接线方式

（a）汇点式；（b）分组式；（c）分隔式

（2）开关量输出模块典型电路

开关量输出模块的作用是将 PLC 内部输出的信号转换为外部负载所需要的驱动电压。开关量输出电路通常由 PLC 内部的逻辑电路、隔离电路和输出驱动电路构成。根据输出驱动电路的开关器件不同，通常有继电器输出、晶体管输出、晶闸管输出 3 种输出方式。在开关量输出电路中，驱动负载所需的电源通常由用户提供。

图 6-7 是继电器输出方式电路原理，它是一个输出点的开关量输出电路，图中 KA 为微型直流继电器，Q 为输出点接线端，COM 为公共端，符号"Ⓛ"为负载，P 为电源。当 PLC 向该点输出时，它把存储在用户数据存储区与输出点 Q 对应的状态取出，经 OC 非门驱动继电器 KA 工作。当取出的状态为"1"时，OC 非门驱动电路输出为"0"，则继电器 KA 线圈得电，其常开触点闭合，接通外部负载回路，负载通电动作；同时输出指示电路中的 LED 点亮，表示输出点 Q 有效。如果取出的状态为"0"，则继电器 KA 线圈不能得电，其常开触点断开，外部负载回路不能通电，负载不动作，输出指示电路中的 LED 熄灭，表示输出点 Q 无效。显然，输出继电器 KA 同时还起到隔离输出回路与现场的作用。图 6-7 中，由 R_2 和 C 构成继电器触点的灭弧回路。

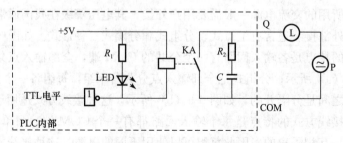

图 6-7 继电器输出方式电路原理

应强调的是，继电器输出方式只为负载提供一个接通信号（触点闭合），但不为负载提供电源，负载工作电源由用户提供。具体连接方式如图 6-7 所示，符号"☺"表示，根据负载要求可以为其提供交流或直流电源。另外，当负载为感性时，应设置保护电路，为负载断电时提供能量泄放回路。当输出回路为交流电路时，为负载并联浪涌吸收器（电阻电容串联），当输出回路为直流电路时，为负载反向并联续流二极管，如图 6-8 所示。

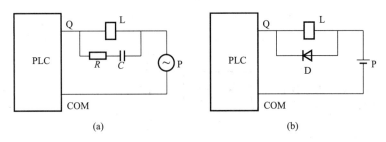

图 6-8　保护电路

(a) 交流电路；(b) 直流电路

图 6-9 为晶体管输出方式电路原理。如图 6-9 所示，晶体管输出电路的驱动元件和光电器件的工作电源是由外部负载电源提供，这种输出方式只能驱动直流负载，且用户电源的极性不能接错。当 PLC 输出 "1" 时，OC 非门驱动电路输出为 "0"，OPT 的光敏三极管导通，进而三极管 VT 导通，负载 L 通电。当 PLC 输出 "0" 时，OC 非门驱动电路输出为 "1"，OPT 的光敏三极管截止，导致三极管 VT 截止，负载 L 无电流流过。

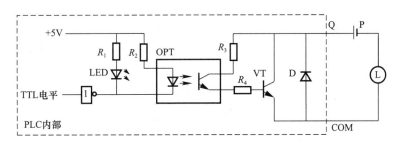

图 6-9　晶体管输出方式电路原理

图 6-10 为场效应管输出的电路原理，属于晶体管输出方式。其中图 6-10 (a) 为采用 N 型 MOSFET 作输出开关元件，图 6-10 (b) 为采用 P 型 MOSFET 作输出开关元件，这种输出方式也只能驱动直流负载。场效应管输出方式电路的工作原理与晶体管输出电路基本相同，这里不再赘述。与晶体管不同，场效应管是电压控制器件，栅极只需要极小的电流就可以控制场效应管的关断，导通电阻小，对于温度变化和辐射不敏感，适用范围宽。图 6-10 (a) 中，R_4 用于为场效应管栅极提供工作电位，而图 6-10 (b) 中，栅极提供工作电位是由反串联的稳压管 DW1 和 DW2 提供。

另外，还有些 PLC 的输出电路采用推挽电路作为驱动器件，以此来提高晶体管输出的驱动能力。这种电路用推挽电路器件代替了晶体管，其结构和原理与晶体管输出方式类似。

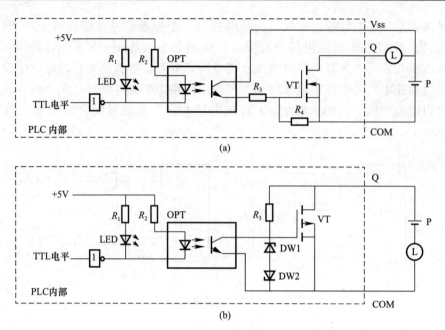

图 6-10　场效应管输出方式电路原理

（a）N 型 MOSFET；（b）P 型 MOSFET

　　图 6-11 为晶闸管输出方式电路原理。其工作原理与晶体管输出电路类似，开关元件为双向晶闸管 SCR，PLC 输出时，通过光耦器件 OPT 输出触发脉冲控制晶闸管 SCR 在正、负半周导通，从而使负载 L 持续通电。在 SCR 两端并联的压敏电阻 RM 和 RC 电路用来抑制关断过电压和浪涌过电压，以便承受严重的瞬时干扰。晶闸管输出方式只能驱动交流负载，负载电源由用户提供。

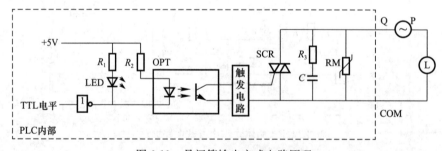

图 6-11　晶闸管输出方式电路原理

　　开关量输出模块所驱动的负载通常有继电器线圈、接触器线圈、电磁阀线圈、信号灯等。其外部接线方式有汇点式、分组式和分隔式三种形式，如图 6-12 所示。其特点与输入模块接线基本相同，不再赘述。

　　3）源型与漏型开关量 I/O 模块

　　（1）源型与漏型开关量 I/O 模块的概念

　　源型与漏型是采用电流信号方向对电子装置分类的一种表述方式。直流开关量 I/O 模块也可以按照电流流入或流出模块（输入点）的方向分为源型与漏型。

　　如图 6-13（a）所示，电流从 PLC 输入模块 I 流出，输入设备从 PLC 输入电路接收电流，输入模块是电流的来源，定义它为源型输入模块（或源型输入点）。在图 6-13（b）中，

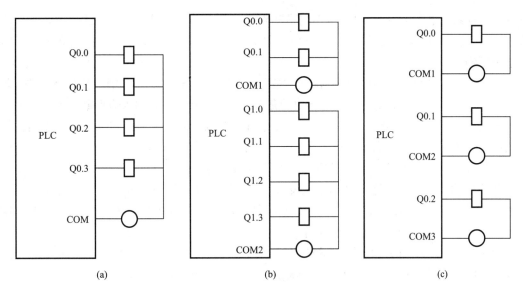

图 6-12　开关量输出模块的外部接线方式

（a）汇点式；（b）分组式；（c）分隔式

输入设备向输入模块提供电流，电流流入输入模块 I，输入模块（输入点）接收电流，则定义它为漏型输入模块（漏型输入点）。

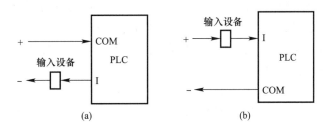

图 6-13　源型与漏型开关量输入电路

（a）源型；（b）漏型

同理，在图 6-14（a）中，电流从输出模块 Q 流出，负载设备从 PLC 输出电路接收电流，输出模块是电流的来源，它是源型输出模块（或源型输出点）。而图 6-14（b）中，负载输出电流流向输出点 Q，电流流入输出模块，输出模块接收电流，它是漏型输出模块（漏型输出点）。

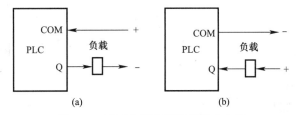

图 6-14　源型与漏型开关量输出电路

（a）源型；（b）漏型

在图 6-13 和图 6-14 中区分输入输出模块的另一特征是：源型输入输出模块的公共端接电源正极（＋），漏型输入输出模块的公共端接电源负极（－）。例如，在图 6-6（a）中，所有输入点共用电源负极（一），属于漏型输入类型，在图 6-6（b）中，输入点 I0.0～I0.3 共用电源负极（＋），属于漏型输入类型；图 6-10（a）属于源型输出类型，图 6-10（b）属于漏型输出类型。

在 PLC 中，漏型、源型的输入输出只能沿一个方向传输电流。因此，当外部电源、现场设备连接到 I/O 点时，电流方向与模块的漏型或源型电流相悖，输入输出电路不会工作。

直流开关量 I/O 模块源型与漏型的定义也可以以电流流入、流出 PLC 输入/输出模块公共端 COM 的方向为依据，在此不再表述，请读者查阅相关资料。

（2）源型与漏型开关量输入模块与开关量传感器的连接

开关量输入模块用于连接现场输入设备，接收这些输入设备的开关信号，并将输入的高电平信号转换为 PLC 内部所需要的电平信号。现场输入设备包括操作开关、按钮、限位开关、行程开关以及开关量传感器等。

操作开关、按钮、限位开关、行程开关等是无源的，这类设备动作时，其动合或动断触点闭合或断开，为 PLC 提供开关信号。这类开关设备与 PLC 连接时，其接线方式如图 6-6 所示。

开关量传感器用于检测位置、压力、温度等，这类传感器通常是有源的。有的开关量传感器输出是以动合或动断触点形式输出，如温度开关、压力开关、双稳态磁开关等，其接线也是按照图 6-6 所示的方式。有的开关量传感器输出是电信号，如接近开关、光电开关、开关量霍尔开关等，这些传感器的接线方法不仅与 PLC 输入点电路结构形式是源型还是漏型有关，还与传感器本身结构的有关，这类传感器接线有两线制、三线制和四线制 3 种形式。三线制和四线制输出有 2 种形式：NPN 集电极开路输出和 PNP 集电极开路输出，当传感器检测到目标时，三线制式传感器输出常开或常闭一种状态，而四线制传感器可同时输出常开和常闭两种状态。

图 6-15 是二线制传感器与直流开关量输入电路的连接，S 为传感器，图 6-15（a）中的输入模块为源型，图 6-15（b）中的输入模块为漏型。当传感器 S 检测到被测目标时，传感器 S 内部电路导通，接通输入回路。需要注意的是，当二线制传感器 S 未检测被测目标时，虽然处于截止状态，也需要一定的电流来维持其电路工作，当检测被测目标时，传感器导通也会产生一定压降，在选用时需要考虑这些因素。

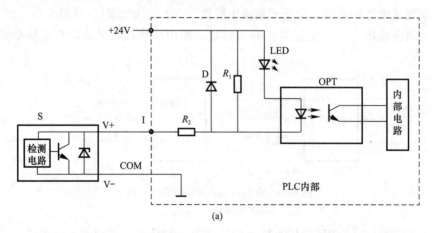

图 6-15　二线制传感器与直流开关量输入电路的连接（一）

(a) 源型

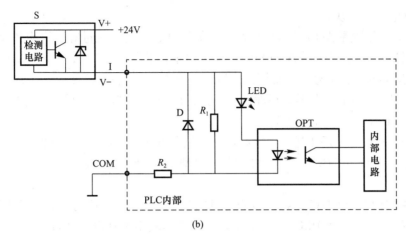

(b)

图 6-15　二线制传感器与直流开关量输入电路的连接（二）

（b）漏型

　　图 6-16 是三线制传感器与直流开关量输入电路的连接。图 6-16（a）是输入模块为源型，传感器为 NPN 型输出，当传感器 S 检测到被测目标时，其内部电路导通，使接线端 I 与 COM 接通，PLC 输入回路导通。图 6-16（b）是输入模块为漏型，传感器为 PNP 型输出，当传感器 S 检测到被测目标时，其内部电路导通，使接线端 I 与电源正极（＋24V）接通，PLC 输入回路导通。

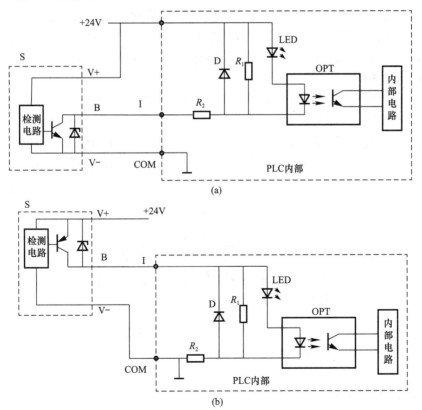

图 6-16　三线制传感器与直流开关量输入电路的连接

（a）NPN 型传感器；（b）PNP 型传感器

2. 模拟量 I/O 模块

模拟量 I/O 模块是为 PLC 实现模拟量（如温度、压力、流量等）检测和控制而设置的，分为模拟量输入模块——A/D 模块，模拟量输出模块——D/A 模块。A/D 模块接收来自现场传感器的模拟信号，并将模拟信号转换成数字值供 CPU 使用，D/A 模块把来自 CPU 的数字量转换为模拟信号，以驱动现场执行机构。典型的模拟输入和输出范围为 0～20mA、4～20mA、0～10V 或 -10～10V。

微、小型 PLC 主要用于逻辑量控制，往往包含 A/D 和 D/A 模块功能，但可以根据需要配置少量的 A/D 和 D/A 扩展模块。大、中型 PLC 通常可以扩展大量的模拟量 I/O 模块。

通常模拟量 I/O 模块有 2/4/8/16 路 A/D 或 D/A 通道。一般情况下 A/D 模块和 D/A 模块是分开的，有些小型 PLC 的模拟量 I/O 扩展模块中往往既有 A/D 通道，也有 D/A 通道。PLC 模拟量 I/O 模块中的 A/D 转换器和 D/A 转换器多为 10 位和 12 位。

3. 特殊功能模块

通常每一种 PLC 都会提供一些特殊功能的 I/O 模块，这些模块内含有处理器，专用于特定外部设备与 PLC 接口，可编程，并独立于 PLC 的运行。

1）高速计数模块

在工业控制中，有时要求 PLC 对外部输入的频率较高的脉冲信号计数，这些脉冲来自以较高速度运行的传感器、旋转编码器、数字码盘、电子开关等。其频率很高，会导致 PLC 内部的普通计数器来不及响应，无法进行计数。因此，PLC 通常配有高速计数模块来对高频脉冲计数，这类模块一般带有微处理器，一般有一个或几个开关量输出点。高速计数模块典型计数速率范围是 0～100kHz，即每秒可计 100000 个脉冲。

2）拨码开关模块

拨码开关模块把使用拨码开关信息传送给 PLC，供控制程序使用。控制系统使用拨码盘拨码设置定时器和计数器。操作人员直接按十进制拨码，拨码盘的二～十进制编码器把输入的十进制数转换成 BCD 码送入拨码开关模块。如果用 4 位十进制数为一个定时器或计数器预置参数，需要使用 4 位拨码盘，图 6-17 为 1 位拨码盘的拨码开关输入模块的工作原理。

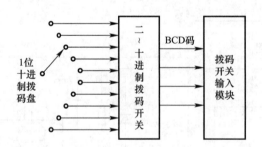

图 6-17 1 位拨码盘的拨码开关输入模块的工作原理

3）热电偶/热电阻模块

热电偶/热电阻模块用于连接热电偶和热电阻，实现现场被测对象温度信号的变换、采集和处理，并把测量值传送给 PLC。热电偶/热电阻模块实现温度测量时，热电偶/热电阻直接与模块相连，无需设置变送器。使用热电偶模块时，需要匹配设置热电偶类型、温度范围和冷端补偿方式。使用热电阻模块时，需要设置热电阻接线方式（二线制/三线制/四线制）、温度测量单位和传感器开路故障最大值等。有的 PLC 提供有温度控制模块，其集成了热电偶/热电阻模块的功能，可以实现温度的闭环控制。

4）运动和位置控制模块

运动和位置控制模块用来控制运动物体的位置、速度和加速度，能实现直线运动或旋转运动、单轴或多轴运动等控制，把运动控制与 PLC 的顺序控制功能有机地结合在一起。运动和位置控制模块内含微处理器和存储器。位置控制一般采用闭环控制，以伺服电动机为驱动装置。如果驱动装置为步进电动机，既可实现开环控制，也可实现闭环控制。速度控制时，该模块用存储器来存储给定的电动机速度曲线，通过旋转编码器检测电动机的转速，使电动机按照给定的速度曲线运转，实现伺服电动机转动速度的闭环控制。位置控制时，该模块从位置传感器得到当前的位置值，并与给定值相比较，以此用来控制伺服电动机或步进电动机的驱动装置。这种模块广泛在机床、装配机械、工业机器人等场合应用。

5）PID 控制模块

PID（比例-积分-微分）控制模块用于过程控制，其模块包含 PID 算法。该模块可以独立于 PLC 对过程参数进行闭环控制，如温度、流量、液位、速度等。在工程应用时采用该模块主要是为避免 PLC 承担复杂的数值计算负担。该模块的基本功能是输出控制量，调节执行机构或执行器动作，使过程变量保持在设定值附近。图 6-18 为 PID 控制模块原理。

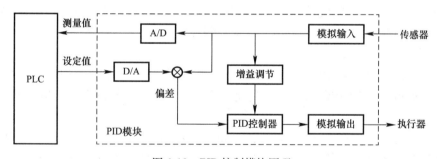

图 6-18　PID 控制模块原理

除了以上介绍的模块以外，不同的 PLC 还有一些特殊的 I/O 模块，如 TTL 模块，用于把现场 TTL 电平信号接入 PLC；编码器计数器模块用于专门连接旋转编码器，该模块可实时地读取和存储信号编码器的信息，供 PLC 随后读取和处理；模糊逻辑模块用于实现模糊控制等。

6.2.4　通信模块

通信模块提供 PLC 与其他设备建立连接、进行数据信息交换的接口，通过通信接口可以实现不同 PLC 之间、PLC 与管理计算机之间、PLC 与远程模块之间、PLC 与智能设备之间数据传输与交换。另外，通过通信模块提供的接口可以进行用户程序的下载、调试和监控，以及 PLC 固件远程升级。

多数 PLC 串行通信模块具有 RS-232、RS-485 或 RS-422 接口电路，一方面用于连接编程器，另一方面用于与其他智能设备建立点对点的连接，如触摸屏、伺服控制器、变频器、智能传感器、智能仪表等，实现数据交换。这种接口既可以实现自由通信协议的通信，也兼容 Modbus 协议。微、小型 PLC 通常集成了一个或多个 RS-232 或 RS-485 接口。

另一类通信模块是现场总线模块，常见的开放式现场总线有 Profibus、Devicenet、CAN、Profinet、ControlNet 等，还有一些专有总线，如 Siemens 的 PPI、MPI，三菱的 CC-Link。这种模块用于在通信网络上接收和向其他远程模块传送数据，进行诸如设备验证、数据采集、用户应用程序之间的同步和连接管理等，能够实现某一区域设备之间的互连及数据交换。

以太网（Ethernet）通信模块实现了 PLC 和基于 TCP/IP 协议的 Ethernet 的结合，采用 Ethernet 模块能够构筑全开放、全分散的工业控制系统。以太网（Ethernet）通信模块用于连接各种智能设备，如计算机、PLC、远程 I/O 模块、变频器，伺服器、智能传感器、智能仪表、触摸屏等，接入各种设备的管理平台等，实现工业现场设备的远程控制。PLC 的 Ethernet 通信是基于传统的 Ethernet 通信机制，以 Ethernet 和 TCP/IP 协议作为通信基础，在任何应用场合下都提供对 TCP/IP 通信的支持。为了能够满足设备自动控制的实时要求，基于 PLC 以 Ethernet 层的优化实时通信通道，减少了通信占用的时间，提高了设备控制数据刷新的性能。以太网（Ethernet）通信模块通常有以下特点：

1）具有多种通信接口，如 RS-232、RS-485、RS-422、Ethernet 等各种接口。

2）通信距离远，适应多种通信介质，可以构建规模大、范围广的控制系统。

3）安全性好，采用远程安全通信方式和加密算法保证通信安全和数据泄露。

4）稳定性强，支持断线重连、异常恢复、系统自诊断，保证设备实时在线正常运行。

5）可以实现 PLC 固件远程升级、远程控制程序更新、远程监控、远程数据采集、在线编程与调试。

6）可以方便地把具有以太网（Ethernet）接口的第三方产品接入 PLC 控制系统。

7）可帮助用户实现控制系统接入高速互联网，实现设备控制系统和信息管理系统的融合。

目前，一些微、小型 PLC 集成了 Ethernet 协议，提供 1 个或多个 Ethernet 接口。另外，也可以根据控制系统的需要通过 Ethernet 通信模块增加 Ethernet 接口数量。大、中型通常有 Ethernet 通信模块供用户选用。

无线网络模块可实现现场设备的远程数据采集、PLC 程序远程下载和远程维护，满足工业控制器设备的联网需求。这种模块通过 4G、5G，或者 WIFI 网络对设备进行数据远程采集、设备远程故障诊断、PLC 远程编程和下载等，具有启动和管理智能传感器网络、实现通信设备管理、设备数据采集、协议转换、协调传感器节点、设备通信数据处理和转发等功能。

通信模块使 PLC 具备了网络互联功能，通过通信模块，PLC 之间、PLC 与其他智能设备之间实现信息交换，构成多台 PLC 分散控制、中央计算机集中管理的多级分布式控制系统，形成工厂自动化网络。另外，PLC 的网络互联功能也推动了企业的设备控制系统和信息管理系统的融合，使设备控制与企业信息管理融为一体，形成全方位的、全集成的数字化自动化生产系统。

6.2.5　编程装置

编程装置用于把用户程序输入到 PLC 存储器，它是程序开发者与 PLC 对话的窗口。目前，有 2 种形式的编程装置：便携式编程器和采用编程软件的程序开发系统。

便携式编程器通常用于对微、小型 PLC 编程，价格便宜且使用简单，与 PLC 连接后即可输入、编辑、检查和修改程序，也可用于监控程序执行过程。

便携式有简易型编程器、图形编程器 2 种形式。

简易型编程器体积很小。显示器、键盘及接口被制成一个紧凑的整体。使用时可以直接插在 PLC 的编程器接口上，或者用电缆与 PLC 连接，以便用户可以在距 PLC 一定距离的地方进行操作。简易型编程器的键盘上有数字键、指令键、编辑键等，常用 LED 或液晶点阵显示出英文字母表示的指令助记符、各逻辑量的状态及出错信息等，因此功能比较强。它的"简易"主要体现在其显示屏幕较小，例如常用屏幕规格为 2×16 字符。所以不能输入和显示梯形图，使编程不够直观。图形编程器的特点是显示屏幕面积较大，可以直接显示梯形图程序，使用起来比简易型编程器更加方便。简易型和图形编程器属于专用编程器，即 PLC 厂家为自己的某系列 PLC 配置的，与其他厂家的 PLC 产品不能通用。但对同一 PLC 产品而言，编程器可以一机多用。一旦编程完毕，就可供其他 PLC 使用。因此很多情况下，多台相同厂家的 PLC 产品只要配置一台编程器就可以了。

目前，编程装置一般多采用编程软件的程序开发系统。PLC 生产厂家把计算机作为程序开发装置，利用通信接口模块将 PLC 与计算机连接起来，厂家只向用户提供多种应用软件。利用计算机完成程序的输入、编辑、检查、修改以及执行过程监控，另外，这种编程系统支持多种 PLC 语言编程，还具有一般程序开发系统的语法错误检查、编译、注释、打印、变量监控、仿真等功能。

基于编程软件的程序开发系统的主要优点是使用了功能及通用性强的计算机系统，用户可以使用个人计算机、便携式笔记本电脑。对于不同厂家的 PLC 产品，只要安装厂家提供的编程软件即可。

便携式编程器和安装在笔记本电脑的程序开发系统都可以用于现场设备故障排除、程序修改、程序转移等。但后者可以通过网络对 PLC 程序进行远程下载和远程维护。

6.3　可编程序控制器的工作原理

PLC 本质上是一种微型计算机控制系统，它与用微型计算机控制的基本原理一样，都是在系统软件的支持下，通过执行用户程序并通过硬件系统完成控制任务。但其工作方式与微型计算机区别较大，它采用的是集中输入、集中输出、循环扫描的工作方式。下文从应用的角度说明其工作原理。

6.3.1　巡回扫描原理

传统继电器控制系统是由物理元件连接起来的硬接线系统，其基本结构如图 6-19（a）所示。当现场的输入元件（如按钮、开关、行程开关等）状态发生变化时，与这些元件连接的逻辑电路产生输出，控制执行元件（接触器、电磁阀等）的状态变化，从而达到控制设备或生产过程的目的。PLC 与继电器控制的一个主要区别是把用继电器电路表示的逻辑运算关系变成用户控制程序，通过执行该程序来完成控制任务，见图 6-19（b）。

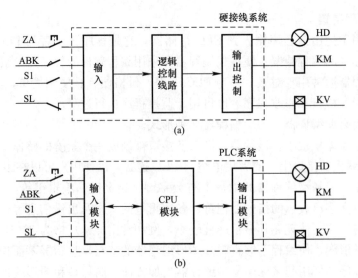

图 6-19　继电器控制系统与 PLC 控制系统的结构
(a) 继电器控制系统；(b) PLC 控制系统

　　PLC 运行时，用户控制程序中有大量的操作需要执行，但是其 CPU 不能同时去执行多个操作，它只能按分时操作的原则在每一时刻执行一个操作。由于 CPU 的运算速度高，从其输入/输出关系的宏观上看，逻辑处理过程似乎是同时完成的。这种按一定顺序分时执行各个操作的工作方式，称为程序扫描。

　　PLC 对一个用户控制程序的扫描执行并非只进行一次，而是反复执行，其称为"巡回扫描"。PLC 在运行时，扫描从存储在用户存储区的用户控制程序的第一条用户指令开始，在无中断或跳转控制的情况下，按程序存储地址递增的方向顺序地逐条扫描用户程序，一边扫描一边执行，直至程序结束。然后返回程序的起始地址开始新的一轮扫描，并周而复始。

　　CPU 完成一次用户控制程序所用的时间叫"扫描时间"或"扫描周期"，它与 CPU 的运行速度、指令类型及程序长短有关，典型的扫描时间在 5~20ms 之间。扫描时间常用于评测 PLC 的响应速度。

　　PLC 对扫描时间具有监视功能，该功能主要由一个硬件计时器——看门狗定时器（WDT）完成。定时器的预设值可设为用户控制程序正常执行一次的扫描时间。每一个扫描周期开始前，复位计时器，随着扫描开始启动其计时。当本次扫描时间超过其设定值，则停止 CPU 运行，复位输入/输出，并给出报警。这样就避免了由于系统硬件原因使程序执行陷入死循环而造成的故障。

6.3.2　输入/输出映像区

　　建立输入/输出（I/O）映像区是 PLC 工作过程的另一个特点，用来处理外部输入信号和 PLC 产生的输出信号。I/O 映像区位于 PLC 的用户存储区的指定区域，由一系列存储单元构成。

　　PLC 在每一扫描周期的特定时间内，将现场全部输入信息采集到 PLC 中，存放在用户存储区的某一指定的区域内，这个区域称为"输入映像区"。CPU 在执行用户程序所需的现场信息都取自于输入映像区，而不是随机地直接取自于输入接口。由于集中地采集现场信息，严格地说每个输入信号被采集的时间是不同的。但是，CPU 执行一条指令只需若干微秒，一个扫描周期的时间为几毫秒到几十毫秒，扫描周期很短，这种微小的时间差并不会对控制带来明显的影响，因此可以认为输入映像区每一位的状态是同时建立的。

　　PLC 所产生的用于控制对象的输出信息，也不采取产生一个就立即输出的控制方式，是先将它们存放在用户存储区中的某特定区域，称之为"输出映像区"。当用户程序扫描结束后，将所有存放在输出映像区内的控制信息集中输出，从而改变被控对象的状态。对于那些在一个扫描周期内状态没有发生变化的逻辑变量，就输出与前一个周期同样的信息，因而也不引起相应执行元件状态的变化。

　　上述 I/O 映像区的建立，使 PLC 在从控制现场获取信息时只和某输入点相对应的存储单元所储存的信息状态发生联系，而系统的输出也只是给用户存储区中的某一单元设定一个状态。因此 PLC 在执行用户程序所规定的运算时，并不与实际控制对象直接相关。

6.3.3　PLC 的工作过程

　　PLC 采用集中输入、集中输出、循环扫描的工作方式。执行用户控制程序时，CPU 从程序的第一条指令开始依次执行，如果没有跳转指令，将按顺序从第一条指令一直执行到最后一条指令，然后返回第一个指令。依此类推，周而复始地扫描执行程序。

　　PLC 在每次扫描过程中，除了执行用户控制程序外，还要完成 PLC 初始化及自检、输入采样、通信服务、程序运行、PLC 自诊断、刷新输出等工作。

　　PLC 工作过程包括上电处理、扫描处理和内部处理三个部分，如图 6-20 所示。

　　PLC 上电后，CPU 首先在系统程序的控制下执行 PLC 上电处理程序，包括初始化硬件、检查 I/O 模块配置、设置掉电保护区以及其他的初始化处理。

　　自诊断是 PLC 内部处理部分的功能之一。每次扫描时，PLC 都会进行自诊断以判断其自身的功能是否正常，如检测电源、内部硬件是否正常，程序语法是否存在错误、程序执行异常等。如果检测到异常，CPU 面板的 LED 指示灯点亮报警，其内部的异常

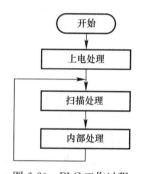

图 6-20　PLC 工作过程

继电器线圈得电，同时把错误代码写入专用寄存器中，CPU 根据该错误类别和严重程度输出报警信号，同时进行相应错误处理，中断程序扫描或强制退出运行状态，使 PLC 由"RUN"状态转为"STOP"状态。

　　扫描处理部分是扫描执行控制程序。当 PLC 正常工作时，扫描周期的长短主要与用户控制程序长度和 CPU 运行速度有关。同计算机一样，不同 PLC 指令的执行时间是不一样的，因此，使用不同指令的扫描时间也会不同。

　　PLC 程序执行过程分为三个阶段，即输入采样阶段、程序执行阶段和输出刷新阶段。PLC 程序执行过程如图 6-21 所示。

　　输入采样阶段，PLC 以扫描的方式读取各输入点端子的输入信号，并将输入状态存储在输入映像区相应的存储单元中，用新的输入状态刷新上一扫描周期的输入状态。在程序执行阶段和输出刷新阶段，输入映像存储区与外界隔离，其内容保持不变，直到下一个扫描周期的输入扫描阶段。PLC 在执行程序和处理数据时，并不是直接使用当时现场输入信号的状态，而是使用本次输入采样阶段存储在输入映像区存储单元的状态信息。

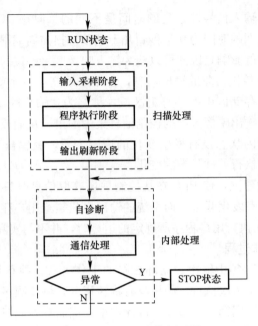

图 6-21　PLC 程序执行过程

值得注意的是，一般情况下，输入信号有效的时间应大于一个程序扫描周期，否则会造成信号的丢失。

在程序执行阶段，PLC 执行用户控制程序。一般来说，PLC 从左到右、从上到下依次执行程序。但当遇到程序跳转指令时，根据跳转条件来确定程序跳转的目标地址。

在程序执行过程中，当指令涉及输入输出状态时，PLC 从输入映像区"读取"相应输入点的状态，涉及输入输出状态时，从输出映像区"读取"对应输出点的当前状态，然后进行相应的运算，并把运算结果再次存储到输出映像区。在输出映像区中，每个输出点的状态都会随控制程序的执行而改变。

如上文所述，在程序执行阶段的运行结果是存储在输出映像区，并没有直接发送到输出点的端子上。在输出刷新阶段，PLC 将输出映像区的输出变量发送给输出锁存器，然后由锁存器通过输出模块产生本次扫描周期的控制输出，改变输出点端子的输出状态。以继电器输出方式为例，如果 PLC 内部输出状态为"1"，则对应的输出继电器触点闭合，驱动外部负载动作。在一个扫描周期内，PLC 保持所有输出设备的状态不变。

在内部处理过程中，PLC 执行一系列内部固定的程序处理，如：进行故障自诊断检查系统内部硬件是否正常，查验 WDT 定时器检查程序运行是否超时，复位 WDT 定时器，按照系统程序内置的规则对用户控制程序使用的存储区、寄存器等资源进行处理，为下一周期程序扫描做准备等。另外，PLC 检查与其连接的编程装置、计算机或类似设备是否有通信请求，如果有通信请求，则执行相应的处理。如果自诊断正常，进入下一程序扫描周期进行输入采样。如果自诊断异常，则进行故障处理和报警，中断程序扫描，PLC 由"RUN"状态转为"STOP"状态。当 PLC 处于"STOP"状态时，仅执行内部处理过程。

6.3.4　PLC 的输入/输出滞后现象

当 PLC 输入信号发生变化时，PLC 输出需要一段时间来响应输入的变化。这种现象称为 PLC 输入/输出响应滞后。从上面的分析可以看出，对于一个 PLC 应用系统来说，程序扫描周期的长度主要取决于用户控制程序的长度。扫描周期越长，响应速度越慢，降低了系统的响应速度。由于 I/O 刷新在每个扫描周期中只执行一次，即 PLC 在每个扫描周期中只对 I/O 映像区存储的状态更新一次，因此系统存在输入输出滞后现象。下面用图 6-22 的例子进行说明。

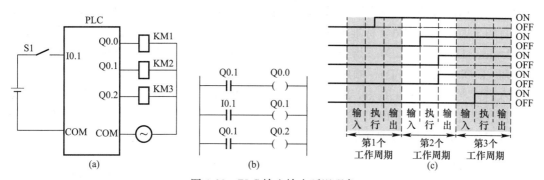

图 6-22　PLC 输入输出延迟现象
(a) 接线图；(b) 梯形图程序；(c) 时序图

　　图 6-22 (a)、(b) 分别是某 PLC 的外部接线图和梯形图程序。其中外部输入信号 S 接到 PLC 的输入端子 I0.1，而输出端 Q0.0、Q0.1、Q0.2 将 PLC 输出的信号送出去控制负载。图 6-22 (c) 是图 6-22 (b) 执行过程中各逻辑变量的状态时序图。图中高电平 (ON) 和低电平 (OFF) 分别表示 I/O 映像区存储单元中相应位为 "1" 和 "0" 状态，相当于继电器接通或断开。

　　设用户程序被执行一次所用的时间为 1 个工作周期，由图 6-21 可知，它包括输入采样、执行程序和输出刷新三个阶段。由图 6-22 (b)、(c) 可见，由于外部输入 S 闭合时，第 1 个工作周期的输入处理阶段已经过去，因此到第 2 个工作周期的输入采样阶段，输入变量 I0.1 才变为 ON 状态。由于在执行程序阶段，PLC 对梯形图是自上而下、自左而右进行扫描，且边扫描边执行，所以在第 2 个工作周期的执行程序阶段，当扫描到 I0.1 的状态时，立即使输出变量 Q0.1 为 ON。同理也会使 Q0.2 为 ON。但在扫描梯形图的第一行时，由于 Q0.1 尚为 OFF 状态（相当于常开触点 Q0.1 未闭合），因此在这个周期里输出变量 Q0.0 仍然为 OFF 状态，直到第 3 个工作周期的程序执行阶段才能使 Q0.0 变为 ON。

　　从上述分析可见，输出变量 Q0.0 滞后输入映像变量 I0.1 大约 1 个工作周期，而滞后外部输入 S 约两个工作周期。显然这种滞后是由 PLC 的扫描工作方式引起的。

　　如果把图 6-22 (b) 梯形图的第一、二行对换，仿照上面分析可知，Q0.0、Q0.1 和 Q0.2 在同 1 个工作周期内动作（为 ON），即 Q0.0 对输入 S 的滞后时间减少了一个工作周期。因此滞后时间的长短还与梯形图的设计方法有关。

　　除了上述原因引起输入/输出关系滞后外，硬件线路也可以引起一定的滞后现象。如输入滤波电路、输出继电器机械动作等。各种因素导致的总滞后时间一般在几十毫秒以内。然而对于一般机电设备控制而言，毫秒级的滞后往往可以忽略。对于有些要求输入—输出之间滞后小的控制场合，可以采用高性能的 PLC 及高速计数处理模块来满足控制需要。并且尽可能地优化用户控制程序，减少程序长度，少使用循环、分支或跳转结构，以减少程序的执行时间。

6.4 可编程序控制器的编程语言

PLC的用户程序是根据被控系统的工艺要求，采用PLC编程语言规范，按照控制需求设计的。PLC编程语言是用户与PLC之间进行交流和沟通的工具。根据国际电工委员会制订的工业控制编程语言标准IEC 61131-3，PLC的编程语言包括以下5种：梯形图语言（Ladder Diagram，LD）、指令表语言（Instruction List，IL）、功能框图语言（Function Block Diagram，FBD）、顺序功能图语言（Sequential Function Chart，SFC）和结构化文本语言（Structured Text，ST）。另外，近年来PLC也使用高级语言编程，用户可以像使用计算机一样操作PLC，除了能实现传统逻辑运算功能，还可以实现复杂的控制算法、数据采集和处理、数据通信等。

6.4.1 梯形图语言

梯形图语言是PLC程序设计中最常用的编程语言。梯形图语言与继电器控制电路类似，具有逻辑关系清楚、直观易懂的特点，是目前应用最广泛的编程语言。

图6-23（a）为继电器控制电路中SA为启动按钮，SB为停止按钮，FR为热继电器，KM为主回路的接触器，HL为电动机工作指示灯。图6-23（b）用梯形图语言编制出完成同一功能的程序，假设启动按钮KA接输入点I0.0、停止按钮KB接输入点I0.1、热继电器FR的常闭触点接输入点I0.2、控制主回路通断的接触器KM的线圈接输出点Q0.0、指示灯HL接Q0.1，用符号"⊣⊢"表示常开触点、"⊣/⊢"表示常闭触点、"⊣( )⊢"表示继电器线圈。显然，梯形图所表示的逻辑关系与继电器电路是一致的。

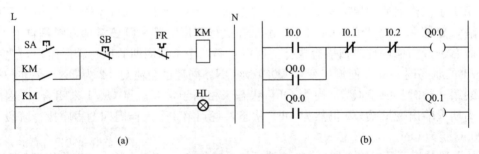

图6-23 继电器控制电路与梯形图的比较

(a) 继电器控制电路；(b) 梯形图

梯形图程序有以下主要特点：

1）梯形图中的编程元素采用与继电器线路相同的称谓，如继电器线圈、触点等，但它们不是物理元件，而是与相应存储区中的某一位相对应。如果梯形图中某继电器线圈"通电"或触点闭合，则存储区中相应存储位状态为"1"，反之为"0"。

2）梯形图中的触点不论是反映外部输入（如开关、按钮、物理触点等），还是内部状态（存储区某位状态），只用"⊣⊢"（常开触点）和"⊣/⊢"（常闭触点）两种符号表示，在图形符号上不加区分，继电器线圈用"⊣( )⊢"表示。

3）梯形图程序由上至下按行编写。两侧竖线称为"母线"，右边的母线有时可以略去不画。母线在意义上类似于继电器线路中的电源线，但由它虚拟产生的"电流"不是物理电流、而称为概念电流。概念电流只能由左向右"流动"。利用概念电流，可以像分析继电器电路那样分析梯形图程序的执行情况。

4）梯形图由"梯级"组成。每个梯级由若干条并联支路组成。每个支路又由若干个编程元素串联组成。支路和元素的最大串、并联数都是有限的，每种 PLC 具体有不同规定。每个梯级的最右边必须连接线圈。

5）触点在梯形图编程时可以无限次引用，而且可以是常开或常闭的形式。但某个继电器线圈一般情况下在梯形图中只能出现一次。

6）PLC 是按从上到下，从左到右的顺序执行梯形图程序的。执行程序的过程是根据触点互相连接的逻辑关系得到每个线圈的状态。当得到一个逻辑运算的结果后，该结果就可以被其后面的逻辑运算使用。

7）梯形图中的继电器分为内部继电器和输出继电器。内部继电器包括辅助继电器、定时器、计数器、寄存器等，它们完全与用户数据存储单元相对应，可用于软件编程，其触点只能为梯形图程序内部使用，不能用作输出控制，通常又称为"软继电器"。而梯形图程序中的输出继电器线圈、触点也是对应的输出映像区存储单元的位，但该位的状态可以通过 I/O 模块去控制输出元件（微型继电器、晶体管、双向晶闸管、场效应管等），从而驱动外部负载。

6.4.2　指令表语言

指令表语言是与汇编语言类似的一种助记符编程语言。与汇编语言相同，它的指令是由操作码和操作数组成，但 PLC 所用的指令集比汇编语言要简单，且可读性好。每种 PLC 都有一套指令集，不同型号的 PLC 的指令集一般不兼容。指令表语言适合用于便携式编程器编程。

图 6-24 为指令表语言程序，与图 6-23（b）对应，程序由一系列指令按照电动机启停控制的逻辑关系组合而成，指令 LD 用于把常开触点与左端的母线相连，OR、AND 为逻辑运算指令，OUT 为输出指令。指令表语言程序与梯形图语言程序是一一对应，可以相互转换。

指令表语言程序特点是：

1）采用助记符来表示操作功能，具有容易记忆，便于掌握；

2）在便携式编程器上用指令表语言设计程序，便于操作，即使在无计算机系统的情况下也可以进行程序设计和调试；

3）指令表语言程序与梯形图有一一对应关系。其特点与梯形图语言基本一致。

LD	I0.0
OR	Q0.0
AND	I0.1
AND	I0.2
OUT	Q0.0
LD	Q0.0
OUT	Q0.1

图 6-24　指令表语言程序

6.4.3　功能框图语言

功能框图语言（FBD）是一种图形化编程语言，也称功能方框图语言。功能框图语言程序由一系列网络构成。每个网络包含一个由多个功能框和连接线构成的图形结构。功能块可以看作是一个函数，它的引线是输入数据或者输出数据，功能块之间的连接线表达了功能块之间数据引用的方式，指示了网络中数据流的信息。在程序中，功能块是可以被重复使用的编程元素，在使用时无需考虑其内部结构与流程，只需考虑其功能及输入输出接口的要求。PLC执行功能框图语言程序时，自上而下扫描执行每个网络，在执行网络时，自左向右扫描执行网络中的功能框图，执行模块时，数据由输入端到功能块，由功能块运算后再输送结果到其输出端。

功能块符号如图6-25所示。一个矩形块表示一个功能块，其左侧为输入端、右侧为输出端，一般一个功能块有若干个输入和若干个输出，并且规定了每个输入、输出的变量类型。

功能块连接时，连接到功能块输入的变量类型必须与其定义的类型相同。功能块程序的输入变量必须连接到功能块的输入上，功能块输入可以为常量、表达式、控制程序的内部变量、PLC的输入和输出等。类似地，功能块程序的输出变量必须连接到功能块的输出上，每个变量的类型必须与相关功能块输出定义的类型相同，功能块输出可以是控制程序的内部变量、PLC的输出等。典型的基本功能模块有定时器、计数器、逻辑运算、算术运算、数值传送、数值比较、数制转换、程序控制等。另外，用户可以根据控制需求设计专用的功能块。

图6-26为功能框图程序，与图6-23（b）对应。这种程序是类似于数字逻辑电路形式，用"与""或""非"三种逻辑图形符号的组合表示控制逻辑。与梯形图程序不同，功能块呈现图形符号已带有定义好的函数功能，具有面向对象的特征，程序设计时只需在调用处对功能块进行实例化即可。

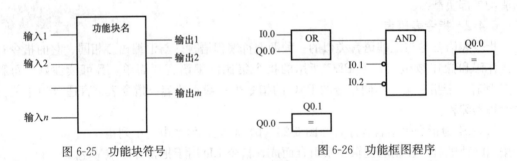

图6-25　功能块符号　　　　图6-26　功能框图程序

功能框图程序语言以功能块为编程元素，用图形模块化的方式描述控制逻辑，逻辑关系通过端口连线方式关联，直观性强，理解控制方案容易，编程容易掌握。尤其对控制逻辑关系复杂的系统，采用功能框图程序语言设计控制程序能够清楚地表达功能关系，缩短使编程调试时间。功能框图语言是工业自动化领域应用广泛的编程语言之一。

6.4.4　顺序功能图语言

顺序功能图语言是为了满足顺序逻辑控制而设计的编程语言。编程时将顺序流程动作的过程分成"步"和"转换条件"，根据转移条件对控制系统的功能流程顺序进行分配，一步一步地按照顺序动作。每一步代表一个控制功能任务，用方框表示。在方框内含有用于完成相应控制功能任务的梯形图逻辑，如图6-27所示。

"步"是功能图中最基本的组成部分。对于顺序控制问题，可以将系统的工作过程分为若干顺序相关的阶段，对每一阶段的控制功能独立设计控制程序或程序段，这些程序段称为"步"，并用矩形方框表示。方框内通常注明执行该步控制任务的继电器编号（图6-27是一般表示）。起始步往往不执行具体的控制任务，它只表示一个控制过程的开始，一般用双线框表示。

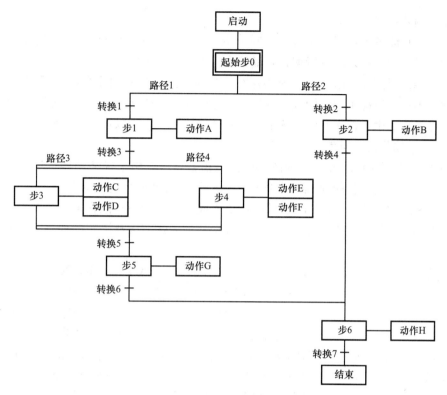

图 6-27　典型顺序功能图结构

　　每一步要完成有关的控制任务或发出某个控制命令（如开始计数等），统称为"动作"。动作用方框中的文字或符号表示，并与相应步的方框相连。图 6-27 除起始和结束步外，共有 6 个控制功能步，每一步要完成相应的动作。其中步 3 和步 4 各要完成两个动作，且这两个动作是同时进行的。

　　步与步之间用有向线段连接。并且用称为"转换"的短线将步分隔开。转换是某一步操作完成后启动下一步的条件。转换条件可用文字、逻辑表达式等形式标注在表示转换的短线旁边。当转换条件满足时，上一步被封锁，下一步被激活，转向下一步执行新的控制程序。

　　图 6-27 中，有 7 种转换条件，分别控制 8 个步的运行。

　　路径表示多功能步之间的连接关系，例如相邻步之间的线段。在顺序功能图中还常出现选择路径和并行路径。选择路径之间的关系是逻辑"或"，如图 6-27 中的路径 1 和路径 2。哪条路径的转换条件最先得到满足，这条路径就被选中，程序就按这条路径向下执行。选择路径的分支与合并一般用单横线表示。并行的路径之间关系是逻辑"与"。如图 6-27 中的路径 3 和路径 4，只要转换条件得到满足，其下面所有路径同时都被激活。并行路径的分支与合并一般都用双横线表示。

　　PLC 对顺序功能图的扫描按照从上到下、从左到右的原则，首先从起始步开始向下执行。遇到选择路径就根据转换条件去执行相应路径上的步；遇到并行路径就首先执行最左边的步，然后依次激活右边各步，直至完成全部并行路径，再向下运行。当执行到结束步时，如果转换条件不成立，就返回执行起始步，依次循环，直至结束步的转换条件满足时，顺序控制才结束。

利用顺序功能图进行程序设计时，首先要根据工艺过程划分步，确定转换条件及路径，然后对各步和转换条件进行编程，最后设计出完整的用户程序。

顺序功能流程图编程语言以功能为主线，按照功能流程的顺序分配，程序结构清晰，易于阅读及维护，避免了梯形图或其他语言不能顺序动作的缺陷，同时也避免了梯形图语言实现顺序动作时由于机械互锁造成的用户程序结构复杂、难以理解的问题。

6.4.5 结构化文本语言

结构化文本（ST）语言是一种高级的文本语言，可以用来描述功能、功能块和程序的行为，还可以在顺序功能流程图中描述步、动作和转换的行为。大多数 PLC 采用的结构化文本（ST）语言与 Pascal 语言、Basic 语言或 C 语言相似，但它是一个专门为工业控制应用开发的编程语言，为了应用方便，其在语句的表达方法及语句的种类等方面都进行了简化。

结构化文本（ST）语言定义的运算有：逻辑运算（AND，OR，XOR，NOT）、算术运算符（＋，－，＊，／，MOD）、比较运算（＜，＞，＜＝，＞＝，＝，＜＞）等，并规定了这些运算的优先级。与高级语言一样，结构化文本（ST）程序的赋值语句既支持常量、变量以及表达式赋值，也支持复杂的数组或结构的赋值；同时提供了丰富基本函数库，在程序中可以调用直接调用功能块和函数；具有多种条件判断语句：IF-THEN-END_IF、IF-ELSE-END_IF、IF-ELSE_IF-THEN-END_IF、CASE-OF-END_CASE，支持实现嵌套判断程序结构；具有 FOR 和 WHILE 循环语句，可以实现确定次数循环和给定终止条件的循环。因此，这种语言不仅能实现简单的逻辑控制，也可以完成复杂的控制算法。

图 6-28 为结构化文本语言程序，与图 6-23（b）对应。

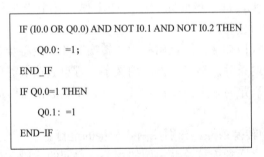

```
IF (I0.0 OR Q0.0) AND NOT I0.1 AND NOT I0.2 THEN
    Q0.0：=1;
END_IF
IF Q0.0=1 THEN
    Q0.1：=1
END-IF
```

图 6-28 结构化文本语言程序

6.5 可编程序控制器的性能指标

PLC 的性能指标用来衡量其功能强弱。常用的性能指标有以下 7 种：

1. 输入/输出点数

可编程控制器的 I/O 点数指外部输入、输出端子数量的总和。它是描述的 PLC 控制规模的一个重要的指标。I/O 点数表示了一台 PLC 可以组成控制系统的最大规模，I/O 点数越多，外部可接的输入设备和输出设备就越多，控制规模就越大。控制系统规模的大小与 PLC 的程序扫描速度有关，系统规模越大，其用户控制程序越长，PLC 扫描周期也越长，因此，PLC 响应输入信号时间也会增加。大型 PLC 的运行速度要比小型 PLC 快。另外，I/O 点数的多少也与用户存储器的大小有关，点数多、规模大，用户程序长，需要有更大的存储空间。通常 I/O 点数多的 PLC 提供的用户存储空间要比 I/O 点数小的大。

2. 存储容量

PLC 的存储器由系统程序存储器、用户程序存储器和数据存储器三部分组成。PLC 存储容量通常指用户程序存储器和数据存储器容量之和，表征系统提供给用户的可用资源。PLC 通常也提供一定容量的保持性存储器空间（非易失性的），用于在电源发生故障时保存需要保持的数据。另外，有的 PLC 还支持外部存储卡，可用来保存和传送程序及相关数据、进行 PLC 固件升级等。

用户存储器的空间大小与需要存储的用户控制程序有关，存储空间越大，可存储的程序就越大，也就能实现较复杂的控制过程。目前，一般微小型 PLC 的用户存储空间可达 8KB 以上，大中型 PLC 的存储空间为几十千字节以上。

有些 PLC 以"步"为单位表述储存器的容量。1 步为 1 条基本指令占用的存储空间，1 为 2 个字节，即 1 个字。微小型 PLC 一般有几千步到几十千步，大中型 PLC 能达到几百千步以上。

3. 扫描速度

可编程控制器采用循环扫描方式工作，通常以 PLC 扫描 1K 字的用户程序所需的时间来表示扫描速度，以"ms/千字"为单位。扫描速度越高就意味着 PLC 的扫描周期越短、响应速度越快。影响扫描速度的主要因素有用户程序的长度和 PLC 产品的类型。PLC 中 CPU 性能等直接影响 PLC 运算精度和运行速度。

PLC 扫描速度越快，对输入信号的响应越及时。从 PLC 的工作原理可知，输入信号状态发生变化以后，PLC 从检测感知到执行控制程序产生输出，存在延迟现象。通常，在程序运行过程中，输入信号状态发生变化，PLC 在下一个扫描周期才能刷新输入映像区，在之后程序运行过程中才能将新的输入状态用于运算，然后才在其后的输出刷新阶段更新输出映像区并产生输出信号。扫描速度越快，扫描周期越短，对输入信号状态变化响应越快。PLC 的扫描速度可以满足一般工业控制的需要。在某些特殊场合，需要较高的输入、输出响应速度，一方面需要扫描速度高的 PLC 产品，另一方面需要使用特殊功能模块的辅助。

4. 指令系统

在 PLC 中，指令是用户指挥 PLC 工作的命令，指令系统是指一台 PLC 所有指令的集合，它是用户与 PLC 之间的交流和沟通的语言，指令是编程语言的基本单元。不同 PLC 的指令系统是不兼容的，即使是指令及其助记符相同。因此，用户控制程序也在不同型号的 PLC 之间是不能直接移植的。PLC 指令集越少，它能够实现的控制功能也相对简单，但易于掌握和应用。PLC 指令集越大，指令提供的功能越多，能够实现较复杂的控制功能，但掌握和应用也相对困难。用户应根据实际控制要求选择合适指令功能的 PLC。

目前，在 PLC 中使用的编程语言：梯形图语言、指令表语言、功能框图语言、顺序功能图语言、结构化文本语言。不同的 PLC 产品可能使用其中的一种、两种或全部的编程方式。通常 PLC 都支持梯形图编程语言。常用 3 种编程方式是梯形图语言、指令表语言、功能框图语言，在一些大型PLC中也使用高级语言编程。为了便于程序设计、调试和监控，PLC厂家通常配置了支持其产品应用的编程和监控软件，这些软件包含其产品可以使用的编程语言，支持用户的设计、修改和调试程序，同时也可对PLC的工作状态进行有效监控。性能优越的PLC支持编程和监控软件，能够为用户控制系统开发提供有力的支撑。

5. 特殊功能模块

PLC特殊功能模块是一种能独立执行特定任务的智能模块。在PLC控制系统中使用这种模块，一方面，可以快速方便地构建稳定可靠的系统满足特定的需求。另一方面，也可以减轻PLC执行控制任务的负担，一般用于对控制任务准确性和动态性要求较高的场合。特殊功能模块种类及其功能对PLC产品应用领域和系统扩展等有一定的影响。随着设备的自动化和智能化水平的不断提升，检测、控制、监控日益精细化和精准化，近年来特殊功能模块种类越来越多，功能越来越强，以适应不同工业控制领域的特定用途。

6. 通信联网功能

PLC通过通信接口实现PLC之间、PLC与计算机之间、PLC与智能设备之间的数据传输与交换，用户程序的下载、调试和监控，以及PLC固件远程升级。依托通信联网功能，PLC可以连接监视器、打印机、其他PLC、监控计算机、远程I/O模块以及特殊功能模块等，实现分布式控制与监测。通信联网功能的强弱与PLC支持的通信协议的种类、通信模块功能等有关。目前的PLC都具有通信联网功能，支持多种通信协议，提供多种不同形式的通信接口电路。PLC通信联网能力已成为衡量PLC产品水平的重要指标之一。

7. 可扩展性

PLC的扩展内容包括I/O点数的扩展、特殊功能模块扩展、通信接口扩展等。可扩展性是PLC的一个重要性能指标。对于控制系统来说，设备运行方式和生产工艺的改变，不但需要更新软件，有时也需要增删部分硬件资源；对于大型复杂系统来说，有时采用分期实施的方式，系统的规模随着工程实施进度不断扩大，在选择PLC时需要考虑PLC的可扩展能力。

除上述之外，PLC还有一些其他的性能指标，如使用条件、输入/输出方式、驱动负载能力、外形尺寸、可靠性、易操作性及经济性等，它们都与PLC产品有关，也是用户在选择PLC时应考虑的因素。

思考题与习题

6-1 PLC在性能上有哪些主要特点？

6-2 PLC的基本组成有哪几部分？各部分有什么作用？

6-3 简述CPU模块的构成。PLC运行时，它做哪些主要的工作？

6-4 开关量输入模块的主要作用是什么？

6-5 按照使用电源的方式，开关量输入模块可分为哪几种形式？分别通过电路说明它们的工作原理。

6-6 输入模块的外部接线通常有哪几种形式？分别说明它们的特点。

6-7 开关量输出模块的功能是什么？有几种类型？各用在什么场合？

6-8　源型和漏型输入/输出模块是如何定义的?

6-9　画图说明当输入模块为源型时，NPN 传感器和 PNP 传感器如何连接? 假设传感器为 3 线制传感器。

6-10　画图说明当输入模块为漏型时，2 线制 NPN 传感器和 PNP 传感器如何连接?

6-11　有源开关与 PLC 输入模块连接时，应考虑哪些因素?

6-12　PLC 中，模拟量输入模块、模拟量输出模块的功能是什么?

6-13　除了开关量 I/O 模块、模拟量 I/O 模块外，PLC 还经常使用哪些 I/O 模块? 它们的主要作用是什么?

6-14　PLC 的编程装置有哪几种类型? 各有什么特点?

6-15　简述 PLC 的巡回扫描原理。

6-16　什么是 PLC 的 I/O 映像区? 它在 PLC 的工作中起什么作用?

6-17　简述 PLC 的工作过程。

6-18　举例说明由 PLC 扫描工作方式引起的输入/输出滞后现象?

6-19　PLC 常用的编程语言有哪几种? 各有什么特点?

6-20　梯形图语言有哪些主要特点? 它与继电器线路有哪些异同?

6-21　什么是顺序功能图? 它的结构中有哪些主要元素? 各有什么作用和特点?

6-22　PLC 常用的性能指标有哪些? 简要说明它们的含义。

第 7 章　S7-200 Smart 可编程序控制器

本章学习目标

(1) 了解 S7-200 Smart 可编程序控制器的分类和特点。

(2) 了解 S7-200 Smart 可编程序控制器的结构组成，熟悉各个组成模块的功能和特点。

(3) 熟悉 S7-200 Smart 可编程序控制器的数据格式，了解其数据存储区的种类及特点。

(4) 熟悉各种数据存储区地址范围与 I/O 地址的分配。

(5) 理解并掌握 S7-200 Smart 可编程序控制器的指令及其用法，能够使用指令设计逻辑控制程序。

(6) 了解 S7-200 Smart 可编程序控制器应用程序的一般结构，能够针对控制要求设计相应的程序。

S7-200 Smart 系列 PLC 是西门子公司的小型 PLC 产品，是 S7-200 的更新替代产品，兼容 S7-200 系列 PLC 的功能。S7-200 Smart 系列 PLC 分标准型和经济型两种产品。标准型具有通信接口、开关量 I/O 点、模拟量 I/O 通道等扩展功能，可以通过以太网接口连接编程装置，支持以太网、Modbus、Profibus 等协议通信，适合于不同规模控制需求的应用。经济型 PLC 不支持接口扩展和以太网通信功能，能够实现 Modbus、自由口通信等通信功能，是一种紧凑型产品，适合于规模较小的设备控制。本章主要介绍 S7-200 Smart 的组成、存储器配置、指令系统及其应用。

7.1　S7-200 Smart 系列 PLC 概述

S7-200 Smart PLC 有标准型和经济型两种产品形式，12 个型号，其中标准型有 8 个型号，经济型有 4 个型号。标准型 PLC 中有 20 点、30 点、40 点和 60 点四类，每类中又分为继电器输出和晶体管输出两种。经济型 PLC 中也有 20 点、30 点、40 点和 60 点四类，目前只有继电器输出形式。

经济型 PLC 是简易紧凑型产品，具有如下特点：

1) 只有开关量输入和开关量输出，没有模拟量输入通道和模拟量输出通道，不具有 I/O 接口和通信接口扩展功能；

2) 交流电源供电，24V 直流的源型或者漏型输入，继电器输出；

3) 具有一个 RS-485 串行接口，支持 Modbus-RTU 协议、西门子的 USS（Universal Serial Interface）协议、用户自定义协议通信；

4) 具有高速计数功能，可实现多路单相 100kHz 或 A/B 相 50kHz 的输入脉冲信号的计数。

经济型 PLC 有 4 种不同 I/O 点配置的产品：CR20S、CR30S、CR40S、CR60S，其经济型 PLC 的主要参数如表 7-1 所示。

经济型 PLC 的主要参数　　　　　　　　　　　　　　　　　　表 7-1

序号	参数	CR20S	CR30S	CR40S	CR60S
1	供电	交流：85～264V；频率：47～63Hz	交流：85～264V；频率：47～63Hz	交流：85～264V；频率：47～63Hz	交流：85～264V；频率：47～63Hz
2	功耗	14W	14W	18W	20W
3	用户存储器	12KB 程序存储器；8KB 数据存储器；2KB 保持性存储器	12KB 程序存储器；8KB 数据存储器；2KB 保持性存储器	12KB 程序存储器；8KB 数据存储器；2KB 保持性存储器	12KB 程序存储器；8KB 数据存储器；2KB 保持性存储器
4	输入点	12	18	24	36
5	输出点	8	12	16	24
6	过程映像大小	256 位输入/256 位输出	256 位输入/256 位输出	256 位输入/256 位输出	256 位输入/256 位输出
7	高速计数器	4 个。可计 4 路最高频率为 100kHz 的单相信号，也可计 2 路最高频率为 50kHz 的正交相位信号	4 个。可计 4 路最高频率为 100kHz 的单相信号，也可计 2 路最高频率为 50kHz 的正交相位信号	4 个。可计 4 路最高频率为 100kHz 的单相信号，也可计 2 路最高频率为 50kHz 的正交相位信号	4 个。可计 4 路最高频率为 100kHz 的单相信号，也可计 2 路最高频率为 50kHz 的正交相位信号
8	程序组织单元	主程序：1 个；子程序：128 个（0 到 127）；中断程序：128 个（0 到 127）	主程序：1 个；子程序：128 个（0 到 127）；中断程序：128 个（0 到 127）	主程序：1 个；子程序：128 个（0 到 127）；中断程序：128 个（0 到 127）	主程序：1 个；子程序：128 个（0 到 127）；中断程序：128 个（0 到 127）
9	程序嵌套深度	主程序：8 个子程序级别；中断程序：4 个子程序级别	主程序：8 个子程序级别；中断程序：4 个子程序级别	主程序：8 个子程序级别；中断程序：4 个子程序级别	主程序：8 个子程序级别；中断程序：4 个子程序级别
10	累加器	4 个	4 个	4 个	4 个
11	定时器类型/数量	非保持性：192 个；保持性：64 个	非保持性：192 个；保持性：64 个	非保持性：192 个；保持性：64 个	非保持性：192 个；保持性：64 个
12	计数器	256 个	256 个	256 个	256 个
13	串行端口	1 个 RS-485	1 个 RS-485	1 个 RS-485	1 个 RS-485

标准型 PLC 是具有模块扩展功能，可适用对 I/O 规模有较大需求、控制逻辑较复杂的应用场合。其产品有 20 个 I/O 点的 SR20 和 ST20、30 个 I/O 点的 SR30 和 ST30、40 个 I/O 点的 SR40 和 ST40 以及 60 个的 I/O 点 SR60 和 ST60 等 8 种。SR×× 和 ST×× 分别为继电器输出和场效应管 MOSFET 输出产品。

标准型 PLC 具有如下特点：

1）具有模块扩展功能，可扩展通信端口、模拟量通道、数字量通道等。

2）继电器输出的 PLC 采用交流电源供电，场效应管输出的 PLC 采用直流电源供电。

3）具有一个 RS-485 串行接口，支持 Modbus-RTU 协议、西门子的 USS（Universal Serial Interface）协议、用户自定义协议的通信。通过扩展信号板可以增加串行接口，也可实现 RS-485/RS-232 接口转换。

4）具有以太网接口，可以用于程序下载和连接外部设备，支持 Profinet、TCP、Modbus TCP、UDP 等通信。

5）通过扩展通信模块可以实现 Profibus-DP 协议、MPI 协议通信。

6）具有高速计数功能，可实现多路 200kHz 高速脉冲输入或 100kHz 高速脉冲输出。

7）可以使用通用的 Micro SD 卡传输程序、更新 PLC 固件和恢复出厂设置。

本章主要介绍标准型 PLC 的组成、存储器配置等。

7.2 S7-200 Smart PLC 的系统组成

7.2.1 CPU 模块

目前标准型 PLC 的 CPU 模块有 8 种型号的产品：SR20、ST20、SR30、ST30、SR40、ST40、SR60、ST60，分为两种输出方式：继电器输出和场效应管 MOSFET 输出。其中，西门子公司把场效应管 MOSFET 输出这种方式归纳到晶体管输出方式范畴中。除了存储器和 I/O 点数等配置不同之外，这些产品的结构基本相同。本节以 40 个 I/O 点的 SR40 和 ST40 为例介绍 CPU 模块的功能及接线方式，为了表述简洁，把 SR40 和 ST40 统称为 40 点 PLC。

S7-200 Smart PLC 的 CPU 模块把 CPU、存储器、电源、开关量 I/O 点、通信接口等集成在一起。表 7-2 为 SR40（AC/DC/继电器）模块的主要性能参数表，SR40（AC/DC/继电器）是采用交流电源供电、直流信号输入、继电器输出的 CPU 模块，其 CPU 为 Siemens 专用高速处理器，基本指令执行时间为 $0.15\mu s$，用户存储器空间为 40KB，其中程序存储器 24KB，用户数据存储器 16KB，最大可设置断电保持性存储器空间为 10KB，具有 24 个开关量输入点、16 个开关量输出点。集成了 1 个 RS-485 串行口，用于连接外部设备，如变频器、触摸屏等；提供 1 个以太网接口，用于编程和连接外部以太网设备，如具有以太网接口的变频器、伺服驱动控制器、其他 CPU 模块等。支持通用 Micro SD 卡程序下载、PLC 固件更新和出厂设置恢复。图 7-1 为 CPU 模块面板示意，面板包含电源接线端子、直流 24V 电源输出端子、开关量输入和输出接线端子、CPU 状态指示灯、I/O 状态指示灯、SD 存储卡插槽、以太网接口、RS-485 接口等。下面介绍 ST40 CPU 模块的接线端子及功能。

<table>
<tr><td colspan="4">SR40 模块的主要性能参数</td><td>表 7-2</td></tr>
<tr><td>项目</td><td>序号</td><td>技术参数</td><td colspan="2">说明</td></tr>
<tr><td rowspan="4">常规</td><td>1</td><td>可用电流（EM 总线）</td><td colspan="2">最大 740mA（DC 5V）</td></tr>
<tr><td>2</td><td>功耗</td><td colspan="2">23W</td></tr>
<tr><td>3</td><td>可用电流（DC 24V）</td><td colspan="2">最大 300mA（传感器电源）</td></tr>
<tr><td>4</td><td>数字（开关）量输入电流消耗（DC 24V）</td><td colspan="2">所用的每点输入 4mA</td></tr>
</table>

续表

项目	序号	技术参数		说明
CPU 特性	1	用户存储器	程序	24KB
			用户数据	16KB
			保持性	最大 10KB
	2	板载数字量 I/O		输入点 24 个，输出点 16 个
	3	过程映像大小		256 位输入/256 位输出
	4	位存储器		256 位
	5	信号模块扩展		最多 6 个
	6	信号板扩展		最多 1 个
	7	高速计数器		4 个。可计 4 路最高频率为 100kHz 的单相信号，也可计 2 路最高频率为 50kHz 的正交相位信号
	8	脉冲输出		3 个，每个 100kHz
	9	存储卡		Micro SD 卡（可选）
	10	实时时钟精度		120s/月
运算速度	1	布尔运算		0.1μs/指令
	2	字传送运算		1.25μs/指令
	3	实数数学运算		3.6μs/指令
用户程序元素	1	累加器数量		4
	2	定时器类型/数量		非保持性（TON、TOF）：192 个 保持性（TONR）：64 个
	3	计数器数量		256
通信功能	1	端口数		以太网：1 个 PN 口
				串行端口：1 个 RS-485 口
				附加串行端口：仅在 SR40/ST40 上 1 个（带有可选 RS-232/RS-485 信号板）
	2	HMI 设备		每个端口 4 个，以太网 8 个
	3	连接		以太网：1 个用于编程设备，4 个用于 HMI；RS-485：4 个用于 HMI
	4	数据传输速率		以太网：10Mbit/s、100Mbit/s；RS-485 系统协议：9600bit/s、19200bit/s 和 187500bit/s；RS-485 自由端口：1200～115200bit/s
	5	隔离（外部信号与 PLC 逻辑）		以太网：变压器隔离，DC 1500V；RS-485：无
	6	电缆类型		以太网：CAT5e 屏蔽电缆；RS-485：Profibus 网络电缆
数字（开关）量输入/输出	1	电压范围（输出）		5～30V DC 或 5～250V AC
	2	每点的额定电流（输出）		2A
	3	额定电压（输入）		4mA 时 DC 24V，额定值
	4	允许的连续电压（输入）		最大 DC 30V

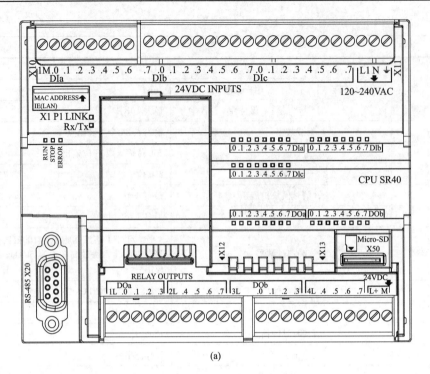

(a)

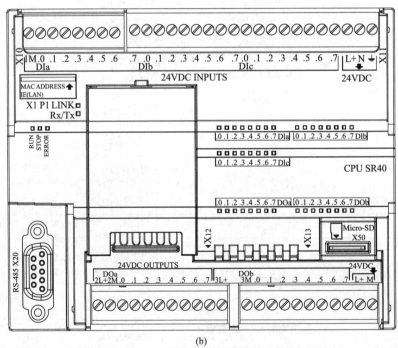

(b)

图 7-1　CPU 模块面板示意

(a) SR40；(b) ST40

1. 电源

SR40 CPU 模块采用交流电压供电，电压范围为 85～264V，频率范围为 47～63Hz，具有较宽的电压和频率波动范围。供电电源的接线端为 X11 的 L1 和 N，通常可采用 220V/50Hz 的交流电源。

X11 的 "⊥" 为功能性接地端，通常与设备机壳连接。其作用是抑制外部干扰，使控制系统可靠地工作。

另外，CPU 模块为外部传感器提供一组 24V 直流电源，输出最大电流为 300mA，其接线端为 X13 的 L+ 和 M。

2. 输入点

SR40CPU 模块共有 24 个开关量输入点，其接线端分别分布在：X10 和 X11。端子排 X10 的输入点为 DIa.0～DIa.6，X11 的输入点为 DIa.7、DIb.0～DIb.7、DIc.0～DIc.7，这些输入点的公共端为端子排 X10 的 1M，采用外部直流电源为其供电，额定电压为 24V，每个输入点额定电流为 4mA。

由于 CPU 模块的输入回路内部采用了双向光电耦合器件，因此，输入点可以用作漏型或源型输入，其漏型输入和源型输入的接线原理如图 7-2 所示（以电流流入/流出输入点方向为依据）。因此，R40 CPU 模块的输入点端子接线有两种模式，主要区别在于电源极性接法不同，如图 7-3 所示。

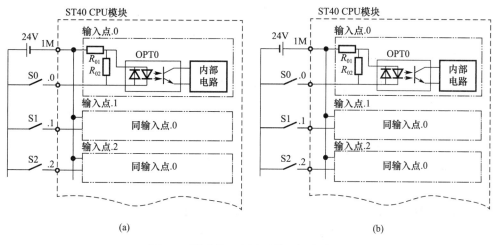

图 7-2　漏型输入和源型输入的接线原理

（a）漏型；（b）源型

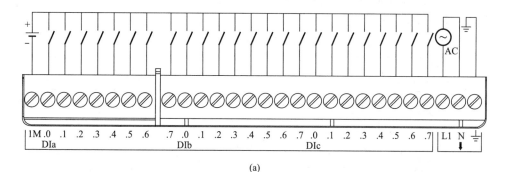

(a)

图 7-3　输入点接线（一）

（a）漏型

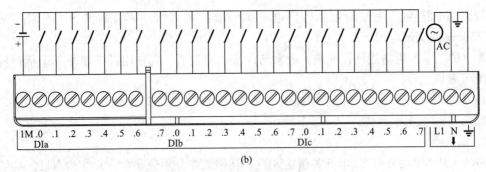

图 7-3　输入点接线（二）

（b）源型

对于 NPN 型传感器和 PNP 型传感器，如接近开关、光电开关，它们与输入点连接时应考虑输入点是处于源型还是漏型形式，即输入点供电电源极性与公共端 1M 的连接方式。图 7-4 为三线制 NPN 型和 PNP 型光电开关与 SR40 PLC 连接电路，图 7-4（a）中供电电源 24V 的正极与公共端 1M 相连，即系统工作时，电流从 PLC 的输入点公共端 1M 流入模块。图 7-4（b）是 PNP 型三线制传感器连接电路，其输入电源极性与前者相反。

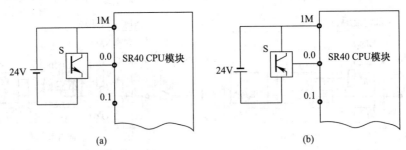

图 7-4　为三线制 NPN 型和 PNP 型光电开关与 SR40 PLC 连接电路

（a）NPN 型；（b）PNP 型

3. 输出点

SR40 CPU 模块共有 16 个开关量输出点，继电器输出形式，其接线端分别分布在 X12 和 X13，分组式接线方式。端子排 X12 的输出点分为两组，DQa.0～DQa.3 为一组，公共端为 1L，DQa.4～DQa.7 为 2 组，公共端为 2L。端子排 X13 的输出点也分为 2 组，DQb.0～DQb.3 为 1 组，公共端为 3L，DQb.4～DQb.7 为两组，公共端为 4L。由于是继电器输出，因此输出回路电源可以是交流（5～250V AC）、也可以是直流（5～30V DC）。每个输出点额定电流为 2A，公共端额定电流为 10A。输出点接线见图 7-5。

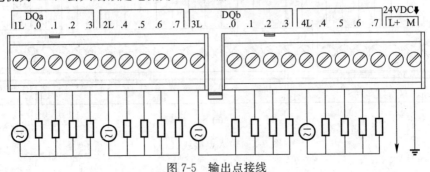

图 7-5　输出点接线

4．接口

1）RS-485 通信接口

SR40 CPU 模块提供了 1 个全双工 RS-485 串行通信接口，能支持 126 个可寻址设备，支持 PPI（点对点接口）协议，可实现人机接口设备（HMI）与 CPU 间的数据交换，可使用自定义串行通信协议实现 PLC 与设备之间的数据交换。

2）以太网通信接口

SR40 CPU 模块配置了一个以太网接口，一方面该接口用于连接编程装置，实现编程装置与 PLC 之间的数据交换。并且该接口支持 Profinet、TCP、UDP、Modbus TCP 等多种工业以太网通信协议，并支持 Web 服务器功能。通过此接口还可与其他 PLC、触摸屏、变频器、伺服驱动器、上位机等联网通信。

3）存储卡接口

SR40 CPU 模块具有 1 个存储卡插槽接口，用于插入 Micro SD 卡，可以使用 4～16GB 的标准型商业 Micro SDHC 卡。SD 卡可以用于进行控制程序的传输、重置 CPU 为出厂默认状态或进行 PLC 的固件升级。PLC 上电或热启动后执行存储卡评估程序，并进行程序传送和固件更新。

4）扩展总线接口

SR40 CPU 模块具有 1 个扩展总线接口，用于连接扩展模块，扩展模块通过连接器与扩展块连接。SR40CPU 模块扩展总线接口最多可级联 6 个不同类型的扩展模块，这些模块包括开关量模块、模拟量模块、通信模块等。

需要指出的是，ST40 CPU 模块的 I/O 点数虽然与 SR40 CPU 模块相同，但是其电源供电方式和输出方式与 ST40 CPU 模块是完全不同的，图 7-6 是 ST40 输出点接线，图中，接线端子 X12 和 X13 分别为 2 组输出点，X12 的输入点是，DQa.0～DQa.7 为一组，接线端 2L＋和 2M 为该组电源正极和接地端，DQb.0～DQb.7 为二组，接线端 3L＋和 3M 为该组电源正极和接地端。ST40 CPU 模块（DC/DC/DC）是采用直流电源供电、直流输入模式和晶体管输出模式，其输出回路配置直流电源，只能连接直流负载，如图 7-6 所示。如果要控制交流设备，则需要有电路进行转换。

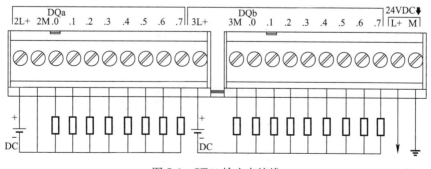

图 7-6　ST40 输出点接线

例如：用交流接触器 KM 控制切断某一控制系统主回路电源，采用 ST40 CPU 模块的控制电路如图 7-7 所示。

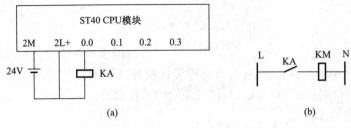

图 7-7　ST40 CPU 模块的控制电路

（a）PLC 控制电路；（b）转换电路

另外，S7-200 Smart 开关量输出驱动感性负载时，需要配备抑制电路。抑制电路可以限制开关元件断开导致的瞬时感应电压，进而保护输出点回路，并防止切断感性负载时产生的高压导致 CPU 损坏或 CPU 内部固件错误。

此外，抑制电路还可以限制关断感性负载时产生的电气噪声。配备一个外部抑制电路，使其从电路上跨接在负载两端并且在位置上接近负载，这样可有效降低电气噪声。

S7-200 Smart 晶体管输出内部回路已经包括抑制电路，该电路足以满足大多数应用中感性负载的要求。

7.2.2　扩展模块

扩展模块用于扩展 CPU 模块的功能。S7-200 Smart PLC 的标准型 CPU 模块具有扩展功能，常用的扩展模块有开关量输入模块、开关量输出模块、开关量输出/输入模块、模拟量输入模块（A/D 模块）、模拟量输出模块（D/A）模块、热电偶模块及热电阻模块，这些模块适用于所有型号的标准型 CPU 模块。每个模块左侧有一个向外伸出的总线连接器、右侧有一个总线扩展口，这些模块通过总线连接器与 CPU 模块或其他模块级联，构成了规模较大的 PLC 控制系统。标准型 CPU 模块最多可级联 6 个扩展模块。扩展总线由 CPU 模块提供电源和总线控制信号，扩展的模块在系统组态之后，在 CPU 模块的微处理器控制管理之下可与系统中的其他部分协调工作。

另外，S7-200 Smart PLC 还能通过信号板扩展 RS-485/RS-232 串行口、开关量输入、开关量输出、模拟量输入、模拟量输出等。

1. 开关量扩展模块

开关量扩展模块包括开关量输入模块、开关量输出模块、开关量输出/输入模块，表 7-3 为开关量扩展模块性能参数。

开关量扩展模块性能参数　　　　　　　　　　　　　　　　　　　　表 7-3

序号	型号	规格	功率（W）
1	EM DE08	8 点输入	1.5
2	EM DT08	8 点晶体管型输出	1.5
3	EM DR08	8 点继电器型输出	4.5
4	EM DE16	16 点输入	2.3
5	EM QT16	16 点晶体管型输出	1.7
6	EM QR16	16 点继电器型输出	4.5
7	EM DT16	8 点输入、8 点晶体管型输出	2.5

续表

序号	型号	规格	功率（W）
8	EM DR16	8 点输入、8 点继电器型输出	5.5
9	EM DT32	16 点输入、16 点晶体管型输出	4.5
10	EM DR32	16 点输入、16 点继电器型输出	10

图 7-8 为 DE08 扩展模块接线，该模块接收直流输入信号，输入点的结构原理与 CPU 模块的输入点相同，因此也可以作源型输入或漏型输入。

输出扩展模块有继电器和晶体管 2 种输出形式，它们的结构原理也与 CPU 模块类似的输出电路相同，继电器输出可以用于交流和直流负载，而晶体管输出只能用于驱动直流负载。图 7-9、图 7-10 为输出扩展模块的接线图。值得注意的是，使用扩展模块时，需要为模块配置直流工作电源，如图 7-10 所示。

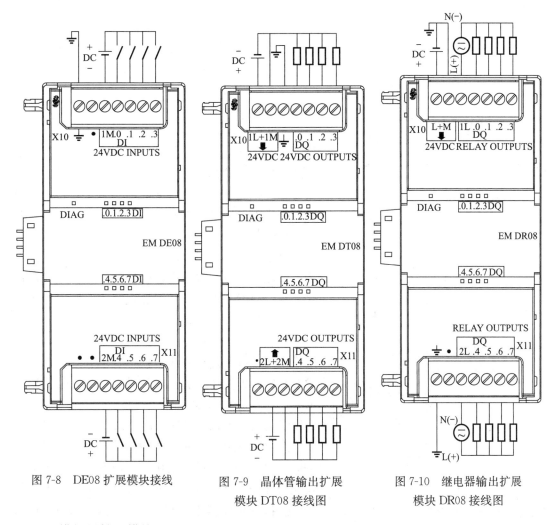

图 7-8　DE08 扩展模块接线　　　图 7-9　晶体管输出扩展模块 DT08 接线图　　　图 7-10　继电器输出扩展模块 DR08 接线图

2. 模拟量扩展模块

模拟量扩展模块有模拟量输入（A/D）模块、模拟量输出（D/A）模块、模拟量输入/输出模块、热电阻（RTD）模块和热电偶（TC）模块，表 7-4 给出了模拟量扩展模块性能参数。

序号	型号	规格
		模拟量扩展模块性能参数　　　　　　　　表 7-4
1	EM AE04	4 路模拟量输入
2	EM AE08	4 路模拟量输入
3	EM AQ02	2 路模拟量输出
4	EM AQ04	4 路模拟量输出
5	EM AM03	2 路模拟量输入/1 路模拟量输出
6	EM AM06	4 路模拟量输入/2 路模拟量输出
7	EM AT04	4 路热电偶（TC）
8	EM AR02	2 路热电阻（RTD）
9	EM AR04	4 路热电阻（RTD）

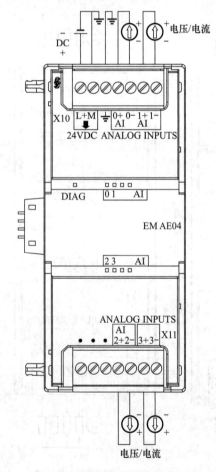

图 7-11　AE04 模块的接线图

模拟量输入（A/D）模块用于把电流或电压信号转换为数字量，输入电压信号量程：为 $-10\sim+10V$、$-5\sim+5V$、$-2.5\sim+2.5V$，输入电流信号量程：$0\sim20mA$。对应数字量范围是 $-27648\sim+27648$。

图 7-11 是 AE04 模块的接线图。通常，由变送器把现场传感器的检测信号转换为符合输入模块电压或电流量程的标准信号，然后接入模拟量输入模块。如图 7-11 所示，每个通道都有两个接线端，对于不同类型的变送器，输入端的接法稍有差异。常见的变送器输出信号有二线制、三线制、四线制。二线制信号是指信号线和电源线共用，图 7-12（a）为二线制变送器与输入模块的接线原理。三线制信号是指信号线和电源线共有 3 根线：电源正极 1 根线，正信号 1 根线，负信号线与电源负极为共用 1 根线（公共线），图 7-12（b）为三线制变送器与输入模块的接线原理。四线制信号是信号 2 根线、电源 2 根线，即变送器有独立的供电电源，转换后的信号以正信号、负信号形式输出，图 7-12（c）为四线制变送器与输入模块的接线原理。

热电阻（RTD）模块和热电偶（TC）模块是特殊的模拟量输入扩展模块，这种模块集成了信号转换与处理电路，温度传感器可以直接接到模块的输入接线端，无需温度变送器。RTD 模块连接的传感器主要有 Pt、Cu 和 Ni 等热电阻，把被测温度对热电阻阻值影响转化成数字量，模块可以连接二线制、三线制和四线制传感器电阻测量温度。TC 模块连接的传感器为热电偶，可以采用 J、K、T、E、R、S、N、C 以及 B 型热电偶。具体应用方式，请读者查阅相关资料。

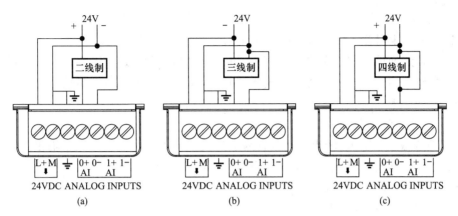

图 7-12 不同线制变送器信号与模拟量输入模块的接线

(a) 二线制；(b) 三线制；(c) 四线制

模拟量输出（D/A）模块用于把数字量转换为电流或电压信号，当输出设置为电压信号时，要转化的数字量范围是 $-27648 \sim +27648$，模块输出电压量程为 $-10 \sim +10V$；当输出设置为电流信号时，要转化的数字量范围是 $0 \sim 27648$，模块输出电流量程为 $0 \sim 20mA$。图 7-13 是 AQ02 模块接线图。

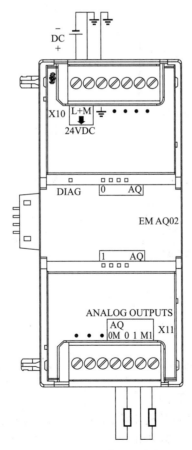

图 7-13 AQ02 模块的接线图

3. 信号板

在需要扩展少量输入输出资源时，采用信号板扩展也是 S7-200 Smart PLC 实现扩展的一种途径，这种扩展方式模块仅占用信号板的位置，不会改变 PLC 的尺寸。用信号板扩展只能实现下列目的之一：开关量输入/输出、模拟量输入、模拟量输出、RS-485/RS-232 串行通信接口。

1）SB DT04 数字量输入/输出信号板

SB DT04 数字量输入/输出信号板有两个开关量输入点和两个开关量输出点，输入点为直流信号输入方式，输出点为晶体管输出方式，其结构原理与 CPU 模块的输入输出相同。图 7-14 为 SB DT04 模块的接线图。

2）SB AE01 模拟量输入信号板

SB AE01 模拟量输入信号板只有 1 路模拟量输入通道，由 CPU 供电，不需要外接电源。分辨率为 12 位（二进制），输入电压信号量程为：$-10 \sim +10V$、$-5 \sim +5V$、$-2.5 \sim +2.5V$，输入电流信号量程：$0 \sim 20mA$。对应数字量范围是 $-27648 \sim +27648$。SB AE01 信号板接线图如图 7-15 所示。

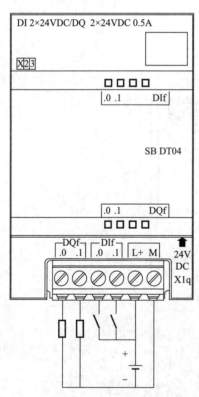

图 7-14 SB DT04 模块的接线图

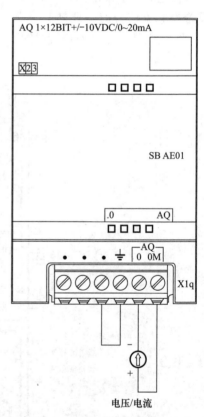

图 7-15 SB AE01 信号板的接线图

3）SB AQ01 模拟量输出信号板

SB AQ01 模拟量输出信号板只有 1 路模拟量输出通道，由 CPU 供电，不需要外接电源。分辨率为 11 位（二进制），输出电压或者电流，输出电流量程为 $0 \sim 20mA$，对应数字量为 $0 \sim +27648$；输出电压范围是 $-10 \sim +10V$，对应数字量为 $-27648 \sim +27648$。SB

AQ01 模块接线图如图 7-16 所示。

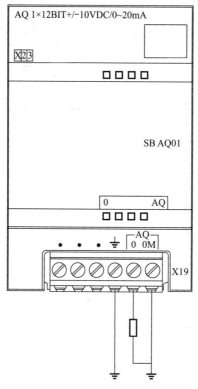

图 7-16　SB AQ01 模块接线图

4）RS-485/RS-232 信号板

RS-485/RS-232 信号板可以作为 RS-232 串行口或者 RS-485 串行口使用，可以根据应用需要在硬件组态选择。SB RS-485/RS-232 模块不需要外接电源，它直接由 CPU 模块供电，RS-485/RS-232 信号板引脚定义见表 7-5。

RS-485/RS-232 信号板引脚定义　　　　　　　　　　　　表 7-5

引脚号	功能	说明
1	功能性接地	
2	Tx/B	RS-485 为接收＋/发送＋，RS-232 为发送
3	RTS	
4	M	RS-232 为 GND 接地
5	Rx/A	RS-485 为接收－/发送－，RS-232 为接收
6	5V 输出（偏置电压）	

4．Profibus DP 通信扩展模块

通信扩展模块 EM DP01 为 S7-200 Smart CPU 模块扩展 Profibus DP 总线接口，使 S7-200 Smart CPU 模块可通过该连接到 Profibus DP 网络。EM DP01 扩展模块通过扩展总线与 S7-200 Smart CPU 模块连接，DP01 模块通过其通信端口连接到 Profibus 网络。

EM DP01 通信端口服从 RS-485 电气接口标准，该端口波特率为 9600～12000000bps，EM DP01 模块通信端口连接器定义见表 7-6。

DP01 模块通信端口连接器定义　　　　　　　　　　表 7-6

引脚号	功能	Profibus 网络
1		屏蔽
2		返回 24V
3		RS-485 信号 B
4		请求发送
5		返回 5V
6		+5V（隔离）
7		+24V
8		RS-485 信号 A
9		未定义引脚

EM DP01 的 RS-485 接口，支持 Profibus-DP 和 MPI 两种协议，但只能工作于从站（Slave）模式，即 EM DP01 用于 Profibus-DP 通信时，只能作为 Profibus 的从站，而不能作为主站，因此两个 EM DP01 模块之间不能通信。EM DP01 一方面可和 Profibus 网络的主站通信，另一方面可与 S7-200 Smart CPU 通信，为了保证数据传输的准确性，EM DP01 采用"缓冲区一致性"的方式进行数据传输。有关 Profibus 网络及 DP 协议请读者查阅相关资料。

7.3　S7-200 Smart 的数据类型与数据存储区

7.3.1　S7-200 Smart 数据格式

PLC 收集指令执行的结果和现场信息，并按照用户控制程序预定的控制规律进行运算和处理，再输出控制、显示等信号。指令执行的结果、现场信息、输出的信号等都是以不同格式表示的数据。指令对数据格式有一定要求，数据格式包括数据长度和数据类型，当指令与数据之间的格式一致时才能正常工作。

1. 数据类型

在 S7-200 Smart PLC 内部 CPU 处理的数据是二进制数或二进制编码。S7-200 Smart PLC 指令中的数据可以以二进制、十进制和十六进制形式表示。Smart PLC 指令所使用的数据类型有位、整数、无符号整数、有符号整数、实数等，表中的数据长度为二进制数的位数，见表 7-7。

S7-200 Smart PLC 指令使用的数据类型　　　　　　表 7-7

序号	数据类型	数据格式	类型说明	长度	取值范围
1	BOOL	位	布尔型	1	1, 0
2	BYTE	字节	无符号整数型	8	0～255
3	INT	整数	有符号整数型	16	−32768～32767

续表

序号	数据类型	数据格式	类型说明	长度	取值范围
4	WORD	字	无符号整数型	16	0～65535
5	DINT	双整数	有符号双整数型	32	−2147483648～2147483647
6	DWORD	双字	无符号双整数型	32	0～4294967295
7	REAL	实数	单精度浮点数	32	正数：$+1.175495 \times 10^{-38}$～$+3.402823 \times 10^{38}$ 负数：$-1.175495 \times 10^{-38}$～$-3.402823 \times 10^{38}$

2. 常数与字符串的表示方法

PLC 内部用二进制数方式存储常数，常数数据格式可以是字节、字或双字，在程序中可以用二进制、十进制、十六进制、浮点数、ASCII 码等形式来表示。

1）二进制、十六进制和十进制

二进制数表示时，每 4 位二进制位分为一组，如 2#1001_0100。#之前的 2 表示二进制数，后面的 1001_0100 表示数值大小，由于 4 位二进制数可以表示成 1 位 16 进制数，则上述数据可表示为：16#94，同样，#之前的 16 表示十六进制数。在程序中使用位数较多的二进制数时，用十六进制表示该数更加简洁。

如：2#1010_0101_1011_1101，用十六进制表示为 16#A5BD。

在程序中，用十进制格式表示数据时，不需要加数制说明符号，而是直接给出十进制数，如：1345，−59。

2）实数

在 PLC 中，实数（或浮点数）是以 32 位单精度数表示的，在存储器中存储格式为二进制浮点运算标准（IEEE Standard for Binary Floating-Point Arithmetil ANSI/IEEE 754-1985）定义的形式，如图 7-17 所示。PLC 的 CPU 对实数按双字长度存储和读取。

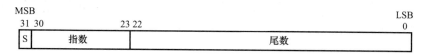

图 7-17　实数格式

图 7-17 的 32 位实数可以表示为浮点数 $1.m \times 2^{E}$，S 为该实数的符号位，0 为正数，1 为负数；尾数和指数均为二进制数，指数 E 为整数，可以为正数和负数（补码表示），尾数为小数部分，已规格化为最高位为 1 的二进制数，其整数部分总为 1，只保留尾数的小数部分 m。

S7-200 Smart PLC 编程时，通常不使用二进制数的形式表示实数，而是使用十进制小数的形式表示实数。

实常数表示格式：50.1，−1.175495E−10。

3）字符与字符串

在 S7-200 Smart PLC 中，字符采用 ASCII 码表示，一个字节存储一个字符。ASCII字符编码是 7 位二进制表示字母、数字和一些特殊符号的编码，共有 128 个字符编码。

字符串是一个字符序列，其中的每个字符都以字节的形式存储。在 S7-200 Smart PLC中的字符串采用图 7-18 的字符串格式表示。字符串长度可以是 0 到 254 个字符，再加上长度字节，字符串最大长度为 255 个字节。字符串常数限制为 126 个字节。字符串中也可以包括汉字编码，每个汉字占用 2 个字节。

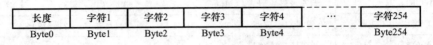

图 7-18 字符串格式

在程序中，用单引号（' '）把字符或字符串括起来的方式来表示字符常数，如 'AB-CDE'。用双引号（" "）把字符串括起来的方式来表示字符串常数，如 "中文字符"。

如在数据块中定义字符和字符串：

VB100 'Chang'an'

VB200 "中文字符"

VB300 "Chang'an"

下载项目到 S7-200 Smart CPU 后，使用状态图在线监控可以看到图 7-19 的结果。图 7-19 (a) 是为按字符存储，图 7-19 (b) 是按字符串存储，VB300 单元存储是字符串长度。图 7-19 (c) 存储的是汉字的《信息交换用汉字编码字符集 基本集》GB/T 2312—1980 编码，4 个汉字，字符串长度为 8。

地址	格式	当前值
VB100	ASCII	'C'
VB101	ASCII	'h'
VB102	ASCII	'a'
VB103	ASCII	'n'
VB104	ASCII	'g'
VB105	ASCII	'''
VB106	ASCII	'a'
VB107	ASCII	'n'

(a)

地址	格式	当前值
VB300	无符号	8
VB301	ASCII	'C'
VB302	ASCII	'h'
VB303	ASCII	'a'
VB304	ASCII	'n'
VB305	ASCII	'g'
VB306	ASCII	'''
VB307	ASCII	'a'
VB308	ASCII	'n'

(b)

地址	格式	当前值
VB200	无符号	8
VB201	无符号	214
VB202	无符号	208
VB203	无符号	206
VB204	无符号	196
VB205	无符号	215
VB206	无符号	214
VB207	无符号	183
VB208	无符号	251

(c)

图 7-19 字符与字符串存储

(a) 按字符存储；(b) 按字符串存储；(c) 汉字的 GB/T 2312 编码

7.3.2 数据存储区

1. 存储区的单元与位的表示方式

在 S7-200 Smart PLC 中，CPU 把信息存储在不同存储单元内，单元的每个位都有一个唯一的地址。为了清楚表述存储单元及其位的关系，本书在此采用计算机原理的关于单元的概念。把 PLC 的字节地址称为单元地址，一个单元存储一个 8 位二进制数据或编码，即 1 个字节。

1) 位

PLC 中以二进制 "位" 的状态形式来表示逻辑 "1" "0"（或者 "开" "关"），它是最基本的数据单位。存储单元与位的关系如图 7-20 所示。访问存储区中的位时，必须指定该位的位地址，位地址包括存储器标识符、单元地址和该位在单元中的位置。

表示位的格式：[存储器标识符][单元地址] . [位在单元中的位置]。

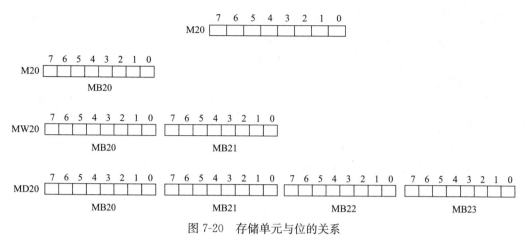

图 7-20　存储单元与位的关系

例如：M20.5，表示 M20 单元的第 5 位。Q0.2，表示输出映像区的 Q0 单元的第 2 位。

2）单元

在 S7-200 Smart PLC 把数据写入某个单元或者读取某个单元存储的数据时，可以按照字节、字和双字等多种方式。类似地，访问存储区的单元时，也需要指定单元地址。在 S7-200 Smart PLC 中，数据以字和双字方式存储时，从起始单元开始，遵循"高字节在前，低字节在后"的原则。单元地址的表示方式与写入或读取的数据长度有关。

（1）读取/写入 1 个字节：［存储器标识符］B［单元地址］

如：VB100，访问对象是 VB100 单元。

（2）读取/写入 2 个字节（1 个字）：［存储器标识符］W［单元地址］

如：VW100，高八位在 VB100 单元、低八位在 VB101 单元。

（3）读取/写入 4 个字节（2 个字）：［存储器标识符］D［单元地址］

如：VD100，最高八位在 VB100 单元。以此类推，最低八位在 VB103 单元。

以上方式直接给出了存储单元或位的绝对地址，PLC 的 CPU 能够直接存取在指定的位或单元的信息，是一种直接寻址方式。S7-200 Smart PLC 还支持使用指针来访问存储区的数据，它是一种间接寻址方式，将在本章指令系统中介绍。

2. 数据存储区的类型

S7-200 Smart PLC 为用户提供了许多数据存储空间，并将其划分为不同功能的区域，以存放不同类型的数据。这些数据存储器有各自的功能和固定的地址，其数量的多少决定了 PLC 的规模和数据处理能力。S7-200 Smart PLC 的数据存储区可划分为两大类，一类与输入/输出信号相关的输入/输出映像区，包括：开关量输入映像区（I）、开关量输出映像区（Q）、模拟量输入映像区（AI）、模拟量输出映像区（AQ）。另一类为内部数据存储区，包括变量存储区（V）、位存储区（M）、定时器存储区（T）、计数器存储区（C）、高速计数器（HC）、累加器（AC）、特殊存储器（SM）、局部存储区（L）、顺序控制继电器（S）等。

1）开关量输入映像区（I）

开关量输入映像区与开关量输入端相关联，是专门用来存储 PLC 外部开关信号状态。PLC 在每次扫描周期的开始，对与输入点连接的外部设备的状态进行采样，并将采样值写入映像区。CPU可以按位、字节、字或双字来访问输入映像区。在程序中表示方式如下：

按位表示格式：I［单元地址］.［位地址］，如I0.1。

按字节、字或双字表示格式：I［数据长度］［起始单元地址］，如IB4、IW7、ID20。

2）开关量输出映像区（Q）

开关量输出映像区是用来将PLC内部信号输出并传送给输出点连接外部负载设备。PLC执行用户控制程序，并把要输出的开关量写入相应的输出映像区单元，在每次扫描周期的结尾，CPU将输出映像存储区单元的内容复制到对应的输出点上。CPU可以按位、字节、字或双字的格式访问开关量输出映像区。在程序中，表示方式如下：

按位表示格式：Q［单元地址］.［位地址］，如Q1.1。

按字节、字或双字表示格式：Q［数据长度］［起始单元地址］，如QB4、QW7、QD28。

3）模拟量输入映像区（AI）

S7-200 Smart PLC采用12位的A/D转换器，把从模拟量通道接入的模拟量信号（如电压、电流）转换成12位二进制数，存储在2个单元中，即转换值为1个字长。模拟量输入通道的转换值存储在模拟量输入映像区，CPU可以以字的方式访问模拟量输入映像区。在程序中，表示方式如下：

AIW［起始单元地址］

因为转换得到的数字量为1个字长，并且从偶数地址单元（如0、2、4）开始存储，因此，起始单元地址必须为偶地址，如AIW0，AIW4，AIW8，这些存储转换值的单元只能读出。

4）模拟量输出映像区（AQ）

S7-200 Smart PLC采用11位D/A转换器，因此它能把11位二进制数字量转换为电流或电压信号，待转换的11位二进制数需要存储在2个单元中，即转换数据为1个字长。待转换数字量存储在模拟量输出映像区，CPU可以以字的方式访问模拟量输出映像区。在程序中表示方式如下：

AQW［起始单元地址］

转换数据存储的起始单元地址必须为偶地址，如AQW0，AQW4，AQW8，这些存储转换数据的单元只能写入。

5）变量存储区（V）

变量存储区（V）用来存储用户控制程序运行的中间结果，也可以用它来保存其他数据。变量存储器是内部存储区，与外部设备无直接关联。PLC的CPU可以按位、字节、字或双字来访问变量存储区，在程序中表示方式如下：

按位表示格式：V［单元地址］.［位地址］。

如V10.2。

按字节、字或双字表示格式：V［数据长度］［起始单元地址］。

如VB100、VW100、VD100。

6）位存储区（M）

位存储区（M）也称为标志存储区，作为PLC内部控制继电器，其用来存储逻辑运算的中间状态或其他控制信息。CPU位对存储区可以按位、字节、字或双字访问。这种内部控制继电器是"软继电器"，它的常开触点与常闭触点在程序中可无限次使用。

按位表示格式：M［单元地址］．［位地址］。

如 M10.1。

按字节、字或双字表示格式：M［数据长度］［起始单元地址］。

如 MB0、MW11、MD10。

7）定时器存储区（T）

在 S7-200 Smart CPU 中，定时器可用于累计时间，其分辨率（时基增量）分为 1ms、10ms 和 100ms 三种。定时器有两个参量：

当前值：当前值为 16 位有符号整数，是定时器累计的时间量。

定时器位：CPU 比较计时器的当前值和预设目标值，根据比较结果置位或者清除该位，预设目标值是定时器指令的一部分。

CPU 通过定时器地址来存取以上两个变量，使用不同的指令访问定时器位和存取定时器的当前值。存取定时器位时，使用位操作指令；存取定时器当前值时，使用字操作指令。

定时器地址格式为：T［定时器编号］，如 T2。

8）计数器存储区（C）

在 S7-200 Smart PLC 中，计数器用于累计其输入端信号电平由低到高跳变（正跳变）的次数。S7-200 Smart PLC 有 3 种类型的计数器，加 1 计数器、减 1 计数器、加减计数器。计数器有两个参量：

当前值：16 位有符号整数，是计数器输入端信号正跳变次数的累计值。

计数器位：CPU 比较计数器的当前值和预设目标值，根据比较结果置位或者清除该位，预设目标值是计数器指令的一部分。

CPU 通过计数器地址来存取这两个变量。同定时器类似，使用不同的指令访问计数器器位和存取计数器的当前值。存取计数器位时，使用位操作指令；存取计数器当前值时，使用字操作指令。

计数器地址格式为：C［计数器编号］，如 C4。

9）高速计数器（HC）

高速计数器用于对高速事件计数，它独立于 CPU 的程序扫描周期。高速计数器是一个 32 位的计数器，其当前值只能读取，其值为双字类型。读取高速计数器当前值时，需要给出高速计数器的地址，计数器地址格式为：HC［高速计数器编号］，如 HC2。

10）累加器（AC）

累加器是可以像存储器一样使用的读/写寄存器。用它可向子程序传递参数，或从子程序返回参数，以及存储程序运行的中间结果。

S7-200 Smart PLC 有 4 个 32 位累加器：AC0、AC1、AC2 和 AC3，CPU 可以按字节、字或双字的形式访问累加器，读写数据的长度取决于使用的指令。以字节形式读写累加器，存取的数据是累加器的低 8 位（最低字节）；以字形式读写累加器时，存取的数据是累加器的低 16 位（两个低字节）；以双字形式读写累加器时，存取的数据是累加器的 32 位（4 个字节）。

累加器地址格式：AC［累加器编号］，如 AC0。

11）特殊存储器区（SM）

特殊存储器的 SM 位是 CPU 与用户程序之间传递信息的另一种途径。用户在程序中使用这些 SM 位可以选择和控制 S7-200 Smart CPU 的一些特殊功能，只能读出，用户无法改变特殊存储器存储单元定义的功能。例如，仅在首次扫描接通有效的 SM 位、按照固定频率开关切换的 SM 位、提供数学运算指令状态的 SM 位。PLC 的 CPU 可以按位、字节、字或双字来访问特殊存储器区。

位地址格式：SM［单元地址］.［位地址］，如 SM0.1。

节、字、双字格式：SM［数据长度］［起始单元地址］，如 SMB0，SMW22，SMD22。

表 7-8 是常用的特殊存储器单元。表 7-9 为系统状态 SMB0 各个位的功能。

常用的特殊存储器单元　　　　　　　　表 7-8

序号	地址	功能
1	SMB0	系统状态位
2	SMB1	指令执行状态位
3	SMB2	自由端口接收字符
4	SMB3	自由端口奇偶校验错误
5	SMB4	中断队列溢出、运行时程序错误、中断已启用、自由端口发送器空闲和强制值
6	SMB5	I/O 错误状态位
7	SMB6、SMB7	CPU ID、错误状态和数字量 I/O 点
8	SMB8-SMB21	I/O 模块 ID 和错误
9	SMW22-SMW26	扫描时间
10	SMB28、SMB29	信号板 ID 和错误
11	SMB30	CPU 模块 RS-485 端口组态端口
12	SMW98	I/O 扩展总线通信错误
13	SMB1000-MB1049	CPU 硬件/固件 ID
14	SMB1050-MB1099	SB 信号板硬件/固件 ID
15	SMB1100-SMB 1299	EM 扩展模块硬件/固件 ID

系统状态 SMB0 各个位的功能　　　　　　　　表 7-9

序号	PLC 符号名	SM 地址	说明
1	Always_On	SM0.0	始终接通
2	First_Scan_On	SM0.1	在第一个扫描周期接通，然后断开。用于调用初始化子程序
3	Retentive_Lost	SM0.2	PLC 在下列操作后会接通一个扫描周期：（1）重置为出厂通信命令。（2）重置为出厂存储卡评估。（3）评估程序传送卡。（4）闪存保留的记录出现问题。可用作错误存储器位或调用特殊启动顺序
4	RUN_Power_Up	SM0.3	从上电或热启动进入 RUN 模式时，接通一个扫描周期。可用于在开始操作之前给机器提供预热时间
5	Clock_60s	SM0.4	提供周期时间为 1min 的时钟脉冲，该脉冲断开 30s，接通 30s。实现延时或 1min 时钟脉冲
6	Clock_1s	SM0.5	提供周期时间为 1s 的时钟脉冲，该脉冲断开 0.5s，接通 0.5s。实现延时或 1s 时钟脉冲

序号	PLC 符号名	SM 地址	说明
7	Clock_Scan	SM0.6	扫描周期时钟，接通 1 个扫描周期，再断开 1 个扫描周期，在后续扫描中交替接通和断开。可用作扫描计数器输入
8	RTC_Lost	SM0.7	实时时钟设备的时间被重置或在上电时丢失时，接通 1 个扫描周期。可用作错误存储器位或用来调用特殊启动顺序

12）局部存储区（L）

局部存储区用于调用子程序时向子程序传递形式参数。S7-200 Smart PLC 把主程序、子程序和中断程序称为程序组织单元（Program Organizational Unit，POU）。CPU 为每个 POU 提供 64 个局部存储单元。CPU 执行当前的 POU 时，只能访问与该 POU 相关的局部存储单元。当 CPU 执行中断程序和子程序时，局部存储区作为堆栈，用于保留暂停执行的 POU 的局部存储单元内容。当从中断程序和子程序返回时，从局部存储区堆栈中恢复原来的单元内容，继续执行原来的 POU。

局部存储区 L 和变量存储区 V 相似，其区别在于：变量存储区 V 是全局有效的，而局部存储区 L 只在局部范围有效。全局是指任何 POU 都可以访问同一个存储单元，而局部是指局部存储单元的分配与特定的程序相关联，其他程序不能访问。

CPU 对局部存储区 L 可以用位、字节、字或双字格式访问。

位格式：L［单元地址］.［位地址］，如 L0.1。

字节、字、双字格式：L［数据长度］［起始单元地址］，如 LB33，LW5，LD20。

13）顺序控制继电器区（S）

顺序控制继电器区用于组织机器设备的顺序操作。顺序控制继电器 SCR 提供控制程序的逻辑分段。逻辑分段是指按照控制顺序把一个复杂的步骤分割成几个简单的步骤。顺序控制继电器区的位与顺序控制继电器 SCR 结合，可以把机器设备或工艺步骤组织到与其等效的程序段中。CPU 对顺序控制继电器区可以按位、字节、字或双字来访问。

位格式：S［单元地址］.［位地址］，如 S2.1。

字节、字、双字格式：S［数据长度］［起始单元地址］，如 SB4，SW5，SD20。

7.3.3　数据存储区与 I/O 地址分配

1. 数据存储区地址范围

表 7-10 为标准型 S7-200 Smart PLC 数据存储区地址分配。表 7-10 中，第 1 行和第 2 行为各种型号 PLC 的用户程序区和用户数据区，如 SR30/ST30 PLC 的用户程序存储区空间为 18KB，用户数据存储区空间为 12KB，SR40/ST40 PLC 的用户程序存储区空间为 24KB，用户数据存储区空间为 16KB，型号不同的 PLC 的用户存储区空间（用户程序存储区、用户数据存储区）大小存在差异。用户数据存储区的几种数据存储区的地址范围，除了变量存储区不同外，其余类型的数据存储区等地址范围都是一样的。以 SR40 与 ST40 PLC 为例，它的开关量输入映像区和开关量输出映像区分别为 256 位，模拟量输入映像区和模拟量输出映像区分别为 111 个字（222 个单元），定时器为 256 个，计数器为 256 个，局部存储区为 64 个字节（单元），位存储为 256 位，4 个 32 位的累加器，以及 766 个字节特殊存储区等。

标准型 S7-200 Smart PLC 数据存储区地址分配　　　　　　　表 7-10

序号	存储区	SR20/ST20	SR30/ST30	SR40/ST40	SR60/ST60
1	用户程序存储区	12288 字节（12KB）	18432 字节（18KB）	24576 字节（24KB）	30720 字节（30KB）
2	用户数据存储区	8192 字节（8KB）	12288 字节（12KB）	16384 字节（16KB）	20480 字节（20KB）
3	开关量输入映像区	I0.0～I31.7	I0.0～I31.7	I0.0～I31.7	I0.0～I31.7
4	开关量输出映像区	Q0.0～Q31.7	Q0.0～Q31.7	Q0.0～Q31.7	Q0.0～Q31.7
5	模拟量输入映像区	AIW0～AIW110	AIW0～AIW110	AIW0～AIW110	AIW0～AIW110
6	模拟量输出映像区	AQW0～AQW110	AQW0～AQW110	AQW0～AQW110	AQW0～AQW110
7	定时器	T0～T255	T0～T255	T0～T255	T0～T255
8	计数器	C0～C255	C0～C255	C0～C255	C0～C255
9	变量存储区	VB0～VB8191	VB0～VB12287	VB0～VB16383	VB0～VB20479
10	局部存储区	LB0～LB63	LB0～LB63	LB0～LB63	LB0～LB63
11	位存储区	M0.0～M31.7	M0.0～M31.7	M0.0～M31.7	M0.0～M31.7
12	累加器	AC0～AC3	AC0～AC3	AC0～AC3	AC0～AC3
13	特殊存储器区	位： SM0.0～SM1699.7。 单元： SMB0～SMB29； SMB480～SMB515； SMB1000～SMB1699	位： SM0.0～SM1699.7。 单元： SMB0～SMB29； SMB480～SMB515； SMB1000～SMB1699	位： SM0.0～SM1699.7。 单元： SMB0～SMB29； SMB480～SMB515； SMB1000～SMB1699	位： SM0.0～SM1699.7。 单元： SMB0～SMB29； SMB480～SMB515； SMB1000～SMB1699

2. I/O 地址

S7-200 Smart PLC 的 CPU 模块上的 I/O 具有固定的 I/O 地址。当 CPU 模块上的 I/O 点不能满足应用需求时，可以通过 CPU 模块右侧的扩展总线连接扩展 I/O 模块增加 I/O 点，或安装信号板来增加 I/O 点。扩展模块的 I/O 点地址取决于 I/O 类型以及该模块在扩展级联链中的位置。

标准型 S7-200 Smart PLC 最多可扩展 I/O 模块 6 个扩展模块以及 1 个信号板，如图 7-21，图中模块 0～模块 5 为扩展模块编号，信号扩展板在 CPU 模块上。CPU 模块及扩展模块输入输出起始地址分配见表 7-11。

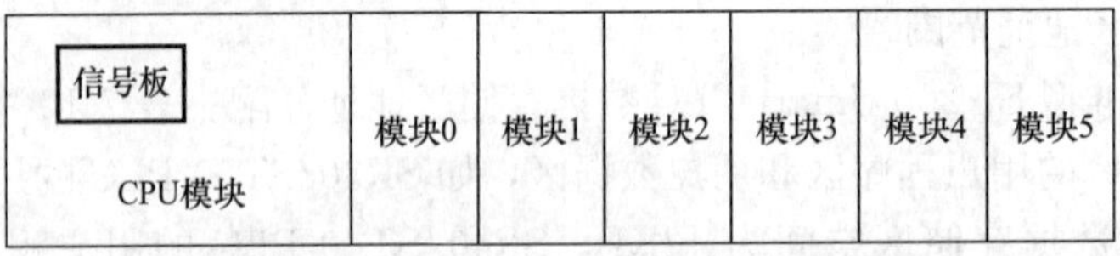

信号板 CPU模块	模块0	模块1	模块2	模块3	模块4	模块5

图 7-21　标准型 PLC 扩展模块示意

CPU 模块及扩展模块输入输出起始地址分配　　　　　　　表 7-11

序号	名称	CPU	信号板	模块 0	模块 1	模块 2	模块 3	模块 4	模块 5
1	开关量输入	I0.0	I7.0	I8.0	I12.0	I16.0	I12.0	I24.0	I28.0
2	开关量输出	Q0.0	Q7.0	Q8.0	Q12.0	Q16.0	Q20.0	Q24.0	Q28.0
3	模拟量输入	—	AI12	AI16	AI32	AI48	AI64	AI80	AI96
4	模拟量输出	—	AQ12	AQ16	AQ32	AQ48	AQ64	AQ80	AQ96

开关量 I/O 的映像存储空间多以 8 位（一个单元）递增的形式预留。如果扩展模块没有为保留单元中的位提供对应的输入/输出点，没有使用的位则不能分配给 I/O 级联链中的其他模块。对于输入模块，输入映像存储空间没有使用的位在每个输入更新周期会被清零。

模拟量 I/O 通道是以递增两个单元地址的方式分配。如果扩展模块没有为模拟量映像区的保留单元分配实际的模拟量 I/O 通道，这些模拟量 I/O 通道的保留地址则不能够分配给 I/O 级联链中的其他模块。

输出模块不会影响输入模块的地址，反之亦然。类似地，模拟量模块也不会影响开关量模块的寻址，反之亦然。

扩展模块地址在系统 PLC 的 I/O 组态由编程软件（STEP 7 Micro/WIN SMART）下载给 PLC。

下面以 ST40 PLC 为例，介绍 I/O 地址的分配原理。

【例 7-1】某系统采用了 ST40 CPU 模块，用 1 个输入模块扩展 8 个输入点，使用 2 个模拟量输入通道，确定各模块的 I/O 地址。

假设，输入模块连接到 CPU 模块右侧作为模块 0，2 个模拟量输入通道模块作为模块 1，则 CPU 模块及扩展模块输入输出地址分配如表 7-12 所示。

CPU 模块及扩展模块输入输出地址分配 表 7-12

序号	名称	端子代号	地址
1	CPU 模块开关量输入	DIa. 0～DIa. 7	I0. 0～I0. 7
		DIb. 0～DIb. 7	I1. 0～I1. 7
		DIc. 0～DIc. 7	I2. 0～I2. 7
2	CPU 模块开关量输出	DQa. 0～DQa. 3	Q0. 0～Q0. 7
		DQb. 0～DQb. 7	Q1. 0～Q1. 7
3	输入模块（模块 0）	—	I8. 0～I8. 7
4	模拟量输入（模块 1）	—	AI32，AI34

7.4　S7-200 Smart PLC 的指令系统

7.4.1　编程语言与指令系统

1. 编程语言

S7-200 Smart PLC 有 3 种编程语言：梯形图（Ladder Diagram，LAD）、语句表（Statement List，STL）和功能块图（Functional Block Diagram，FBD）。梯形图语言程序类似电气控制逻辑电路，简单易懂，通用性强，是目前采用最广泛的编程语言。功能块图程序类似数字逻辑电路，以功能块为基本元素表述系统控制方案的实现过程，直观性强、容易掌握。语句表语言即为指令表语言，它类似汇编语言，用助记符表述指令功能。语句表程序可以实现一些梯形图或功能块图程序不易实现的功能。对于 S7-200 Smart PLC来说，梯形图语言程序与功能块图程序可相互转换，梯形图语言程序、功能块图程序可以转换为语句表程序，但语句表程序不一定能转换为梯形图语言程序或者功能块图语言程序。本节主要介绍梯形图语言指令及用法。

2. 梯形图语言指令基本形式

S7-200 Smart PLC 梯形图语言指令用图形符号表示，逻辑指令有 3 种基本形式：

1）触点

触点表示位逻辑输入的状态，用来测试存储单元、输入/输出映像存储区的指定位状态。触点有 2 种形式，图 7-22（a）为常开触点，图 7-22（b）为常闭触点，Bit 为位地址，左侧为输入，右侧为输出。当指定位 Bit 的状态为 1 时，常开触点闭合，常闭触点断开；当指定 Bit 位的状态为 0 时，常开触点断开，常闭触点闭合。Bit 可以是 M、SM、T、C、V、S、L 存储区存储单元中的位，也可以是输入映像存储区 I、输出映像存储区 Q 中的位。

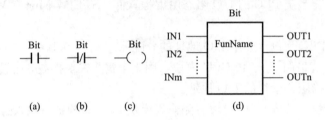

图 7-22　位逻辑指令的基本形式
(a) 常开触点；(b) 常闭触点；(c) 线圈；(d) 方框

2）线圈

线圈表示位逻辑输出的结果，线圈指令符号如图 7-22（c）所示，左侧为线圈的激励信号。输出指令执行后，把给定位 Bit 的状态写入输出映像储存区 Q 的存储单元中。Bit 可以是输出映像存储区 Q 中的位，也可以是 M、SM、V、S、L 存储区存储单元中的位。

3）指令盒

指令盒用来表示一些较复杂的功能指令。它的通用图形符号如图 7-22（d）所示，它的左侧 IN1～INm 为输入变量，右侧 OUT1～OUTn 为输出变量，信息流从左向右流动，FunName 为其功能名称或者指令助记符，Bit 为操作位，指令盒"封装"了特定的操作功能，如计数器、定时器、算术运算、数据传送、数制转换、逻辑运算等。图 7-23 为 3 种指令盒指令，EN 和 ENO 为布尔型变量。

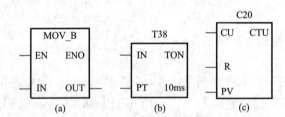

图 7-23　3 种指令盒指令
(a) 字节传送；(b) 定时器；(c) 计数器

3. 梯形图程序中的网络与能流

通常，一个 S7-200 Smart PLC 梯形图程序是由若干个网络（Network）构成的，网络也被称为程序段，如图 7-24 所示。在程序中，网络是指一组逻辑关系不能分割的独立程序段，它是构成梯形图程序的单元，在程序中这些网络自上而下按顺序编号。PLC 执行程序时，如果没有跳转指令，就会从上而下执行各个网络。执行网络时，从母线开始，自左向右进行运算。执行完最后一个网络后，自动返回第一个网络再次扫描执行程序，周而复始。

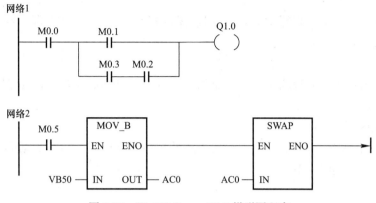

图 7-24　S7-200 Smart PLC 梯形图程序

能流（Power Flow）是用来表述在梯形图程序运行过程中逻辑运算执行顺序和状态，它是一种假设的电流，能流在网络中只能从左向右流动。在图 7-24 中，触点 M0.0 闭合时，能流从母线经 M0.0 触点流出，如果 M0.1 触点未闭合，则能流无法穿过 M0.1，能流中断于 M0.1。如果此时 M0.2、M0.3 常开触点闭合，则能流流过此分支到达 Q1.0，Q1.0 线圈得电。

对于指令盒类指令，如果 EN 处有能流且指令执行无错误，则使能输出 ENO 将能流传递给下一个编程元件，如果指令执行有错误，能流在出现错误的功能块终止。在图 7-24 中，M0.5 的常开触点闭合时，能流流到 MOVB 指令盒的开关量输入端 EN，字节传送指令 MOV_B 被执行。ENO 可以作为下一个指令盒的 EN 输入，当几个功能块串联在一行中时，只有前一个指令盒被正确执行，后一个指令盒才能被执行。

4. S7-200 Smart 指令系统分类

S7-200 Smart 指令系统按功能可分为：

1）位逻辑指令

位逻辑指令是 PLC 的最常用的指令，包括位逻辑变量的与、或、取反和置位等运算。

2）定时器指令

定时器指令控制选用的定时器以不同的时间基准完成预设的延时，包括延时接通、延时断开、累计延时接通等。

3）计数器指令

计数器指令控制选用的计数器对输入信号进行计数，当达到预计数值时，计数器常开触点闭合，可实现加 1 计数、减 1 计数、加减可逆计数等功能。

4）传送指令

传送指令用于存储区单元之间的数据传送，包括传送、交换和数据块传送等指令，通常以字节、字或双字的形式进行。

5）比较指令

比较指令是对两个指定的对象进行比较，有数值比较和字符串比较两种指令。数值比较对象的数据类型为字节、字或双字，可以实现大于、小于、等于、大于等于、小于等于、不等于等多种操作。字符串比较的对象为字符串。

6）数学运算指令

数学运算指令用于实现算术运算、递增/递减运算以及函数运算等，参与运算数据类型为字节、字或双字。

7）逻辑运算指令

逻辑运算指令用于实现两个指定对象的与、或、异或和取反运算，参与运算数据类型为字节、字或双字。

8）转换指令

转换指令用于把一种格式的数据转换为另外一种指定格式，包括数据类型转换、数制转换、码制转换、编码与解码等。

9）移位指令

移位指令对指定存储区内容进行移动调整，移位对象的数据类型为字节、字或双字形式。移位指令有左移、右移、循环移位等。

10）程序控制指令

程序控制指令用于改变程序执行过程，程序控制指令包含跳转控制指令、循环控制指令、子程序调用与返回指令、中断指令和顺序控制继电器指令。

11）通信指令

通信指令用于控制 PLC 与外部设备之间的数据交换。包括以太网通信指令、自由端口通信指令等。

除了上述主要的指令类之外，还有其他一些功能性指令。字符串处理指令用于对指定字符串的操作，如获取字符串长度、字符串复制、字符串连接、字符串检索等；时钟操作指令用于读取和设置实时时钟；PID 指令用于调用 PID 算法及设置 PID 参数；脉冲输出类指令用于控制脉冲序列和脉宽调制方波的生成和输出。

7.4.2 位逻辑指令

1. 标准输入/输出指令

图 7-25 为标准输入/输出指令基本功能，图 7-25（a）为电气接线原理，图 7-25（b）为梯形图程序。

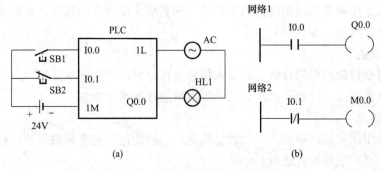

图 7-25 标准输入/输出指令基本功能

(a) 电气接线原理；(b) 梯形图程序

如图 7-25 所示，当按钮 SB1 闭合后，I0.0 常开触点闭合，把母线与 Q0.0 的激励端接通，Q0.0 线圈得电，其对应输出点连接的指示灯 HL1 点亮。按钮 SB1 释放断开后，Q0.0 线圈失电，指示灯 HL1 熄灭。

当按动按钮 SB2，其常闭触点断开，I0.1 常开触点断开，M0.0 线圈失电。按钮 SB2 释放，其常闭触点闭合，M0.0 线圈得电。

在工程实际中，使输出线圈得电的激励信号往往与多种因素有关，另外，同一个线圈可能有几条逻辑路径导通而得电，因此，输出线圈的得电与失电是一系列逻辑运算的结果，这些逻辑运算可以由基本的与运算、或运算来实现。

逻辑触点或支路的并联是位逻辑的或运算。在图 7-26 中，当 I0.0 常开触点、I0.1 常开触点与 M10.0 常闭触点并联，其中任意触点闭合（支路导通）时，Q0.0 线圈得电。S7-200 Smart PLC 逻辑触点或支路并联的最大数目为 31。

逻辑触点或支路的串联是位逻辑的与运算。在图 7-27 中，当 I0.0 常开触点、I0.1 常开触点与 M10.0 常闭触点串联，所有触点闭合时，串联支路导通，Q0.0 线圈得电。S7-200 Smart PLC 逻辑触点串联的最大数目为 31。

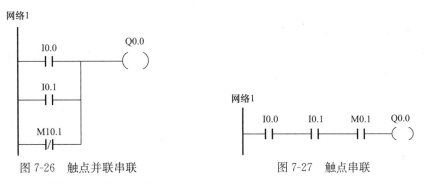

图 7-26　触点并联串联　　　　　　图 7-27　触点串联

【例 7-2】分析图 7-28 所示程序。

图 7-28 中有 3 条支路可以使 M0.0 线圈得电：

1）Q0.0→I0.1→I0.3→M0.0 线圈；

2）M0.1→I0.3→M0.0 线圈；

3）M0.2→M0.0 线圈。

3 条支路并联，其中一条支路导通即可使 M0.0 线圈得电。

在梯形图程序中，不同继电器的线圈可以并联，并联的线圈同时得电，可实现同步操作功能，如图 7-29 所示。当 I0.0 常开触点闭合，M0.0、M1.0 同时得电并自锁，当 I0.1 常闭触点断开，M0.0、M1.0 同时失电。需注意的是，不同继电器的线圈不能串联。

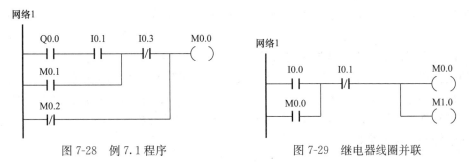

图 7-28　例 7.1 程序　　　　　　图 7-29　继电器线圈并联

在程序中，触点不允许出现在纵向支路上，如图 7-30（a）所示。图中有两条支路通过触点 M0.4。一条是：母线→I0.0→M0.4→M0.3→M0.0 线圈，另一条是：母线→M0.2→M0.4→M0.1→M0.0 线圈。正确的梯形图程序如图 7-30（b）所示。

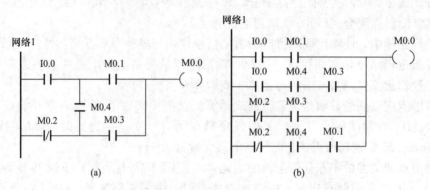

图 7-30　纵向支路不能含有触点

（a）纵向支路含有触点；（b）正确的梯形图程序

PLC 执行梯形图程序是以自上而下、自左向右方式进行的。因此程序不能含有自右向左的支路。如图 7-31（a）所示，M0.3 常开触点闭合，下列支路是不会被执行的：母线→M0.5→M0.3→M0.1→M0.2→Q1.0 线圈。正确的梯形图程序如图 7-31（b）所示。

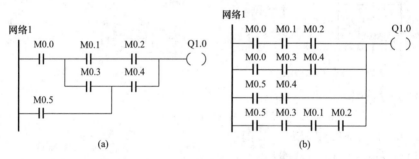

图 7-31　程序不能含有自右向左的支路

（a）支路含有自右向左的支路；（b）正确的梯形图程序

PLC 在执行含有支路梯形图程序过程中包含了堆栈操作以保护逻辑运算的中间结果，这些操作是 PLC 自动进行的。但是在 STL 语言程序中其需要采用指令实现，读者可参阅相关资料了解堆栈指令及其操作过程。

另外，梯形图程序中尽量减少支路嵌套的情况，以提高 PLC 的运算速度。图 7-32（a）梯形图程序是一种典型的支路嵌套结构。PLC 执行程序时，执行存储节点 A、B 中间结果的步骤，把其状态存储在用户数据区的堆栈中。图 7-32（b）是一种优化程序，消除了 M0.3 触点的支路嵌套，保留了 A 点母线，PLC 仅需要存储节点 A 的中间状态。图 7-32（c）是另一种优化程序，所有支路都是从母线开始，终止于线圈 Q1.0，无需暂存中间结果。上述 3 种程序都是可被 PLC 执行的，且运行结果相同，相比之下程序（b）和（c）逻辑关系表达清晰，可读性更好。

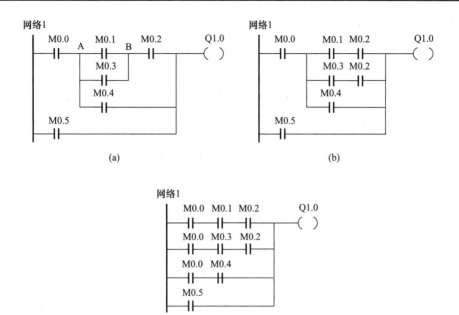

图 7-32　支路嵌套程序的优化

（a）支路嵌套；（b）优化程序 1；（c）优化程序 2

2. 立即输入/立即输出指令

立即输入/立即输出指令是为了提高 PLC 对输入/输出的响应速度而设置的，它不受 PLC 循环扫描工作方式的影响，允许对输入和输出点进行快速直接存取。立即输入/立即输出指令符号如图 7-33 所示。

当用立即输入指令读取输入点的状态时，其对应的输入映像区中的值并未更新；当用立即输出指令对输出点进行操作，输出的状态被同时传输到 PLC 输出点及其对应的输出映像存储区的位。

3. 边沿输入检测指令

边沿输入检测指令有两种类型：上升沿（正跳变）触发和下降沿（负跳变）触发，边沿输入检测指令符号如图 7-34 所示。

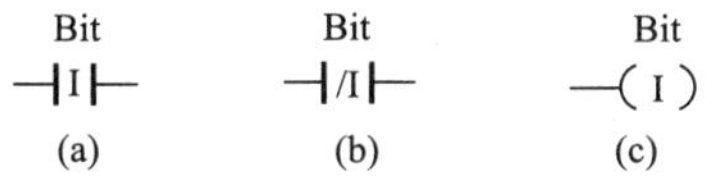

Bit	Bit	Bit		Bit	Bit
┤I├	┤/I├	─(I)		─┤P├─	─┤N├─
(a)	(b)	(c)		(a)	(b)

图 7-33　立即输入/立即输出指令符号　　　　图 7-34　边沿输入检测指令符号

（a）立即输入常开触点；（b）立即输入常闭触点；（c）立即输出　　　（a）正跳变；（b）负跳变

正跳变触发是指输入信号发生断开（Off）到接通（On）的状态变化，而负跳变触发是指输入信号发生接通（On）到断开（Off）的状态变化。当检测到输入信号发生正跳变时，图 7-34 (a) 的触点闭合，并保持一个扫描周期；当检测到输入信号发生负跳变时，图 7-34 (b) 的触点闭合，并保持一个扫描周期。如图 7-35 所示，按下 S 时，输入点 I0.4 常开触点闭合，M0.2 得电保持一个扫描周期。释放 S 时，输入点 I0.4 常开触点断开，

M0.3 得电保持一个扫描周期。

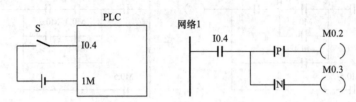

图 7-35　边沿输入检测指令

　　需要注意的是，由于正、负跳变指令检测需要断开到接通或者接通到断开的转换过程，因此在 PLC 的第一个扫描中，这种边沿输入检测指令是无效的。在第一次扫描期间，PLC 将输入的初始状态保存在存储器中，以备在后续扫描时，边沿输入检测指令将当前状态与之比较来检测输入状态是否发生了变化。

　　4. 位逻辑操作指令

　　位逻辑操作指令包括对指定位的置位、复位、取反以及置位/复位优先操作指令。

　　表 7-13 为指定位的置位、复位、取反指令。复位和置位指令分别有两种类型：一般用途的置位/复位操作和立即置位/复位操作，它们都是把从指定位地址开始的若干位的状态置位或清 0（复位）。两种指令的区别在于：立即置位/复位操作把当前修改的位状态即刻输出到对应的输出点及其对应的输出映像存储区单元的位，而一般的置位/复位操作的修改是在本次扫描周期的输出映像存储区更新阶段。状态取反指令的功能类似于反相器，它把输入信号的逻辑状态取反。PLC 执行空操作指令不做任何运算，仅仅消耗运行时间，不会对 PLC 运行程序的结果产生影响，一般用于延时。

指定位的置位、复位、取反指令　　　　　　　　表 7-13

序号	指令名称	指令符号	功能
1	置位	Bit —(S) N	把以 Bit 为起始位地址的连续 N 个位的状态置 1。N 为 1~255
2	复位	Bit —(R) N	把以 Bit 为起始位地址的连续 N 个位的状态复位为 0。N 为 1~255
3	立即置位	Bit —(SI) N	把以 Bit 为起始位地址的连续 N 个位的状态立即置为 1。N 为 1~255
4	立即复位	Bit —(RI) N	把从起始位 Bit 开始的连续 N 位的状态立即复位为 0。N 为 1~255
5	状态取反	—| NOT |—	把输入状态取反
6	空操作	N —| NOP |	用于延时，指令不影响用户程序的执行。N 为 0~255

图 7-36 是使用置位/复位指令的程序。当 I0.3 触点闭合时，如果 I0.4 触点闭合，则 Q1.0～Q1.7 被置位为 1；如果 I0.5 触点闭合，则 Q1.0～Q1.7 被复位为 0。

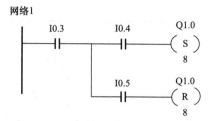

图 7-36　使用置位/复位指令的程序

图 7-37 是检测按钮 S 按动的电路及程序，每按动 1 次，指示灯 HL1 点亮一次。为了说明置位和复位指令的功能，引入了中间继电器 M0.4、M0.5，这两个继电器线圈在 S 按下和释放后，仅保持 1 个扫描周期，而置位/复位指令执行后，修改了操作对象的状态并保持到下一次更新。

图 7-38 为图 3-37 程序运行的时序图。

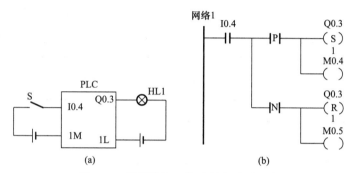

图 7-37　检测按钮 S 按动的电路及程序

（a）电气连线图；（b）梯形图语言程序

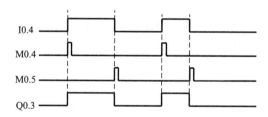

图 7-38　图 7-37 程序运行的时序图

需要注意的是，当复位指令的操作对象为定时器或计数器时，指令执行后，该定时器或计数器被复位，定时器或计数器的当前值也被清零。

置位/复位优先操作指令见表 7-14，其中指令盒中 S 和 R 为置位和复位输入端，OUT 为指令的输出端，Bit 为指定的操作位，S1 表示置位优先，R1 表示复位优先。表 7-15 和表 7-16 为两种指令执行的真值表。

置位/复位优先操作指令　　　　　　　　　　　　　　　　　　　　　表 7-14

序号	指令名称	指令符号	功能
1	置位优先	Bit S1　OUT SR R	当 S1 状态均为 1（ON）时，Bit 位被置位为 1。OUT 为可选的，它反映 Bit 位的状态

续表

序号	指令名称	指令符号	功能
2	复位优先	Bit S　　OUT SR R1	当 R1 状态均为 1（ON）时，Bit 位被复位为 0。OUT 为可选的，它反映 Bit 位的状态

置位优先指令　　　　　　　　　　　　　　　　　表 7-15

序号	S1	R	Bit
1	0	0	保持
2	0	1	0
3	1	0	1
4	1	1	1

复位优先指令　　　　　　　　　　　　　　　　　表 7-16

序号	S	R1	Bit
1	0	0	保持
2	0	1	0
3	1	0	1
4	1	1	0

图 7-39 为置位/复位优先操作指令的使用。在图 7-39（a）中，只要 I0.0 触点闭合，Q0.0 被置位，Q0.0 线圈得电；在图 7-39（b）中，只要 I0.1 触点闭合，Q0.0 被复位，Q0.0 线圈失电。程序执行时序见图 7-39（c）。

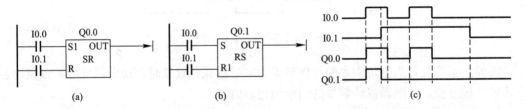

图 7-39　置位/复位优先操作指令的使用

(a) 置位优先指令 SR；(b) 复位优先指令 RS；(c) 程序执行时序

【例 7-3】三相交流异步电动机正、反转控制。

图 7-40 是三相交流异步电动机正、反转控制。SB1、SB2、SB3 分别为正转、反转和停止按钮，分别连接在 PLC 的输入点 I0.0 、I0.1 和 I0.2，KM1、KM2 分别为正、反转接触器，分别连接在 PLC 的输出点 Q0.0 、Q0.1。在控制电路设计时，正、反转接触器 KM1、KM2 的常闭触点相互串联对方的线圈控制回路，实现了电气互锁，见图 7-40（b）。

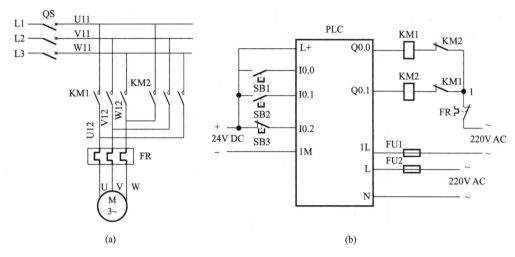

图 7-40　三相交流异步电动机正、反转控制

(a) 拖动系统；(b) 控制系统

如图 7-41 所示，在程序设计时，Q0.0 和 Q0.1 的常闭触点也相互串联在对方的程序支路上，另外，正转程序支路中（网络 1）串联了 I0.1 的常闭触点，反转程序支路中（网络 2）串联了 I0.0 的常闭触点，其作用是在按动反转按钮 SB2 控制电动机反转之前，正转按钮 SB1 必须释放，反之亦然。在程序支路上实现了软件互锁。

图 7-42 是采用置位/复位指令实现的电动机正、反转控制程序。在图 7-41 中，按下 SB1 时，图 7-42 程序中的 I0.0 常开触点闭合，Q0.0 置位得电，电动机正转；同理，按下 SB2 时，I0.1 常开触点闭合，Q0.1 置位得电，电动机反转；按下 SB3 时，I0.2 常闭触点闭合，Q0.0、Q0.1 被复位，Q0.0、Q0.1 线圈失电，电动机停转。

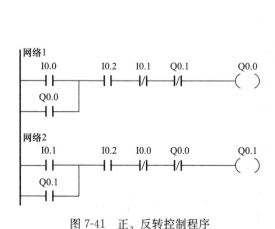

图 7-41　正、反转控制程序

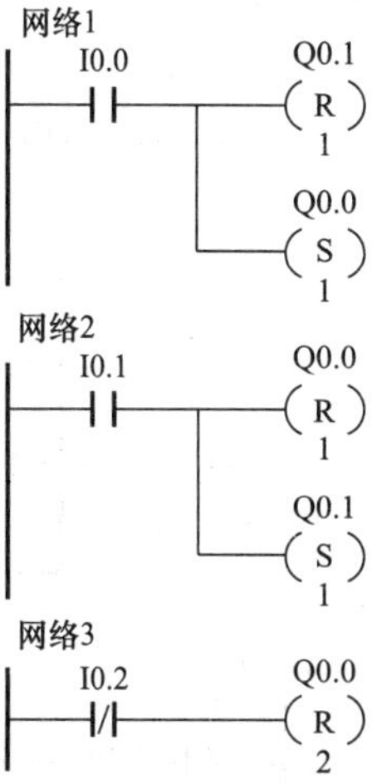

图 7-42　采用置位/复位
指令的正、反转控制程序

【例 7-4】抢答器有 3 个输入：I0.0、I0.1 和 I0.2，对应的输出为 Q0.0、Q0.1 和 Q0.2，输入复位为 I0.3。要求 3 个人任意抢答，先按动按钮的指示灯优先亮，且只能亮

一盏灯，主持人按复位按钮后，抢答重新开始。请编写相关程序实现此功能。

3人抢答器的梯形图程序如图7-43所示。

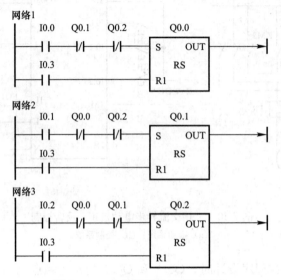

图7-43 3人抢答器的梯形图程序

【例7-5】控制按钮S连接在PLC的输入点I0.0，如图7-44（a）所示，用来控制1路照明配电电路的供电，控制供电回路通断的接触器KM的线圈由PLC的输出点Q0.0控制。要求系统上电运行后，S第一次按下时接通供电回路，第二次按下时断开供电回路，第三次按下再接通供电回路，第四次按下再断开供电回路，以此类推。设计程序实现上述要求。

1）采用置位/复位指令

程序如图7-44（b）所示。在图7-44（a）中首次按下S时，图7-44（b）程序的I0.0常开触点闭合，Q0.0被置位，与其连接的KM线圈得电，KM主触点接通供电回路。在下一个扫描周期，Q0.0常闭触点断开，S1和R输入状态均为0，SR输出状态保持不变，即Q0.0置位，其线圈为得电状态。供电回路依然保持接通。

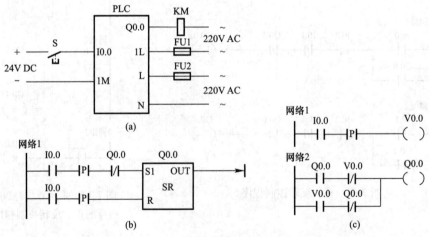

图7-44 例7-5控制电路与程序

（a）控制电路；（b）采用置位/复位指令；（c）采用边沿跳变检测指令

再次按下 S 时，I0.0 常开触点闭合，通过 SR 的输入端 R 使 Q0.0 复位，KM 线圈失电，KM 主触点断开供电回路。

2）采用边沿跳变检测指令

如图 7-44（c）所示，当 I0.0 第一次闭合时，V0.0 接通一个扫描周期，使得 Q0.0 线圈得电一个扫描周期，当下一次扫描周期到达，Q0.0 常开触点闭合，Q0.0 线圈自锁，与其连接的 KM 线圈得电，KM 主触点接通供电回路。

当 I0.0 第二次闭合时，V0.0 接通一个扫描周期，使得 Q0.0 线圈得电一个扫描周期，切断 Q0.0 的常开触点和 V0.0 的常开触点，使得 KM 线圈失电，其主触点断开供电回路。

7.4.3　定时器

S7-200 Smart PLC 的定时器为增量型定时器，它有 3 种形式的定时器指令：通电延时定时器（TON）、保持型接通延时定时器（TONR）、断开延时定时器（TOF）。表 7-17 给出了定时器指令名称、指令符号和功能。其中，IN 为定时器的输入触发端，布尔型变量，当 IN 为 1 时，定时器启动定时，PT 为预设值，整数型常数或变量，取值范围为 0～32767，Txxx 为定时器编号，S7-200 Smart PLC 有 256 个定时器：T0～T255，??? ms 为定时器的计时时间基准。

定时器指令名称、指令符号和功能　　　　　　　　　　　　表 7-17

序号	指令名称	指令符号	功能
1	通电延时定时器，TON	Txxx　IN　TON　PT　???ms	IN 端为 1 时，启动定时器计时，IN 端为 0 时，终止定时器计时。IN 端为 1 保持到定时器定时时间到后，定时器常开触点闭合，用于检测某一时间间隔
2	保持型接通延时定时器，TONR	Txxx　IN　TONR　PT　???ms	IN 端为 1 时，启动定时器计时，IN 端为 0 时，暂停定时器计时并保留当前计时值，IN 端再次为 1 时，在当前计时值基础上继续计时。计时时间到后，定时器常开触点闭合，用于累计计时
3	断开延时定时器，TOF	Txxx　IN　TOF　PT　???ms	IN 端为 0 时，启动定时器计时，IN 端为 1 时，终止定时器计时。IN 端为 0 保持到定时器计时时间到后，定时器常开触点断开。用于某一动作完成之后的延时断开操作

S7-200 Smart PLC 的定时器有 3 种计时时间基准：1ms、10ms、100ms。定时器的计时时间基准的选择与定时器指令形式、定时器编号有关，表 7-18 列出了定时器指令名称、计时时间基准与定时器编号。

定时器指令名称、计时时间基准与定时器编号　　　　　　　表 7-18

序号	指令名称	计时时间基准（ms）	定时器编号	最大延时时间（s）
1	TON，TOF	1	T32，T96	32.767
		10	T33～T36，T97～T100	327.67
		100	T37～T63，T101～T255	3276.7

序号	指令名称	计时时间基准（ms）	定时器编号	最大延时时间（s）
2	TONR	1	T0，T64	32.767
		10	T1～T4，T65～T68	327.67
		100	T5～T31，T69～T95	3276.7

假设延时时间为 t，计时时间基准 T，则预设值 PT 为：

$$PT = t/T \tag{7-1}$$

式中，T 取 1ms、10ms、100ms。在程序设计时，为了保证能够达到延时时间为 t，通常把式（7-1）计算得到的结果加 1 作为程序中使用的预设值 PT。

在表 7-18 中，指令 TON 和 TOF 使用的定时器编号范围相同。因此，在同一个程序中不能把同一个定时器同时用 TON 和 TOF 指令操作。例如在程序中，不能既有接通延时（TON）定时器 T37，又有断开延时（TOF）定时器 T37。

TON 和 TONR 指令在输入 IN 为 1 时开始计时，计时当前值等于或大于预设值时，定时器的常开触点闭合。在 TON 指令执行过程中，一旦 IN 为 0，TON 定时器终止计时并把当前计时值清 0。而在 TONR 指令执行过程中，IN 为 0，TONR 定时器停止计时并保持当前值，IN 再次为 1 时，继续在当前值上累计计时，只能使用复位端 R 清除 TONR 定时器的当前值。达到预设时间后，只要 IN 为 1，TON 和 TONR 定时器会继续计时，直到达到最大计时值。

图 7-45 为 TON 指令的使用方法。这是一个采用 100ms 计时基准的延时程序。PLC 上电周期或首次扫描时，定时器 T37 常开触点断开，当前值为 0。I0.0 触点闭合时，T37 从 0 开始计时，计时值达到设定值 10 时，T37 常开触点闭合，若 I0.0 触点仍然闭合，则 T37 继续计时，直到计时当前值达到 32767 时停止计时。若 I0.0 常开触点断开，T37 复位，其常开触点断开，计时当前值为 0。

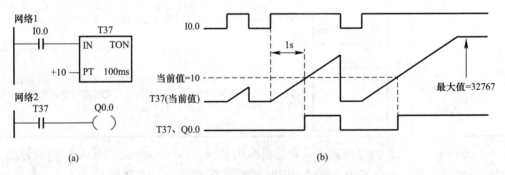

图 7-45　TON 指令的使用方法
（a）TON 指令程序；（b）程序执行过程的时序图

图 7-46 为 TONR 指令的使用方法。PLC 上电周期或首次扫描时，定时器 T1 的常开触点处于断开状态，计时当前值被清 0。当 I0.0 触点闭合时，T1 开始计时，当计时当前值达到预定值时，T1 常开触点闭合，如果 I0.0 触点一直保持闭合，T1 持续计时直至 32767。如果 I0.0 常开触点断开，T1 常开触点断开，但计时当前值将被保留，当 I0.0 常开触点再次闭合，从保留的当前值开始计时。如图 7-46 所示，T1 复位只能用复位指令。

复位后，T1 常开触点断开，计时当前值为 0。

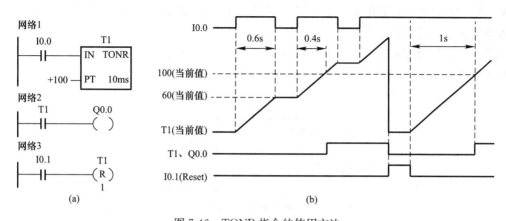

图 7-46　TONR 指令的使用方法

（a）TONR 指令程序；（b）程序执行过程的时序图

TOF 指令用于使输出在定时器输入断开后延迟给定时间后再断开。当 IN 为 0 时，定时器计时开始，直到当前时间等于预设时间时停止计时，定时器常开触点断开，定时器停止计时。但是未达到预设值之前，即延时时间没有达到，IN 端再次为 1，定时器常开触点会保持闭合。

图 7-47 为 TOF 指令的使用方法。这是一个采用 10ms 计时基准的延时程序，I0.0 断开 1s 后，Q0.0 线圈失电。PLC 在上电周期或首次扫描时，T33 常开触点断开，计时当前值为 0。I0.0 触点闭合时，T33 常开触点处于闭合状态，计时当前值为 0。I0.0 触点断开时，T33 开始计时，当达到设定值时，计时停止，T33 常开触点断开，Q0.0 线圈失电。

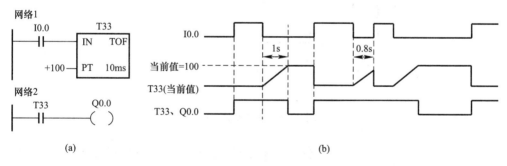

图 7-47　TOF 指令的使用方法

（a）TOF 指令程序；（b）程序执行过程的时序

在程序设计时，使用定时器指令需要注意：

1）1ms 定时器每隔 1ms 刷新一次，与程序扫描周期和程序处理无关。当扫描周期较长时，定时器在一个扫描周期内可能被多次刷新，其当前值在一个扫描周期内不一定保持一致。

2）10ms 定时器在每个扫描周期开始时自动刷新，每个扫描周期只刷新一次，因此在每个程序扫描执行期间，其当前值为常数。

3）100ms 定时器在定时器指令执行时被刷新，下一条执行的指令即可使用刷新后的结果，使用方便可靠，如果定时器的指令不是每个周期都执行（条件跳转时），定时器就不能及时刷新，可能会导致出错。

【例 7-6】报警控制电路如图 7-48 所示，设计程序实现报警指示灯以周期为 6s 的方式闪烁（亮 3s，灭 3s）。SB1 为启动按钮，SB2 为停止按钮。

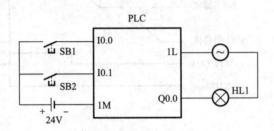

图 7-48　报警控制电路

当按下 SB1 按钮，灯 HL1 亮，T37 延时 3s 后，灯 HL1 灭，T38 延时 3s 后，切断 T37，灯 HL1 亮，如此循环，报警控制程序如图 7-49 所示。

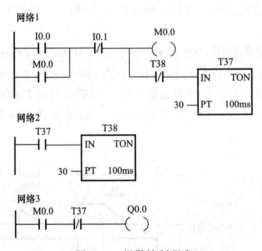

图 7-49　报警控制程序

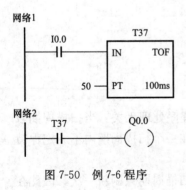

图 7-50　例 7-6 程序

【例 7-7】某车库照明要求，当车库门落下后 5s 熄灭照明。设检测车库门落下的微动开关接到 I0.0，照明供电回路通断由 Q0.0 控制。

假设微动开关为常闭状态，门落下时微动开关常闭触点断开，程序如图 7-50 所示。

【例 7-8】三相交流异步电动机丫—△启动控制。

图 7-51 为三相交流异步电动机丫—△拖动电路和控制电路。SB1 为启动按钮，SB2 为停止按钮，KM1 为主接触器，KM2 为丫形连接接触器，KM3 为△形连接接触器，FR 为热继电器。控制程序如图 7-52 所示。

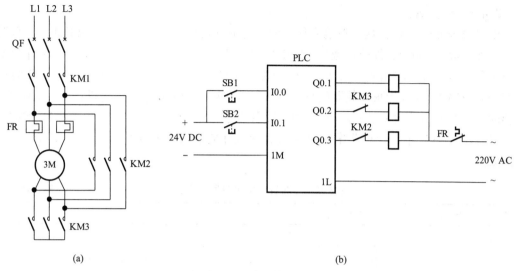

图 7-51　三相交流异步电动机丫—△拖动和控制电路

（a）拖动电路；（b）控制电路

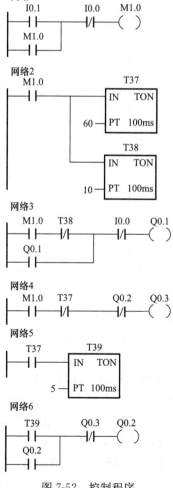

图 7-52　控制程序

7.4.4 计数器

S7-200 Smart PLC 计数器对输入信号的上升沿（正跳变）计数，有 3 种形式的计数器指令：加计数（CTU）、加减计数（CTUD）、减计数（CTD）。表 7-19 给出了 3 种计数器指令名称、指令符号和功能。其中，CU 为加计数的输入，CD 为减计数的输入，R 为计数器的复位输入，LD 为减计数器的复位输入，这些输入均为布尔型逻辑量；PV 为预设计数值输入，其数据类型为整型，Cxxx 为计数器编号，S7-200 Smart PLC 有 256 个计数器：C0～C255，在程序中，计数器编号可用来表示该计数器的当前计数值，也可表示该计数器的触点。

计数器指令名称、指令符号和功能　　　　　　　　表 7-19

序号	指令名称	指令符号	功能
1	加计数，CTU	Cxxx CU CTU R PV	CU 端出现上升沿时，计数器从当前值开始加 1 计数。当前值大于或等于预设值 PV 时，计数器常开触点闭合。当复位输入 R 为 1 或对计数器执行复位指令时，当前计数值复位为 0。计数器达到最大值 32767 时停止计数
2	减计数，CTD	Cxxx CD CTD LD PV	CD 端出现上升沿时，计数器从预设值 PV 开始减 1 计数。当前值等于 0 时，计数器常开触点闭合。当复位输入 LD 为 1 时，把当前计数值复位为预设值 PV
3	加减计数，CTUD	Cxxx CU CTUD CD R PV	CU 端出现上升沿时，计数器加 1 计数。CD 端出现上升沿时，计数器减 1 计数。当前计数值大于或等于预设值 PV 时，计数器常开触点闭合。否则，计数器常开触点闭合。当复位输入 R 为 1 或对计数器执行复位指令时，计数器当前值复位为 0

需要注意的是，在程序中不能把同一个计数器分别用 CTU、CTUD 和 CTD 指令操作，因为这 3 种指令会在程序运行时产生不同的当前计数器值，将导致混乱的逻辑结果。例如在程序中，不能既有加计数 CTU 的 C30，又有减计数 CTD 的 C30。

加计数 CTU 指令在输入端 CU 发生 0 到 1 跳变（上升沿）时，计数器在当前计数值基础上加 1。PLC 首次扫描时，计数器常开触点断开，当前计数值为 0。CU 每出现 1 个上升沿，计数值累计 1 次，当前计数值达到预设计数值 PV 时，计数器常开触点闭合；如果 CU 端依然出现上升沿，计数器继续累计计数，并保持计数器常开触点闭合。计数值达到 32767 后，CU 端再出现上升沿，计数器不再累计，但计数器常开触点依然保持闭合状态。复位输入端 R 为 1 或者对计数器执行复位指令，计数器会自动复位，即计数器常开触点断开，当前计数值复位为 0。加计数 CTU 指令的 V 取值范围为 0～32767。

图 7-53 是加计数 CTU 指令的使用方法。当 I0.0 触点闭合时，计数器 C0 加 1。I0.0

常开触点通断 2 次后，C0 的常开触点闭合，Q0.0 线圈得电。如果 I0.1 常开触点闭合，C0 复位，C0 常开触点断开，其计数值清 0。

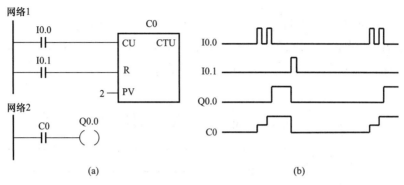

图 7-53　加计数 CTU 指令的使用方法
(a) 梯形图程序；(b) 程序执行的时序

　　减计数 CTD 指令在输入端 CD 发生 0 到 1 跳变时，计数器在当前计数值基础上减 1。PLC 首次扫描时，计数器常开触点断开，当前计数值为预设计数值 PV。CD 每出现 1 个上升沿，当前计数值递减 1 次，当前计数值减到 0 时，计数器常开触点闭合，此后 CD 端再有上升沿出现，计数器不再减 1 计数，但计数器常开触点保持闭合状态。当 LD 为 1 时，计数器常开触点断开，计数当前值被设置为预设计数值 PV。PV 取值范围为 0～32767。
　　图 7-54 是减计数 CTD 指令的使用方法。当 I0.0 触点闭合时，计数器 C1 减 1，此时当前计数值为 2。I0.0 常开触点再通断 2 次后，计数器 C1 当前值变为 0，C1 的常开触点闭合，Q0.0 线圈得电。此后，I0.0 触点再次闭合，C1 不再减 1 计数，但其常开触点依然闭合。如果 I0.1 常开触点闭合，C1 被复位，C1 常开触点断开，其计数值变为 3。

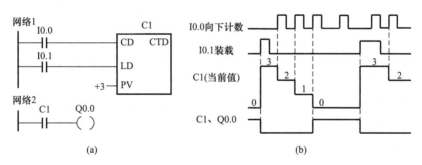

图 7-54　减计数 CTD 指令的使用方法
(a) 梯形图程序；(b) 程序执行的时序

　　加减计数 CTUD 指令设置递增计数 CU 和递减计数 CD 两个计数信号输入端，当这两个输入端上发生 0 到 1 跳变时，计数器做加 1 或减 1 计数。PLC 首次扫描时，计数器常开触点断开，计数当前值为 0。当 CU 端输入每出现 1 个上升沿，计数器当前值加 1，CD 端输入每出现 1 个上升沿，计数器当前值减 1。当前计数值达到或超过预设值 PV 时，计数器常开触点闭合。此后 CU 端再有上升沿出现，计数器继续计数，其常开触点保持闭合。如果复位端 R 为 1 或用复位指令对计数器复位，计数器常开触点断开，当前计数值被清 0。

需要注意的是，当计数值达到最大值 32767 时，CU 端再来一个上升沿，计数值将变为 -32768。当计数值达到最小值 -32768 时，CD 端再来一个上升沿，计数值将变为 32767。

图 7-55 是加减计数 CTUD 指令的使用方法。当 I0.0 触点闭合时，计数器 C48 加 1。I0.1 触点闭合时，计数器 C48 减 1。当 C48 计数次数不小于 4 时，C48 的常开触点闭合，Q0.0 线圈得电。如果 I0.2 常开触点闭合，C48 被复位，C48 常开触点断开，其计数值清 0。

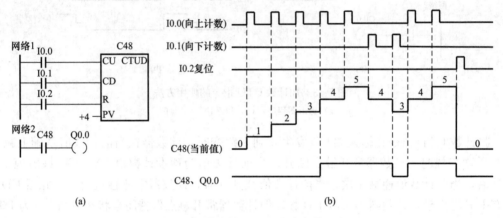

图 7-55　加减计数 CTUD 指令的使用方法
(a) 梯形图程序；(b) 程序执行的时序

本节所介绍的计数器指令用于实现计数信号频率不高的场合。因为计数信号的上升沿检测与 PLC 扫描周期有关。PLC 在每个扫描周期对输入/输出映像存储区更新一次，因此计数信号接通和断开的保持时间不低于一个扫描周期才能被 PLC 检测到，一个有效的上升沿至少需要 2 个扫描周期，其计数信号的最高频率通常不会超过 1kHz。如果要对频率较高的信号计数，需要使用高速计数器。

【例 7-9】某生产线上每 10 个产品包装成 1 箱。设传感器连接在 PLC 的 I0.0，执行机构驱动控制装置连接 PLC 的 Q0.0。设计程序实现上述要求。

程序与时序如图 7-56 所示。C50 对 I0.0 输入的计数脉冲计数，每计 10 个脉冲，Q0.0 线圈得电一个扫描周期。

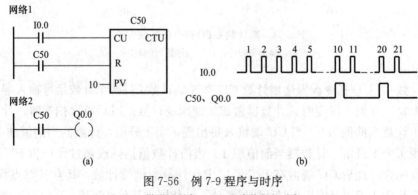

图 7-56　例 7-9 程序与时序
(a) 梯形图程序；(b) 程序执行的时序

【例 7-10】设计一个单按钮控制灯具的程序，奇数次按动按钮时，灯具打开；偶数次按动按钮时，灯具熄灭。

设按钮 S 接 PLC 输入点 I0.0，灯具 HL 由输出点 Q0.0 控制。控制程序梯形图如图 7-57 所示。当 S 第一次合上时，V0.0 接通一个扫描周期，使得 Q0.0 线圈得电一个扫描周期，当下一次扫描周期到达，Q0.0 常开触点闭合自锁，灯亮。

当 I0.0 第二次合上时，V0.0 接通一个扫描周期，C0 计数为 2，Q0.0 线圈断电，使得灯灭，同时计数器复位。

【例 7-11】计数器与定时器联合使用实现较长时间的延时。

计数器与定时器联合可以实现任意时长的延时。图 7-58 的程序可以实现 I0.0 触点闭合 30000s 后，Q0.0 线圈得电。

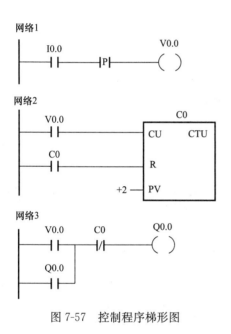

图 7-57　控制程序梯形图　　　　　图 7-58　例 7-11 程序

7.4.5　传送指令

传送类指令用来实现存储区单元之间的数据传送。包括数据传送、数据交换、数据块传送等。

1. 数据传送指令

图 7-59 为数据传送指令，当使能端 EN 为 1 时，把源数据从 IN 传送到 OUT 指定的目的存储区，源数据为常数或者存储单元的内容，指令执行后，不会改变源数据。传送的可以是单字节、双字节（单字）、双字（4 字节）和实数格式的数据，对应的指令助记符 FunName 分别为 MOV_B、MOV_W、MOV_D 和 MOV_R，见表 7-20。ENO 为使能输出，当传送操作执行无误时，ENO 输出能流传递给下一级指令，当执行有误时，ENO 不输出能流，程序终止执行。

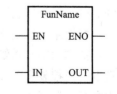

图 7-59　数据传送指令

数据传送指令 表 7-20

序号	指令名称	指令符号	功能
1	单字节传送	MOV_B EN ENO IN OUT	把单字节源数据从 IN 指定的单元传送到 OUT 指定的目的存储单元
2	双字节传送	MOV_W EN ENO IN OUT	把一个 IN 指定的起始单元存储的双字节源数据传送到 OUT 指定的目的存储区
3	双字传送	MOV_D EN ENO IN OUT	把一个 IN 指定的起始单元存储的双字源数据传送到 OUT 指定的目的存储区
4	实数传送	MOV_R EN ENO IN OUT	把一个以 IN 指定的起始单元存储的实数格式源数据传送到 OUT 指定的目的存储区

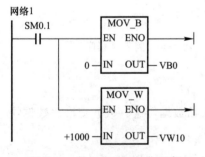

图 7-60　数据变量初始化程序

数据传送指令常用于对程序中使用的数据变量初始化。如图 7-60 所示，当程序运行时，在第一个扫描周期，SM0.1 触点闭合，对变量初始化赋值。把 VB0 单元清 0，把双字节变量 VW10（VB10、VB11 单元）设置为 1000。

【例 7-12】一个搅拌系统有两种需要搅拌时间不同的工艺，两种分别为 10min 和 20min，由两个按钮选择时间。假设 20min 选择按钮 S1 接在输入点 I1.0，10min 选择按钮 S2 接 I1.1，启动按钮 S0 接 I0.2，用 Q0.0 控制搅拌装置。设计程序实现上述要求。

搅拌系统控制程序如图 7-61 所示。程序运行时，按下 S1 选择搅拌时间，I0.0 触点闭合，把常数 200 送给 VW100，按下 S2，网络 3 支路 I0.3→T37→Q0.0 导通，Q0.0 线圈得电，搅拌装置工作，同时定时器 T37 启动定时。20min 后，T37 延时时间到，其常闭触点断开，断开 I0.3→T37→Q0.0 支路，Q0.0 线圈失电，搅拌装置停止工作。按下 S1 选择 10min 与上述过程相同。

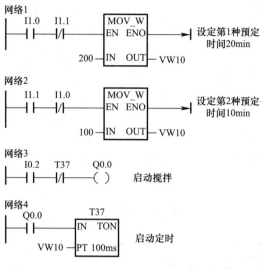

图 7-61　搅拌系统控制程序

2. 数据块传送指令

表 7-21 所示为数据块传送指令，当使能端 EN 为 1 时，把存储在 IN 指定单元开始的 N 个源数据传送到以 OUT 指定单元开始的目的存储区，源数据是存储单元的内容，指令执行后，不会改变源数据。传送的可以是单字节、单字、双字（4 字节）数据，对应的指令助记符分别为 BLKMOV_B、BLKMOV_W 和 BLKMOV_D。

数据块传送指令　　　　　　　　　　　　　　　　　　　　　　表 7-21

序号	指令名称	指令符号	功能
1	字节块传送	BLKMOV_B EN　ENO IN　OUT N	把从 IN 指定单元开始的 N 个单字节源数据传送到 OUT 指定单元开始的目的存储区
2	字块传送	BLKMOV_W EN　ENO IN　OUT N	把从 IN 指定单元开始的 N 个单字源数据传送到 OUT 指定单元开始的目的存储区
3	双字块传送	BLKMOV_D EN　ENO IN　OUT N	把从 IN 指定单元开始的 N 个双字源数据传送到 OUT 指定单元开始的目的存储区

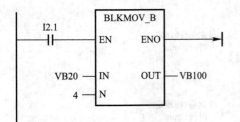

图 7-62　数据块转存程序

【例 7-13】把存储区 VB20 单元开始的 4 个单元的内容转存到存储区的其他区域。

数据块转存程序如图 7-62 所示。当 I2.1 触点闭合时，PLC 把 VB20 单元开始的 4 个单元复制到 VB100 开始的 4 个单元。

3. 高低字节交换指令

表 7-22 所示的是高低字节交换指令，当 EN 为 1 时，PLC 把 IN 指定单元开始的 2 个连续单元的内容交换，即双字节数据的高 8 位和低 8 位互换。这个指令仅适用于数据的双字节形式。

高低字节交换指令　　　　　　　　　　　表 7-22

指令名称	指令符号	功能
字节交换	SWAP EN　ENO IN	把 IN 指定单元开始的双字节数据高 8 位和低 8 位互换

假设 V 存储区的 VW50 当前内容为 0897AH，即 VB50 单元内容为 89H，VB50 单元内容为 7AH，PLC 执行图 7-63 程序后，VW50 内容变为 7A89H，VB50 单元内容为 7AH，VB50 单元内容为 89H。

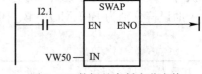

图 7-63　数据的高低字节交换

4. 字节立即传送指令

字节立即传送指令用于直接读写指定单元的内容，而无需等待扫描周期的更新阶段。数据块立即传送指令见表 7-23。直接读取指令执行时，数据写入到 OUT 指定单元，但不更新过程映像存储器。直接写入指令执行时，数据写入到 OUT 指定单元并更新过程映像存储器。

数据块立即传送指令　　　　　　　　　　　表 7-23

序号	指令名称	指令符号	功能
1	字节立即读	MOV_BIR EN　ENO IN　OUT	把一个字节源数据从 IN 指定的单元传送到 OUT 指定的目的存储单元，不更新映像存储区
2	字节立即写	MOV_BIW EN　ENO IN　OUT	把一个字节源数据从 IN 指定的单元传送到 OUT 指定的目的存储单元，立即更新了映像存储区

7.4.6　比较指令

比较指令的一般形式如图 7-64 所示，IN1 指出参与比较的源，IN2 指出参与比较的目标，CMP 为比较操作符号（指出参与比较的方式和数据类型），其中源和目标必须是相同数据类型。

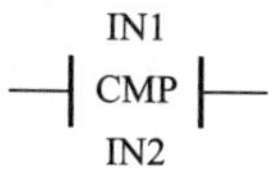

```
 IN1
─┤ CMP ├─
 IN2
```

图 7-64　比较指令的一般形式

比较指令有两种类型：数值比较指令和字符串比较指令。图 7-64 中，IN1、IN2 可以是常量或者变量，如常数、字符串、存储区的单元内容。

1. 数值比较指令

数值比较指令可以比较字节、有符号的双字节、有符号的双字和实数格式的数据，并提供 6 种方式的比较操作，如表 7-24 所示。表 7-25 是数值比较指令举例。

比 较 操 作　　　　　　　　　　　　　　　　　表 7-24

序号	比较方式	比较符	比较操作符号（CMP）			
			字节	双字节	双字	实数
1	等于	==	==B	==I	==D	==R
2	不等于	<>	<>B	<>I	<>D	<>R
3	不小于	>=	>=B	>=I	>=D	>=R
4	不大于	<=	<=B	<=I	<=D	<=R
5	大于	>	>B	>I	>D	>R
6	小于	<	<B	<I	<D	<R

数值比较指令举例　　　　　　　　　　　　　　表 7-25

序号	指令名称	指令符号	功能
1	无符号单字节数比较	IN1 ─┤ <=B ├─ IN2	IN1 不大于 IN2 时，触点闭合
2	有符号双字节比较	IN1 ─┤ <=I ├─ IN2	IN1 不大于 IN2 时，触点闭合
3	有符号双字整数值比较令	IN1 ─┤ <=D ├─ IN2	IN1 不大于 IN2 时，触点闭合
4	实数比较	IN1 ─┤ <=R ├─ IN2	IN1 不大于 IN2 时，触点闭合

图 7-65 为使用比较指令的程序，I0.0 触点闭合时，以执行下列比较操作：

1）如果当 VW0 存储的值（双字节数）大于 1000 时，Q0.2 线圈得电；

2）如果当 VD2 存储的值（双字，4 字节数）大于 −80000 时，Q0.3 线圈得电；

3）如果当 VD6 存储的值（实数）不小于 2.01×10^{-6} 时，Q0.4 线圈得电；

4）如果当 A/D 转换值 AIW0 不低于存储在 VW0 中的预设值时，Q1.0 线圈得电。

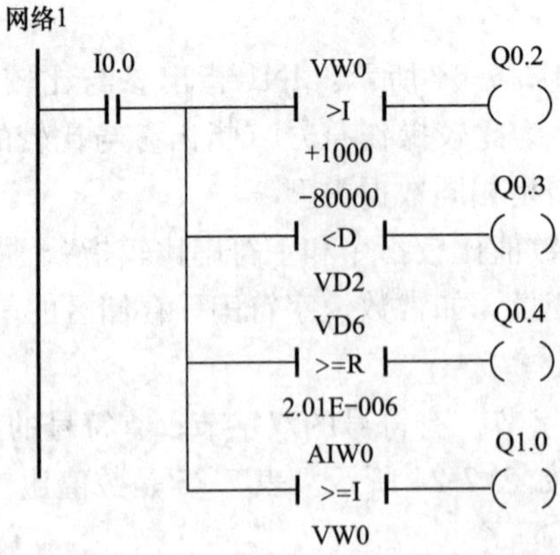

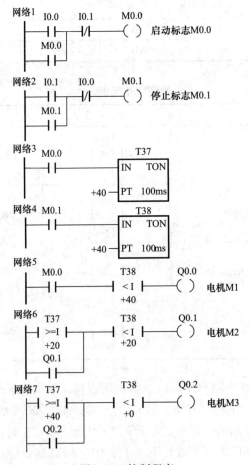

网络1

图 7-65　比较指令的程序

【例 7-14】一个机电系统有 3 台电动机，要求分时启动和停止。按下启动按钮后，3 台电动机间隔 2s 依次启动，停机时，按下停止按钮，3 台电动机间隔 2s 后依次停止。

设 3 台电动机为 M1、M2 和 M3，分别由 Q0.0、Q0.1 和 Q0.2 控制，启动按钮 S1 接 I0.0，停止按钮 S1 接 I0.1。控制程序如图 7-66 所示。

图 7-66　控制程序

2. 字符串比较指令

字符串比较指令只有比较两个字符串相同和不相同两种形式，见表 7-26。

字符串比较指令　　　　表 7-26

序号	指令名称	指令符号	功能
1	比较两个字符串相同	IN1 —| ==S |— IN2	两个字符串相同时，触点闭合
2	比较两个字符串不相同	IN1 —| <>S |— IN2	两个字符串不相同时，触点闭合

图 7-67 为字符串比较指令的使用。假设字符串存储在 VB900 开始的存储区，VB900 内容为字符串长度，待比较的字符串从 VB901 单元开始存放。在使用比较指令之前需要先设置字符串的长度。当待比较的字符串与预设字符串相同时，M0.0 线圈得电。

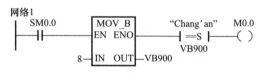

图 7-67　字符串比较指令的使用

7.4.7　数学运算指令

1. 算术运算指令

算术运算指令包括加法、减法、乘法和除法指令，算术运算指令的一般形式如图 7-68 所示。当使能端 EN 为 1 时，由输入端 IN1、IN2 提供的数据进行加、减、乘、除运算，并把结果输出到 OUT 端指定的存储区。由 IN1、IN2 输入的数据类型可以是双字节整数、双字整数和实数。IN1 和 IN2 的数据类型必须相同。Arith 表示指令助记符，算术运算指令助记符见表 7-27。

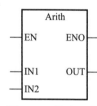

图 7-68　算术运算指令的一般形式

算术运算指令助记符　　　　表 7-27

序号	运算形式	运算符	指令助记符 Arith		
			双字节整数	双字整数	实数
1	加法	ADD	ADD_I	ADD_D	ADD_R
2	减法	SUB	SUB_I	SUB_D	SUB_R
3	乘法	MUL	MUL_I	MUL_D	MUL_R
4	除法	DIV	DIV_I	DIV_D	DIV_R

算术运算指令执行时会影响特殊存储区的标志继电器状态：

1）运算结果为 0 时，SM1.0 为 1；

2）运算结果溢出，或运算产生无效值，或 IN 输入的数据类型错误时，SM1.1 为 1；

3）运算结果为负数时，SM1.2 为 1；

4）除法运算的除数为 0，SM1.3 为 1。

表 7-28 为双字整数算术运算指令。

双字整数算术运算指令　　　　　　　　　　　　表 7-28

序号	指令名称	指令符号	功能
1	加法	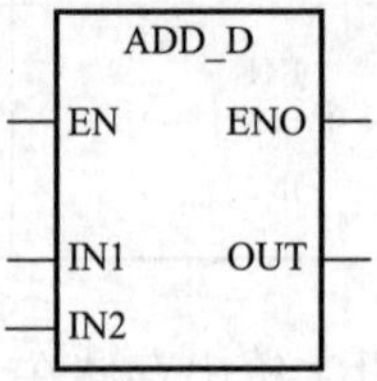 ADD_D EN　ENO IN1　OUT IN2	IN1＋IN2→OUT 运算结果为双字整数（4 个字节）
2	减法	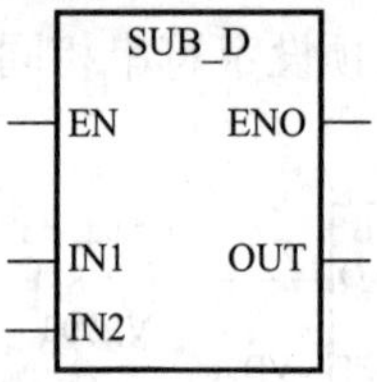 SUB_D EN　ENO IN1　OUT IN2	IN1－IN2→OUT 运算结果为双字整数（4 个字节）
3	乘法	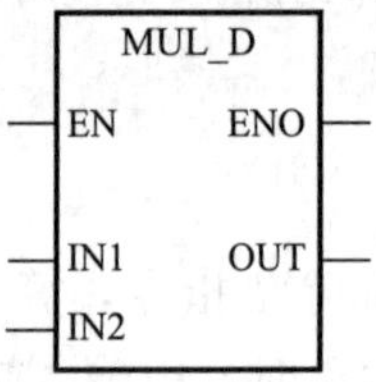 MUL_D EN　ENO IN1　OUT IN2	IN1×IN2→OUT 运算结果为双字整数（4 个字节）
4	除法	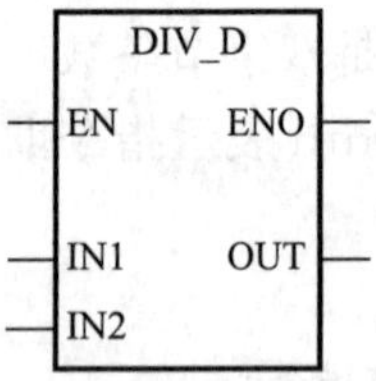 DIV_D EN　ENO IN1　OUT IN2	IN1/IN2→OUT 运算结果为双字整数（4 个字节），不保留余数

使用算术运算指令时需要注意的是：

1）双字节整数的加法 ADD_I、减法 SUB_I、乘法 MUL_I、除法 DIV_I 的结果仍然是双字节整数；双字整数的加法 ADD_D、减法 SUB_D、乘法 MUL_D、除法 DIV_D 的结果仍然是双字整数；4 个字节的实数的加法 ADD_R、减法 SUB_R、乘法 MUL_R、除法 DIV_R 的结果仍然是 4 个字节的实数；

2）除法指令的执行结果只保留商，不保留余数。

图 7-69 为算术运算指令的使用。程序执行时，如果 I0.0 触点闭合，则进行下列运算：① AC0＋AC1→AC0；② AC1×VD100→VD100；③ VD200÷VD10→VD200。

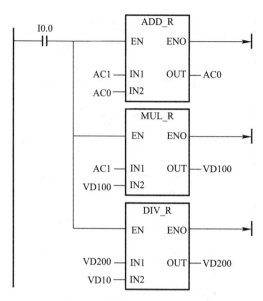

图 7-69　算术运算指令的使用

2. 增强乘除法指令

S7-200 Smart PLC 有两种增强运算功能的指令（表 7-29），乘法指令 MUL 能够实现双字节整数乘法，其乘积为 4 个字节。除法指令 DIV 能够完成带余数的双字节整数的除法，运算结果为 4 个字节，高两字节为商，低两字节为余数。与算术运算指令一样，这两种指令执行时会影响特殊存储区的标志继电器 SM1.0、SM1.1、SM1.2 和 SM1.3 状态。表 7-29 为增强乘除法指令。

增强乘除法指令　　　　　　　　　　　　　　　　　表 7-29

序号	指令名称	指令符号	功能
1	乘法	MUL EN　ENO IN1　OUT IN2	IN1×IN2→OUT 运算结果为 4 个字节
2	带余数除法	DIV EN　ENO IN1　OUT IN2	IN1/IN2→OUT 运算结果为 4 个字节，高两字节为商，低两字节为余数

图 7-70 为增强乘除法指令的使用方法。I0.0 触点闭合时，进行下列运算：① AC1×VW102→VD100；② VW202÷VW10→VD200。

【例 7-15】工程量转换用于将 A/D 通道采样得到的数字量转换为实际对应的工程量数值。设 i 时刻 A/D 采样的数字量为 N_i，则其对应的工程量 y_i 为：

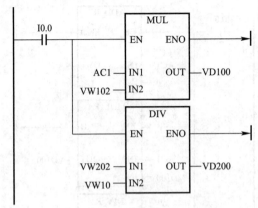

图 7-70　增强乘除法指令的使用

$$y_i = \frac{N_i - N_{\min}}{N_{\max} - N_{\min}} \times (y_{\max} - y_{\min}) + y_{\min} \qquad (7\text{-}2)$$

式中　$y_{\max}$、$y_{\min}$——工程量量程的上、下界；

　　　$N_{\max}$、$N_{\min}$——$y_{\max}$、$y_{\min}$ 对应的数字量。某一系统采用模拟量模块的通道 0 测量现场管道压力，传感器量程为 $0 \sim 100\text{MPa}$，传感器输出为 $4 \sim 20\text{mA}$，设计实现该工程量转换程序。

S7-200 Smart PLC 的 A/D 模块为采用 12 位 A/D 转换器，输入量程为 $0 \sim 20\text{mA}$ 时，其对应的数字量为 $0 \sim 27648$，因此，4mA 对应的转换值 5527.6，取整后为 5530。因此，$0 \sim 100\text{MPa}$ 对应的数字量范围是 $5530 \sim 27648$。代入式（7-2）可得：

$$y_i = \frac{N_i - 5530}{27648 - 5530} \times (100 - 0) + 0 = \frac{N_i - 5530}{22118} \times 100 \qquad (7\text{-}3)$$

A/D 转换的数字量 N_i 存放在 VW0 中，工程量存放在 VD0 中，根据式（7-3）编写的工程量转换程序如图 7-71 所示。

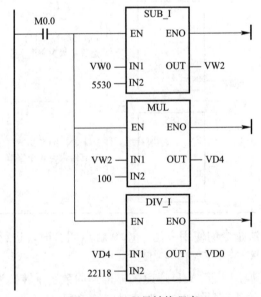

图 7-71　工程量转换程序

3. 递增递减指令

递增递减指令的一般形式如图 7-72 所示。当使能端 EN 为 1 时，由输入端 IN 提供的数据加 1 或减 1，并把结果输出到 OUT 端指定的存储区。由 IN 输入的数据类型可以是单字节、双字节和双字整数。Arith 表示指令助记符，递增递减指令助记符见表 7-30。

图 7-72　递增递减指令的一般形式

递增递减指令助记符　　　　　　　　　　　　表 7-30

序号	运算形式	运算符	指令助记符 Arith		
			单字节整数	双字节整数	双字整数
1	递增（加 1）	INC	INC_B	INC_W	INC_DW
2	递减（减 1）	DEC	DEC_B	DEC_W	DEC_DW

递增递减指令执行时会影响特殊存储区的标志继电器状态：运算结果为 0 时，SM1.0 为 1；运算结果溢出，或者运算产生无效值，或者 IN 输入的数据类型错误时，SM1.1 为 1；运算结果为负数时，SM1.2 为 1。表 7-31 为递增指令。

递增指令　　　　　　　　　　　　表 7-31

序号	指令名称	指令符号	功能
1	单字节递增	INC_B EN　ENO IN　OUT	无符号单字节数加 1 IN+1→OUT
2	双字节递增	INC_W EN　ENO IN　OUT	有符号双字节数加 1 IN+1→OUT
3	双字递增	INC_DW EN　ENO IN　OUT	有符号 4 字节数加 1 IN+1→OUT

图 7-73 为递增、递减指令的使用方法。当 I4.0 常开触点闭合时，自上而下分别进行

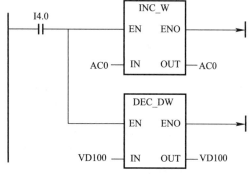

图 7-73　递增、递减指令的使用方法

了双字节和双字数据的递增和递减运算：① AC0＋1→AC0；② VD100－1→VD100。

除上述数学运算指令之外，S7-200 Smart PLC 还提供了三角函数、对数、平方根等函数指令用于较复杂的数学运算。

7.4.8　逻辑操作指令

逻辑运算是对无符号数按位进行"与""或""异或"和"取反"运算等。

1. 取反指令

逻辑运算指令见表 7-32。指令的功能是：使能端 EN 为 1 时，把输入 IN 指定的字节、字或双字数据按位取反，运算结果存放在 OUT 指定的存储区。

逻辑运算指令　　　　　　　　　　　　　　　表 7-32

序号	指令名称	指令符号	功能
1	字节取反	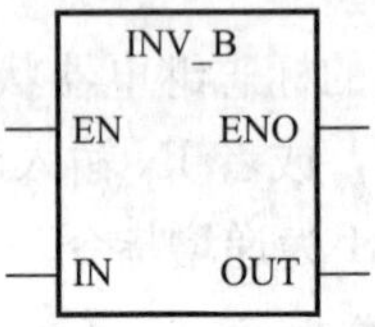 INV_B EN ENO IN OUT	把输入 IN 指定的字节数据按位取反，运算结果存放在 OUT 指定的存储单元
2	字取反	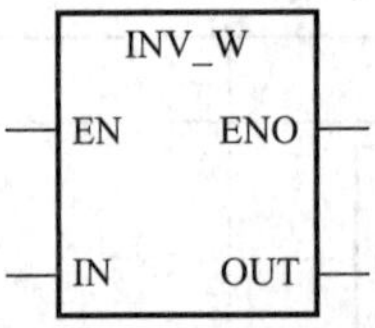 INV_W EN ENO IN OUT	把输入 IN 指定的双字节数据按位取反，运算结果存放在 OUT 指定的存储区
3	双字取反	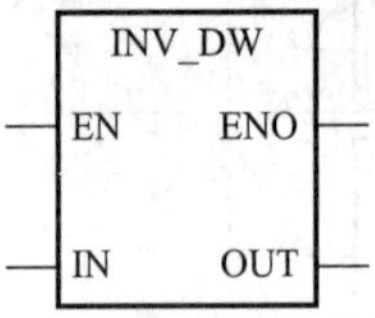 INV_DW EN ENO IN OUT	把输入 IN 指定的 4 字节数据按位取反，运算结果存放在 OUT 指定的存储区

如图 7-74 所示，设 AC0 开始存储的双字节二进制数据为 1101 0111 1001 0101，执行指令 INV_W 后，AC0 的存储数据则变为 0010 1000 0110 1010。

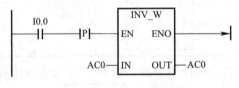

图 7-74　取反指令举例

2. 逻辑运算指令

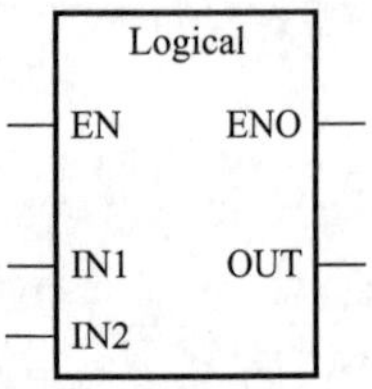

逻辑运算指令包括与、或、异或指令，其逻辑运算指令如图 7-75 所示。当使能端 EN 为 1 时，对输入端 IN1、IN2 提供的数据进行与、或、异或运算，并把结果输出到 OUT 端指定的存储区。由 IN1、IN2 输入的数据类型可以是单字节整数、双字节整数和双字整数。IN1 和 IN2 的数据类型必须相同。Logical 表示指令助记符，递增递减指令助记符见表 7-33。逻辑运算指令执行时会影响

图 7-75　逻辑运算指令

特殊存储区的标志继电器状态 SM1.0，运算结果为 0 时，SM1.0 为 1。表 7-34 为与指令及其功能。

递增递减指令助记符　　　　　　　　表 7-33

序号	运算形式	运算符	指令助记符 Arith		
			单字节整数	双字节整数	双字整数
1	与	WAND	WAND_B	WAND_W	WAND_DW
2	或	WOR	WOR_B	WOR_W	WOR_DW
3	异或	WXOR	WXOR_B	WXOR_W	WXOR_DW

与指令及其功能　　　　　　　　表 7-34

序号	指令名称	指令符号	功能
1	单字节与运算	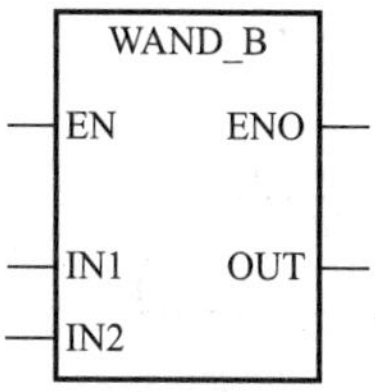 WAND_B EN　ENO IN1　OUT IN2	把 IN1、IN2 提供的单字节数据进行与运算，并把结果输出到 OUT 端指定的存储单元
2	双字节与运算	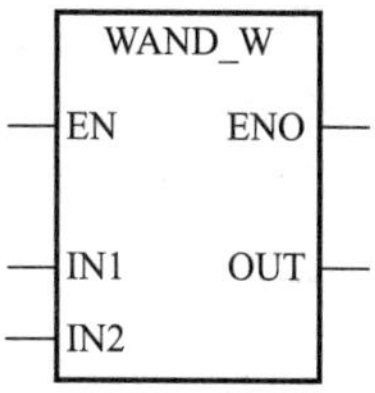 WAND_W EN　ENO IN1　OUT IN2	把 IN1、IN2 提供的双字节数据进行与运算，并把结果输出到 OUT 端指定的存储区
3	双字与运算	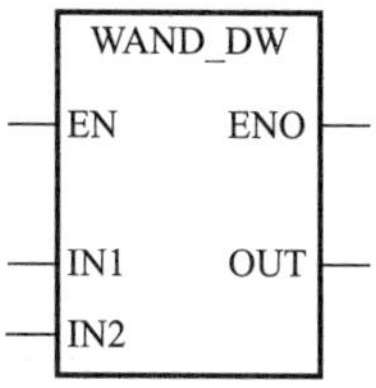 WAND_DW EN　ENO IN1　OUT IN2	把 IN1、IN2 提供的双字数据进行与运算，并把结果输出到 OUT 端指定的存储区

图 7-76（a）是逻辑运算指令使用程序及运行结果的梯形图程序。当 I4.0 常开触点闭合时，自上而下分别进行与、或、异或运算：① AC1 AND AC0→AC0；② AC1 OR VW100→VW100；③ AC1 XOR AC0→AC0。执行过程如图 7-76（b）所示。

7.4.9　逻辑移位指令

逻辑移位指令有移位指令、循环移位指令和移位寄存器指令。

逻辑移位指令的一般形式如图 7-77 所示，Shift 表示指令助记符，逻辑移位的数据类型是字节、双字节和双字，递增递减指令助记符见表 7-35。

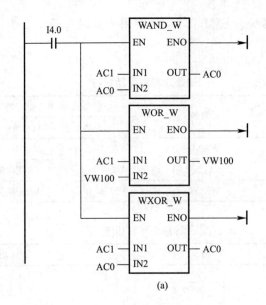

(a)

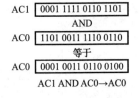

AC1 AND AC0→AC0

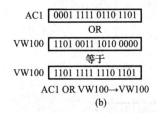

AC1 OR VW100→VW100

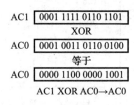

AC1 XOR AC0→AC0

(b)

图 7-76　逻辑运算指令使用程序及运行结果

（a）梯形图程序；（b）执行过程

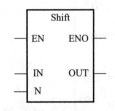

图 7-77　逻辑移位指令的一般形式

递增递减指令助记符　　　　　　　　　　　　　　　　表 7-35

序号	运算形式	运算符	指令助记符 Shift		
			单字节整数	双字节整数	双字整数
1	左移	SHL	SHL_B	SHL_W	SHL_DW
2	右移	SHR	SHR_B	SHR_W	SHR_DW
3	循环左移	ROL	ROL_B	ROL_W	ROL_DW
4	循环右移	ROR	ROR_B	ROR_W	ROR_DW

1. 移位指令

移位指令有左移指令和右移指令两种，表 7-36 给出了左移指令符号和功能。在图 7-77 中，当使能端 EN 为 1 时，把 IN 输入的数据，左移（或右移）N 位，然后把移位后的数据送入 OUT 指定的存储区。左移操作时，数据最低位补 0 左移，右移操作时，数据最高位补 0 右移。如果指定的移位次数 N 大于或等于数据移位的最大允许值 N_{max}（字节数据，N_{max} 为 8；双字节数据，N_{max} 为 16；双字数据，N_{max} 为 32），则按最大次数 N_{max} 对数据移位。如果 N 大于 0，SM1.1 为移出的最后一位数据位的状态。如果移位运算的结果为零，SM1.0 位将被置位为 1。

左移指令符号和功能　　　　　　　　　　　　表 7-36

序号	指令名称	指令符号	功能
1	字节左移	SHL_B EN　ENO IN　OUT N	把 IN 输入的 8 位二进制数据左移 N 位，然后把移位后的数据送入 OUT 指定的存储单元
2	双字节左移	SHL_W EN　ENO IN　OUT N	把 IN 输入的 16 位二进制数据左移 N 位，然后把移位后的数据送入 OUT 指定的存储区
3	双字左移	SHL_DW EN　ENO IN　OUT N	把 IN 输入的 32 位二进制数据左移 N 位，然后把移位后的数据送入 OUT 指定的存储区

图 7-78 为使用移位指令的程序。当 I4.0 常开触点闭合时，VW0 存储的双字节数据被最低位补 0 左移 2 次。

2. 循环移位指令

循环移位指令有循环左移和循环右移两种，见表 7-35。在图 7-77 中，当使能端 EN 为 1 时，把 IN 输入的数据循环左移（或循环右移）N 位，然后把移位后的数据送入 OUT 指定的存储区。循环左移操作时，溢出的最高位填充数据最低位，右移操作时，溢出的最低位填充数据最高位。

如果指定的移位次数 N 大于或等于数据移位的最大允许值 N_{max}（字节数据，N_{max} 为 8；双字节数据，N_{max} 为 16；双字数据，N_{max} 为 32），则 PLC 先计算实际移位次数 $N = \mathrm{Mod}(N/N_{max})$，再进行循环移位操作。如果计算取模运算得到的移位次数为 0，则不执行循环移位操作。如果执行循环

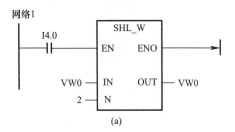

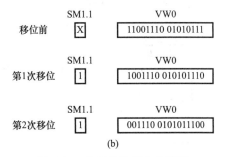

图 7-78　使用移位指令的程序

（a）使用移位指令的程序；（b）程序执行过程

移位操作，则溢出位 SM1.1 存储循环移出的最后一位数据位的状态。如果循环移位操作的结果为零，SM1.0 位将被置位为 1。

图 7-79 为使用循环移位指令的程序。当 I2.0 常开触点闭合时，VW10 存储的双字节数据循环右移 3 次。

【例 7-16】一组 8 个 LED 分别接在 PLC 的 Q0.0～Q0.7 上，设计程序实现每隔 1s 依次点亮 1 次。

采用字节循环移位指令控制移位。置 LED 点亮的初始状态为 QB0＝1，程序开始从 Q0.0 连接的 LED 点亮，1s 之后与 Q0.1 的 LED 点亮，以此类推，8 个 LED 依次点亮，LED 控制程序如图 7-80 所示。SM0.1 为特殊功能继电器，仅在第一个扫描周期闭合（SM0.1＝1）。

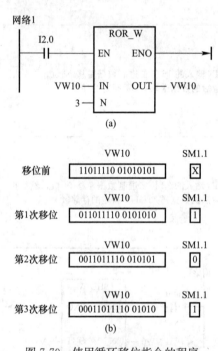

图 7-79　使用循环移位指令的程序
（a）使用循环移位指令的程序；（b）程序执行过程

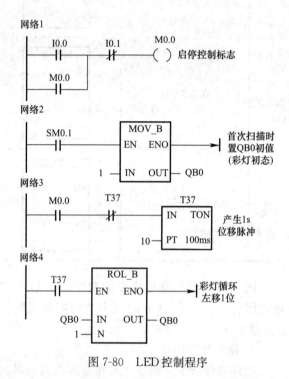

图 7-80　LED 控制程序

3. 移位寄存器指令

移位寄存器指令可将指定位移入移位寄存器。如图 7-81 所示。该指令提供了排序和控制产品流或数据的简便方法。当使能端 EN 为 1 时，把 DATA 的状态移入移位寄存器，S_BIT 指定移位寄存器最低有效位的位置，N 指出移位寄存器的长度和移位方向：N 为正整数时，左移 N 位，N 为负整数时，右移 N 位。SHRB 指令移出的每个状态值被复制到 SM1.1。

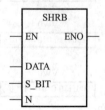

图 7-81　移位寄存器指令

图 7-82 为移位寄存器指令的使用方法。当 I2.0 常开触点闭合时，把 I0.3 触点的状态，从 VD100 存储的 4 字节数据的第 0 位移入，并左移 4 次，表 7-37 为移位寄存器指令符号和功能。

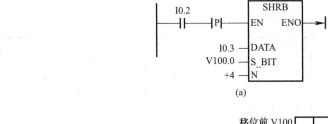

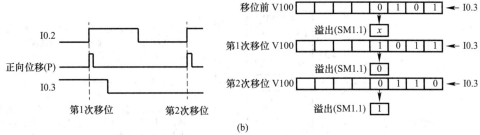

图 7-82　移位寄存器指令的使用方法

(a) 程序；(b) 时序与运行过程

移位寄存器指令符号和功能　　　　　　　　　　　　　　　表 7-37

序号	指令名称	指令符号	功能
1	字节型转换整型	B_I EN　ENO IN　OUT	把由 IN 输入的单字节数据转换为整数，并将其存储在 OUT 指定的存储单元中
2	整型转换字节型	I_B EN　ENO IN　OUT	把由 IN 输入的整数转换为单字节数据，并将其存储在 OUT 指定的存储单元中。待转换整数在 0～255 之间
3	整型转换长整型	I_DI EN　ENO IN　OUT	把由 IN 输入的双字节整数转换为 4 字节整数，并将其存储在 OUT 指定的存储区，数据的符号位扩展到最高字节
4	长整型转换整型	DI_I EN　ENO IN　OUT	把由 IN 输入的 4 字节整数转换为 2 字节整数，并将其存储在 OUT 指定的存储区。如果转换的值过大以至于无法在输出中表示，则溢出位 SM1.1 置位为 1，输出不受影响
5	长整型转换实数型	DI_R EN　ENO IN　OUT	把由 IN 输入的 4 字节有符号整数转换为实数（4 字节），并将其存储在 OUT 指定的存储区
6	BCD 码数据转换整型	BCD_I EN　ENO IN　OUT	把由 IN 输入的 4 位十进制数的 BCD 码转换为 2 字节的整数，并将其存储在 OUT 指定的存储区。由 IN 输入的 4 位十进制数的有效范围为 0～9999

续表

序号	指令名称	指令符号	功能
7	整型转换 BCD 码数据	I_BCD EN ENO IN OUT	把由 IN 输入的 2 字节的整数转换为 4 位十进制数的 BCD 码，并将其存储在 OUT 指定的存储区。由 IN 输入整数的有效范围为 0～9999
8	取整（四舍五入）	ROUND EN ENO IN OUT	把由 IN 输入的实数转换为 4 字节的整数，并将其存储在 OUT 指定的存储区。如果小数部分大于或等于 0.5，该实数值将进位
9	提取整数部分	TRUNC EN ENO IN OUT	把由 IN 输入的实数转换为 4 字节整数，并将其存储在 OUT 指定的存储区。仅转换实数的整数部分，小数部分被丢弃
10	7 段 LED 数码管编码	SEG EN ENO IN OUT	把由 IN 输入的单字节数据转换为 7 段 LED 编码，并将其存储在 OUT 指定的存储区
11	编码	ENCO EN ENO IN OUT	把由 IN 输入的双字节数据最低非 0 位的位编号作为双字节数据的低四位，并把其存储在 OUT 指定的存储区
12	解码	DECO EN ENO IN OUT	把由 IN 输入的双字节数据的最低 4 位作为位置编号，把双字节数据对应位置位为 1，其他位为 0，并把其存储在 OUT 指定的存储区

7.4.10 转换指令

转换指令用于把一种格式的数据转换为另外一种格式。例如，与其他高级计算机语言一样，在 PLC 在进行数值运算时，要求参与运算的数据必须具有相同的数据类型，因此，当数据类型不同时，类型转换是必不可少的步骤；数据处理时，为了实现数据格式匹配，也需要对数据格式进行转换。S7-200 Smart PLC 提供多种形式的格式转换指令，如数据类型转换指令、数符字符与数值相互转换的指令、编码与解码指令等。本节仅介绍常用的基本转换指令，转换指令的一般形式如图 7-83 所示。当使能端 EN 为 1 时，把 IN 端输入的数据转换为指定格式，并把转换后的数据存储在 OUT 指定的存储区。

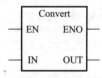

图 7-83 转换指令的一般形式

需要指出的是，ROUND 指令是进行四舍五入的取整，而 TRUNC 指令是输入的实数转换成整数，只保留整数部分，舍去小数部分，其结果为双字整数。

【例 7-17】某系统采用 1024 线的光电码盘测量承载转台的转动角度。设计数器 C10 中存储了光电码盘的脉冲计数值，设计程序求实际转动角度。

　　1024 线光电码盘的分辨率为：360°/1024＝0.3515625°，即 1 个脉冲对应的角度。设 VD4 存放分辨率 0.3515625，角度值存储在 VD8。I0.2 为设备启动旋钮连接的输入点。求转动角度程序如图 7-84 所示。

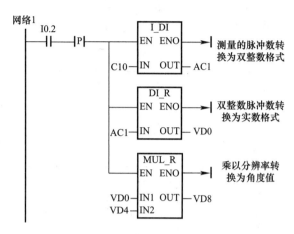

图 7-84　求转动角度程序

　　7 段 LED 数码管编码指令的数字字符编码见表 7-38。图 7-85 为 7 段 LED 数码管编码指令的使用方法，VB48 单元的内容（低 4 位）转换为 7 段 LED 显示编码。假设 VB48 中存储的数值为 5，则程序执行后生成的 7 段编码为 6DH。

7 段 LED 数码管编码指令的数字字符编码　　　　　　　　表 7-38

序号	IN	OUT（7 段编码）gfe dcba	显示字型	7 段 LED 数码管
1	0	0011 1111	0	
2	1	0000 0110	1	
3	2	0101 1011	2	
4	3	0100 1111	3	
5	4	0110 0110	4	a f g b e d c
6	5	0110 1101	5	
7	6	0111 1101	6	
8	7	0000 0111	7	
9	8	0111 1111	8	
10	9	0110 0111	9	

序号	IN	OUT（7段编码）	显示字型	7段LED数码管
		gfe dcba		
11	A	0111 0111	A	
12	B	0111 1100	b	
13	C	0011 1001	C	
14	D	0101 1110	d	
15	E	0111 1001	E	
16	F	0111 0001	F	

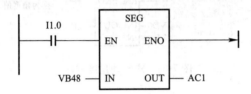

图 7-85　7 段 LED 数码管编码指令的使用方法

图 7-86 为编码和解码指令的使用方法。VB0 的最低 4 位为 0011，即十进制数 3，因此如图 7-86 所示，解码后 VW2 的内容的第 3 位被置 1。VW4 的最低非 0 位是第 4 位，则编码后 VB6 的内容为 4。

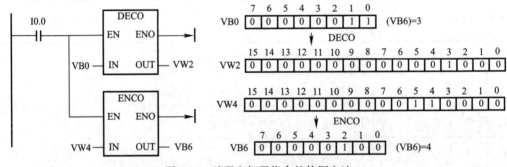

图 7-86　编码和解码指令的使用方法

【例 7-18】一机电设备系统有 6 种异常状态和故障需要监测，故障发生时相应的检测装置的状态开关闭合，设这 6 种异常状态和故障的检测装置开关分别为 K1、K2、K3、K4、K5 和 K6，对应故障编号 1～6。设计程序异常发生时，用数码管显示故障代号。

设检测装置开关分别为 K1、K2、K3、K4、K5 和 K6 分别连接到 I1.1～I1.6，I0.0、I0.1 分别接监测系统起用和清除按钮。7 段码共阴极的 LED 数码管显示器的 a～g 引脚分别由 Q0.0～Q0.6 驱动，MW0 的低字节 MB1（M1.7～M1.0）用于存储故障状态标志，M1.1～M1.6 分别存储第 1～6 号故障的标志。第 1 号故障发生时，I1.1 触点闭合，M1.1 置 1，即（MW0）=00000000 00000010B，MW0 的首个非 0 为第 1 位，编码后 MB4 为 1，由 SEG 指令得到数符 1 的 7 段编码,送到 Q0.6～Q0.0 显示。图 7-87 仅给出了第 1 号故障监测、故障代码产生和显示程序。其他 5 种故障监测程序与第 1 号类似。

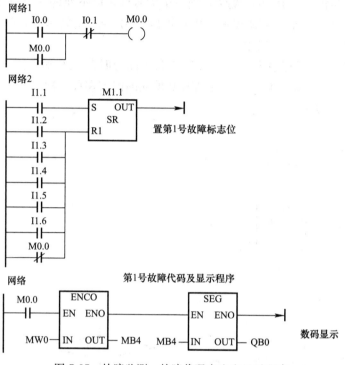

图 7-87　故障监测、故障代码产生和显示程序

7.4.11　程序控制指令

程序控制指令包含跳转控制指令、程序循环控制指令、暂停与结束指令、子程序调用与返回指令、中断指令和顺序控制继电器指令。程序控制指令用于程序执行流程的控制。对于一个扫描周期而言,跳转控制指令可以使程序出现跳跃以实现程序段的选择;程序循环控制指令用于一段程序的重复循环执行;子程序调用与返回指令用于调用子程序,使用子程序可以增强程序的结构化;中断指令则是用于中断信号引起的子程序调用;顺序控制继电器指令可形成状态程序段中各状态的激活及隔离。

1. 跳转控制指令

跳转控制指令包括跳转指令(JMP)和跳转标号(LBL),见表 7-39。使 JMP 指令输入有效时,程序跳转到指定标号 n 处,跳转标号 $n=0～255$,PLC 从 LBL 指令指定的 n 标号处执行程序;当 JMP 指令输入无效时,PLC 顺序执行 JMP 指令的下一行程序。

跳转控制指令　　　　　　　　　　　　　　　　　　　　表 7-39

序号	指令名称	指令符号	功能
1	跳转(JMP)	$\overset{n}{\text{—(JMP)}}$	程序跳转到标号 n 处执行程序,$n=0～255$
2	跳转标号(LBL)	$\overset{n}{\boxed{\text{LBL}}}$	指出跳转目标标号 n 的程序位置,$n=0～255$

需要指出的是，程序设计时，JMP 指令及其对应的 LBL 指令必须位于与主程序、子程序或中断程序相同的程序段中，程序不能从主程序直接跳转到子程序和中断程序中，反之亦然。多个跳转指令 JMP 可以跳转到同一个标号处，但不允许一个跳转指令 JMP 跳转到两个不同的标号。另外，SCR 程序段中也可以使用 JMP 跳转指令，但跳转的目标标号指令必须处于同一 SCR 程序段中。

【例 7-19】下面一段程序为当检测到 I0.0 触点闭合时，I2.0 触点闭合把 VB10 单元的内容右移 2 次，否则，I2.0 触点闭合把 VB10 单元的内容左移 2 次。

程序如图 7-88 所示。

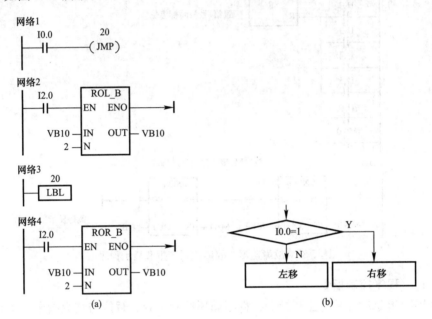

图 7-88　程序与流程图
(a) 程序；(b) 流程图

【例 7-20】在一个机电系统中有 3 台电动机，可设置手动和自动两种操作方式。手动方式时，每台电动机可用按钮进行独立地起停控制。自动方式时，按下启动按钮后，3 台电动机每隔 5s 依次启动，按下停止按钮，3 台电动机同时停止工作。

图 7-89 为机电系统的电气控制系统原理图及控制程序。图 7-89（a）中 SM 为自动操作方式选择开关，SM 旋钮开关闭合时，机电系统处于自动操作模式。S1 和 S2 分别为自动方式下的启动和停止按钮，SB1、SB2 和 SB3 分别为手动方式在电动机 1~3 的启动按钮，ST1、ST2 和 ST3 分别为手动方式在电动机 1~3 的停止按钮，KM1、KM2、KM13 分别用于控制电动机 1~3 主回路。图 7-89（b）的控制程序利用跳转与标号指令实现了机电系统的控制任务。

2. 程序循环控制指令

程序循环控制指令包括两条指令：FOR 和 NEXT，见表 7-40。当使能端 EN 为 1 时，PLC 执行 FOR 至 NEXT 之间的一段程序。INDX 为循环控制变量，记录循环次数，INIT 用于指出循环次数的起始值，FINAL 用于指出循环次数的终止值。循环程序用于 PLC 把一段程序块的重复执行多次。

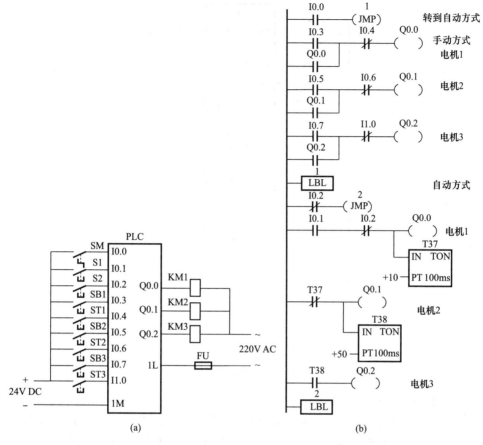

图 7-89　机电系统的电气控制系统原理及控制程序

（a）电气控制系统原理；（b）控制程序

循环控制指令　　　　　　　　　　　　　　　表 7-40

序号	指令名称	指令符号	功能
1	FOR	FOR EN　ENO INDX INIT FINAL	FOR 指令执行 FOR 和 NEXT 指令之间的程序若干次，起始值和终止值由 FINAL 与 INIT 指出，INDX 为循环控制变量，记录循环次数
2	NEXT	─(NEXT)	表示 FOR 循环程序段的结束

　　程序设计时，FOR 与 NEXT 指令必须成对使用，每条 FOR 指令对应一条 NEXT 指令。FOR 与 NEXT 循环最大嵌套深度为 8 层。循环结构嵌套时，FOR 与 NEXT 不允许出现交叉现象。另外，只要使能端 EN 为 1，FOR 指令的各个参数被自动复位。

　　图 7-90 为的两重循环程序，I2.0 为 1 时，外循环有效。若 I2.1 为 1 时内循环有效，循环 2 次后结束，外循环执行 100 次。

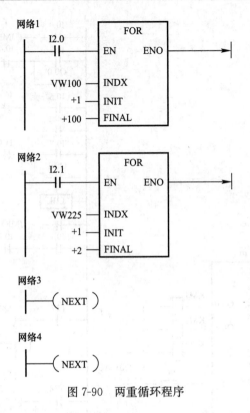

图 7-90 两重循环程序

【例 7-21】 求累加和。

以 10 个双字节数据累加为例，数据存储在 VW100 开始的区域，累加和存储在 VW200。在执行累加运算程序之前，VW200 已被初始化清 0。例 7-21 程序如图 7-91 所示。

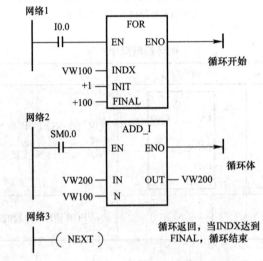

图 7-91 例 7-21 程序

【例 7-22】 当系统启动时，按下启动按钮 S（按钮 S 连接在输入点 I0.0 上），要求把不同的生产参数：10、15、20、25、30 和 35 分别送到设定存储区：VW10、VW12、VW14、VW16、VW18 和 VW20。

这是参数初始化的操作，系统上电运行时，需要设置参数值。程序如图 7-92 所示。

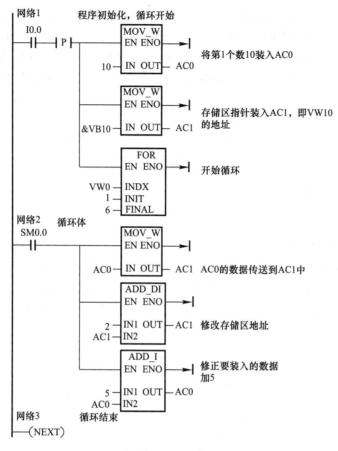

图 7-92　程序

3. 暂停与结束指令

暂停与结束指令是都是基于该指令之前的运行结果为条件的指令，见表 7-41。当输入条件有效时，停止执行目前的程序。END 指令只能用在主程序中，在子程序和中断程序中不能使用。STOP 指令可以在主程序、子程序和中断程序中使用，PLC 在中断程序中执行 STOP 指令，中断程序会立即终止，并且忽略所有等待处理的中断请求，PLC 执行 STOP 指令后，还需完成当前扫描周期中还未执行的程序，在当前扫描周期结束时，从 RUN 模式到 STOP 模式。

暂停与结束指令　　　　　　　　　　　　　　　　　　　表 7-41

序号	指令名称	指令符号	功能
1	结束	——(END)	当 END 指令的输入条件有效时，终止执行当前的程序
2	暂停	——(STOP)	当 STOP 指令的输入条件有效时，在本次扫描周期结束时，PLC 从 RUN 模式切换到 STOP 模式，程序停止执行
3	Watchdog 定时器复位	——(WDR)	触发系统看门狗定时器复位，将完成扫描允许时间延长 500ms，避免 Watchdog 定时器发生超时错误

Watchdog 定时器复位指令 WDR 用于重新触发 CPU 的系统监视 Watchdog 定时器，以延长程序扫描时间避免出现 Watchdog 定时器超时的错误。

图 7-93 为 STOP 指令、END 指令以及 WDR 指令的使用。如图 7-93（a）所示，当 PLC 的 CPU 检测到 I/O 错误时，PLC 切换为 STOP 模式。如图 7-93（b）所示，当 I1.0 触点闭合时，本次扫描周期结束，程序终止执行，PLC 切换为 STOP 模式。如图 7-93（c）所示，M5.6 触点闭合时，执行 WDR 指令，本次程序扫描时间延长 500ms。

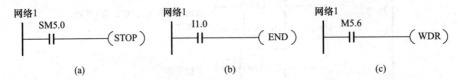

图 7-93　STOP 指令、END 指令以及 WDR 指令的使用
(a) STOP 指令；(b) END 指令；(c) WDR 指令

4. 顺序控制继电器指令

顺序控制继电器（Sequence Control Relay，SCR）指令用于顺序控制程序。S7- 200 Smart PLC 的顺序控制指令有：装载 SCR、SCR 转换、有条件 SCR 结束和无条件 SCR 结束等，见表 7-42。顺序控制程序被划分成装载 SCR 指令与无条件 SCR 结束指令之间的若干个 SCR 程序段，一个 SCR 程序段对应顺序功能图中的一步。

顺序控制继电器控制指令　　　　　　　　　　　　　　　表 7-42

序号	指令名称	指令符号	功能
1	装载 SCR	S_bit / SCR	装载顺序控制继电器指令，将 S 位的值装载到 SCR 和逻辑堆栈中，实际是步指令的开始
2	SCR 转换	S_bit ─(SCRT)	使当前激活的 S 位复位，使下一个将要执行的程序段 S 置位，即顺序步转移
3	有条件 SCR 结束	─(SCRE)	当输入有效时，退出一个激活的程序段
4	无条件 SCR 结束	─(SCRE)	退出一个激活的程序段

装载 SCR 指令用来表示一个 SCR 程序段的开始，S_bit 为顺序控制继电器 S 的地址，当顺序控制继电器 S_bit 线圈得电时，PLC 执行对应的 SCR 程序段，否则，该程序段不被执行。

SCR 结束指令分为有条件 SCR 结束指令和无条件 SCR 结束指令。无条件 SCR 结束指令表示一个 SCR 程序段的结束。而 PLC 执行有条件 SCR 结束指令后，则停止执行当前的一个 SCR 程序段。

SCR 转换指令实现 SCR 程序段之间的转换。当 PLC 执行 SCR 转换指令，S_bit 线圈得电，把当前 SCR 程序段对应的顺序控制继电器线圈复位失电，当前 SCR 程序段停止执行，准备执行 S_bit 线圈对应的 SCR 程序段。

需要注意的是，在不同的程序中不能使用相同的顺序继电器 S_bit；在 SCR 程序段中不能使用跳转指令（JMP-LBL），也就是说，不能用跳转指令跳出一个 SCR 程序段；另外，在 SCR 程序段中也不能使用循环指令（FOR-NEXT）以及结束指令（END）。

【例 7-23】运料小车的控制。运料小车运动示意见图 7-94。设小车初始位置为轨道左限位处。系统运行时，按下启动按钮后，小车启动向右运行，触碰右限位后停车，3s 后重新启动左行，触碰左限位后停止运行。小车采用三相异步电动机驱动。

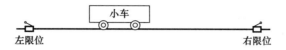

图 7-94　运料小车运动示意

小车系统的电气拖动和控制系统原理如图 7-95 所示。根据小车的运行状态变化可知，1 个工作周期可以分为左行、暂停和右行，共 3 步。若设置等待启动的初始步，顺序动作流程如图 7-96 所示，S0.0～S0.3 为 4 个工作步，转换条件为启动按钮、限位开关和定时器的延时闭合触点。

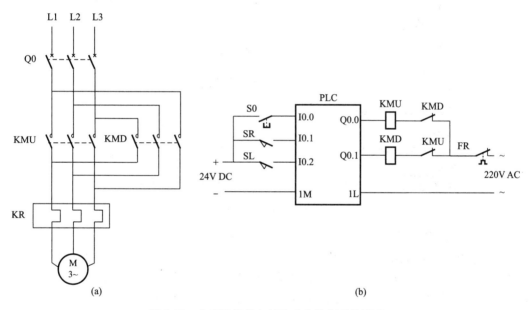

图 7-95　小车系统的电气拖动和控制系统原理

（a）电气拖动系统；（b）电气控制系统

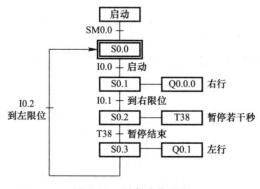

图 7-96　顺序动作流程

小车控制程序见图 7-97。用 LSCR 和 SCRE 指令作为 SCR 段的开始和结束指令。在 SCR 段中用 SM0.0 触点来使启动步 S0.0 状态为 1，另外，用转移条件的触点驱动后续步，用 SCRT 指令作为 SCR 程序段的转移指令。

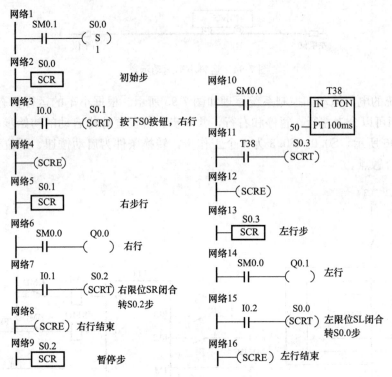

图 7-97　小车控制程序

5. 子程序调用与返回指令

子程序有子程序调用和子程序返回两大类指令，子程序返回又分为条件返回和无条件返回，见表 7-43。子程序调用指令用在主程序或其他调用子程序的程序中，无条件返回指令是子程序的最后程序段，但是无需写出，程序编译时编译系统会自动在子程序的末尾添加无条件返回指令。该指令在编辑窗口也不会显示出来。用户程序只能使用条件返回指令，它可使当前子程序终止，并返回调用它的上一级程序。子程序结束时，程序执行应返回原调用指令的下一条指令处。

跳转控制指令　　　　　　　　　　　　　　　　　　　　　　表 7-43

序号	指令名称	指令符号	功能
1	子程序调用	SBR_n EN x1 x2　　x3	调用子程序 SBR_n，n=0~127。调用指令可以带参数或者不带参数。子程序执行完后，返回到调用指令之后的下一条指令处
2	条件返回	─(RET)	当输入有效时，终止执行当前子程序，返回子程序调用的下一条执行

【例 7-24】设计求若干个双字节数据累加和的子程序，数据存储在 V 存储区的连续区域。

假设在 I0.0 常开触点闭合时，10 个双字节（字）数据从 VW100 开始存储，累加运算结果存放在 VD0。在 OB1 中调用该子程序。双字节数据累加和程序见图 7-98。

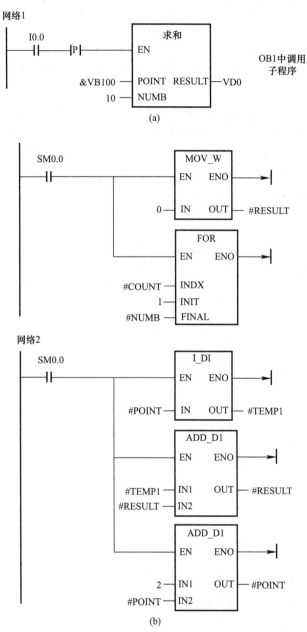

图 7-98　双字节数据累加和程序
(a) 主程序；(b) 累加子程序

当 I0.0 的上升沿时，调用求和子程序，指定 POINT 的值 "&VB100" 是源地址指针的初始值，即数据从 VW100 开始存放，数据个数 NUM 为 10，结果存放在 VD0 中。子程序变量如表 7-44 所示。

子程序变量　　　　　　　　　　　　　　　　　　　　表 7-44

序号	地址	符号	数据类型	备注
1	LD0	POINT	DWORD	地址指针初值
2	LW4	NUMB	WORD	数据个数
3	LD6	RESULT	DINT	累加和
4	LD10	TEMP1	DINT	暂存累加数据
5	LW4	COUNT	INT	循环次数

6. 中断指令

中断指令用于实时响应控制系统中的特定的内部或外部事件。中断处理是指：控制系统在执行程序过程中，出现了某些异常情况或特殊需求要处理，系统暂时中断当前执行的程序，转去执行中断服务程序处理异常情况或特殊需求，待处理完毕之后再返回原来被中断的程序。这些异常情况或特殊需求称之为中断事件。

S7-200 Smart PLC 共有 39 种中断事件（表 7-45），可分为三大类：通信口中断、I/O 口中断和时间中断。为了便于识别，为每个中断事件都分配了一个编号，称为中断事件号。

S7-200 Smart PLC 的中断事件及编号　　　　　　　　　表 7-45

序号	类别	类别优先级	中断事件	中断事件号	中断优先级	紧凑型 PLC	经济型 PLC
1			串行口 0 接收字符	8		有	有
2			串行口 0 发送完字符	9		有	有
3	通信口中断	高	串行口 0 接收消息完成	23	高	有	有
4			串行口 1 接收消息完成	24	↓	无	有
5			串行口 1 接收字符	25	低	无	有
6			串行口 1 发送完字符	26		无	有
7			PTO0 脉冲计数完成	19		无	有
8			PTO1 脉冲计数完成	20		无	有
9			PTO2 脉冲计数完成	34		无	有
10			上升沿 I0.0	0		有	有
11			上升沿 I0.1	2		有	有
12			上升沿 I0.2	4		有	有
13			上升沿 I0.3	6	高	有	有
14	I/O 口中断	中	上升沿 I7.0	35	↓	无	有
15			上升沿 I7.1	37	低	无	有
16			下降沿 I0.0	1		有	有
17			下降沿 I0.1	3		有	有
18			下降沿 I0.2	5		有	有
19			下降沿 I0.3	7		有	有
20			下降沿 I7.0	36		无	有
21			下降沿 I7.1	38		无	有

序号	类别	类别优先级	中断事件	中断事件号	中断优先级	紧凑型 PLC	经济型 PLC
22			高速计数器 0 计数到预设值	12		有	有
23			高速计数器 0 计数方向改变	27		有	有
24			高速计数器 0 外部复位	28		有	有
25			高速计数器 1 计数到预设值	13		有	有
26			高速计数器 2 计数到预设值	16		有	有
27			高速计数器 2 计数方向改变	17		有	有
28	I/O 口中断	中	高速计数器 2 外部复位	18	高↓低	有	有
29			高速计数器 3 计数到预设值	32		有	有
30			高速计数器 4 计数到预设值	29		无	有
31			高速计数器 4 计数方向改变	30		无	有
32			高速计数器 4 外部复位	31		无	有
33			高速计数器 5 计数到预设值	33		无	有
34			高速计数器 5 计数方向改变	43		无	有
35			高速计数器 5 外部复位	44		无	有
36	时间中断	低	定时中断 0	10	高↓低	有	有
37			定时中断 1	11		有	有
38			定时器 T32 定时时间到	21		有	有
39			定时器 T96 定时时间到	22		有	有

1）通信口中断

通信口中断包括端口 0（Port0）和端口 1（Port1）的接收与发送中断。PLC 的串行通信口可由程序控制，可以设置通信的波特率、每个字符位数、起始位、停止位及奇偶校验，即自由口通信模式。在这种模式下，用户可以通过接收中断和发送中断来控制串行口收发数据。

2）I/O 口中断

I/O 口中断包括上升沿和下降沿中断、高速计数器中断和脉冲串输出中断。S7-200 Smart PLC 的 I0.0～I0.3 具有上升沿和下降沿触发中断事件的功能。

3）时间中断

时间中断包括定时中断和定时器 T32/T96 中断。

定时中断用于循环周期性的操作，如定时采样模拟量、PID 控制等。定时时间以 1ms 为单位，定时时间间隔为 1～255ms。S7-200 Smart PLC 提供了两个定时中断：定时中断 0 和定时中断 1，SMB34 寄存器用于设置定时中断 0 的定时时间，SMB35 寄存器用于设置定时中断 1 的定时时间。当定时中断被启用时，相关的定时器开始计时，当定时时间与设置的定时时间相等时，定时器溢出，PLC 转去执行定时中断连接的中断程序。重新把中断程序与定时中断事件连接时，中断系统会清除前一次连接时的计时，用新的定时值重新开始计时。

定时器中断使用且只能使用 1ms 定时器 T32 和 T96，一旦启用中断，当定时器当前计时与预设定时时间值相等时，PLC 执行与定时器相关的中断处理程序。

S7-200 Smart PLC 的中断指令见表 7-46。中断指令共有 6 条，包括中断连接、中断分离、清除中断事件、中断禁止、中断允许和中断条件返回。

中 断 指 令

表 7-46

序号	指令名称	指令符号	功能
1	中断允许	——(ENI)	允许 PLC 处理所有的中断事件
2	中断禁止	——(DISI)	禁止 PLC 处理中断事件
3	中断条件返回	——(RETI)	当输入有效时，终止执行当前的中断处理程序，返回中断处的下一条执行
4	中断连接	ATCH EN END INT EVNT	中断连接指令将中断事件 EVNT 与中断例程编号 INT 相关联，并启用中断事件
5	中断分离	DTCH EN ENO EVNT	中断分离指令解除中断事件 EVNT 与所有中断例程的关联，并禁用中断事件
6	清除中断事件	CLR_EVNT EN ENO EVNT	清除中断事件指令从中断队列中移除所有类型为 EVNT 的中断事件。使用该指令可将不需要的中断事件从中断队列中清除。如果该指令用于清除假中断事件，则应在从队列中清除事件之前分离事件。否则，在执行清除事件指令后，将向队列中添加新事件

中断允许指令可在用户程序中启用所有被连接的中断事件。中断禁止指令可在用户程序中禁止处理所有的中断事件，该指令执行后，出现的中断事件就进入中断队列排队等候，直到中断允许指令重新允许中断。PLC 转入 RUN 模式时，自动禁止所有的中断。在 RUN 模式下执行中断允许指令后才启用所有的中断。

中断连接指令中，INT 给定的中断处理程序编号，取值范围为 0～127。EVNT 为中断事件号，取值范围与 CPU 模块型号有关，对于紧凑型 PLC—CR20s/CR30s/CR40s/CR60s，EVNT 取值范围为 0～13、16～18、21～23、27、28 和 32，标准型 PLC—SR20/ST20、SR30/ST30、SR40/ST40、SR60/ST60，取值范围为 0～13 和 16～44。

中断连接指令用来建立某个中断事件（EVNT）和某个中断程序（INT）之间的关联关系，并启用该中断事件。

程序设计时，在调用一个中断程序前，必须用中断连接指令建立中断事件与中断程序的关联。当中断事件和中断程序建立关联后，该中断事件发生时，PLC 会自动响应并处理这个中断。多个中断事件可调用同一个中断程序，但一个中断事件不能同时关联多个中断程序。

中断分离指令的 EVNT 为中断事件号，取值范围与中断连接指令相同。中断分离指令用来解除某个中断事件（EVNT）和某个中断程序（INT）之间的关联，同时禁止该中断事件，使该中断转为不激活或无效状态。

中断条件返回指令用于在中断程序中当逻辑条件满足时从中断程序返回主程序。中断程序必须以无条件中断返回指令作结束，编程时无需写出，S7-200 Smart PLC 编程软件会自动在中断程序结尾添加了无条件中断返回指令。

在使用中断事件时，首先对中断事件和中断处理程序进行关联，然后开放所有中断事件，允许中断事件请求中断。这样，当 CPU 响应中断请求后，会自动调用中断处理程序。

中断处理程序是用户根据中断事件处理预案而设计的程序，中断处理程序调用不是由调用指令实现，而是 PLC 在中断请求后由操作系统调用。S7-200 Smart PLC 的中断系统不允许中断嵌套，也就是说，当中断系统正在处理一个中断时，如果又有新的中断请求，这个新的中断请求不会被立即响应，只有等当前的中断处理完成返回主程序后，才有可能响应这个新的中断请求，是否响应取决于该中断请求在中断队列中的位置。

S7-200 Smart PLC 的各个中断事件是有优先级的，优先级是中断请求队列排队的标识。S7-200 Smart PLC 的中断系统把中断事件优先级分为 3 个组别，通信口中断的优先级最高，I/O 口中断的优先级次之，时间中断的优先级最低，另外，在同一组别中的中断事件也规定了优先级（表 7-45）。当多个中断同时请求时，PLC 的中断系统先响应优先级高的中断请求。

S7-200 Smart PLC 的用户程序中最多可有 128 个中断，CPU 按中断源出现的先后次序响应中断请求，一个中断程序一旦执行就会一直执行到结束为止，不会被高优先级的中断事件所打断。PLC 的 CPU 在任一时刻只能执行一个中断处理程序。在中断处理程序执行过程中，如果出现新的中断请求，则根据按照优先级排队等候响应处理。中断队列可保存的最大中断数是有限的，如果超出队列容量，则产生溢出，相应的特殊存储器标志位被置位。当队列中通信口中断个数大于 4 时，SM4.0 置 1，I/O 口中断个数大于 16 时，SM4.1 置 1，时间中断个数大于 8 时，SM4.2 置 1。这些中断队列溢出标志位只能在中断处理程序中使用，在队列变空或返回执行主程序时，这些位会被自动复位。

程序设计时应注意，一个中断事件只能关联一个中断处理程序，多个中断事件可以调用同一个中断处理程序；在中断处理程序中不能使用中断禁止、中断允许、循环控制 FOR/NEXT 和结束 END 等指令。

【例 7-25】设计一个采样周期为 10ms 的模拟量采样程序。

采样周期为 10ms 需要用定时中断实现。查表 7-45 可知，定时中断 0 的中断事件号为 10。周期为 10ms 的模拟量采样程序如图 7-99 所示。在主程序中将采样周期（即定时中断的时间间隔）写入定时中断 0 的特殊存储器 SMB34，并将中断事件 10 和 INT0 连接，全局开中断。在中断程序 0 中，读入模拟量信号 AIW0 转换值并存在 VW100 中。

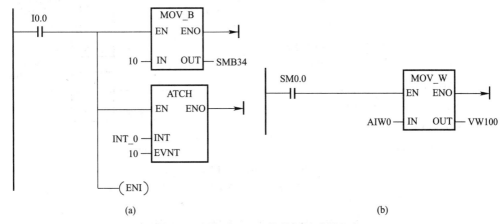

图 7-99　周期为 10ms 的模拟量采样程序

(a) 主程序；(b) 中断处理程序（采样程序）

【例 7-26】在某控制系统中，当输入点 I0.5 触点闭合时，要求置位输出点 Q0.0、

Q0.1，同时建立中断事件 0、2 与中断程序 INT0、INT1 的关联，并全局开中断。当输入点 I0.0 闭合时，复位输出点 Q0.0；输入点 I0.1 闭合时，复位输出点 Q0.1，同时解除中断事件与中断程序的关联。

根据题目要求设计的例 7-26 程序如图 7-100 所示。

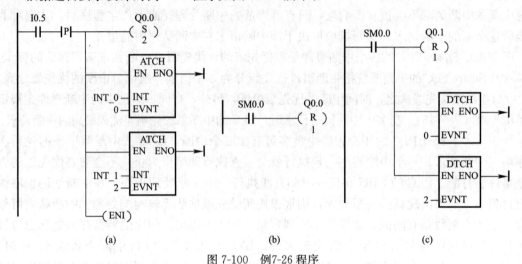

图 7-100　例7-26 程序

(a) 主程序；(b) 中断处理程序 1；(c) 中断处理程序 2

【例 7-27】 用定时中断 0 实现周期为 2s 的精确定时。

SMB34 是存放定时中断 0 的定时长短的特殊寄存器，其最大定时时间是 255ms，因此，实现 2s 的定时可以用 8 次 250ms 的定时来实现。例 7-27 程序如图 7-101 所示。

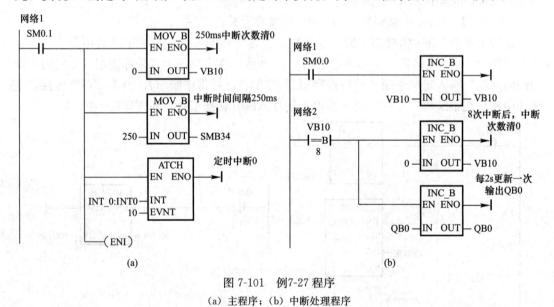

图 7-101　例7-27 程序

(a) 主程序；(b) 中断处理程序

7.5　S7-200 SMART 程序结构

S7-200 Smart PLC 的程序由用户程序、数据块和参数块 3 部分构成。

1. 用户程序

用户程序在存储器空间中也称为组织块（Organization Block，OB），它处于最高层次，可以管理其他块，可以使用各种语言编写用户程序。用户程序由主程序、子程序和中断程序组成。它们是 S7-200 Smart PLC 程序的程序组织单元（Programming Organisation Unit，POU），由用户程序的可执行代码及其注释组成，可执行代码编译后被下载到 PLC 供 CPU 执行。编程时，可以使用 POU 对用户程序结构化设计。S7-200 Smart PLC 程序结构如图 7-102 所示。

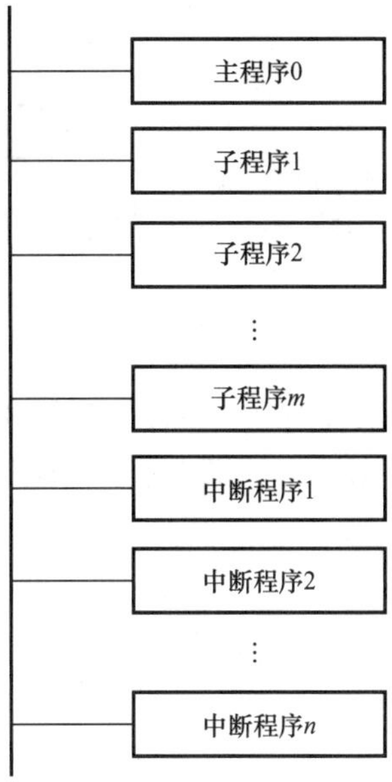

1）主程序

主程序是程序的主体，每一个项目都必须、并且只能有一个主程序。主程序可以调用子程序。

主程序通过指令编程控制整个应用程序的执行，每个扫描周期都要执行一次主程序。

2）子程序

子程序仅在被其他程序调用时才被执行。对重复执行的某项功能，使用子程序可以简化程序代码、减少扫描周期。在一个项目中是否使用子程序根据具体情况来决定。

图 7-102　S7-200 Smart PLC
程序结构

3）中断程序

中断程序用于处理随机发生的事件。只有在相应的中断事件被触发时，CPU 相应中断请求，中断程序才会被执行，它的调用执行与用户程序的执行时序无关。在一个项目中是否使用中断程序根据具体情况来决定。

S7-200 Smart PLC 在 STEP7-Micro/WIN 编程软件编写和调试程序，其编辑器窗口提供主程序（OB1）、子程序（SRB_0）和中断程序（INT_0）的标签用于选择和增删不同的程序。由于各类程序分别存放在独立的程序块中，各类程序结束时，无需加入无条件结束指令或无条件返回指令。

2. 数据块

数据块用于存放用户程序运行所需的数据。数据块不一定在每个控制系统的程序设计中都使用，但使用数据块可以完成一些有特定数据处理功能的程序设计，如设置变量存储器 V 的初始值。

3. 参数块

参数块用于存放 CPU 组态数据。如果设计时未进行 CPU 的组态，则编程软件以默认值配置系统。如有特殊需要，用户可以对系统的参数块进行设定，如：特殊要求的输入、输出设定，存储区掉电保持设定等。

鉴于篇幅原因，本书在此不介绍 STEP7-Micro/WIN 编程软件的使用，读者可参考其他资料。

7.6　程序设计举例

【例 7-28】供水系统示意如图 7-103 所示，由供水网提供水源，蓄水池用于水源净化

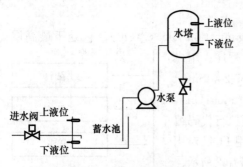

图 7-103　供水系统示意

处理，水塔为储水设备。系统正常工作时，当蓄水池的水位低于其液位下限时，进水阀打开注水，当水位到达液位上限时，进水阀自动关闭停止注水。在蓄水池有水，而水塔缺水时，水泵自动启动，把蓄水池的水抽往水塔，当水塔水位达到其液位上限时，水泵自动停机。设计控制系统实现上述功能。

设进水阀为 YV，水泵电动机为 M，蓄水池水位的上、下液位开关分别为 S1、S2，蓄水池水位的上、下液位开关分别为 S3、S4，蓄水池有水时指示灯 HL1 亮，水塔有水时指示灯 HL2 亮。供水系统的电气系统原理如图 7-104 所示。梯形图程序如图 7-105 所示。

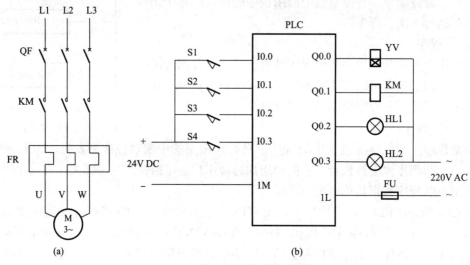

图 7-104　供水系统的电气系统原理

（a）水泵控制；（b）电气控制系统

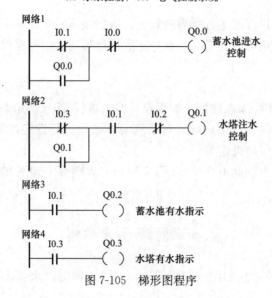

图 7-105　梯形图程序

网络 1 为蓄水池进水控制程序段，网络 2 为水塔注水程序控制段，网络 3、网络 4 为工作状态标志生成程序段。

【例 7-29】自动传送带系统示意如图 7-106 所示，4 级传送带从左到右逐级传递产品，图中 M1～M4 为传送带驱动电动机，S1～S4 为检测开关。传送带系统启动后，无产品传送时，暂停工作；当左侧第一级传送带检测到有产品时，启动系统工作；系统停止工作时，逐级关停传送带，当最后一个产品离开第 4 级时，所有传送带停止工作，可关闭系统。工作过程中，如果出现故障时，应停止故障点名之前的传送带工作，以免发生产品堆积。设计控制系统实现上述功能。

图 7-106　传送带系统示意

图 7-107 为控制系统原理，电气拖动系统原理与图 7-105（a）类似，在此不再介绍。

图 7-107 中，S0 为启停按钮，KM1～KM4 分别为驱动电动机 M1～M4 的主回路接触器，FR1～FR4 分别为驱动电动机 M1～M4 的热继电器，控制程序如图 7-108 所示。

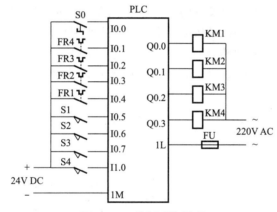

图 7-107　控制系统原理

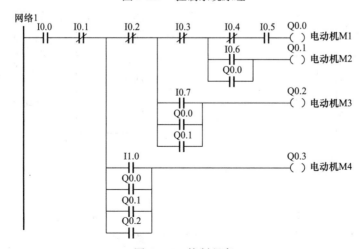

图 7-108　控制程序

系统正常时，旋转启动接通旋钮 S0，如果第 1 级传送带上有产品，则电动机 M1～M4 依次启动运行。

在传送带要停止传送工作情况下，产品离开第 1 级传送带时，传感器 S1 检测到第 1 级传送带上已无产品存在，则 I0.5 常开触点断开，Q0.0 线圈失电，使得 KM1 线圈失电，其触点断开电动机 M1 的供电电路，第 1 级传送带停机。以此类推至第 3 级传送带，当产品离开第 4 级传送带时，传感器 S4 检测上已无产品传送，I1.0 常开触点断开使 Q0.3 线圈失电，电动机 M4 停转，整个传送带系统此时停止运行。

在工作过程中出现故障时，则停止故障点以前所有的传送带工作，如第 3 级出现电动机过载故障，其热继电器辅助触点 FR3 闭合，则 I0.2 常闭触点断开，电动机 M1、M2 和 M3 停止工作。

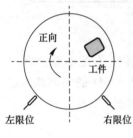

图 7-109　自动承载转台工作示意

【例 7-30】自动承载转台工作示意图如图 7-109 所示。自动承载转台用于转移工件位置，自动模式下启动后，转台从左向右旋转 270°后停止转动，并停留 12s，之后转台再次启动，从右向左旋转 270°后停车并停留 12s，之后转台再次启动重复上述过程。如由于异常导致转台停止工作时，待异常解除后，再次启动转台，转台可从当前位置立即进入自动工作状态。手动方式用于检修，可实现转台的点动前进和点动后退。转台采用三相异步电动机，电动机以星形连接方式实现转台慢速启动、三角形连接方式实现转台的额定速度运行。检修时，转台只能慢速运行。

图 7-110 为转台电气系统原理。图中，KMS 为星形连接接触器，KMR 为三角形连接

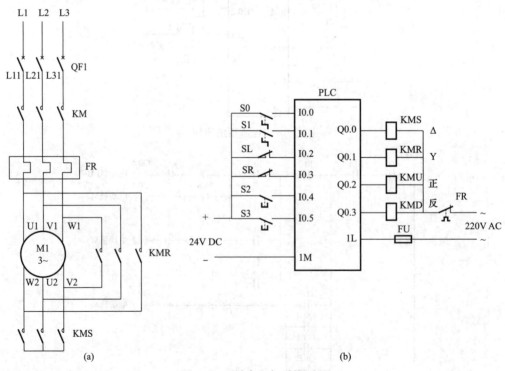

图 7-110　转台电气系统原理

(a) 电气拖动系统；(b) 电气控制系统

接触器，KMU 为左行接触器，KMD 为右行接触器，FR 为热继电器，S0 为转台工作启动旋钮开关，S1 为手动模式旋钮开关，S2 和 S3 分别为点动前进和点动后退按钮，SL 和 SR 分别为左、右位置限位开关。图 7-111 为控制程序梯形图，下面介绍程序的设计思路。

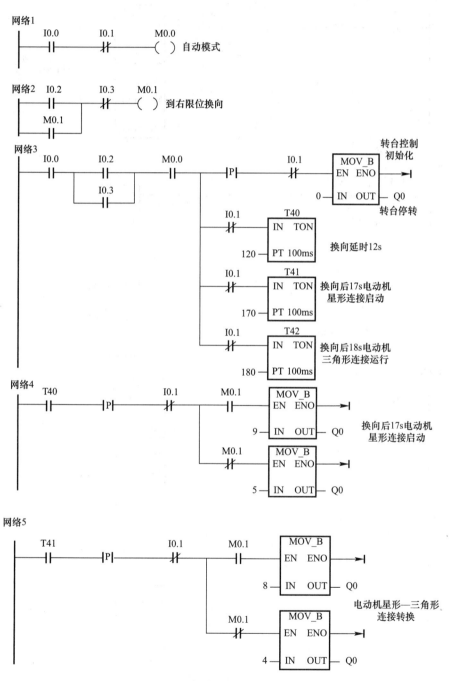

图 7-111　控制程序梯形图（一）

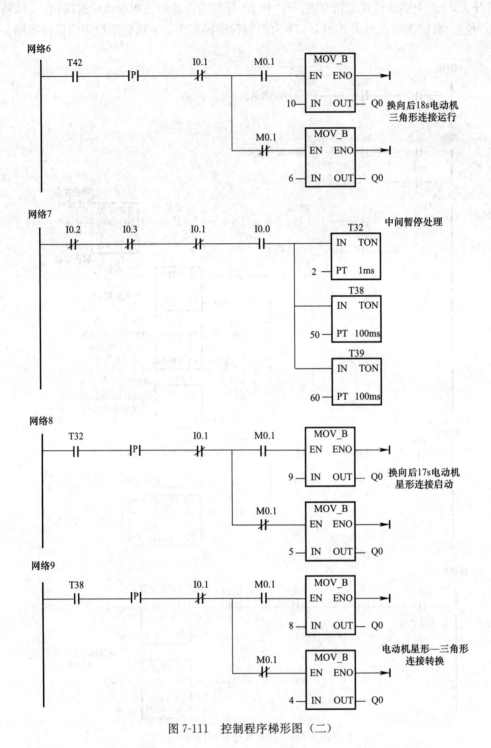

图 7-111 控制程序梯形图（二）

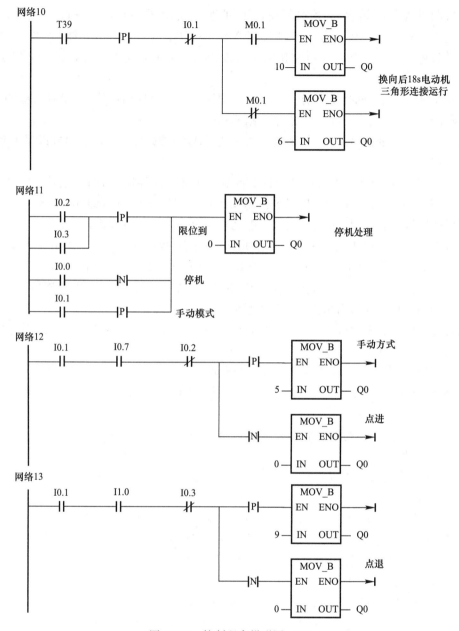

图 7-111　控制程序梯形图（三）

在网络 1 中，选择工作方式。M0.0 为工作方式继电器。启动旋钮 S0 旋转到接通位置，I0.0 常开触点闭合，如果转台没有处于手动操作方式，则 I0.1 常闭触点闭合，M0.0 线圈得电，转台处于自动工作方式（M0.0＝1）。反之，M0.0＝0，转台为手动操纵方式。

在网络 2 中，M0.1 为转台转动方向继电器。如果转台转至左限位处触碰 SL 限位开关，则下列程序支路导通，I0.2→I0.3→M0.1 线圈，M0.1 得电并自锁，表明转台将由左向右转动（M0.1＝1）。当转台转至右限位触碰 SR 限位开关，I0.3 常闭开关断开，M0.1 线圈失电，表明转台将由右向左转动（M0.1＝0）。

网络 3～网络 6 为自动模式下的控制程序段。以转台由左向右旋转为例，此时 M0.1＝1。

在自动方式下，转台转至左限位，下列程序支路导通：I0.0→I0.2→M0.0，则QB0被清零，Q0.0～Q0.3为0，接触器KMS、KMR、KMU、KMD线圈断电，电动机停转，转台停止转动。同时，电动机的星形连接启动准备，定时器T40、T41和T42启动延时。

转台停转12s后，网络4中的T41延时时间到，该支路导通：T40→上升沿检测|P|→I0.1→M0.1常开触点→MOV_B指令，则QB0＝9，即QB0＝00001001B，Q0.0、Q0.3线圈得电，右行接触器KMD、星形连接接触器KMS的线圈通电，电动机以星形连接方式启动运转。

再过5s之后，网络5中的T41延时时间到，下述支路导通：T41→上升沿检测|P|→I0.1→M0.1常开触点→MOV_B指令，则QB0＝8，即QB0＝00001000B，Q0.3线圈失电，星形连接接触器KMS的线圈失电，电动机结束星形连接方式运转。

再过1s后，网络6中的T42延时时间到，下述支路导通：T41→上升沿检测|P|→I0.1→M0.1常开触点→MOV_B指令，则QB0＝10，即QB0＝00001010B，Q0.1线圈得电，三角形连接接触器KMR线圈通电，电动机完成启动过程并以三角形连接方式运行，转台持续转动，直到触碰右极限开关SR停车。

转台转动触碰右极限开关SR后，M0.1＝0，转台将从右向左转动，其控制过程与上述左向右相似，在此不再说明。

对于网络3～网络6，如果转台转为手动模式，这些程序网络不再起作用。

网络7～网络10为转台处于转动行程中的某个中间位置时的控制程序。该程序分两种情况：

1）系统首次上电运行时，转台处于中间某个位置，由网络2可知，M0.1＝0，转台将从右向左转动；

2）系统在运行过程中因故暂停于中间某个位置，转台转动方向与此时M0.1的状态有关。

网络7～网络10的程序与网络3～网络6基本相同，在此不再说明。

网络11为停止控制程序。有3种情况可使全部接触器失电，转台停止转动：

1）转台到达左、右限位，触碰限位开关SL或SR；

2）解除启动状态，旋转旋钮开关S0处于断开位置；

3）旋钮开关S1闭合，转台处于手动操纵方式下。

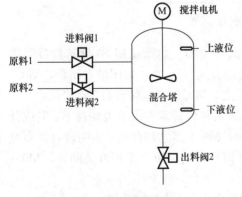

图7-112　混料系统

网络12和网络13分别为手动操纵方式的点进、点退控制程序段。按动点进/点退按钮，电动机以星形连接方式运行，释放点进/点退按钮，电动机停转。

【例7-31】混料系统如图7-112所示。两种原料由进料阀控制注入混合塔，液位超过上液位时停止注料，搅拌电动机启动搅拌，200s后出料阀打开卸出混合料。另外，在系统工作过程中出现异常情况，可暂停混料工作，待异常排除后，继续混料工作。假设搅拌电动机为三相异步动机，设计控制系统实现上述要求。

设两个进料阀分别为 YV1、YV2，出料阀为 YV3，搅拌电动机的主回路控制接触器为 KM，S0 为启动旋钮，ST 为暂停按钮，SL1、SL2 分别为下液位、上液位开关。控制系统如图 7-113 所示。混料系统控制程序如图 7-114 所示。

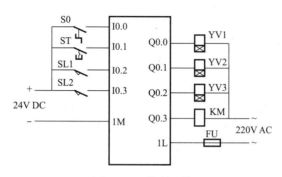

图 7-113　控制系统

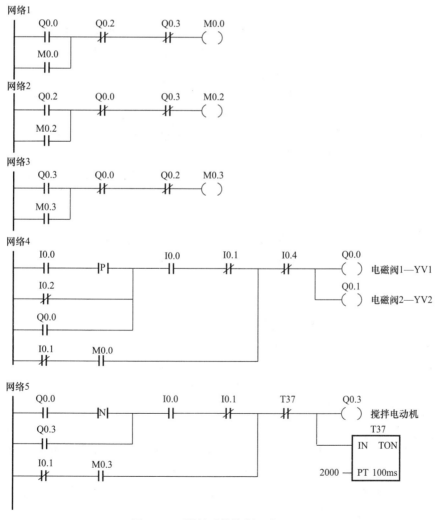

图 7-114　混料系统控制程序（一）

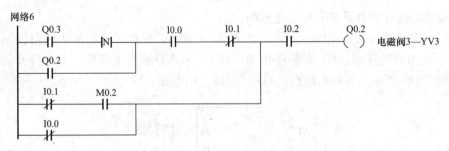

图 7-114　混料系统控制程序（二）

如图 7-114 所示，网络 1～网络 3 分别为进料阀 YV1/YV2、出料阀 YV3 以及搅拌电动机 M 的工作标志继电器，如网络 1 程序段，Q0.0 线圈得电时，YV1 电磁阀打开，M0.0 线圈得电自锁。同理，M0.2 线圈得电意味着出料阀 YV3 打开，M0.3 线圈得电意味着搅拌电动机工作。

网络 4 为进料控制，控制对象为进料阀 YV1、YV2，它们分别连接到输出点 Q0.0、Q0.1。

旋转启动接通旋钮 S0，如果混合塔液位低于下液位，下列支路导通：I0.2→I0.0→I0.1→I0.4→Q0.0，Q0.0 线圈得电并自锁，YV1 阀打开，注入原料 1，同时，YV2 阀打开，注入原料 2。

启动旋钮 S 接通时，如果混合塔液位未达到上液位，下列支路导通：I0.0 上升沿→I0.0→I0.1→I0.4→Q0.0/Q0.1，YV1 和 YV2 阀打开，注入原料。

在液位达到上液位时，上液位开关 SL2 闭合，I0.4 常闭触点断开，上述 2 个支路不得导通，YV1 和 YV2 阀关闭，停止进料。

在进料过程中，出现异常时按动闭锁按钮 ST，ST 闭合并保持，则 I0.1 常闭触点断开，也使得 2 个支路不得导通，中止进料。另外，通过另一支路：I0.1→M0.0→I0.4→Q0.0/Q0.1，也可使 YV1 和 YV2 阀关闭，中止进料。异常解除后，复位按钮 ST，上述 3 条支路导通，Q0.0、Q0.1 得电，YV1 和 YV2 阀打开，继续注料。

网络 5 为搅拌电动机控制程序段。在进料过程结束时，进料阀 YV 断开后，下列程序支路导通：Q0.0 下降沿→I0.0→I0.1→T37→Q0.3，Q0.3 线圈得电并自锁，使得 KM 接触器线圈得电，其主触点接通搅拌电动机接通电源，搅拌机工作。200s 后，T37 延时时间到，其常闭触点断开，上述支路不得导通，搅拌机停止工作。在搅拌过程中，出现异常时按动闭锁按钮 ST，I0.1 常闭触点断开，使得上述支路不得导通，搅拌机停止工作。另外，通过另一支路：I0.1→M0.3→T37→Q0.3，也可使搅拌电动机中止工作。异常解除后，复位按钮 ST，上述两个支路恢复导通，Q3.0 得电，搅拌机继续工作。

网络 6 为出料控制程序段，控制对象为出料阀 YV3。这段程序的编程思路与搅拌电动机控制程序类似，请读者自行分析。

【例 7-32】交通灯系统如图 7-115 所示。系统工作时，按动启动按钮时，南北向绿灯亮 20s 后，再闪烁 3s 后灭，接着黄灯亮 7s，之后红灯亮 50s 后灭；与之对应，东西向，红灯亮 30s，接着绿灯亮 40s，闪烁 3s，之后黄灯亮 7s，如此循环，红黄绿灯工作时序如图 7-116 所示。设计电气控制系统及控制程序。

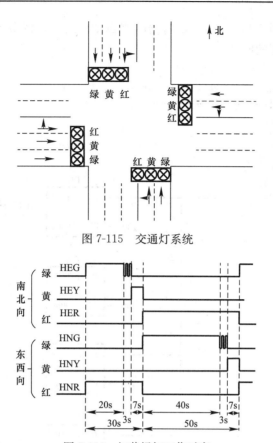

图 7-115　交通灯系统

图 7-116　红黄绿灯工作时序

交通灯控制系统如图 7-117 所示。图中，SB1、SB2 分别为启动和停止按钮。HER、HEY、HEG 分别为东西向的红、黄、绿指示灯，HNR、HNY、HNG 分别为南北向的红、黄、绿指示灯。图 7-118 为采用多个定时器延时思路设计的控制程序。从图 7-116 可知，共有 6 个连续的时间段，因此使用了 6 个定时器控制两个方向交通指示灯。

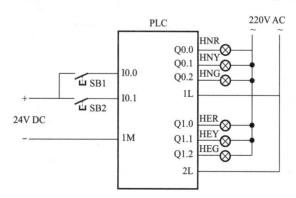

图 7-117　交通灯控制系统

在图 7-118 中，网络 1 为系统的启动/停止控制程序。网络 2 为交通灯控制周期中各时间段的设置程序。T40 用于交通灯控制周期。网络 3～网络 7 为南北向绿灯、黄灯控制程序，网络 8～网络 12 为东西向绿灯、黄灯控制程序，网络 13、网络 14 分别为南北向、东西向红灯控制程序。图 7-119 为 6 个定时器的逻辑动作时序，读者可以图 7-119 为基础分析程序中逻辑相互作用的原理。

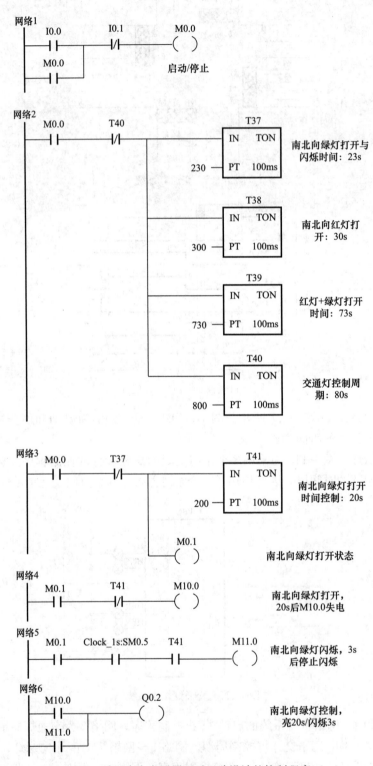

图 7-118　采用多个定时器延时思路设计的控制程序（一）

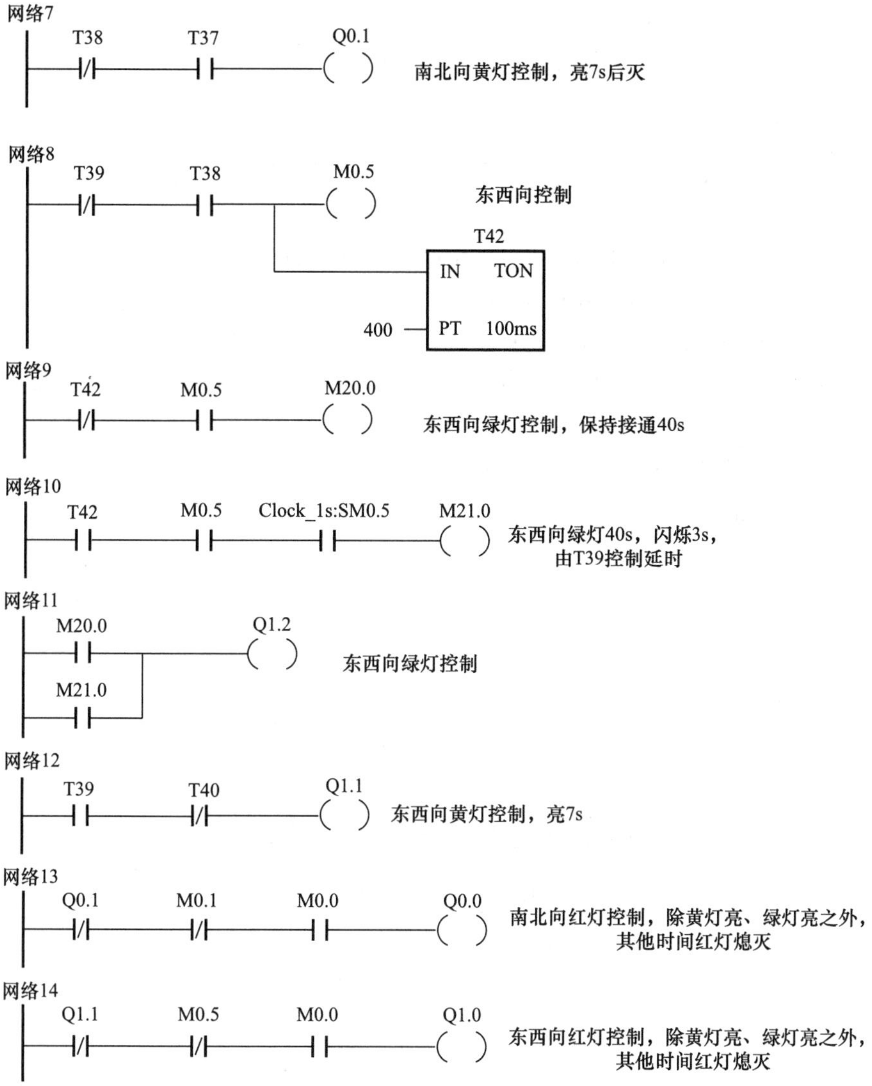

网络7
T38
T37
Q0.1
南北向黄灯控制，亮7s后灭
网络8
T39
T38
M0.5
东西向控制
T42
IN
TON
400
PT
100ms
网络9
T42
M0.5
M20.0
东西向绿灯控制，保持接通40s
网络10
T42
M0.5
Clock_1s:SM0.5
M21.0
东西向绿灯40s，闪烁3s，
由T39控制延时
网络11
M20.0
Q1.2
东西向绿灯控制
M21.0
网络12
T39
T40
Q1.1
东西向黄灯控制，亮7s
网络13
Q0.1
M0.1
M0.0
Q0.0
南北向红灯控制，除黄灯亮、绿灯亮之外，
其他时间红灯熄灭
网络14
Q1.1
M0.5
M0.0
Q1.0
东西向红灯控制，除黄灯亮、绿灯亮之外，
其他时间红灯熄灭

图 7-118　采用多个定时器延时思路设计的控制程序（二）

T40
T37
T38
T39
T41
T42
0
23s
30s
73s
80s

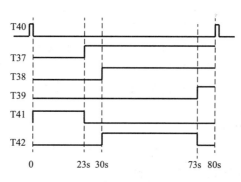

图 7-119　6 个定时器的逻辑动作时序

思考题与习题

7-1 简述 S7-200 Smart PLC 的特点。

7-2 S7-200 Smart PLC 指令使用的数据类型有哪几种？

7-3 简述 S7-200 Smart PLC 的数据存储区的类型。

7-4 某系统采用了 ST40 CPU 模块，用两个输入模块扩展 8 个输入点，两个输出模块扩展 8 个输入点，请确定各模块的 I/O 地址。

7-5 S7-200 Smart PLC 支持哪几种编程语言？各有什么特点？

7-6 请解释 S7-200 Smart PLC 的网络和程序段之间的关系？网络有什么特点？

7-7 PLC 程序的能流是什么？

7-8 三相异步电动机正、反转主电路如图 7-120 所示。设计 PLC 控制电路实现正、反转控制。要求有启动、正转、反转、停止按钮，过载保护，正、反转状态指示。

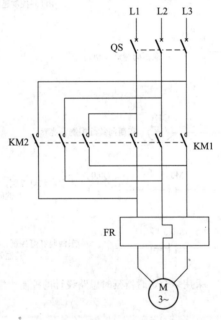

图 7-120 正、反转主电路

7-9 供水系统如图 7-121 所示，系统工作时，由水泵把低位蓄水池的水提升到高位蓄水池。图中 L1 为低位蓄水池的超低水位检测开关，L2、L3 分别为低位蓄水池的低、高水位检测开关，L4、L5 分别为高位蓄水池的低、高水位检测开关。设计电气控制系统及控制程序并实现如下功能。

1）系统具有手动、自动工作模式。

2）任何模式下，当水位低于 L1，禁止供水系统启动。

3）手动模式时，用按钮控制供水系统的启停。

4）正常工作时，低位蓄水池的水位应维持在 L2 与 L3 之间，否则报警。

5）自动模式时，当高位蓄水池液位低于 L4，启动水泵供水，当高于 L5，水泵停止工作。

　　6）系统具有工作模式指示、工作状态指示和报警指示功能。

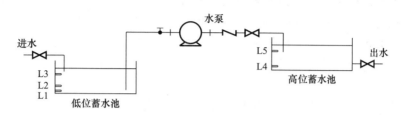

图 7-121　供水系统

　　7-10　某十字路口的交通灯的控制时序如图 7-122 所示，系统启动后，东西向红、绿、黄指示灯控制规律为：红灯亮 6s 后熄灭，随后绿灯亮，8s 后黄灯亮，再过 5s 绿灯与黄灯同时熄灭，红灯再亮，周而复始。南北向控制规律与东西向配时相同。设计电气控制系统及控制程序。

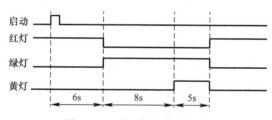

图 7-122　交通灯的控制时序

　　7-11　送风系统由引风机和鼓风机两级构成。当系统启动之后（按动启动按钮），引风机先工作，5s 后鼓风机工作。停机时，按下停止按钮之后，鼓风机先停止工作，5s 之后引风机才停止工作。设计电气控制系统及控制程序。

　　7-12　小车运动示意如图 7-123 所示，轨道中部设置为初始位置，小车在此位置时初始位限位开关接通。按下启动按钮 S，小车从初始位向右运行，触碰到右限位开关时，暂停 2s 后启动再向左运行，碰到左限位开关时，再暂停 2s，然后启动运行到初始位停车。小车采用三相异步电动机驱动，设计上述系统的电气拖动和控制系统，并编制程序实现小车运行控制。

图 7-123　小车运动示意

　　7-13　某小区出入口设置了出入口闸机用来控制车辆进入。闸机采用推杆电动机控制起落杆，具有手动、自动和检修 3 种操作方式。

　　手动方式时，操作人员可以手动控制起落杆上升，到达上限位时停止，10s 后起落杆

5）系统具有过载保护和故障报警功能。

6）系统设置检修方式，在此种方式下，每台电动机可独立点动操作。

设计电气控制系统和程序实现上述要求。

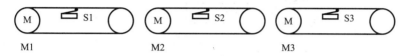

图 7-125　皮带传输系统

7-20　设计一个滤波程序。程序对模拟量通道 0 输入的模拟量转换值进行均值滤波，采样间隔为 100ms，每隔 1s 输出一个平均值。

7-21　一组 16 个 LED 分别接在 PLC 的输出上，设计程序实现每隔 2s 依次点亮 1 次并保持 20s，然后每隔 1s 逐个依次熄灭，全部熄灭保持 5s，周而复始。设计电气控制系统和控制程序。

7-22　某一系统采用模拟量模块的通道 0 测量管道介质温度，传感器量程为 0～150℃，传感器输出为 4～20mA，设计程序实现该工程量转换。

7-23　某电梯系统采用 400 线的编码器测量曳引电动机转速，即电动机每转一转输出 400 个脉冲。设计程序求电动机的转速（r/min）。

7-24　一个机电设备系统有 8 种异常状态和故障需要监测，8 种异常状态和故障对应故障代号 1～8，无故障时，故障代号为 0，用 1 个 7 段数码管显示。设计程序每隔 500ms 检测扫描一次故障（假设故障以开关形式接到 PLC 输入点），并用数码管显示故障代号（每 500ms 更新 1 次）。

7-25　一个机电设备系统有 8 种异常状态和故障需要监测，8 种异常状态和故障对应故障代号 1～8，无故障时，故障代号为 0，用 1 个 7 段数码管显示。采用中断方式捕捉异常状态和故障（假设故障以开关形式接到 PLC 输入点），并用数码管显示故障代号。

7-26　请根据如图 7-126 所示的功能图编写程序。

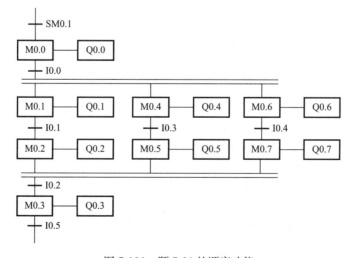

图 7-126　题 7-26 的顺序功能

7-27 自动门控制系统的顺序功能如图 7-127 所示。设门驱动电动机的额定电压为 AC 220V，根据图 7-127 画出自动门电气控制系统原理并设计控制程序。

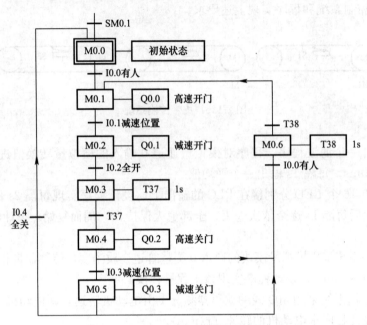

图 7-127 自动门控制系统的顺序功能

7-28 简述 S7-200 Smart 的程序结构。用户程序一般包括哪几部分？

第 8 章　OMRON CP2E 可编程序控制器

本章学习目标

（1）了解 OMRON CP2E 型 PLC 的结构与输入输出特性，掌握 CP2E 型 PLC 的 CPU 内部存储分区及各分区性能特点。

（2）熟练掌握 OMRON CP2E 型 PLC 的基本指令与常用的专用指令的用法，以及梯形图与指令之间的相互转换方法。

（3）熟练应用 OMRON CP2E 型 PLC 完成简单控制系统的设计，包括外部接线设计与控制程序设计。

OMRON 系列 PLC 是在我国各个行业广泛应用的可编程序控制器，由日本 OMRON（欧姆龙）电机株式会社出品。OMRON CP 系列 PLC 具有充实的内置功能及高扩展性，广泛用于小规模装置中。

CP 系列 PLC 除了一体化产品 CP1E、CP2E，还包括具有 Ethernet 通信功能的 CP1L，它无需使用扩展单元、选件板即可连接 PLC，从而实现信息管理，构建低成本的系统，还有搭载了 4 轴定位功能的 CP1H，它可以通过内置功能实现最多 4 轴的伺服电机控制。本章主要介绍 CP2E 系列 PLC 的组成、存储器配置、指令系统及其应用。

8.1　OMRON CP2E 系列 PLC 概述

8.1.1　CP2E 系列 PLC 的结构与性能指标

SYSMAC CP2E 可编程序控制器是 OMRON 的一款一体化 PLC 产品，根据内置 CPU 单元的不同可以分为基本型（内置 E 型 CPU 单元）、标准型（内置 S 型 CPU 单元）和网络型（内置 N 型 CPU 单元）。下面介绍 CP2E 系列 PLC 的结构及性能。

E 型机为基本型，CP2E 系列 PLC 结构如图 8-1 所示。表 8-1 为 OMRON CP2E 系列 PLC 各型号功能。由表 8-1 可以看出，E 型 PLC 支持与可编程终端的连接；S 型 PLC 支持与可编程终端、变频器和伺服驱动器的连接；N 型 PLC 支持 Ethernet 的连接，定位功能增强，可实现 4 轴直线插补和脉冲。E 型 PLC 标配内置一个 RS-232C 端口，S 型 PLC 同时内置 RS-232C 端口和 RS-485 端口，N 型 PLC 无内置串行通信接口，但是可以通过安装串行通信选件板实现串行通信功能。

目前，OMRON PLC 编程通常采用 CX-Programmer 编程软件，对于 CP2E 系列 PLC，可以根据 CPU 单元的不同，采用 Ethernet、USB 或者串行端口与安装有 CX-Programmer 编程软件的 PLC 连接，实现控制程序的编写、调试和下载。

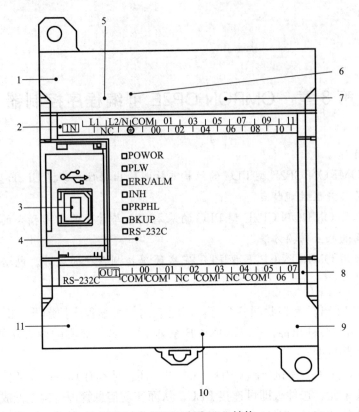

图 8-1　CP2E 系列 PLC 结构

1-输入端子台；2-输入指示灯；3-外设 USB 端口；4-运行指示灯；5-电源输入端子；
6-接地端子；7-输入端子；8-输出指示灯；9-输出端子台；10-输出端子；11-内置 RS-232C 端口

OMRON CP2E 系列 PLC 各型号功能　　　　　　　　　　　　　　　　　　表 8-1

CPU 类型	基本型		标准型	网络型	
	E 型 CPU 单元		S 型 CPU 单元	N 型 CPU 单元	
I/O 点数	14/20 点	30/40/60 点	30/40/60 点	14/20 点	30/40/60 点
程序容量	4KB		8KB	10KB	
扩展 I/O 单元	不支持	最多 3 台	最多 3 台	不支持	最多 3 台
晶体管输出	无		有		
脉冲输出	无		2 轴	2 轴	4 轴
内置串行通信口	RS-232		RS-232 RS-485	无 通过选件板 最多扩展至 2 个端口	无 通过选件板 最多扩展至 3 个端口
选件板	不支持			1 个插槽	2 个插槽
以太网端口	无			1 个端口	2 个端口
编程设备连接端口	USB			Ethernet	
时钟	无		有		
电池	无		可选装（CP2W-BAT02）		

8.1.2　CP2E 系列 PLC 的输入/输出特性

CP2E 系列 PLC 采用 100~240V 交流电源供电，也可以使用 24V 直流电源。其输入为直流输入方式，输出方式有 3 种类型，分别为继电器输出（R），漏型晶体管输出（T）和源型晶体管输出（TI），CP2E 系列 PLC 输入/输出端子结构如图 8-2 所示。

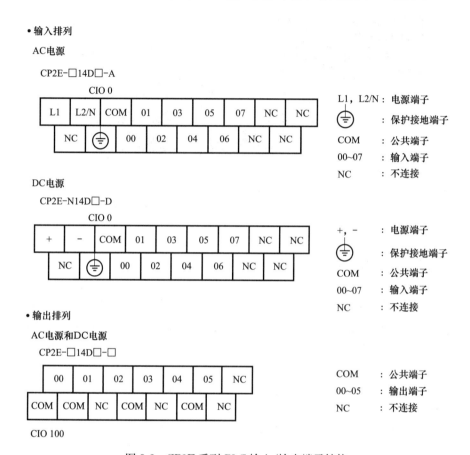

图 8-2　CP2E 系列 PLC 输入/输出端子结构

当选用的 CP2E 系列 PLC 本身集成的 I/O 端口数不能满足控制需求时，可以使用扩展单元扩充 I/O 端口的数目，扩展 I/O 单元和扩展单元采用专用电缆连接。E14/E20 或 N14/N20 CPU 单元不支持连接扩展 I/O 单元和扩展单元。E30/E40/E60、S30/S40/S60 或 N30/N40/N60 CPU 单元最多可连接 3 台扩展 I/O 单元和扩展单元。

根据实际控制需求，可以选用模拟量输入单元、输出单元完成对模拟量的采集和输出。常用的模拟量输入单元为 CP1W-AD×××系列，模拟量输出单元为 CP1W-DA×××系列。CP1W-MAD××系列扩展模块可以同时提供模拟量输入和输出端口。

CP2E 系列 PLC 可以连接温度传感单元，实现温度的采集处理。常用的温度传感单元为 CP1W-TS×××系列，如图 8-3 所示，该系列温度传感单元可以直接连接热电偶、铂测温电阻等温度传感器。

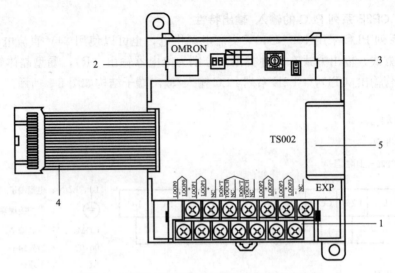

图 8-3　CP1W-TS×××系列温度传感单元外观
1-温度传感器输入端子；2-DIP 开关；3-旋转开关；4-扩展 I/O 连接电缆；5-扩展连接器

8.2　OMRON CP2E 系列 PLC 的 CPU 内部存储区

CP2E 系列 PLC 的内部存储区由外部设备 I/O 区、用户区和系统区组成，CP2E 系列 PLC 的 CPU 内部存储区如图 8-4 所示，其中外部设备的输入和输出位统称为 CIO 区，用户区主要包括工作区（W）、保持区（H）、数据存储区（D）、定时器区（T）、计数器区（C）、变址寄存器（IR）和数据寄存器（DR）。系统区则主要包括辅助区（A）、条件标志和时钟脉冲，CP2E 系列 PLC 内部存储区各区域的位数和地址分配如表 8-2 所示。

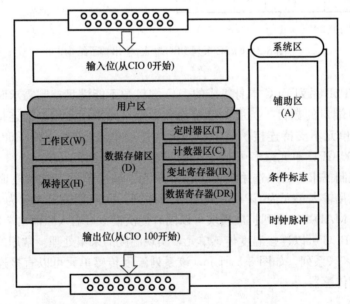

图 8-4　CP2E 系列 PLC 的 CPU 内部存储区

CP2E 系列 PLC 内部存储区各区域的位数和地址分配　　　　　　　　　表 8-2

名称		位数	字地址	备注
CIO 区	输入位	1600 位（100 字）	CIO 0～CIO 99	—
	输出位	1600 位（100 字）	CIO 100～CIO 199	—
	串行 PLC 链接字	1440 位（90 字）	CIO 200～CIO 289	—
工作区（W）		2048 位（128 字）	W0～W127	—
保持区（H）		2048 位（128 字）	H0～H127	断电可自动保持状态
数据存储区（D）	E 型 CPU 单元	4K 字	D0～D4095	断电可自动保持状态
	S 型 CPU 单元	8K 字	D0～D8191	
	N 型 CPU 单元	16K 字	D0～D16383	
定时器区（T）	当前值	256	T0～T255	—
	定时器完成标志	256		
计数器区（C）	当前值	256	C0～C255	断电可自动保持状态
	计数器完成标志	256		
变址寄存器（IR）		16	IR0～IR15	—
数据寄存器（DR）		16	DR0～DR15	—
辅助区（A）	只读	7168 位	A0～A447	—
	读/写	8192 位	A448～A959	启动时保持的地址，即使发生断电，仍将自动保持

8.2.1　内部存储区的寻址方式

CP2E 系列 PLC 的 I/O 存储区可以通过字或位进行寻址，以字为单位寻址的表达方式如图 8-5 所示。

假如需要以"字"为单位来存取工作区（W）"100"单元的内容，可以表示为 W100，若需要以"字"为单位来存取数据存储区（D）"10"单元的内容，则可以表示为 D10。

以位为单位寻址的表达方式如图 8-6 所示。

图 8-5　以字为单位寻址的表达方式　　　　图 8-6　以位为单位寻址的表达方式

假如需要以"位"为单位来存取工作区（W）"100"单元"03"位的内容，可以表示为 W100.03，若需要以"位"为单位来存取数据存储区（D）"10"单元"12"位的内容，可以表示为 D10.12，一般情况下，采用 CX-Programmer 设计控制梯形图时，CIO 区的地址可以不含 I/O 存储区的标识符，即字编号为"001"、位编号为"01"的输入位可以直接用 0.01 来表示，字编号为"101"、位编号为"02"的输出位可以直接用 101.02 来表示。

8.2.2　内部存储区分区

1. 输入、输出区（CIO）

CP2E 系列 PLC 内部存储的输入、输出区用来分配给 CPU 单元的内置 I/O 端子及扩展单元和扩展 I/O 单元，其中输入位的范围为：CIO 0.00～CIO 99.15，输出位的范围为：CIO

100.00～CIO 199.15。通常情况下，CPU 单元的内置输入可以用作基本输入、中断输入、快速响应输入或高速计数器，但是内置输出仅可用作基本输出，内置输入端子的功能分配见表 8-3。

内置输入端子的功能分配   表 8-3

端子台标签	端子编号	中断输入设定			高速计数器设定			脉冲输出设定
		正常	中断	快速	用途			用途
		普通输入	中断输入	快速响应输入	增量脉冲输入	差分相位/递增/递减	脉冲/方向	原点搜索
CIO 0	00	普通输入 0	—	—	计数器 0，增量输入	计数器 0，A 相/递增输入	计数器 0，脉冲输入	—
	01	普通输入 1			计数器 1，增量输入	计数器 0，B 相/递减输入	计数器 1，脉冲输入	—
	02	普通输入 2	中断输入 2	快速响应输入 2	计数器 2，增量输入	计数器 1，A 相/递增输入	计数器 0，方向	—
	03	普通输入 3	中断输入 3	快速响应输入 3	—	计数器 1，B 相/递减输入	计数器 1，方向	—
	04	普通输入 4	中断输入 4	快速响应输入 4	计数器 3，增量输入	计数器 0，Z 相/复位输入	计数器 0，复位输入	—
	05	普通输入 5	中断输入 5	快速响应输入 5	计数器 4，增量输入	计数器 1，Z 相/复位输入	计数器 1，复位输入	—
	06	普通输入 6	中断输入 6	快速响应输入 6	计数器 5，增量输入			脉冲 0，原点输入信号
	07	普通输入 7	中断输入 7	快速响应输入 7	—	—	—	脉冲 1，原点输入信号
	08	普通输入 8	中断输入 8	快速响应输入 8				脉冲 2，原点输入信号
	09	普通输入 9	中断输入 9	快速响应输入 9				脉冲 3，原点输入信号
	10	普通输入 10	—	—				脉冲 0，原点接近输入信号
	11	普通输入 11	—	—				脉冲 1，原点接近输入信号
CIO 1	00	普通输入 12	—	—	—	—	—	脉冲 2，原点接近输入信号
	01	普通输入 13	—	—	—	—	—	脉冲 3，原点接近输入信号
	02～11	普通输入 14～23	—	—	—	—	—	—
CIO 2	00～11	普通输入 24～35	—	—	—	—	—	—

注：1. 中断输入 8/9 和快速响应输入 8/9，仅 N20/N30/N40/N60 CPU 单元可使用。
2. 脉冲 2/3 的原点输入信号和原点接近输入信号，仅 N30/N40/N60 CPU 单元可使用。
3. 高速计数器 0 和 1 必须使用相同的脉冲输入。
4. 如果对高速计数器 0 和 1 设定了差分相位输入（4×）、脉冲＋方向输入或递增/递减脉冲输入，则无法使用高速计数器 2。

CIO 0 的输入端子 00～11 和 CIO 1 的输入端子 00～01 可用于输入中断、快速响应输入、高速计数器、原点搜索和普通输入，快速响应输入可读取的最小脉冲宽度（ON 时间）为 $50\mu s$。在设计时需要注意不能重复使用输入端子。例如，如果使用快速响应输入 2，则占用输入端子 02，故不可再将其用于普通输入 2、输入中断 2、计数器 2（增量）、计数器 1（A 相/增量）或计数器 0（方向）。重复使用时优先顺序为：原点搜索设定＞高速计数器设定＞输入设定。

内置输出端子的功能分配如表 8-4 所示，CIO 100 的输出端子 00～07 和 CIO 101 的输出端子 00～03 可用于脉冲输出、PWM 输出和普通输出。在设计时需要注意不能重复使用输出端子。例如，如果使用脉冲输出 0（方向），则将占用输出端子 02，故不可再将其用于普通输出 2。

内置输出端子的功能分配　　　　　　　　　　　　　　　　　　表 8-4

端子台标签	端子编号	普通输出	固定占空比脉冲输出		可变占空比脉冲输出
			脉冲＋方向模式	—	PWM 输出
CIO 100	00	普通输出 0	脉冲输出 0，脉冲		
	01	普通输出 1	脉冲输出 1，脉冲		PWM 输出 0
	02	普通输出 2	脉冲输出 0，方向		
	03	普通输出 3	脉冲输出 1，方向		
	04	普通输出 4	—	脉冲 0，错误计数器复位输出	
	05	普通输出 5	—	脉冲 0，错误计数器复位输出	
	06	普通输出 6	—	脉冲 0，错误计数器复位输出	
	07	普通输出 7	—	脉冲 0，错误计数器复位输出	
CIO 101	00	普通输出 8	脉冲输出 2，脉冲		
	01	普通输出 9	脉冲输出 3，脉冲		
	02	普通输出 10	脉冲输出 2，方向		
	03	普通输出 11	脉冲输出 3，方向		
	04～07	普通输出 12～15	—	—	
CIO 102	00～07	普通输出 16～23	—	—	

注：脉冲 2/3 的脉冲＋方向和错误计数器复位输出，仅 N30/N40/N60 CPU 单元可使用。

2. 工作区（W）

工作区为 CPU 单元内部存储器的一部分，可供编程时使用，与 CIO 区中的输入位和输出位不同，该区并不刷新外部设备的输入/输出数据。工作区的容量为 128 个字，其地址范围为 W0～W127。一般情况下，可对工作区中的位进行强制置位和复位。当 PLC 运行模式在 PROGRAM 或 MONITOR 模式和 RUN 模式间切换时，或者当 PLC 电源复位，通过 CX-Programmer 清空工作区时，工作区中的内容将被清空。

3. 保持区（H）

保持区与工作区相同，并不刷新外部设备的输入/输出数据，其容量为 128 个字，地址范围为 H0～H127。当 PLC 的电源接通或运行模式在 PROGRAM、RUN 或 MONITOR

间切换时，保持区中的字将保持其内容。即使保持区断电，其内容仍将保持。

4. 数据存储区（D）

数据存储区用于一般数据存储和处理，用来保存数值型数据，可用于 PLC 与可编程终端、串行通信设备（如变频器、模拟 I/O 单元或温度 I/O 单元）之间的数据交换，该区域内只能按字（16 位）存取。当 PLC 置 ON 或运行模式在 PROGRAM、RUN 或 MONI-TOR 模式间切换时，该区中的字将保持其内容。数据存储区中的部分字可通过辅助区位保存到内置闪存中，这些指定字即指数据存储区中的备份字。即使数据存储区发生断电，其内容仍将保持。

E 型 CPU 单元的数据存储区地址范围为 D0～D4095，其中 D0～D1499 可备份到备份存储器（内置闪存）中；S 型 CPU 单元的数据存储区地址范围为 D0～D8191，其中 D0～D6999 可备份到备份存储器（内置闪存）中；N 型 CPU 单元的数据存储区地址范围为 D0～D16383，其中 D0～D14999 可备份到备份存储器（内置闪存）中。

数据存储区内的寻址方式有两种：第一种是二进制模式寻址，采用"@"加数据存储区地址，此时该地址的内容将作为十六进制（二进制）处理，并且指令将根据存储区中该地址处的字进行操作；第二种是 BCD 模式寻址，采用

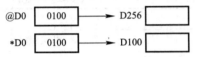

图 8-7 数据存储区内的寻址方式

"*"字符加存储区地址时，该存储区字的内容将作为 BCD 码地址处理，并且指令根据存储区中该地址处的字进行操作。如图 8-7 所示，假设 D0 单元内存储的数据为"0100"，则@D0 对应的存储区地址为 D256，* D0 对应的存储区地址则为 D100。

5. 定时器区（T）

定时器区包含定时器完成标志（1 位）和定时器当前值（PV）（16 位）。当递减定时器当前值（PV）到达 0（即完成计时）或当递增/递减定时器当前值（PV）到达设定值或 0 时，完成标志置 ON，定时器编号范围为 T0～T255。

6. 计数器区（C）

计数器区包含计数器完成标志（1 位）和计数器当前值（PV）（16 位）。当计数器当前值（PV）到达设定值（完成计数）时，完成标志置 ON。计数器编号范围为 C0～C255。即使发生断电计数器当前值和计数器完成标志，仍将自动保持。

7. 条件标志

条件标志包括表示指令执行结果的标志以及常 ON 和常 OFF 标志，它们均通过符号指定，而非通过地址指定，CX-Programmer 将条件标志视为系统定义符号（全局符号），以 P_开头。条件标志为只读形式，不可通过指令或 CX-Programmer 直接写入，不可对条件标志强制置位/复位，常用的条件标志见表 8-5。由于条件标志由所有指令共享，在单个循环内，每次执行指令后条件标志的状态都可能会发生改变。因此，一般在具有相同执行条件的分支输出上，在刚执行完指令的位置使用条件标志，以反映指令执行结果。

常用的条件标志   表 8-5

标志名称	CX-Programmer 名称	功能
ON	P_On	始终为 ON
OFF	P_Off	始终为 OFF

续表

标志名称	CX-Programmer 名称	功能
进位	P_CY	当由于某一算术运算产生一个进位或者由某条数据移位指令将"1"下移入进位标志时，进位标志变为 ON。 进位标志为某些数据移位指令和符号算术指令结果的一部分
大于	P_GT	当比较指令的第一个操作数大于第二个操作数或其值超出规定范围时，该标志为 ON
等于	P_EQ	当比较指令的两个操作数相等或计算结果为 0 时，该标志为 ON
小于	P_LT	当比较指令的第一个操作数小于第二个操作数或其值小于规定范围时，该标志为 ON
大于或等于	P_GE	当比较指令的第一个操作数大于或等于第二个操作数时，该标志为 ON
小于或等于	P_LE	当比较指令的第一个操作数小于或等于第二个操作数时，该标志为 ON
不等于	P_NE	当比较指令的两个操作数不相等时，该标志为 ON
负	P_N	当结果的最高有效位为 ON 时，该标志为 ON
上溢	P_OF	当运算结果超出其所属数据类型能表示的数值上限时，该标志为 ON
下溢	P_UF	当运算结果低于其所属数据类型能表示的数值下限时，该标志为 ON

8. 时钟脉冲

时钟脉冲通过 CPU 单元内置定时器置 ON 或 OFF，它们均通过符号指定，而非通过地址指定。CX-Programmer 将条件标志视为系统定义符号（全局符号），以 P_开头。常用的时钟脉冲如表 8-6 所示。

常用的时钟脉冲　　　　　　　　　　　　　　　　　　表 8-6

名称	CX-Programmer 名称	功能
0.02s 时钟脉冲	P_0_02s	ON 0.01s，OFF 0.01s 脉冲
0.1s 时钟脉冲	P_0_1s	ON 0.05s，OFF 0.05s 脉冲
0.2s 时钟脉冲	P_0_2s	ON 0.1s，OFF 0.1s 脉冲
1s 时钟脉冲	P_1s	ON 0.5s，OFF 0.5s 脉冲
1min 时钟脉冲	P_1min	ON30s，OFF 30s 脉冲

8.3　OMRON CP2E 系列 PLC 的指令系统

8.3.1　基本指令

基本指令是执行简单逻辑操作的一类指令，如"与""或""非"等。

1. 基本逻辑运算指令

基本逻辑运算指令包括 LD、OUT、AND、OR、NOT。

1）LD：常开触点与母线连接指令。用于一个以常开触点开始的逻辑行。

2）OUT：输出指令。用于输出逻辑运算结果。即用逻辑运算结果驱动一个继电器线圈。OUT 指令中所用到的线圈可以是输出继电器、内部辅助继电器、保持继电器或暂存继电器。

3）AND：与指令。用于常开触点的串联。

4）OR：或指令。用于常开触点的并联。

5）NOT：取"反"指令。它不能独立使用，必须和 LD、AND、OR 指令连用，用来处理常闭触点。

上述 5 条基本指令的使用方法比较简单，可以用图 8-8 的基本指令编程示例和表 8-7 的指令语言程序予以说明。

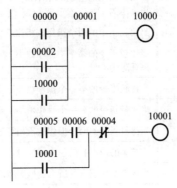

图 8-8　基本指令编程示例

指令语言程序　　　　　　　　　　　　　　　　　表 8-7

指令	数据	指令	数据
LD	00000	LD	00005
OR	00002	AND	00006
OR	10000	OR	10001
AND	00001	AND NOT	00004
OUT	10000	OUT	10001

2. 块指令

1）块与指令：AND LD

块与指令 AND LD 用于将两个触点"电路"块串联起来。在使用 AND LD 之前，应先分别完成要串联的两个电路块的指令程序，然后单独使用 AND LD。每个电路块都从 LD 或 LD NOT 指令开始编程。图 8-9 和表 8-8 是用 AND LD 指令编程的例子。

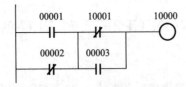

图 8-9　AND LD 指令编程示例 1

指令语言程序　　　　　　　　　　　　　　　　　表 8-8

指令	数据	指令	数据
LD	00001	OR	00003
OR NOT	00002	AND LD	
LD NOT	10001	OUT	10000

如果要实现多个电路块的串联，需重复使用 AND LD 指令，如图 8-10 所示。指令语言程序的写法可以有两种形式，见表 8-9、表 8-10。

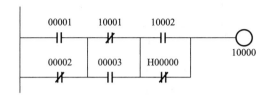

图 8-10 AND LD 指令编程示例 2

指令语言程序 1
表 8-9

序号	指令	数据
1	LD	00001
2	OR NOT	00002
3	LD NOT	10001
4	OR	00003
5	AND LD	
6	LD	10002
7	OR NOT	H00000
8	AND LD	
9	OUT	10000

指令语言程序 2
表 8-10

序号	指令	数据
1	LD	00001
2	OR NOT	00002
3	LD NOT	10001
4	OR	00003
5	LD	10002
6	OR NOT	H00000
7	AND LD	
8	AND LD	
9	OUT	10000

2）块或指令：OR LD

块或指令 OR LD 用于将两个电路块并联起来，如图 8-11 所示。在使用该指令前，应先将要并联的电路块分别写出指令程序，每一电路块都从 LD 或 LD NOT 指令开始编程，然后单独使用 OR LD 完成两个电路块的并联。当有多个电路块需要并联时，可重复使用 OR LD 指令。并且像 AND LD 指令一样，指令程序也有两种书写格式，如表 8-11 和表 8-12 所示。

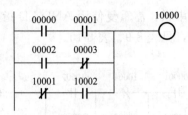

图 8-11　OR LD 指令编程示例

指令语言程序 1　　　　　　　　　　　　　　　　　　　　表 8-11

序号	指令	数据
1	LD	00000
2	AND	00001
3	LD	00002
4	AND NOT	00003
5	OR LD	
6	LD NOT	10001
7	AND	10002
8	OR LD	
9	OUT	10000

指令语言程序 2　　　　　　　　　　　　　　　　　　　　表 8-12

序号	指令	数据
1	LD	00000
2	AND	00001
3	LD	00002
4	AND NOT	00003
5	LD NOT	10001
6	AND	10002
7	OR LD	
8	OR LD	
9	OUT	10000

【例 8-1】实现基本逻辑运算的梯形图如图 8-12 所示。试用基本逻辑指令编写其指令语言程序。

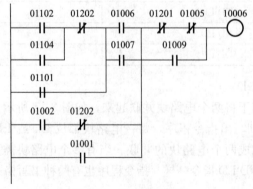

图 8-12　例 8-1 梯形图

运用上述基本逻辑指令及块连接指令，可写出图 8-12 的指令语言程序见表 8-13。

梯形图的指令语言程序　　　　　表 8-13

序号	指令	数据	序号	指令	数据
1	LD	01102	9	AND NOT	01202
2	OR	01104	10	OR LD	—
3	AND NOT	01202	11	OR	01001
4	OR	01101	12	LD NOT	01201
5	LD	01006	13	AND NOT	01005
6	OR	01007	14	OR	01009
7	AND LD	—	15	AND LD	—
8	LD	01002	16	OUT	10006

3. 暂存继电器指令

在由多个触点组成的具有分支输出的梯形图结构中，有时用前面的基本逻辑指令不能写出其指令语言程序，这时就要用暂存继电器指令 TR 来暂时记忆分支点的状态，按无分支结构完成一条通路的编程，然后取出分支点状态，逐一对分支点上所连接的分支通路进行编程。

TR 不是独立的编程指令，必须与 LD 或 OUT 一起使用。图 8-13 是 TR 指令使用举例，表 8-14 是 TR 指令使用举例的指令语言程序。

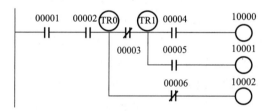

图 8-13　TR 指令使用举例

TR 指令使用举例的指令语言程序　　　　　表 8-14

序号	指令	数据	序号	指令	数据
1	LD	00001	8	LD	TR1
2	AND	00002	9	AND	00005
3	OUT	TR0	10	OUT	10001
4	AND NOT	00003	11	LD	TR0
5	OUT	TR1	12	AND NOT	00006
6	AND	00004	13	OUT	10002
7	OUT	10000			

CP2E 系列 PLC 提供了 16 个暂存继电器 TR0～TR15。每个分支点用一个 TR 来暂存，在同一组梯级内不能重复使用，如图 8-13 的 TR0 和 TR1。但对于不同梯级，可以重复使用前面梯级中已用过的序号，如图 8-14 所示。

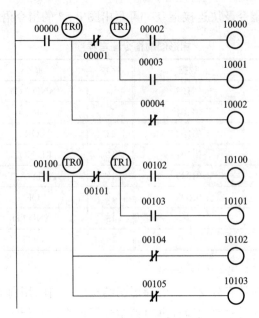

图 8-14　TR 指令的使用

4. 定时、计数指令

1) 定时指令：TIM

TIM 指令用来在梯形图中设置一个定时器，并设定其定时时间。这种软定时器的最小定时单位为 0～999.9s，定时方式为递减型的。它的梯形图符号如图 8-15（a）所示，其中 N 为定时器编号，CP2E 系列提供 N 的范围是 00～255。SV 为设定值，范围是 0～9999。图 8-15（b）是一个有定时器的梯形图，其梯形图的指令语言程序如表 8-15。图 8-15（c）是上述梯形图的时序关系。TIM00 预置值为 7.5s，当输入信号 0000 为 ON 时，TIM00 线圈接通开始计时。经过 7.5s，触点 TIM00 动作，使继电器 10000 为 ON，10001 为 OFF，此时TIM00 的当前值为 0。

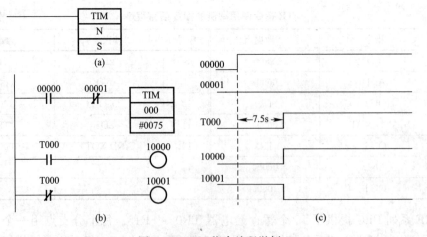

图 8-15　TIM 指令编程举例

（a）梯形图符号；（b）有定时器的梯形图；（c）上述梯形图时序关系

梯形图的指令语言程序　　　　　　　　　　　　表 8-15

序号	指令	数据
1	LD	00000
2	AND NOT	00001
3	TIM	000
4		#0075
5	LD	T000
6	OUT	10000
7	LD NOT	T000
8	OUT	10001

如果在上述过程中，T000 尚未计时到 7.5s 而输入条件变为 OFF，则 TIM 中断计时，并且其当前值恢复到预置值。当输入条件再次为 ON 时与 PC 电源掉电时重新开始计时。

【例 8-2】用定时器级联扩大定时范围。

当一个定时器不能满足定时要求时，可以把几个定时器连接起来。图 8-16 为定时器级联，是用两个定时器组成的 30min 定时器。从图 8-16 中分析可见，从输入触点 00000 闭合开始到输出状态 10000 为 ON，共经过 1800s，即 30min。

【例 8-3】用 2 个定时器组成振荡电路。

图 8-17 是用软件定时器产生振荡脉冲。当输入信号为 "ON" 时，启动定时器 TIM01 开始定时，t_1（s）后继电器 10000 输出为 "ON"，同时启动 TIM02 开始计时。又过 t_2（s）后，TIM02 的常闭触点瞬时断开一个扫描周期使 TIM01 复位并重新开始计时。此时因触点 TIM01 断开，输出 10000 输出为 "OFF"。只要输入条件 00000 为 "ON"，则上述过程不断重复。于是可以得到连续不断的振荡脉冲，且脉冲的占空比可以通过设置 t_1、t_2 的数值任意改变。

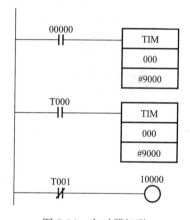

图 8-16　定时器级联

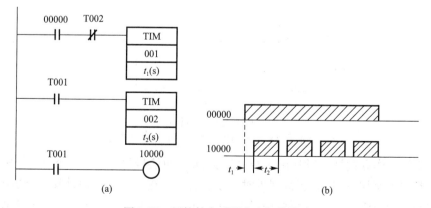

图 8-17　用软件定时器产生振荡脉冲

(a) 梯形图程序；(b) 时序图

通常情况下，在 2 条定时指令中不应使用相同的定时器编号，若 2 条或多条定时指令中使用了同一个定时器编号，会在程序编译时报错，因为编号相同的定时器会同时开始工作，可能造成整体程序无法正常运行。

定时器的定时精度和指令对应关系如表 8-16 所示，仅编号为 0~15 的定时器可用于精度为 1ms 的定时。由于定时器当前值（PV）在执行指令时进行刷新，因此会视循环时间情况而造成延时。当循环时间大于 100ms 时，使用 TIM/TIMX 指令会产生延时；当循环时间大于 10ms 时，使用 TIMH/TIMHX 指令会产生延时；当循环时间大于 1ms 时，使用 TMHH/TMHHX 指令会产生延时。

定时器的定时精度和指令对应关系　　　　　　表 8-16

序号	定时器精度	BCD 模式指令	二进制模式指令
1	100ms 定时器	TIM	TIMX
2	10ms 定时器	TIMH	TIMHX
3	1ms 定时器	TIMHH	TIMHHX
4	累加定时器	TTIM	TTIMX

2）计数指令 CNT

计数指令 CNT 用来对输入信号进行计数。其计数范围为 0~999，计数方式为递减型。其梯形图符号见图 8-18（a）。图中 N 是计数器编号，S 是预置值，IN 是计数输入端，R 是复位端。

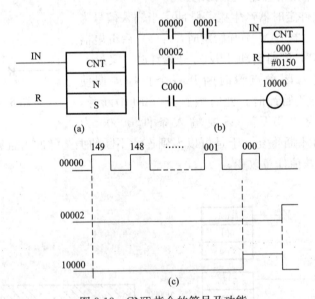

图 8-18　CNT 指令的符号及功能

(a) 梯形图符号；(b) CNT 编程示例；(c) 时序关系

计数器的工作方式是：当其输入端（IN）送入的信号每出现一次由 OFF→ON 跳变时，计数器的当前数值减 1，当减到零时，便产生一个输出信号，通过其触点表示。

计数器的指令语言程序必须按照计数输入（IN），复位输入（R）和计数器（CNT）的顺序来编写。

图 8-18（b）是 CNT 编程举例，设 CNT00 的预置值为 15000000 为脉冲信号，当计数

器"IN"端接收到第 150 个脉冲前沿时，当前值为 0，触点 CNT00 闭合，继电器 10000 输出为"ON"。当复位信号 00002 由 OFF→ON 时，计数器的当前值重新变为 S，触点 CNT00 断开，10000 输出为"OFF"。且在 R 端为 ON 期间，"IN"端不能接收输入脉冲，图 8-18（c）是时序关系。

图 8-18（b）梯形图的指令语言程序见表 8-17。

指令语言程序   表 8-17

序号	指令	数据
1	LD	00000
2	AND	00001
3	LD	00002
4	CNT	000
5	—	#0150
6	LD	C000
7	OUT	10000

对于 CP2E 型 PLC，CNT 指令中序号范围为 000～255，使用规则与 TIM 指令完全一样，不再赘述。

3）可逆计数器指令 CNTR

可逆计数器指令 CNTR 包含增量输入与减量输入两个计数输入端，可以通过两个输入端实现增、减同时计数，其可逆计数器指令 CNTR 梯形图符号见图 8-19，图中 N 是计数器编号，S 是预置值，I 是增量输入端，D 是减量输入端，R 是复位端。

可逆计数器的工作方式是：当其增量输入端送入的信号每出现一次由 OFF→ON 跳变时，计数器的当前数值 PV 加 1，减量输入端送入的信号每出现一次由 OFF→ON 跳变时，计数器的当前数值减 1，当计数值 PV 的值零时，便产生一个输出信号，通过其触点表示。

【例 8-4】用计数器级联扩大计数范围。

当要求计数的范围超过 9999 时，可以将几个计数器串联起来使用。图 8-20 是将 2 个

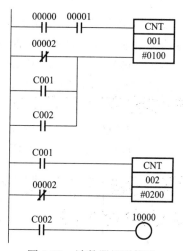

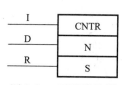

图 8-19　可逆计数器
指令 CNTR 梯形图符号

图 8-20　计数器级联使用

计数器串联，从而使计数值达到 20000 次。

【例 8-5】用计数器实现定时功能。

图 8-21（a）是用 TIM 和 CNT 组合定时。TIM000 的预置值为 0050，当输入信号 00000 闭合时，由 TIM000 线圈回路的连接情况而知，每隔 5s，计数器 CNT001 的"IN"端都会有一个由 OFF→ON 的跳变，而 CNT001 的预置值是 100，因此，从 00000 闭合，到输出 10000 为 ON，总共经过了 500s 的延时。如果利用 PLC 内部的时钟脉冲 P_1s，则能更方便地用计数器实现其延时，例如图 8-21（b）是对 P_1s 产生的 1s 脉冲进行 7200 次计数，因此由 00000 闭合到 10001 为 ON 经过了 2h 的延时。

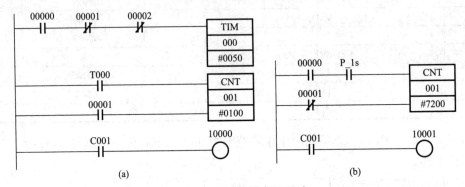

图 8-21 用计数器实现延时
(a) 用 TIM 和 CNT 组合定时；(b) 利用内部脉冲计数定时

8.3.2 专用指令

CP2E 系列 PLC 提供的专用指令主要用来实现程序控制、数据处理和算术运算等。PLC 为每个指令规定一个功能代码，用 2 位数字表示，下面介绍 CP2E 系列 PLC 的主要专用指令。

1. 分支指令

1）分支起始指令：IL（02）

2）分支结束指令：ILC（03）

IL 和 ILC 指令用来在梯形图的分支处形成新的母线，使某一部分梯形图受到某些条件的控制。这两个指令应当成对使用，否则 PLC 将给出出错信息。

IL/ILC 指令的功能是：如果控制 IL 的条件不成立（即 OFF），则 IL-ILC 之间的所有梯形图均不执行；若控制 IL 的条件成立（即 ON），则 IL/ILC 指令在梯形图中不起任何作用。

图 8-22 是 IL/ILC 指令功能。当 00000 和 00001 均为 ON 时，继电器 10000、10001 的状态分别由 00002、00003 和 00004 决定；当 00000、00001 任一为 OFF，则不论 00002～00004 状态如何，10000、10001 均为 OFF。并在表 8-18 中给出了它的指令语言程序。

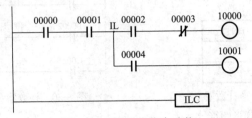

图 8-22 IL/ILC 指令功能

指令语言程序　　　　　　　　　　　　　　　　　　　　表 8-18

序号	指令	数据	序号	指令	数据
1	LD	00000	6	OUT	10000
2	AND	00001	7	LD	00004
3	IL（02）		8	OUT	10001
4	LD	00002	9	ILC（03）	
5	AND NOT	00003			

　　图 8-22 的另一种形式如图 8-23 所示。显然二者功能是一样的，而图 8-23 梯形图的结构更加清楚。

　　在使用 IL/ILC 时要注意，当 IL 条件为 OFF 时，位于 IL-ILC 之间的所有输出继电器及内部辅助继电器均为 OFF，所有定时器均复位，但所有的计数器、移位寄存器、保持继电器等均保持当前值。

　　对于同一个具有分支结构的梯形图，常常即可用 IL/ILC，又可用 TR 指令编程。但由于 IL/ILC 指令比 LD TR、OUT TR 占存储空间少，因此应尽量使用 IL/ILC 指令，以便缩短程序长度，节省存储空间。只有在不能使用 IL/ILC 指令的情况下，才使用 TR 指令。

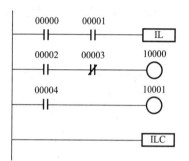

图 8-23　分支程序用 IL/ILC 指令表示的另一种形式

　　2. 跳转指令

　　1）跳转起始指令：JMP（04）

　　2）跳转结束指令：JME（05）

　　JMP/JME 指令用于控制程序分支，当 JMP 条件为 OFF 时，程序转去执行 JME 后面的第一条指令；当 JMP 的条件为 ON 时，则整个梯形图顺序执行。图 8-24 是其 JMP/JME 功能，图 8-25 是使用 JMP/JME 编程示例，指令语言程序见表 8-19。

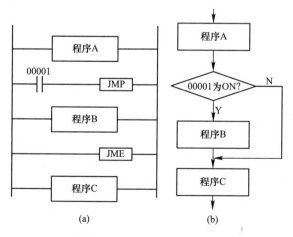

图 8-24　JMP/JME 的功能

（a）梯形图形式；（b）执行方式

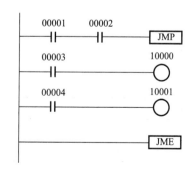

图 8-25　JMP/JME 编程示例

示例的指令语言程序 表 8-19

序号	指令	数据	序号	指令	数据
1	LD	00001	5	OUT	10000
2	AND	00002	6	LD	00004
3	JMP（04）	—	7	OUT	10001
4	LD	00003	8	JME（05）	—

在使用 JMP/JME 指令时要注意，若 JMP 的条件为 OFF，则 JMP-JME 之间继电器线圈的状态为：输出继电器保持目前状态，定时器/计数器、移位寄存器均保持当前值。另外 JMP 和 JME 应成对使用，否则 PLC 提示出错。

3. 锁存指令

锁存指令：KEEP（11）

KEEP 指令用来对继电器线圈自锁或解除自锁，其梯形图符号如图 8-26（a）所示。其中 S 是置位端，R 是复位端，N 是继电器编号。

KEEP 指令的功能是，当 S 端条件为 ON 时，KEEP 继电器保持为 ON，直至 R 端条件为 ON 时，才能使之变为 OFF。若 S、R 端同时为 ON，则 KEEP 继电器优先变为 OFF。图 8-26（b）和图 8-26（c）分别是其指令用法和时序关系。

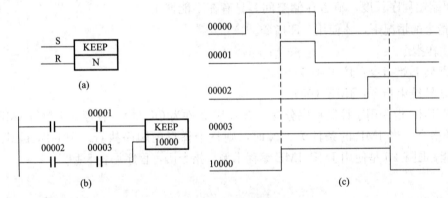

图 8-26　锁存继电器的编程及功能
（a）梯形图符号；（b）指令用法；（c）时序关系

锁存继电器指令程序必须按照 R 端逻辑、S 端逻辑和 KEEP 继电器的顺序编写及输入。表 8-20 是指令语言程序。

指令语言程序 表 8-20

序号	指令	数据	序号	指令	数据
1	LD	00000	4	AND	00003
2	AND	00001	5	KEEP（11）	10000
3	LD	00002			

KEEP 指令中用的继电器可以是输出继电器、内部辅助继电器及保持继电器。

　　KEEP 指令主要用于线圈的保持，如图 8-27（a）和图 8-27（b）具有同样的功能，但使用 KEEP 指令编程时，程序更加简短。另外还应注意，如果上述两个梯形图分别位于 IL～ILC 中间时，若 IL 的条件为 OFF，则图 8-27（a）中的 10001 将变为 OFF，而图 8-27（b）中的 10001 将保持原来状态。

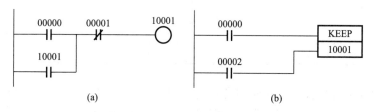

图 8-27　自锁电路的两种编程方式

（a）不使用 KEEP 指令；（b）使用 KEEP 指令

4. 可逆计数器指令

可逆计数器指令：CNTR（012）

　　CNTR 指令具有正向和反向计数功能，梯形图符号如图 8-28（a）所示。它的线圈有三个输入端：递增输入端 ACP、递减输入端 SCP 和复位输入端 R。其设定值在 0～9999 范围内。其编号一般可在 00～255 之间指定。

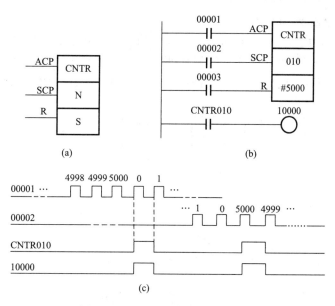

图 8-28　CNTR 指令的功能及编程

（a）梯形图符号；（b）CNTR 用法；（c）CNTR 时序关系

　　CNTR 是一个环形计数器。当计数器的当前值为设定值时，ACP 端再输入一个正跳变（加 1），则当前值变为 0000，计数器输出为 ON；若计数器当前值为 0000 时，SCP 端再输入一个正跳变（减 1），则当前值变为设定值，计数器输出为 ON。可逆计数器的工作过程可用图 8-28（b）进行说明，图 8-28（c）是其 CNTR 时序关系，指令语言程序见

表 8-21。

序号	指令	数据	序号	指令	数据
1	LD	00001	5	—	#5000
2	LD	00002	6	LD	C010
3	LD	00003	7	OUT	10000
4	CNTR	010			

指令语言程序　　　　　　　表 8-21

在使用 CNTR 指令编程时还应注意，若 ACP 和 SCP 端同时为 ON，则不能进行计数操作。当 R 端为 ON 时，计数器当前值变为 0000，并且不能接收输入信号。另外若 CNTR 位于 IL-ILC 之间时，若 IL 条件为 OFF，则 CNTR 将保持当前值。同时，CNTR 指令选用的计数器编号不可以与 CNT 指令选用的计数器编号相同，若相同，则梯形图无法通过编译。

CNTR 的设定值不仅可由编程设定一个常数，还可以由外部设备（如编码开关等）通过一个通道进行设定，通道的内容就是 CNTR 的设定值。其具体操作方法可参阅产品手册。

5. 微分指令

1）上升沿微分指令：DIFU（13）

2）下降沿微分指令：DIFD（14）

DIFU/DIFD 称为上升沿/下降沿微分指令，功能是在某个输入信号由 OFF 到 ON 变化（DIFU）或从 ON 到 OFF 变化（DIFD）时，使指定的继电器常开触点闭合（ON）一个扫描周期，其 DIFU/DIFD 指令符号见图 8-29（a），时序关系见图 8-29（b）。

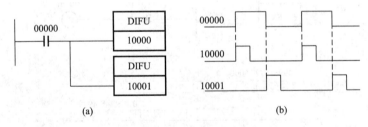

(a)　　　　　　　　　　(b)

图 8-29　DIFU/DIFD 指令编程及时序

(a) DIFU/DIFD 指令符号；(b) 时序关系

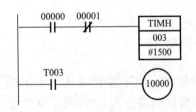

图 8-30　用 TIMH 实现 15s 定时程序

6. 快速定时器指令

快速定时器指令：TIMH（15）

快速定时器 TIMH 与基本指令中普通定时器 TIM 在各方面都基本相同，唯一区别是 TIMH 定时精度为 0.01s，定时范围为 0～99.99s。图 8-30 是用 TIMH 完成 15s 定时程序，表 8-22 为其 TIMH 编程示例的指令语言程序。

TIMH 编程示例的指令语言程序　　　　　　　　　　　　　表 8-22

序号	指令	数据
1	LD	00000
2	AND NOT	00001
3	TIMH（15）	03
4		#1500
5	LD	T003
6	OUT	10000

7. 数据移位指令

数据移位指令：SFT（10）

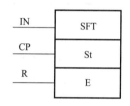

SFT 又称移位寄存器指令，用来将一个指定通道的 16 位数据按位移动。其数据移位指令 SFT 如图 8-31 所示。图中 IN、CP 和 R 分别是 SFT 的数据输入端，时钟输入端和复位输入端。St 为移位开始通道，E 为移位终止通道，且 St≤E，并且两者在同一数据区，即 St 和 E 应该是同类型的继电器。能够用作 St 和 E 的通道类型有输出继电器、内部辅助继电器和保持继电器。

图 8-31　数据移位指令 SFT

SFT 的工作方式为：当 CP 端每接收到一个信号的上升沿时，数据输入 IN 端的状态将被移入 St 通道的最低位，St 至 E 通道中的数据将由高到低依次移动一位，E 通道最高位移出丢失。当 SFT 的 R 端为 ON 时，将使 St 至 E 通道的数据置零。

图 8-32（a）为 SFT 例程。图中对 100 通道中的数据移位，并利用 10003 位作输出控制继电器 10000，其 SFT 时序关系见图 8-32（b）。

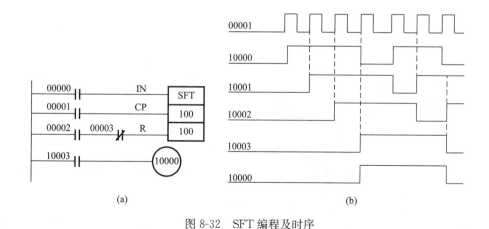

图 8-32　SFT 编程及时序

（a）SFT 例程；（b）SFT 时序关系

SFT 指令必须按照 IN、CP、R、SET、St、E 的顺序编程。表 8-23 是图 8-32（a）的指令语言程序。

图 8-32 （a）的指令语言程序   表 8-23

序号	指令	数据
1	LD	00000
2	LD	00001
3	LD	00002
4	AND NOT	00003
5	SFT	100
6	—	100
7	LD	10003
8	OUT	10000

如果需要多于 16 位的移位，可以将几个通道级联起来。图 8-33 是 48 位数据移位寄存器的梯形图。移位脉冲信号为 PC 内部 1s 的时钟脉冲，由 1902 产生。

8. 字移位指令

字移位指令：WSFT（16）

字移位指令 WSFT 以通道（16 位）为单位进行移位，其字移位指令 WSFT 见图 8-34。图中 St 和 E 分别是起始、终止通道，它们必须是同一性质的通道，且 St≤E。适用于 St 和 E 的通道为：输出继电器、内部辅助继电器、保持继电器、数据寄存器（DM）。

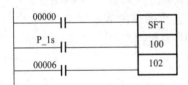

图 8-33　48 位移位寄存器

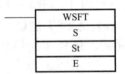

图 8-34　字移位指令 WSFT

当移位条件满足时，WSFT 从起始通道向终止通道依次移动一个字，起始通道内容为零，终止通道中的数据移出。图 8-35 （a）是 WSFT 用法。当 00000 为 ON 时，D10～D12 中的内容依次移位。用指令语言程序见表 8-24。

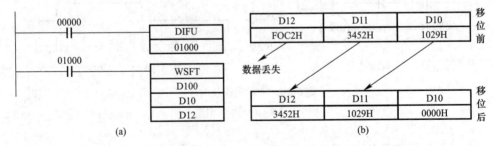

图 8-35　WSFT 指令的编程及功能

（a）WSFT 用法；（b）移位过程

指令语言程序　　　　　　　　　　　　表 8-24

序号	指令	数据
1	LD	00000
2	DIFU（13）	01000
3	LD	01000
4	WSFT（16）	—
5	—	D100
6	—	D 10
7	—	D 12

图 8-35（a）中，由于使用了微分指令，即使 00000 变为 ON 后一直保持此状态不变，WSFT 指令也只能执行一次。若不用 DIFU 指令而将 00000 直接作为控制 WSFT 的条件，则在 00000 一直为 ON 的情况下，CPU 每扫描一次 WSFT 指令，移位就被执行一次。

9. 比较指令

比较指令：CMP（20）

比较指令 CMP（20）用来比较 2 个无符号二进制数（常数或指定字的内容）S1 和 S2 的大小，并将比较结果输出到辅助区的算术标志，以便进行比较处理，CMP 指令符号如图 8-36 所示。

S1 和 S2 的取值区域可以是输入、输出继电器，内部辅助继电器，保持继电器，定时器/计数器的当前值、数据寄存器及常数（0000～FFFFH）。

当 CMP 指令被执行时，若比较结果为 S1＞S2，则 P_GT 为 ON；若 S1＝S2，则 P_EQ 为 ON；若 S1＜S2，则 P_LT 为 ON。

图 8-37 是 CMP 指令的编程示例。这是用 10 通道中的数据与一个十六进制常数 D9C5H 进行比较。若当输入信号 00002 为 ON 时，10 通道中的数恰好等于 D9C5H，则专用继电器 P_EQ 为 ON，从而使输出继电器 10000 状态变为 ON。其指令语言程序如表 8-25 所示。

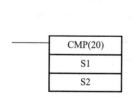

图 8-36　CMP 指令符号

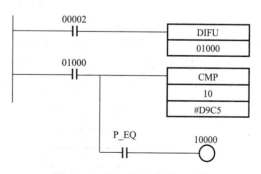

图 8-37　CMP 指令的编程示例

323

建筑电气控制技术（第二版）

指令语言程序 表 8-25

序号	指令	数据
1	LD	00002
2	DIFU（13）	01000
3	LD	01000
4	CMP（20）	—
5	—	10
6	—	#D9C5
7	AND	P_EQ
8	OUT	10000

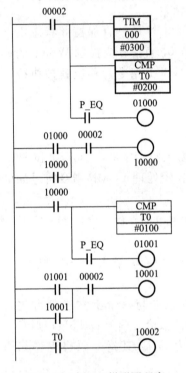

图 8-38　例 8-6 梯形图程序

【例 8-6】图 8-38 的梯形图实现用 1 个定时器完成 3 个定时控制任务。

本例中，定时器 TIM000 预置值为 30s（#0300），用两个 CMP 指令来监视其当前值。第一个 CMP 的常数为定时开始后 10s（#0200），第二个 CMP 常数为定时开始后 20s（#0100）。当 00002 为 ON 时，TIM000 开始定时，10s 的 P_EQ 第一次为 ON，使继电器 10000 为 ON，20s 时 P_EQ 第二次为 ON 使继电器 10001 为 ON；当定时到 30s 时由于 TIM00 为 ON，使继电器 10002 变为 ON。在此例中，CMP 指令中使用的常数为 BCD 码。

10. 数据传送指令

1）数据传送指令：MOV（21）

MOV 指令把一个指令通道内容或一个四位十六进制常数（统称为源数据 S）传送到另一个指定通道（目的通道 D）中去。

2）数据取反传送指令：MVN（22）

MVN 指令则先将源数据求反，然后再把通道内容或四位十六进制常数 S 传送到另一个指定目的通道 D 中去。

在 CP2E 系列 PLC 中，源数据 S 的取值范围可以是：输入继电器、输出继电器、内部辅助继电器、保持继电器、TIM/CNT 的定时/计数值、常数（0000H～FFFFH）、数据寄存器（DM00～DM63）、内部专用继电器。目的通道的取值范围可以是：输出继电器、内部辅助继电器、保持继电器、数据寄存器。

MOV/MVN 指令的梯形图符号如图 8-39 所示，MOV/MVN 指令例程见图 8-40。其

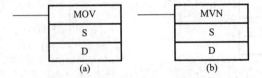

图 8-39　MOV/MVN 指令的梯形图符号

（a）MOV 指令；（b）MVN 指令

功能是将 10 通道的内容送入 HR9 通道中，然后对其取反再送入输出通道中。设 10 通道内容为 AAAAH，如图 8-40（b）所示，其指令语言程序见表 8-26。

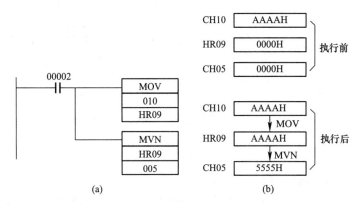

图 8-40　MOV/MVN 指令例程

（a）梯形图程序；（b）执行结果

指令语言程序　　　　　　　　　　　　　　　　　　　　　表 8-26

序号	指令	数据
1	LD	00002
2	MOV	—
3	—	010
4	—	HR09
5	MVN	—
6	—	HR09
7	—	005

在图 8-40 中，当 00002 为 ON 时，CPU 每扫描程序一次，MOV/MVN 指令就被执行一次，若要使传送过程只进行一次，则应使用 DIFU 或 DIFD 指令。

11. 数据转换指令

1）BCD—二进制数转换指令：BIN（23）

BIN 的功能是将源通道 S 中的 4 位十进制数转换成 16 位二进制数，并送入结果通道中。BCD—二进制数转换指令如图 8-41 所示。

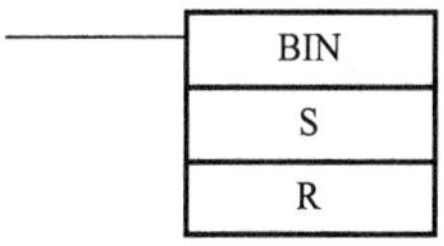

S 的取值区域为：输入/输出继电器、内部辅助继电器、保持继电器、TIM/CNT 的定时/计数值、数据寄存器。

D 的取值区域为：输出继电器、内部辅助继电器、保持继电器、数据寄存器。

图 8-42（a）是梯形图程序，设源通道 010CH 中为 BCD 数 5761，当输入 00002 "ON" 时，该 BCD 数变转换为 16 位二进制数 1681H，存放到保持继电器 HR00 通道中去，如图 8-42（b）所示。

图 8-41　BCD—二进制
数转换指令

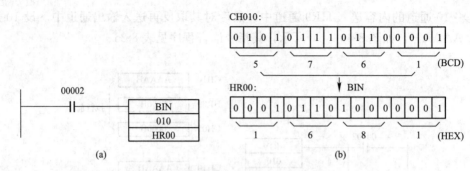

图 8-42 BIN 指令编程及执行结果
（a）梯形图程序；（b）执行过程及结果

2）二进制—BCD 数转换指令：BCD（24）

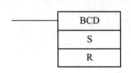

图 8-43 二进制—BCD
数转换指令

BCD 指令实现的功能与，与上述 BIN 指令相反，把一个源通道 S 内的 16 位二进制数转换为 4 位 BCD 数，送入指定的结果通道 R 中。S 和 R 的取值范围与 BIN 指令相同，不再重复。

图 8-43 是二进制—BCD 数转换指令。图 8-44 为 BCD 指令的使用例程及执行结果。设源通道 10 数据为 10EC（H），则转换条件 00002 变为 ON 时，这个 16 位二进制数被转换为 BCD 码 4332，并存入结果通道 05 中。

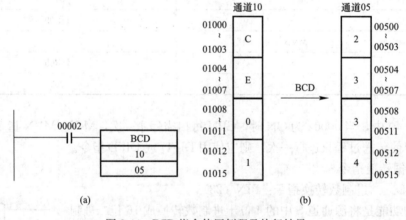

图 8-44 BCD 指令使用例程及执行结果
（a）BCD 指令用法；（b）执行过程和结果

12. BCD 码加减法指令

1）有进位 BCD 加法指令：+BC（406）

+BC 指令将两个 4 位 BCD 数相加，其结果送入指定通道。被加数 Au 和加数 Ad 可以是通道中的数据，也可以是任意常数。

图 8-45 是有进位 BCD 加法指令。图 8-46 是用+BC 指令将通道 10 中数据与常数 1234 相加，并将结果送入 HR9 通道的梯形图编程。

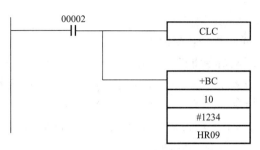

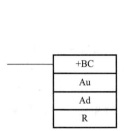

图 8-45　有进位 BCD 加法指令　　　　图 8-46　＋BC 指令使用例程

＋BC 指令做加法时带进位，因此在执行加法运算前一般都要安排一条清进位标志指令 CLC（41）。若相加结果有进位，则进位标志（即特殊继电器 P_CY）ON。在图 8-46 中，若 010 通道的数据为 0153，则执行＋BC 指令后 HR09 中的数据为 1387，特殊继电器 P_CY 状态为 OFF；若 010 通道的数据为 9795，则执行后 HR09 中数据为 1029。由于有进位产生，故继电器 P_CY 状态为 ON。

2）有借位 BCD 减法指令：－BC（416）

－BC 指令的功能是把两个 4 位 BCD 数作带借位减法，并将结果送入指定通道。图 8-47 为有借位减法指令符号，图中 Mi、Su 和 R 分别是被减数、减数及结果通道。

图 8-48 是－BC 指令使用例程，在执行指令之前，首先用 CLC 指令清进位标志 P_CY，然后用 02 通道中的数减去 HR8 通道中的数，结果送入 HR9 通道中。若运算结果有借位，则 P_CY 变为 ON。

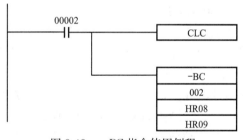

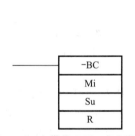

图 8-47　有借位 BCD 减法指令　　　　图 8-48　－BC 指令使用例程

3）置进位标志指令：STC（40）

4）清进位标志指令：CLC（41）

有些指令，如前面介绍的＋BC、－BC 等，会对进位标志产生影响。在某些情况下，也可以用置进位标志指令 STC（40）和清进位标志指令 CLC（41）通过编程来改变进位标志。

对 CP2E 系列 PLC 而言，STC 使 P_CY 变为 "ON"，CLC 使 P_CY 变为 "OFF"。置进位和清进位指令如图 8-49 所示。在执行加、减操作之前应先执行 CLC 指令，以确保运算结果正确。

（a）　　　　　　　　　　（b）

图 8-49　置进位和清进位指令

（a）置进位指令；（b）清进位指令

13. 译码编码指令

1) 译码指令：MLPX（76）

MLPX 指令将指定源通道（S）中 4 位十六进制数的每一位进行译码，使之变为 0～15 的十进制代码，用此代码作为位号，将指定结果通道（R）中的对应位置"ON"。MLPX 指令如图 8-50 所示，图中 S 为源通道号，C 为控制字，R 为指定的结果通道号。

S 的取值区域为输入/输出继电器，内部辅助继电器，保持继电器 HR，TIM/CNT 的当前值，数据寄存器 DM。

控制字 C 用来指定从 S 中的哪一数字开始译码以及译码的数字位数。C 是一个 4 位 BCD 数字，只用其后两位，控制字 C 的格式如图 8-51 所示。

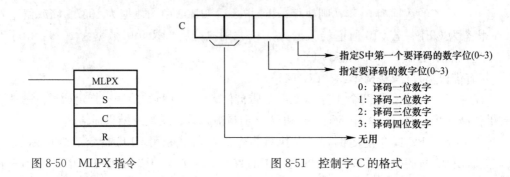

图 8-50　MLPX 指令　　　　　　图 8-51　控制字 C 的格式

C 的取值区域是 00～17CH；HR00～HR09CH；TIM/CNT 的当前值；常数 #0000～#0033；DM00～DM63。

R 是结果通道号，若只译码一个数字，则 R 就代表一个结果通道；若译码多位数字，则 R 指定结果通道的第一个通道号，其余结果通道依次加 1。R 的取值区域为 05～17，HR00～HR09，DM00～DM31。

图 8-52 是 MLPX 指令编程示例。当 00002 为 ON 时，完成对通道 05 中的第一位数字进行单位译码，结果使 HR9 通道中的第 10 位 HR0909 置 ON；当 00003 为 ON 时，完成对 DM10 中的三位数字多位译码，结果使以 HR00 为起始通道的 3 个通道相应位置 ON。程序执行过程如图 8-53 所示。

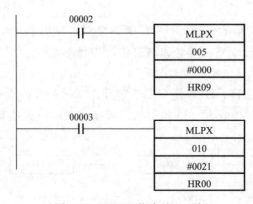

图 8-52　MLPX 指令编程示例

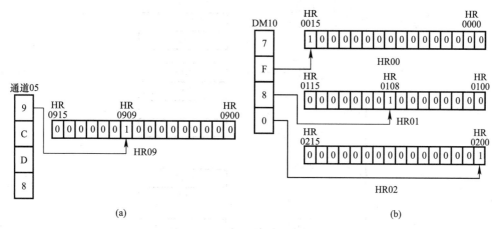

图 8-53　程序执行过程

（a）单位译码执行结果；（b）多位移码执行结果

2）编码指令：DMPX（77）

DMPX 指令的功能与 MPLX 相反，它把指定源通道中为"ON"的最高位号编码为一个 16 进制数（或 4 位二进制数），并将其送到结果通道中指定的数字位，而结果通道其他位的数据不变。DMPX 指令如图 8-54 所示，图中 S 是源通道号，如果要对多个源通道进行编码，则符号中 S 的意义为源通道的开始通道号。R 是结果通道号，用来存放编码后的数据。C 为控制字，用于指定被编码的通道数及编码输出到结果通道的第几位，控制字 C 的格式见图 8-55。

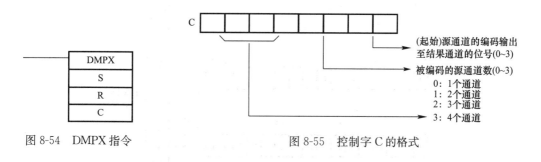

图 8-54　DMPX 指令　　　　　图 8-55　控制字 C 的格式

图 8-56 为 DMPX 指令编程示例。当 00002 为 ON 时，将源通道 HR09 中为 ON 的最高位（08）转换为 16 进制数 8（或二进制数 1000），并传送到由数字标志 00000 确定的 DM10 的相应位中。当输入条件 00003 为 ON 时，完成多通道编码，将源通道 11、12 中为 ON 的最高位进行编码，并送入结果通道 HR10 的指定位中。指令执行过程见图 8-57。

在图 8-56 中，如果直接用 00002 和 00003 作为两个 DMPX 的启动条件，则会在 CPU 每次扫描时都要执行一次 DMPX 指令。如果只执行一次，在梯形图中应使用 DIFU 或 DIFD 指令。

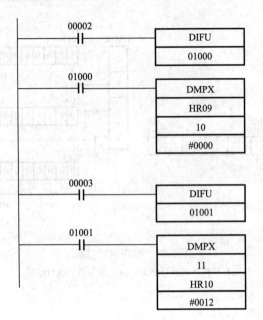

图 8-56　DMPX 指令编程示例

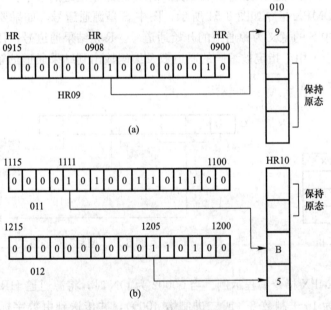

图 8-57　指令执行过程

(a) 00002 为"ON"时；(b) 00003 为"ON"时

8.4　应用案例分析

8.4.1　基本指令的编程举例

【例 8-7】异步电动机的降压启动控制。

　　Y-△降压启动主电路及 PLC 外部接线如图 8-58 所示。接触器 KM1～KM3 的作用分别是控制电源、Y 形启动、△形运行。现要求按下启动按钮 SB1 后，电动机 M 先作 Y 形启动，10s 后自动转换为△形运行。若任何情况下外部按下停止按钮 SB2 或热继电器 FR 动作时，都会导致电动机停止。

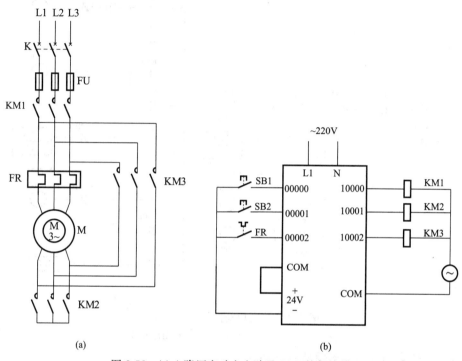

图 8-58　Y-△降压启动主电路及 PLC 外部接线
(a) 主电路；(b) PLC 外部接线图

　　由控制要求可知，现场有 3 个开关信号需送往 PLC，即为 PLC 的输入信号。有三个开关量信号需要受 PLC 的控制，即为 PLC 的输出信号。列出这些现场信号与 PLC 内部 I/O 通道各变量的对应关系，称为 I/O 分配表，如表 8-27 所示。

I/O 分配表　　　　　　　　　　　　　　　　　　　　　　　　　表 8-27

输入		输出	
现场信号	PLC 地址	现场信号	PLC 地址
启动按钮 SB1	00000	电源接触器 KM1	10000
停止按钮 SB2	00001	Y 启动接触器 KM2	10001
热保护触点 FR	00002	△运行接触器 KM3	10002

　　图 8-58 (b) 为 PLC 外部接线，图中输入电源 DC24V 由 PLC 内部提供，接触器 KM1～KM3 线圈分别连接到输出点 10000～10002 上，采用汇点方式接入外部交流电源。
　　对于同一个控制问题，可以设计出不同形式的梯形图。最直观的办法是按继电接触器线路的形式进行设计，如图 8-59 (a) 所示。但这种方法不利于充分发挥 PLC 软件编程能力，在要求实现控制的功能较多时，往往使梯形图的形式显得比较复杂，故常用于简单控制情况下的编程。图 8-59 (b) 是另一种梯形图形式。其特点是充分利用 PLC 中继电器

"软触点"可以无限次使用的特点，按照被控对象的工作顺序和 PLC 的扫描过程，把每个动作用相应的梯级表示出来，这样可使梯形图的层次较清楚，便于理解和编程。

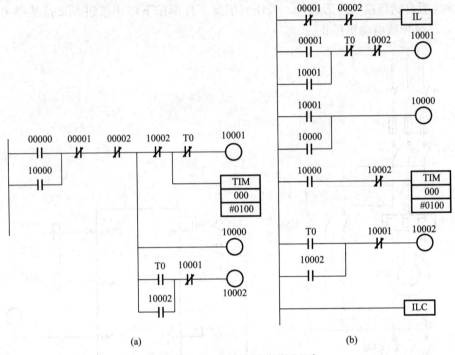

图 8-59 丫-△启动控制梯形图程序

(a) 丫-△控制梯形图 1；(b) 丫-△控制梯形图 2

8.4.2 信号锁存与停电保持编程举例

某些情况下，当发出控制指令后，要求立即启动所控制的装置，而且指令消失后，仍能使状态保持下来，或停电后再来电时，能立即恢复停电前系统的控制状态。此时可以采用信号锁存与保持的方式实现控制功能。

【例 8-8】信号锁存。设某被控制对象的控制要求是：当第一次发出启动信号，设备立即启动工作；当第二次再发出同一启动信号时，则自动停止工作。

实现上述功能的梯形图，信号锁存控制如图 8-60 所示。输入信号 00000 接通一下又断开，则继电器 01000 接通一个扫描周期，使 KEEP 指令的 S 端条件满足，故 10001 输出为 ON，这时 01000 已变为 OFF，10001 的 ON 状态被 KEEP 指令锁存下来。当 00000 第二次由断开变为接通时，在 01000 为 ON 的一个扫描周期内，KEEP 指令的 S 和 R 端同时为 ON，但由于复位优先，因此 10001 停止工作。

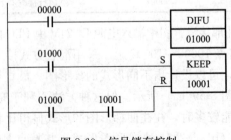

图 8-60 信号锁存控制

【例 8-9】停电保持。设某装置由 PLC 的输出端 10001 控制，要求当发出启动信号时，立即启动工作，以后一直保持此状态。当 PLC 失电后，若再次恢复供电时，则 10001 应能自行恢复到断电之前的状态。

实现上述功能的梯形图有两种形式，分别由图 8-61（a）和图 8-61（b）所示。图 8-61（a）是按照继电器控制线路中自锁电路的形式设计的，而图 8-61（b）则用 KEEP 指令实现 HR00 继电器的接通保持及断开。00000 和 00001 分别是启动及停止控制信号。

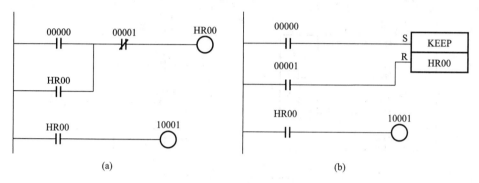

图 8-61　停电保持功能的实现

（a）自锁规律实现；（b）KEEP 指令实现

8.4.3　移位控制

移位寄存器指令 SFT 可以用来实现移位控制，被移位的内容可以是一个具体被控对象的工作状态，也可以是一个工序。

【例 8-10】设某加热器主电路如图 8-62（a）所示。该加热器设有三个加热元件 A、B、C，功率分别为 500W、1000W 和 2000W。现要求当第一次按下加热按钮 SB1 时从 500W 开始加热；此后每按一次加热按钮，加热功率就增加 500W。当增加到 3500W 时，再输入一个加热按钮信号，则重新从 500W 开始加热。若在任何加热阶段需停止加热，则按下停止加热信号 SB2 即可。

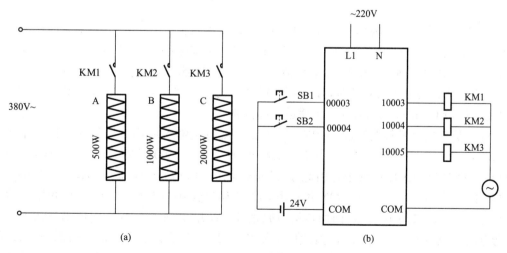

图 8-62　加热器分段控制电气原理

（a）某加热器主电路；（b）PLC 外部接线

图 8-62（b）是 PLC 外部接线。图中已表明了 I/O 的分配关系。实现上述控制要求的加热器控制梯形图如图 8-63 所示。

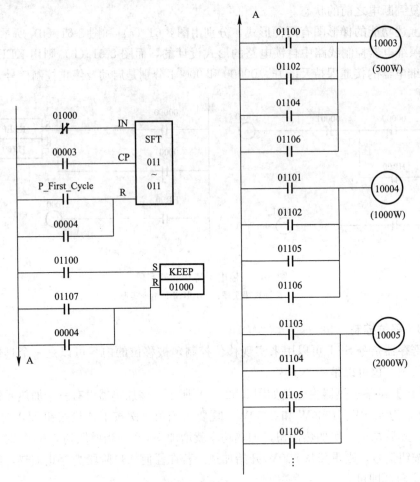

图 8-63　加热器控制梯形图

从图 8-63 中可见，内部辅助继电器 01000 常闭触点接到 SFT "IN" 端，因此第一次发出加热信号（00003 为 ON）时，IN 端的 "ON" 状态移入 011 通道首位，故 01100 为 ON，01100 又使 01000 线圈置 ON 并锁存下来，于是 SFT 的 IN 端变为 OFF。这样当 00003 第二次、第三次为 ON 时，IN 端移入 SFT 的状态都是 OFF。也就是说，只有一个 ON 状态随着 CP 端输入信号在 011 通道中逐位移动。

由于要求加热量每次增加 500W，因此要根据每次输入加热信号的移位输出来控制 500W、1000W、2000W 三个加热器。从梯形图可见，00003 第一次为 ON 时，01100 为 ON。这是第一次加热命令，因此使 10003 动作，启动 500W 加热器；00003 第 2 次为 ON 时，由前面所述可知，ON 状态由 01100 移位到 01101（01100 变为 OFF），这时应断开 10003，启动 10004，即加热量由原来 500W 增加到 1000W。同理第三次发出加热命令时，只有 01102 为 ON，因此应分别用 01102 常开触点使 10003 和 10004 接通。于是加热量又增加 500W，即变为 1500W。依次类推，可以使加热量按 500W 的功率逐段递增。

从上述过程类推，当 00003 的上升沿第七次输入 SFT 的 CP 端时，01106 为 ON，加热功率已经达到 3500W。如果再发出命令，01107 为 ON，则应使加热过程重新开始。因此在梯形图中，用 01107 使锁存继电器 KEEP01000 复位，以便使 SFT 的 IN 端恢复加热开始时的 ON 状态。

为了能在发出停止加热命令（00004 为"ON"）时，使加热器从任何状态回到加热器工作前的状态，用 00004 分别作 SFT 和 KEEP01000 的复位信号。

【例 8-11】装配生产线顺序控制：PLC 的移位控制功能很适合用来实现多工序生产线的控制，现以装配生产线为例进行说明。

装配生产线示意如图 8-64 所示。由图可见该生产线共有 16 个工作位置（工位），在第一个工位上安装有传感器 S，用来检测有无零件的输入。生产线每 5s 移动一个工位，设偶数工位分别完成 8 个不同的操作，而奇数工位仅用于零件传送。当合上启动开关 S1 时，生产线投入工作，若无零件输入或发出停止信号 SB 时，各操作均不执行。

图 8-65 是以接线图形式表示的 I/O 分配关系，其中接触器 KM1～KM8 分别对应所要求的 8 个操作。拖动主电路在此省略。

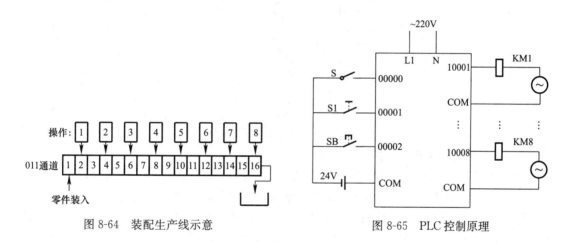

图 8-64　装配生产线示意　　　　　图 8-65　PLC 控制原理

将 16 个工位看作 SFT 指令的执行通道的 16 位，根据控制要求，5s 应移动一个工位，因此 SFT 的 CP 输入应该是周期为 5s 的时钟脉冲序列。图 8-66 是生产线控制梯形图，图中定时器 TIM000 和继电器 01000 配合可产生上述时钟脉冲信号，其原理在定时器部分中已分析过。

把零件装入信号 00001 作为 SFT 指令的输入信号，在移位时钟 CP 的控制下，每 5s 把零件传送一个工位。由于 SFT 指令执行通道的奇数位与生产线奇数工位是一一对应的。故由 SFT 的奇数位去控制各输出操作。当发出停止信号（00002）时，为使各操作不被执行，需用该信号作为 SFT 的复位信号。梯形图其他控制功能的实现请读者自行分析，这里不再赘述。

在图 8-66 的生产线控制梯形图程序中，若 PLC 电源掉电，则 SFT 的数据将会丢失。如果希望当 PLC 断电之后又恢复供电时生产线仍由断电前的操作继续进行，则图 8-66 中的移位寄存器和继电器 01000 均应采用保持型继电器 HR。

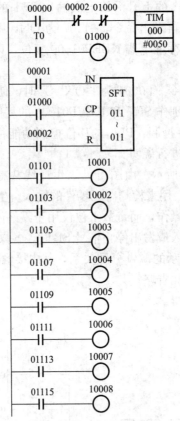

图 8-66　生产线控制梯形图程序

8.4.4　数据传送与比较指令的应用

数据传送 MOV 和数据比较指令 CMP 是 CP2E 系列 PLC 的基本功能指令，这两种指令可以配合在一起使用，实现一些对继电接触器控制线路而言比较复杂的控制功能。

【例 8-12】运料小车方向控制图 8-67 是运料小车工作示意。设小车在五个送料位置上各设有一个位置开关 SQ1～SQ5，在控制屏上有与各料位所对应的按钮 SB1～SB5 及一个启动按钮 SB（图 8-68）。当按下启动按钮 SB 时，系统开始工作。控制要求是不论小车在哪一站待命，只要操作人员按下按钮 SBi（$i=1～5$），则小车立即启动并运行到第 i 号料位停止。

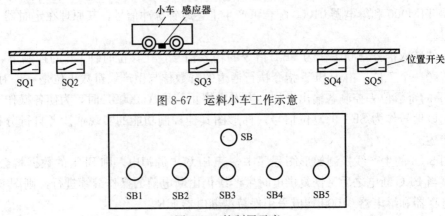

图 8-67　运料小车工作示意

图 8-68　控制屏示意

图 8-69 是控制系统 PLC 外部接线，从图中可以看出 I/O 分配关系。

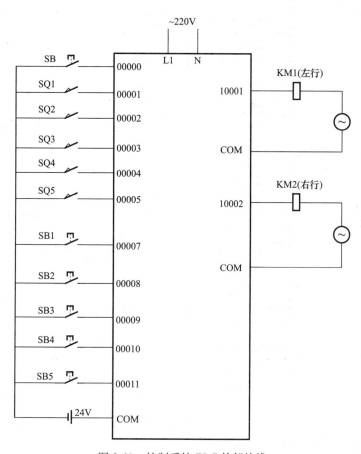

图 8-69　控制系统 PLC 外部接线

　　图 8-70 是小车控制梯形图程序。其主要设计思想是：利用两组传送操作，把小车当前所处的料位编号（即限位开关 SQ1～SQ5 的编号）传送到 010 通道（010CH）；把操作人员命令小车前往的料位编号（即按钮 SB1～SB5 的编号）传送到 011 通道（011CH）。然后将两个通道的数进行比较，若（010CH）＞（011CH），说明小车当前位于操作人员指定料位的右边，则比较结果应使输出 10001 为 ON，KM1 动作控制小车左行。同理若（010CH）＜（011CH），则比较结果应使输出 10002 为 ON，KM2 控制小车右行。只有当小车当前位置与要求的停车位置一致时，有（010CH）＝（011CH），此时小车停止运行，梯形图中的比较指令执行结果通过调用 PLC 内部的算术标志位获得。

　　如图 8-70 所示，小车位置代码和控制命令代码的传送部分是不受启动信号 00000 控制的，即任何时候 PLC 都可以接收位置和指令信号。但小车必须在发出系统启动命令后才能按要求运行。P_On 继电器是一个常 ON 元件，它所连接的比较指令是判断 010 通道中的数据是否为 0000。若是，说明小车没有停在料位上，即为不正常状态，故使继电器 01202 为 ON，在此情况下，即使通过 00000 输入了外部启动命令，由于常闭点 01202 打开，起控制作用的内部继电器 01201 不能接通，使小车运行方向判断和运行驱动部分梯形图不能执行。

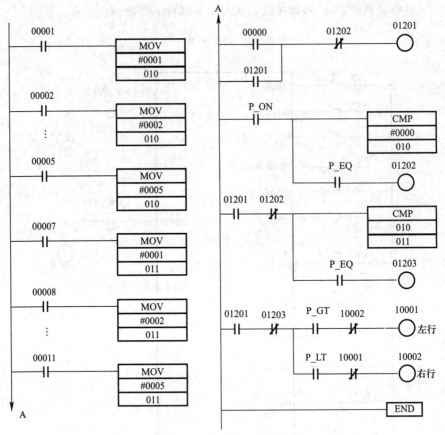

图 8-70　小车控制梯形图程序

梯形图中的最后两个梯级是完成送料的小车方向控制的部分，其主要原理前面已经叙述过，请读者自行分析。

思考题与习题

8-1　请采用 OMRON CP2E 型 PLC 设计程序，实现可以在甲地、乙地、丙地控制一盏灯亮、灭的程序。

8-2　鼓风机系统一般由引风机和鼓风机两级构成。当按下启动按钮之后，引风机先工作，工作 5s 后，鼓风机工作。按下停止按钮之后，鼓风机先停止工作，5s 之后，引风机才停止工作，请按照设备工作流程编写 OMRON CP2E 型 PLC 梯形图控制程序。

8-3　试用 DIFU、DIFD 和 KEEP 指令设计满足图 8-71 所示波形的梯形图程序。

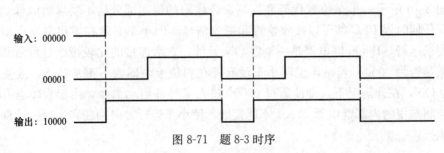

图 8-71　题 8-3 时序

8-4　请采用 OMRON CP2E 型 PLC 设计控制程序，实现 6 盏灯正方向顺序全通，反方向顺序全灭控制，要求：

1）按下启动信号，六盏灯依次点亮，间隔时间为 1s；

2）按下停车信号，灯反方向依次全灭，间隔时间为 1s；

3）按下复位信号，六盏灯立即全灭。

8-5　采用 OMRON CP2E 型 PLC 设计彩灯控制程序，控制要求：

1）A 亮 1s，灭 1s，B 亮 1s，灭 1s；

2）C 亮 1s，灭 1S，D 亮 1s，灭 1s；

3）A、B、C、D 亮 1s，灭 1s；

4）以上时序重复 3 次。

8-6　某机床进给由液压驱动，电磁阀 DT1 得电主轴前进，失电后退。同时采用电磁阀 DT2 控制主轴前进及后退速度，DT2 得电为快速运行，失电为慢速运行。其工作过程如图 8-72 所示，请采用 OMRON CP2E 型 PLC 完成梯形图控制程序设计。

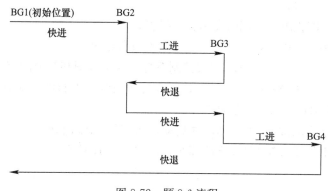

图 8-72　题 8-6 流程

8-7　有三台电动机，按下启动按钮后，M1 启动，延时 30s 后，M2 启动，延时 40s 后，M3 启动；运行 30min 后三台电动机全部停车；在运行过程中按下停止按钮，三台电动机可以全部停车。请采用 OMRON CP2E 型 PLC 完成控制系统外部接线图和梯形图控制程序设计。

8-8　设计一个汽车库自动门控制系统，具体控制要求是：

1）当汽车到达车库门前，超声波开关接收到车来的信号，门电动机正转，门上升，当升到顶点碰到上限位开关，门停止上升；

2）当汽车驶入车库后，光电开关发出信号，门电动机反转，门下降，当下降碰到下限开关后门电动机停止。

请采用 OMRON CP2E 型 PLC 完成控制系统外部接线图和梯形图控制程序设计。

8-9　小车运动示意如图 8-73 所示，轨道中部设置为初始位置，小车在此位置时初始位限位开关接通。按下启动按钮 S，小车从初始位向右运行，触碰到右限位开关时，暂停 2s 后自动启动再向左运行，碰到左限位开关时，再暂停 2s，然后自动启动运行到初始位停车。小车采用三相异步电动机驱动，请采用 OMRON CP2E 型 PLC 完成控制系统外部接线图和梯形图控制程序设计。

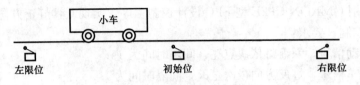

图 8-73　小车运动示意

8-10　喷泉有 A、B、C 三组喷头，控制要求：启动后 A 组先喷 5s 后 B、C 同时喷，5s 后 B 停，再 5s C 停，接下来 A、B 又喷，再 2s，C 也喷，持续 5s 后全部停，再 3s 重复上述过程，请采用 OMRON CP2E 型 PLC 完成控制系统外部接线图和梯形图控制程序设计。

8-11　有一工作用洗衣机，工作顺序如下：

1）按启动按钮，给水阀开始给水；

2）当水满到水满传感器时停止给水；

3）波轮开始正转 5s，然后反转 5s，再正转 5s，反转 5s……，共转 5min；

4）出水阀开始出水；

5）出水 10s 后停止出水，同时发出声音报警；

6）按下停止按钮，声音报警停止，整个工作过程结束。

请采用 OMRON CP2E 型 PLC 完成控制系统外部接线图和梯形图控制程序设计。

8-12　请采用 OMRON CP2E 型 PLC 完成控制系统外部接线图和梯形图控制程序设计，有两台电动机 M1、M2，控制要求：

1）启动时按下启动按钮 SB1，M1 先启动，20s 后，M2 启动；

2）停车时按下停止按钮 SB2，M2 停车，10s 后，M1 停车。

第9章 可编程序控制器系统设计

本章学习目标

（1）了解 PLC 控制系统设计的一般原则和步骤。

（2）熟悉 PLC 控制系统的结构选择、选型及模块配置的过程和方法，掌握输入输出外围电路设计、供电与接地设计原理和方法。

（3）熟悉 PLC 控制系统软件设计常用的几种方法。

（4）熟悉 PLC 控制系统的设计过程。

可编程序控制器系统是以 PLC 作为控制器构成的电气控制系统，通常被称为 PLC 控制系统。PLC 控制系统设计是根据被控对象的控制要求制订控制方案，选择 PLC 型号并设计 PLC 的外围电气电路和控制程序实现系统控制要求的过程。本章首先阐述 PLC 控制系统设计的一些基本问题，然后系统分析一种常见的建筑设备——自动扶梯的 PLC 电气控制系统的实现过程。

9.1 PLC 控制系统设计的基本原则与步骤

1. PLC 控制系统设计的基本原则

在设计开发 PLC 控制系统时，虽然在方法和手段上各有差异，但必须遵循一些共同的规则，从而使设计出的系统具有科学性、合理性和实用性。

PLC 控制系统的设计应遵循以下基本原则：

1）最大限度地满足被控对象的工艺要求。在设计前应认真分析、研究被控设备（或过程）的工艺流程及特点，明确控制任务和范围，并与有关专业设计人员密切配合，共同拟定控制方案，协同处理设计中涉及的有关问题。

2）根据设备或生产过程的操作要求，工艺指标、原材料及能源消耗、安全规范等多种因素综合考虑，合理地选择现场信号及控制参数。

3）保证设计的控制系统能在特定的现场条件下安全可靠地工作。

4）在满足控制要求的前提下，应尽量使系统结构简单、经济实用；符合人机工程学的要求和用户的操作习惯，易于操作；电器元件和模块选型标准化和系列化，容易采购和替换，便于维修。

5）硬件配置满足系统控制需求并留有裕量，以适应生产工艺改进、系统功能升级的需要。

6）主要控制功能由 PLC 完成，外部元件及电路只起辅助控制作用。

2. PLC 控制系统的一般设计步骤

PLC 系统设计一般步骤如图 9-1 所示。主要可归纳为以下几步：

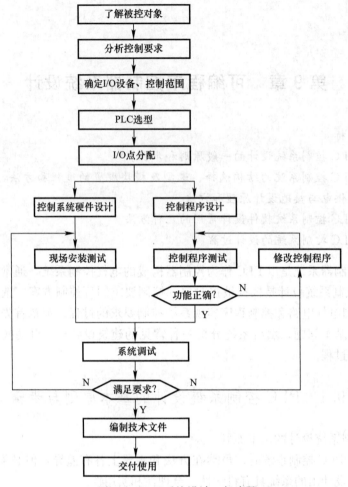

图 9-1　PLC 系统设计一般步骤

1）熟悉被控对象

全面、详细地了解被控对象的结构和生产工艺过程，熟悉设备的运动形式和运动步骤。

2）明确控制任务与设计要求

了解被控对象的全部功能及其控制要求，例如工艺过程、动作规律、执行装置的类型与操作方式、与其他设备的联锁关系、信号指示、故障报警、电源情况等。

3）制定控制方案

包括确定控制方案与总体设计两个部分。确定控制系统方案时，应该首先明确控制对象所需要实现的动作与功能，确定 PLC 控制系统的工作方式和系统结构形式，如全自动、半自动、手动、单机运行、多机联动运行等；然后详细分析被控对象的工艺过程及工作特点，了解被控对象机械、电气、液压、气动等之间的配合，提出被控对象对 PLC 控制系统的控制要求，确定控制方案。另外还需考虑控制系统的其他功能，如故障诊断与显示报警、紧急情况的处理、管理功能、联网通信功能等。

4）确定系统的输入/输出

分析工艺过程和设备工作原理，厘清机构运动与电气执行装置或元件之间的关系，例如机械运动部件的传动与驱动，机构动作与液压、气动回路的切换，检测元件信号（如限位开关、传感器）与驱动控制元件动作关系等，归纳总结系统功能或动作步骤与操作、检测、执行等诸多元件的逻辑关系，确定输入设备/输出设备，建立输入与输出关系。

常用的输入设备有按钮、操纵开关、行程开关、传感器等，输出设备有继电器、接触器、电磁阀、指示灯等。

5）PLC 选型

综合以上各步的分析结果，选择适用的 PLC 型号并配置所需的扩展模块。在功能选择上，要着重考虑控制系统对 PLC 特殊功能的需求。一方面，选择能够满足控制系统所需功能的 PLC 模块；另一方面，根据需要系统控制与检测的具体需要配置必要的扩展模块，如：开关量的输入与输出模块、模拟量输入与输出模块、高速计数器模块、通信模块以及其他特殊功能模块等。

6）PLC 的 I/O 点分配及系统硬件设计

为输入设备、输出设备分配 I/O 点，列出 PLC I/O 分配表。如果存在与 PLC 输入回路电平不兼容的输入设备，或者出现输出设备驱动形式与 PLC 输出回路不匹配的问题，应配置电平转换或者驱动电路，以便设备接入 PLC 控制系统。

根据总体方案完成电气控制原理图设计，包括主电路、PLC 的外部接线图、电源系统以及其他未进入 PLC 的控制电路等。

7）控制程序设计

按照控制要求以及输入输出逻辑关系设计程序。

以总体方案和电气控制原理图为基础设计实现控制要求与功能的用户控制程序。对于复杂的控制系统，可将任务分块。分块的目的就是把复杂的工程，分解成多个比较简单的小任务，化繁为简，便于程序设计、调试和维护。控制程序设计要以满足系统控制要求为主线，逐一实现各控制功能或各子任务，逐步完善系统要求的功能。另外，控制程序通常还应包括初始化程序、故障监测与诊断程序、显示与报警等程序等。在 PLC 上电后，一般都要做一些初始化的操作，初始化程序为启动做必要的准备，避免系统发生误动作。它的主要内容包括对数据区、计数器等进行清零，对数据区所需数据进行恢复，对继电器进行置位或复位，对初始状态进行显示等。故障监测与诊断程序作用为实现控制系统的故障监测、设备运行过程状态监控、系统自诊断等功能。显示与报警等程序作用为显示被控参数、提示系统状态以及各种异常报警等。

8）控制程序调试

在程序设计完成之后，使用 PLC 编程软件的自诊断功能对 PLC 程序进行检查与验证，排除程序中的错误。然后采用实验模拟或者 PLC 仿真软件对控制程序进行调试运行和仿真实验，观察在各种可能的情况下各个输入量/输出量之间的变化关系是否符合设计要求。若发现问题，应及时修改设计并修正控制程序，直到能基本实现控制要求。

9）系统调试

在控制系统安装、电气连接好之后，把模拟调试好的程序转移到现场的 PLC 中，接入实际输入/输出设备，进行现场调试。及时解决调试中发现的问题，如不符合要求，则对硬件和程序作调整，直到完全满足设计要求，即可交付使用。

10）编制技术文件

在系统实现全部功能及其控制要求之后，设计人员即可整理和编制技术文件。编制系

统使用说明书、电气原理图、电器元件布置图、电器元件接线图、电器元件明细表、PLC
控制程序、设备操作说明等技术文件，备份和整理 PLC 用户控制程序、调试过程的参数
调整设定记录等，为系统维护提供技术支持。

9.2 PLC 控制系统的硬件设计

9.2.1 PLC 控制系统的结构形式

PLC 的控制对象是机械设备或生产过程，控制对象可以是单台设备、多台设备构成的
生产线或者某个产品的整个生产过程，控制对象组成方式、复杂程度和控制要求不同，则
需要控制系统采用不同的结构形式，例如：电梯的部件分散在建筑机房、井道以及各个楼
层的门厅，卧式车床是一台单个机械设备，造纸、轧钢、化工等生产过程包含多台套设
备，这些设备构成了长度为几十米，甚至几百米的生产线。PLC 控制系统的结构形式一般
有以下几种形式：

（1）集中控制方式

集中控制方式是指用一台 PLC 控制一台设备或多台设备，系统规模较小。生产设备
的各个组成部分所处位置相对集中时，通常采用这种形式。常见的有 2 种模式，一种是一
台 PLC 控制一台或一套设备，如图 9-2 所示。另一种是一台 PLC 控制多台设备，如图 9-3
所示。这些设备相互之间的动作有一定的联系，各部分之间的数据及状态信息交换不需要
另设通信线路。

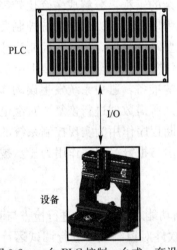

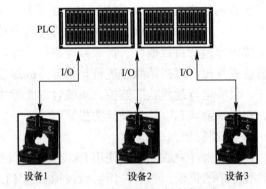

图 9-2 一台 PLC 控制一台或一套设备　　　　图 9-3 一台 PLC 控制多台设备

集中控制方式的缺点是 PLC 出现故障时整个系统都要停止工作。对于大型集中控制系
统，需采用冗余技术来克服这个缺点，要求 PLC 的 I/O 点数和存储器容量有较大的余量。

（2）远程 I/O 控制方式

远程 I/O 控制方式是针对被控对象位置分布相对分散，采用远程 I/O 模块就近对分散
在不同区域的被控对象进行检测和控制，再通过通信总线把各远程 I/O 模块连接到 PLC
主机。通常把 PLC 主机的 I/O 模块，或者与 CPU 模块安装在一起的 I/O 模块称为本地
I/O，远程 I/O 则指远离 PLC 主机和 CPU 模块的 I/O，它们安置在现场设备附近，用于

连接传感器和执行器，并通过专用通信总线或通用的现场总线与 PLC 主机进行数据通信。在系统组态配置完成远程 I/O 模块之后，PLC 的 CPU 与远程 I/O 模块之间的数据交换周期性自动完成，CPU 像访问本地 I/O 一样访问远程 I/O。远程模块没有编程和计算功能，不能脱离 PLC 主机自主工作。图 9-4 为远程 I/O 控制，图中使用 3 个远程 I/O 模块分别实现设备 1~3 的检测和控制，PLC 主机的本地 I/O 用于设备 4 的控制，并通过远程模块地址访问远程 I/O 模块。

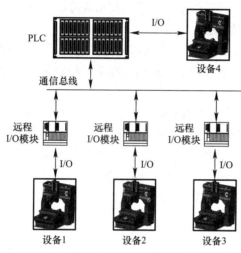

图 9-4 远程 I/O 控制

远程 I/O 模块安装在设备较集中的地方，设备与模块之间的连线短，以提高系统的可靠性。使用这种方式时，PLC 和远程 I/O 都需要有通信接口，有时需要配置通信模块。

（3）分布式 I/O 控制方式

分布式 I/O 控制方式采用了分布式控制系统的模式，由多个具有自主功能的分布式 I/O 装置实现不同区域的设备检测与控制任务，通过通信总线把各分布式 I/O 装置连接到 PLC 主机或监控计算机相连，实现分散控制、集中管理的功能，如图 9-5 所示。分布式 I/O 装置可实现数据采集、计算处理、实时控制和网络通信，它们是具有自主功能的控制

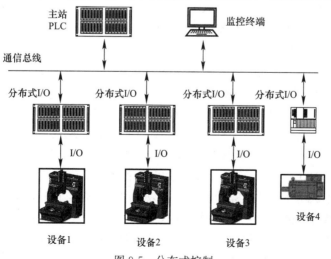

图 9-5 分布式控制

器、PLC、数据采集器或智能终端，就近布设在设备附近，就地运行。这种方式适用于被控对象结构复杂、设备位置分布广、间隔距离长的应用场合，系统结构灵活，容易扩展，无需将现场设备的检测与控制线缆引入监控中心，节省了布线成本，降低了信号被干扰的风险，提高了系统可靠性。

如图 9-5 所示。现场的各个分布式 I/O 装置通过通信总线与主站 PLC 信息交换，各个分布式 I/O 子系统之间也可以通过通信总线交换信息，各个子系统可以不依赖监控计算机自主工作。分布式控制优点是系统中某个子系统出现故障时不会影响其他子系统。

9.2.2　PLC 选择及模块配置

确定 PLC 控制系统方案之后，根据被控对象工艺流程特点和应用要求进行设计选型。选型的一般原则是：在满足系统功能要求的前提下，稳定可靠，维护方便，性价比好。主要体现在：

（1）PLC 及其相关模块是标准化的产品，易于与其他设备或系统连接，并具有扩充功能；

（2）所选的 PLC 及其相关模块在相关领域有成功使用案例，产品成熟可靠；

（3）PLC 系统的硬件、软件配置及功能应与被控对象规模和控制要求相适应；

（4）PLC 编程语言容易理解和掌握，编程容易。

设计选型主要从 PLC 的机型、功能、I/O 模块、电源模块、特殊功能模块、通信联网能力等方面综合考虑。

1. PLC 的选择

1）结构合理，安装方便，适用现场工作环境

PLC 产品有整体式和模块式。整体式 PLC 结构紧凑、I/O 点少，适用于小规模的控制系统。模块式 PLC 功能扩展方便灵活，I/O 点数的多少、模块的种类、特殊功能 I/O 模块的使用等方面的选择余地较大，维修更换模块方便，多用于较复杂和要求较高的系统。

按照控制系统的结构模式，集中控制方式不需要设置驱动远程 I/O 设备，系统反应快，成本低，多采用整体式 PLC。

采用远程 I/O 控制模式和分布式 I/O 控制模式的系统，I/O 设备分布范围广，远程模块和装置分散地安装在 I/O 设备附近，模块与设备之间连线短。但是远程 I/O 控制模式需要配置驱动器和远程 I/O 电源。分布式 I/O 控制模式中有多台控制器、数据采集器或智能终端联网，集中监控管理，适用于多台（套）设备既独立运行又相互联系的应用场合，采用网络通信功能较强的 PLC。

另外，应考虑工作环境对 PLC 的影响，如温度、湿度、振动、噪声、电磁干扰等。

2）PLC 功能满足控制系统的需求

随着集成电路技术和计算机技术的发展，目前绝大多数 PLC 都采用高性能的微处理器或微控制器，指令执行时间为微秒级。PLC 除了具有完善的传统逻辑运算、定时和计数功能，也可实现算术运算、函数运算、数据传送、数值比较、数据移位、数制转化、编码解码等功能，有的 PLC 还有字符串处理和检索等字符处理功能。设计选型时应从实际应用要求出发，合理选用所需的运算功能。大多数应用场合以逻辑控制为主，主要涉及逻辑运算、定时及计数等功能，有些应用则需要数据传送和比较。系统涉及模拟量检测和控制问题时，会使用数据传送、数值比较、数学运算、数值转换等。系统有显示参数、故障代码、提示信息等功能时，需要编码译码、字符串转换等运算。另外，中断技术和特殊功能

模块可以处理响应时间短的应用需求。

大多数 PLC 控制功能包括逻辑控制、运动控制、闭环控制等，有些 PLC 还提供包含 PID 控制算法指令。PLC 主要用于逻辑控制，解决模拟量的控制常采用单回路或多回路控制方式，有时也采用专用智能模块单元实现所需的控制功能，如 PID 控制模块、高速计数器模块、运动控制模块、温度控制模块、ASCII 码转换单元等，以满足控制系统对响应速度的要求。

通信是 PLC 的基本功能之一，通常 PLC 都配有通信接口，另外提供支持不同协议的通信模块。通过通信接口实现与其他 PLC、监控计算机、智能模块、智能设备之间的通信。

PLC 控制系统的通信网络主要有以下几种形式：

（1）监控计算机为主站，多台 PLC 控制器为从站，共同构成分布式控制系统；

（2）1 台 PLC 为主站，多台 PLC 控制器或分布式 I/O 装置为从站，共同构成主从网络的分布式控制系统；

（3）PLC 控制网络通过网络接口（如网关）连接到某个分布式控制系统，作为分布式控制系统的子系统；

（4）专用 PLC 控制网络，采用厂商的专用协议构成的 PLC 通信网络（如 Rockwell 的 DF1 协议，Siemens 的 PPI、MPI，OMRON 的 Host Link 协议）。

目前的 PLC 产品通常支持多种现场总线或者网络通信协议，这些协议为开放协议和专有协议，PLC 选型时应根据控制系统的实际需要进行选择，尽量选用开放协议，有利于第三方设备接入控制系统。

可编程逻辑控制器的诊断功能的强弱，直接影响对操作和维护人员技术能力的要求，并影响平均维修时间。可编程逻辑控制器的诊断功能包括硬件和软件的诊断。硬件诊断通过硬件的逻辑判断确定硬件的故障位置。软件诊断分内诊断和外诊断，通过软件对 PLC 内部的性能和功能进行诊断是内诊断，通过软件对可编程逻辑控制器的 CPU 与外部输入输出等部件信息交换功能进行诊断是外诊断。

PLC 编程环境及其功能也是选用 PLC 时考虑的一个重要因素。目前，PLC 编程多采用专用编程开发环境，可在个人计算机上运行，是由 PLC 厂家提供的适用其产品的编程软件，支持离线和在线编程。不同厂家的编程软件支持的编程语言及种类不尽相同，在功能上也有差异，功能强的 PLC 编程软件对用户应用程序开发具有重要的价值。编程软件为 PLC 控制系统的硬件组态，可以编辑、编译用户控制程序，离线和在线调试程序，实现不同编程语言的相互转换。其编程向导能够简化一些特殊程序设计过程，如：PID、网络通信、运动控制等，只需要输入必要的数据或选项，就可以自动生成控制程序。有的厂家提供与编程软件配套使用的模拟仿真软件，它可以模拟 PLC 硬件资源，为用户控制程序测试提供方便。有的编程软件可以通过通信网络实现远程编程。

3）选用相同厂家的产品

选择 PLC 系统各组成模块时，应考虑系统兼容性，尽量选择同一个生产厂家的产品，便于维修替换，系统改造升级和联网集成。如：同一厂家的产品支持相同的现场总线或通信网络协议，可以方便地把不同设备的控制系统集成，无需考虑协议的转换。

2. 模块配置

1）存储容量

存储容量以保证系统正常运行为目标，应对用户存储容量做概略估算。通常，1 条逻辑指令占 2 个字节（1 个字）存储空间，定时、计数、移位以及算术运算、数据传送等指令占 4 个字节（2 个字）存储空间，各种指令字节数可查阅 PLC 产品使用手册。

存储容量的选择有两种方法，一种是根据用户控制程序大小确定所需的存储空间，这种方法可精确地计算出存储器实际使用容量。缺点是需要程序设计好之后才能计算。另一种方法可根据控制规模和应用要求用经验公式估算存储空间的大小，它是工程设计时常用的方法。不足之处是估算存在偏差。

在不同的应用领域，存在不同的估算存储空间的经验公式。常见的经验公式估算方法如下：

（1）系统仅包含开关量检测与控制任务，设 N_{DI} 和 N_{DO} 分别为其输入和输出点的数目，则估算系统需要的存储空间为：

$$M = N_{DI} \times 20 + N_{DO} \times 10 \tag{9-1}$$

M 的单位为字节。

（2）系统包含开关量、模拟量检测与控制任务，则系统需要的存储空间为：

$$M = N_{DI} \times 20 + N_{DO} \times 10 + (N_{AI} + N_{AO}) \times 200 \tag{9-2}$$

式中　N_{AI}——模拟量输入通道数目；

　　　N_{AO}——模拟量输出通道数目。

（3）系统含有包含有通信处理，则系统需要的存储空间为：

$$M = N_{DI} \times 20 + N_{DO} \times 10 + (N_{AI} + N_{AO}) \times 200 + N_C \times 400$$

式中　N_C——所用通信接口的数量。

最后，可按估算容量的 25%～50%裕量确定存储容量。

2）开关量输入/输出点

（1）I/O 点数的计算

I/O 点数确定是以设备控制所需的所有 I/O 点数为依据的。通常，I/O 点应有适当的余量，在统计的 I/O 点数基础上再增加 10%～20%的裕量作为系统所需 I/O 点的估算数目。

（2）开关量输入模块的选择

开关量输入模块的选择应考虑应用要求。例如选择输入模块时，应考虑输入信号的电平、传输距离等应用要求。

开关量输入模块把来自现场设备的开关量信号转换为 PLC 内部的电平信号，并实现外部设备与 PLC 内部电路的电气隔离。输入模块通常有直流和交流两种供电形式。直流输入模块的工作电压等级有 5V、12V、24V、48V、60V 等，交流输入模块常见的工作电压等级为 220V，有的模块还有 110V 工作电压。按照输入点内部电路的连接形式有汇点式、分组式和分隔式。按照信号输入形式分为源型和漏型。

选择输入模块应注意以下几个方面：

（1）输入信号类型

主要根据现场输入信号和周围环境因素等选择。直流输入模块的延迟时间较短，可以直接与接近开关、光电开关等输入设备连接。交流输入模块可靠性好，适合在有油雾、粉尘等恶劣环境下使用。

（2）工作电压等级

根据现场设备与模块之间的距离来考虑，一般 5V、12V、24V 直流电压信号的传输距离不宜太远，距离较远时应考虑选用具有较高电压等级的模块。

（3）接线方式及同时接通的输入点数目

汇点式模块所有输入点共用一个公共端。分组式模块是将输入点分成若干组，每一组输入点共用一个公共端，各组之间是独立的。分隔式模块的每个输入点是独立的。分隔式、分组式模块可以用于系统中存在不同电源形式、不同电压等级的信号接入。在相同点数情况下，分隔式模块、分组式模块价格要比汇点式高，如果输入信号之间不需要分隔，一般选用汇点式。

汇点式开关量输入模块可同时接通输入点的数目与输入电压及环境温度有关，一般来讲，对于高密度输入模块，如 32 点输入模块，同时接通的输入点的数目不要超过模块输入点数目的 60%。

（4）输入形式

NPN 和 PNP 型的有源传感器，如接近开关、光电开关等，它们的接线与 PLC 输入点的输入形式有关。PLC 输入点的源型和漏型输入方式代表了该输入点接线端输入信号的有效电平方式，确定后在同一模块中须选用相同类型传感器。

（5）阈值电压（门槛电平）

阈值电压为 PLC 输入点回路导通而使其内部触点闭合的临界电压。阈值电压越高，信号的抗干扰能力越强，传输的距离越远。

3）开关量输出模块的选择

开关量输出模块是将 PLC 内部的控制信号转换为驱动外部负载所需信号形式，并实现 PLC 与外部设备的电气隔离。输出模块按输出方式分为继电器输出、晶体管输出、晶闸管输出等。按照电路连接形式有汇点式、分组式和分隔式。

选择输出模块应注意以下几个方面：

（1）输出方式

继电器输出既可用于驱动交流负载，又可用于直流负载。其适用电压范围宽、导通压降小，同时承受瞬时过电压和过电流的能力较强，价格便宜。但这种形式的驱动元件继电器为机械触点元件，动作速度较慢，寿命较短，可靠性较差，适用于不频繁通断的场合（驱动感性负载时，触点动作频率不得超过 1Hz）。

晶闸管和晶体管为半导体器件，属于无触点元件，与继电器相比，其通断频率高、寿命长、不易损坏。对于频繁通断的负载，应该选用晶闸管或晶体管输出。需要注意的是，晶闸管输出只能用于交流负载，而晶体管输出只能用于直流负载。

（2）输出点接线方式

汇点式与分组式输出是若干个输出点为一组，一组共享一个公共端，各组之间是电气分隔的，同一组中输出点驱动的输出设备的电源形式和额定电压等级应相同。分隔式输出是每一个输出点设置一个公共端，各输出点之间相互隔离，可用于驱动不同电源的外部输出设备。选择时主要根据 PLC 输出设备的电源类型和电压等级的多少而定。一般整体式 PLC 既有分组式输出，也有分隔式输出。

（3）输出驱动能力

输出模块的输出电流（驱动能力）必须大于 PLC 输出负载的额定电流。选择时应根据实际输出负载的电流大小来选择模块的输出电流。如果输出设备电流较大，输出模块无法直接驱动，需考虑设置驱动环节。

（4）同时接通的输出点数目

对于分组式或汇点式输出模块，一组输出点共用一个公共端，因此一组中输出点全部接通时的输出电流之和必须小于公共端所允许通过的电流值。例如一组 8 个输出点，输出点额定电压为 220V，额定电流为 2A，每个输出点可通过 2A 的电流，其公共端允许通过的电流通常要小于 16A(8×2A)。一般来讲，同时接通的点数不要超出同一公共端输出点数的 60%。

（5）负载与环境因素

输出点输出的最大电流与负载类型、环境温度等因素有关。PLC 输出点的驱动能力是有限的，输出点输出电流大小随负载电压的不同而异。另外，输出模块的技术指标与负载类型密切相关。

当环境温度变化时，晶体管、晶闸管等特性会发生变化，其最大输出电流随环境温度升高会降低。

4）模拟量模块的选择

模拟量 I/O 模块的主要功能是实现模拟量与数字量之间的转换。模拟量输入模块（A/D 模块）将现场传感器检测到的模拟信号转换成 PLC 的二进制数字量，模拟量输出模块（D/A 模块）是将 PLC 内部的二进制数字量转换为外部设备所需的模拟信号，同时A/D 模块和 D/A 模块还将 PLC 与外部设备进行电气隔离。

（1）A/D 模块

选择 A/D 模块应注意以下几个方面：

A. 模拟量的输入形式和输入量程

A/D 模块的输入信号方式为电流和电压。常见的信号输入量程为：0～+5V、0～+10V、−10～+10V，0～20mA、4～20mA 等。有的产品采用输入量程子模块方式实现不同输入量程的转换，使得一个 A/D 模块可以适应不同输入量程信号的采集。有的产品提供各种不同输入量程的输入模块供用户选择。

根据输入设备特性和传感器信号类型确定电压型或电流型模块，电流型抗干扰能力好于电压型，模块输入有效量程越大，适应性较强，但转换的绝对误差也大。

B. 分辨率和转换精度

常见的 A/D 模块有 12 位、14 位。以 12 位 A/D 模块为例，它把一个模拟量转化为 12 位的二进制数。分辨率是 A/D 模块能够感知的模拟量最小变化量，与 A/D 模块的位数和输入量程有关，在相同的量程下，A/D 模块的位数越多，模拟量的分辨率越高，输入信号的微小变化可以被 A/D 转换器转换为相应的数字量。

A/D 模块的转换精度是转换结果相对于实际输入值的准确度，它与 A/D 模块中 A/D 转换器的性能有关。如发生温度漂移，线性度不良等情况，即使分辨率高，但由于其他原因可能存在精度不高的问题。

C. 转换速度

转换速度与控制系统的实时性有关。A/D 模块转换速度有快有慢，转换时间为若干ms。对于多通道模块，通常各个通道的转换以分时方式进行，如果因转换速度而影响实时性能时，可选用专用的高速模块。

D. 与传感器的连接方式

A/D 模块的连接方式应该能够匹配现场各种类型传感器提供的信号形式。为了检测现场的各种物理量，其有各种类型的传感器，它们之间的信号量程和接线方式不尽相同。根据系统的实际需要，选择 A/D 模块可简便地与传感器连接，减少不必要的量程转换、电流/电压转换、电压/电流转换等环节。优先选用 PLC 厂家提供专用的 A/D 模块，如热电阻、热电偶模块，减少预处理工作，如标定、转换、补偿、线性化等，提高转换精度。

（2）D/A 模块

选择 D/A 模块应注意以下几个方面：

A. 输出量程与信号输出形式

D/A 模块的输出信号形式为电压或者电流，一般模块都同时具有这两种形式，常见模拟量输出量程有 0～+5V、0～+10V、−10～+10V，0～20mA、4～20mA 等。两种形式与负载连接时接线方式不同。

选择 D/A 模块时，模拟量输出形式与被控设备所需的驱动信号类型一致，量程相同，如电动阀调节信号为电压，量程为 −10～+10V；气动比例阀的调节信号为电流，量程为 4～20mA。另外，需了解驱动负载的负载阻抗。在选用 D/A 模块输出为电流方式时，应知道最大负载阻抗，电压输出方式时，应知道最小负载阻抗，以保证 D/A 模块有效驱动负载工作。

B. 分辨率、转换精度与转换速度

D/A 模块在分辨率、转换精度与转换速度方面的要求与 A/D 模块类似。

5）特殊功能模块的选择

特殊功能模块（或专用模块）是一种智能控制器，具有微处理器、系统程序、存储器和外围电路，连接外设，并通过总线接口与 CPU 模块相连，在 CPU 模块的协调管理下独立工作。常见的 PLC 特殊功能模块通信模块、脉冲输出模块、称重模块、高速计数模块、PID 控制模块、称重模块、温度控制模块等。

选择功能模块时，应考虑硬件与软件两个方面的因素：

（1）在硬件方面，功能模块应方便与 PLC 相连，PLC 应该有相关的连接、安装位置与接口、连接电缆等附件。

（2）在软件上，PLC 具有对应的控制功能和编程向导，可以方便地对功能模块编程。

6）电源模块的选择

电源模块为 PLC 的 CPU 模块及扩展模块提供工作电源。当电源模块的输出电压确定后，其额定输出电流必须大于 CPU 模块、I/O 模块、专用模块的所需电流总和，并有一定的裕量。在选择电源模块时一般应考虑以下几点：

（1）电源模块的输入电压

电源模块的供电可以是交流，也可以是直流，常见交流电压 220V、直流电压 24V。供电形式和电压等级在实际应用中根据具体情况确定。

（2）电源模块的输出功率

电源模块的额定输出功率必须大于 CPU 模块、所有 I/O 模块等总的消耗功率之和，并且要留有 30% 左右的裕量。当同一电源模块既要为主机单元又要为扩展单元供电时，从主机单元到最远一个扩展单元的线路压降必须小于 0.25V。

（3）扩展单元中的电源模块

由于有的系统的扩展单元中安装有智能模块及特殊模块，需要在扩展单元中配置电源模块，该电源模块输出功率可按各自的供电范围计算。

（4）电源模块接线

电源模块选定后，需要考虑电源模块的接线端子和连接方式，以便正确地进行系统供电的设计。

（5）电源模块使用环境

最后需要考虑电源模块是否适合使用现场的环境条件和 PLC 对电源的指标要求，如环境温度、相对湿度、电源允许波动范围和抗干扰等指标。

9.2.3　PLC 输入输出外围电路的设计

PLC 的输入输出点、输入输出通道是 PLC 与被控设备或被控生产过程之间的联系桥梁，PLC 外围电路设计是 PLC 控制系统设计的重要部分，其主要目的是一方面把操作开关、现场检测元件、各类传感器等合理地连接到 PLC 输入上，使 PLC 能够有效地、正确地获取设备操作指令、现场状态和信息。另一方面，把 PLC 输出与设备和生产过程的各种执行器（接触器、继电器、电磁阀、调节阀等）、指示器（指示灯、提示器等）、报警装置等相连，使这些装置能够按照 PLC 输出的控制信号和控制量有效、正确地动作。PLC 输入输出外围电路的设计内容包括：开关量输入/输出外围电路、模拟量输入/输出外围电路等。

1. 开关量输入外围电路设计

开关量输入外围电路设计的目的是把需要接入的开关类等器件与 PLC 输入点连接，当接入的器件有效时使 PLC 输入回路导通，并把器件有效的信息送入 PLC。PLC 产品的输入点有交流输入和直流输入两种形式。

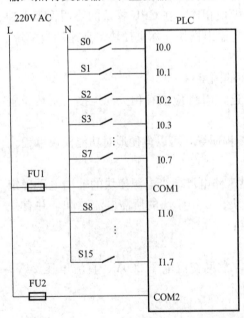

图 9-6　某型号 PLC 交流输入外围电路

常见的 PLC 交流输入回路的电压为 220V，电源频率为 50Hz 或 60Hz，输入阻抗 20kΩ 左右，输入点回路电流不大于 8mA（220V/50Hz），5mA（100V/50Hz），响应时间约为 25～30ms，输入信号多采用触点形式。交流输入不宜用于检测变化较快的信号，如高速计数器、中断信号等。由于被检测的信号电压等级较高，其适合于长距离信号传输，抗干扰能力强。

交流输入采用外部供电方式，图 9-6 为某型号 PLC 交流输入外围电路。开关触点连接在输入点上，公共端 COM 端设置熔断器以防止意外情况过流时损坏输入回路。

工程现场的输入信号线路过长时，由于导线之间杂散电容的影响，导线之间会产生漏电流，即使开关触点没有闭合，在交流输入端子上也会出现一定幅值的电压，如图 9-7（a）所示。必要时在输入端子与公共端并联电阻，减小输入回路的阻抗，把输入端的电压限制在其开路电压的 50% 以下，或者把交流电源就近连接到开关触点一侧，如图 9-7（b）所示。

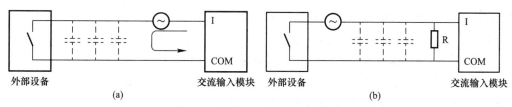

图 9-7　导线之间杂散电容的影响

另外，在系统中不能把交流输入点的公共端 COM 和直流输入、输出模块的公共端 COM 端子连接。

直流输入是 PLC 最常见的形式，直流信号的输入电压为 5V、12V、24V，前两种常见于输入点数较多的模块，24V 电压是绝大多数型号的 PLC 直流输入回路普遍采用的形式。根据电流流入输入点或公共端 COM 的方向，直流输入电路有源型和漏型两种形式。下面以直流 24V 的输入点为例介绍输入外围电路的设计方法。直流 24V 的输入回路的输入阻抗为 5kΩ 左右，回路电流为 4～7mA，响应时间小于 10ms。直流输入信号可采用开关触点和电平形式，响应速度快，延迟时间短，既可用于检测慢变信号，也可用于检测变化较快的信号。但与交流输入形式相比，直流输入信号的电压较低，其抗干扰能力较弱，对应用环境的要求较高。

直流输入模块的电源有两种形式，一种为 PLC 模块自身供电，另一种需要配置外部的直流电源为其供电。在系统设计时，当 PLC 模块自身提供电源满足要求时，不用为输入模块配置外部电源。但当存在需要外部供电的扩展模块时，在系统中需要为扩展模块配置外部电源，要将此电源与 CPU 模块的电源共地。另外，输入点回路的公共端不能与输出点回路的公共端相连。

当输入设备为无源的开关触点时，接入直流输入模块比较简单，开关触点一端连接输入点端子，一端接公共端 COM，如图 9-8 所示。PLC 模块内部为输入点回路提供直流电源时，如果输入点为分组方式，将各组的公共端 COM 连接，如图 9-8（a）所示。外部电源为输入点回路供电的输入设备与连线如图 9-8（b）、图 9-8（c）所示，图 9-8（b）为外

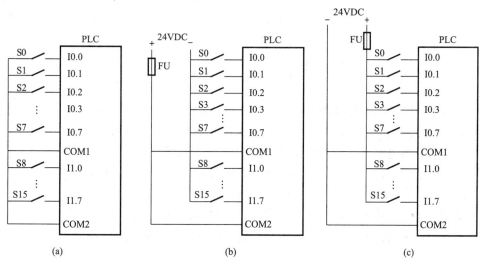

图 9-8　输入模块与无源开关的连接

（a）内部供电；（b）外部供电的源型模块；（c）外部供电的漏型模块

部供电的源型模块（以电流流入流出输入点的方向为参考），图9-8（c）为外部供电的漏型模块，必要时可在电路中设置熔断器。部分外部供电的PLC，它们的输入点既可用作漏型，也可用作源型，这与其输入点回路内部电路设计有关。

在一些机电系统中往往需要异地操作或检测的情形，常采用触点串联或并联的方式共享输入点。图9-9（a）为电梯开关门按钮与触板检测开关与PLC输入点的连接电路，图中ABK1、ABK2为左、右安全触板开关，KMAN、GMAN为轿厢内部的开、关门按钮，KMAD、GMAD为轿厢顶部检修盒上的开、关门按钮。正常情况下，可以通过轿厢内部的指令按钮KMAN打开轿门，如轿门在关闭过程中碰到异物，安全触板ABK1、ABK2动作，也可以使电梯门打开；在检修模式下，可以在轿厢顶部通过按钮KMAD使轿门打开。图9-9（b）为自动扶梯部分安全检测开关与PLC输入点的连接电路。在自动扶梯系统中，通常在扶梯的上、下入口处左右两边分别设置围裙板间隙保护开关，以检测异物落入围裙板与行进的梯级之间的空隙，若其中一处间隙出现异物，扶梯自动停止运行；另外，在上、下端部的水平段设置梯级下陷检测开关，以检测梯级是否处于正常的平面上，无论在上端部还是在下端部检测到梯级下陷，扶梯自动停止运行。图9-9（b）中，WTK1、WTK2分别为上入口处的左、右围裙板间隙保护开关，WTK3、WTK4分别为下入口处的左、右围裙板间隙保护开关，TXK1、TXK2分别为上、下端的梯级塌陷保护开关。采用上述方式可节省输入点，但接线复杂。

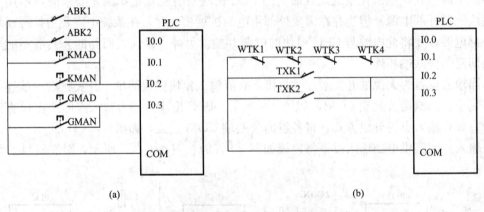

图9-9 触点串联或并联的方式共享输入点
(a) 电梯开关门；(b) 自动扶梯安全检测

一些机电系统常同时有多种工作方式，在每种工作方式下使用的器件不同，设计时通常采用分组分时使用输入点的方法，这可以减少系统输入点的数量。图9-10为采用分组分时使用输入点的电路。图中SM为手动、自动方式选择开关，S1、S3、S5、S7为手动方式下的输入设备，S0、S2、S4、S6为自动方式下的输入设备，它们共用输入点I0.0、I0.2、I0.4、I0.6。但是，由于操作SM可分时接通2组设备的输入回路，PLC在一个时刻只能检测其中一组输入设备的状态，程序设计时可用I1.0和I1.1作为条件分别设计实现两种工作方式下的控制程序。这样把8个输入设备用4个输入点接入PLC，扩充了PLC的输入点。

在图9-10中的二极管D0～D7是为了防止产生寄生回路而设置的。假设电路中不设置二极管，自动/手动开关 SM 位于图示位置时，如果 S0、S2、S4、S5、S7 闭合，S6 断开。这时有电流从端子 I0.6 流出，经 S7、S5、S4、SM 流回 COM 端，从而使输入继电器 I0.6 接通，但此时 S6 并未接通，因此产生了错误的输入信号。在各开关串入二极管后，切断了寄生电流通路，保证信号的正确输入。

图 9-11 为分组分时使用输入点的电路。图中 SC、XC 为上、下行接触器触点，SXK、XXK 为上、下端点限位开关，THGS2～THGS5、THGX1～THGX4 分别为运动对象上、下位置检测开关，安装在事先规划的路径上，用于检测运动对象的位置，其为凹槽型双稳态磁感应开关。一个隔磁板安装在运动对象上，当隔磁板进入感应开关的凹槽时，切断磁回路，感应开关失磁闭合，表明运动对象通过预定位置。图 9-11 也是采用分组分时方式，运动对象上行时，THGS2～THGS5 检测对象在上行路径的位置，反之，下行时，TH-GX1～THGX4 起位置检测作用。

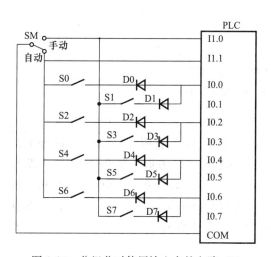

图 9-10　分组分时使用输入点的电路（1）

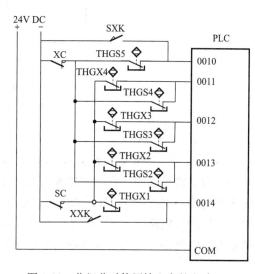

图 9-11　分组分时使用输入点的电路（2）

机电系统常见的有源传感器有接近开关、光电开关、霍尔开关、旋转编码器等。按接线形式分接近开关、光电开关、霍尔开关等有 2 线制、3 线制和 4 线制，按照传感器的输出形式，3 线制开关可分为 NPN 型和 PNP 型，通常为集电极开路形式。4 线制开关通常提供一对常开和常闭状态，也有 NPN 型和 PNP 型之分。旋转编码器可用于检测速度和角位移，它与检测对象的转轴相连，编码器输出也有 NPN 型和 PNP 型之分，有集电极开路输出形式，也有电压输出形式（输出 TTL 兼容电平），另外还有推挽电路输出以及差动输出形式。

1）2 线制有源开关

图 9-12 为 2 线制有源开关与 PLC 的接线。为了便于说明，PLC 采用外部直流电源。以电流流入流出输入点的方向为参考，图 9-12（a）和（b）分别为源型和漏型输入点与 2 线制开关的连接电路，图中 S0、S1、S2 为 2 线制有源开关，S3、S4 为无源开关。当 2 线制有源开关在没有检测到被测目标处于截止状态，但是需要一定的电流来维持其电路工作，当检测被测目标时，2 线制有源开关导通，但会存在一定压降，在电路设计时应考虑这些因素。

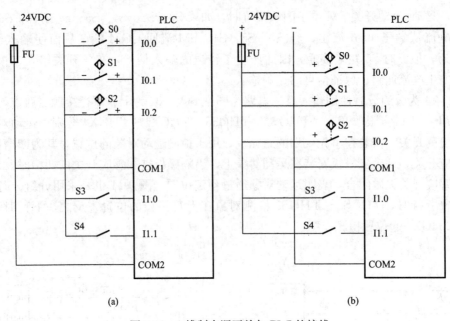

图 9-12　2 线制有源开关与 PLC 的接线

（a）源型输入点电路；（b）漏型输入点电路

2）3 线制有源开关

图 9-13 为 3 线制有源开关与 PLC 的接线，图中 S0、S1 为有源开关，S2、S3 为无源开关。为了便于说明，在图中用箭头标出了输入点回路的电流方向。图 9-13（a）为源型输入点电路与 NPN 型有源开关的连接电路，图 9-13（b）为漏型输入点电路与 PNP 型有源开关的连接电路。3 线制有源开关输出常采用集电极开路的形式，驱动能力较强，而且截止时漏电流小，克服了 2 线制有漏电流的不利因素，工作更为可靠。

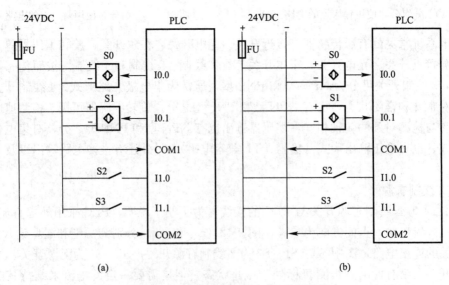

图 9-13　3 线制有源开关与 PLC 的接线

（a）源型输入点电路；（b）漏型输入点电路

在工程应用过程中选用 3 线制有源开关时，必须注意 PLC 输入点的形式，源型输入点只能连接 NPN 型有源开关，漏型输入点只能连接 PNP 型有源开关。PLC 公共端 COM 接电源正极时，电流通过 COM 端流入输入模块，则要选用 NPN 型开关；PLC 公共端 COM 接电源负极时，电流从输入点流入输入点，再回到电源负极，要选用 PNP 型开关。

如果在系统中不可避免地使用 2 种输出类型的传感器，则必须根据 PLC 输入点的特点把其中一类有源开关通过中间继电器转换为无源开关触点。如图 9-14 所示，S0 为 PNP 型输出的传感器，S1 为 NPN 型输出的传感器，采用图 9-14（b）电路把有源传感器 S1 的无触点开关转换为直流继电器的触点开关。

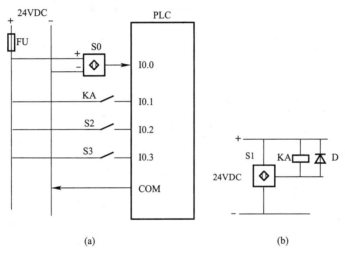

图 9-14　含有 NPN 型和 PNP 型传感器的 PLC 输入电路
（a）PLC 输入电路；（b）NPN 传感器转换电路

4 线制有源开关同时提供常开和常闭状态，其输出形式与 3 线制开关相同，即 NPN 型、PNP 型，因此与 PLC 连接方式与 3 线制开关类似，不再赘述。

3）旋转编码器

旋转编码器是也是一种有源传感器，用于检测速度和角位移。如在电梯曳引拖动系统中，旋转编码器用来检测电梯运行速度和轿厢的位置，在电梯门机系统中用来检测开门速度和轿门开关门的位置。旋转编码器与旋转设备的转轴同轴安装。

通常旋转编码器输出脉冲序列和方波信号，常采用 NPN 输出、NPN 集电极开路输出、PNP 输出、PNP 集电极开路电压以及推挽电路输出等形式，这些电路与 PLC 输入点的连接与 3 线制有源开关相同。这类编码器输出信号为两路相位相差 90° 的 A、B 信号序列和一路零位脉冲信号 Z，旋转编码器每转一圈输出一个 Z 脉冲。图 9-15 是旋转编码器与 PLC 的连接电路，编码器 PG1 为 NPN 输出形式。

有的编码器采用差分电路输出形式，在与 PLC 输入点连接时需要设置转换电路或转换模块，把差分信号转换为电平信号后再接入 PLC。图 9-16 是采用差分输出的旋转编码器与 PLC 的连接电路，转换模块 CM 把 2 路差分信号转换为电平形式，CM 模块为 NPN 输出形式。

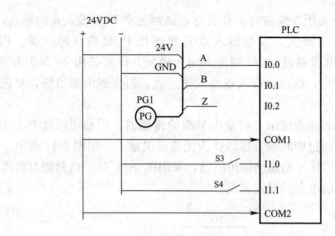

图 9-15　旋转编码器与 PLC 的连接电路

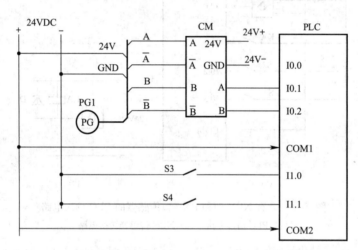

图 9-16　采用差分输出的旋转编码器与 PLC 的连接电路

　　需要指出的是，当旋转编码器输出的信号频率较高时，要求与其连接的输入点有高速计数功能。

　　4）不同供电电压的有源开关的使用

　　控制系统往往有多种检测任务，选用有源开关时，最好它们的供电电压相同，可以采用相同的电源供电，节约成本，也可以提高系统的可靠性。如果不能实现相同的电源供电，则必须保证各个检测信号的电位参考点相同，常用的方法是把所有信号电源的地连接在一起，如图 9-17 所示。图中编码器和有源开关为 NPN 输出形式。

　　另外，在控制系统中智能设备通常以触点开关或者电平形式提供一些状态或控制信号，如变频器的故障输出触点，其触点开关信号接入 PLC 的方式与无源开关相同。如果智能设备以电平信号接入 PLC 时，需要注意其输出形式是 NPN 型还是 PNP 型，接入PLC 输入点的方式与 3 线制有源开关类似。

　　5）PLC 控制系统对安全事件的处理

　　对于系统，安全运行和安全使用是 PLC 系统必须优先考虑的问题。

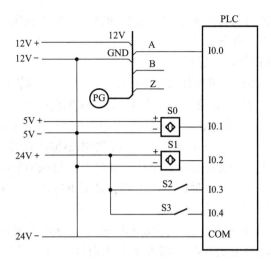

图 9-17　不同供电电压的有源开关与 PLC 的连接

　　紧急停止（即急停）用于避免产生或减小生产过程存在的对人的各种危险以及对生产设备或者正在进行中的工作的损害，紧急停止是由人按动紧急停止开关或按钮触发的，一旦操作，指令作用应始终保持到手动复位为止。通常紧急停止按钮须采用硬件接线逻辑实现，不能由 PLC 程序实现，即使在紧急停止开关或者 PLC 出现故障的情况下，系统也能够自动实施安全措施。图 9-18 为一种紧急停止按钮控制电路及程序。当急停按钮 EST 按下时，切断接触器 KM 线圈控制回路电源，与 KM 触点连接主回路断开，设备停止工作。再按下停止按钮 STP，急停按钮 EST 复位，设备不会再次启动。

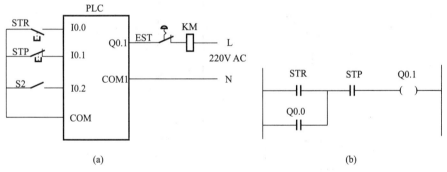

图 9-18　一种紧急停止按钮控制电路及程序

（a）控制电路；（b）控制程序

　　在 PLC 控制系统中，可以采用紧急停止继电器的方法。当出现异常情况时，按下紧急停止按钮的操作断开紧急停止继电器的控制电路，切断系统电源，同时还可把急停的状态信息反馈给 PLC，这样在紧急停止时可以启动安全关闭程序，保证设备运行安全。

　　2. 开关量输出外围电路

　　开关量输出外围电路设计的目的是，把输出设备或装置与 PLC 输出点连接，以有效驱动输出设备或装置工作。PLC 的输出点驱动方式有继电器、晶体管、晶闸管 3 种形式。相比而言，前两种输出方式应用较为广泛。需要注意的是，选择的输出形式不同，驱动负载的类型则不同。另外无论哪种输出形式，其驱动能力是有限的，当负载所需的驱动能力高于输出点的额定驱动能力时，应考虑增加额外的驱动电路。其次，输出点回路的公共端不能与输入点回路的公共端相连。

1）继电器输出形式的外围电路设计

继电器输出可以用于驱动交流负载和直流负载，驱动交流负载时，输出点通过的最大电流一般不大于 2A（250V AC），驱动直流负载时，通过输出点电流不大于 2A（24V DC），汇点式输出点的公共端 COM 的最大电流与该组输出点的多少有关，通常流经公共端 COM 最大电流不大于 $2nA$，其中 n 为该组输出点的个数。继电器输出点通断时间约为 10ms。

继电器输出点可用于驱动各种类型的负载，并且具有较强的驱动能力，但在应用时通断频率不宜过高，最好小于 1Hz，通断频率过高会降低继电器的使用寿命，在要求快速响应的应用场合，不宜使用继电器输出形式。

图 9-19 为继电器输出的外围电路。如图 9-19 所示，继电器输出形式可以用于驱动交流负载和直流负载，驱动直流负载时无需考虑电源极性，公共端 COM2 与公共端 COM3 分别连接到该组供电电源的正极和负极。

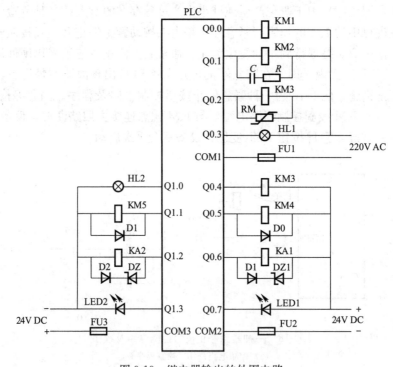

图 9-19　继电器输出的外围电路

由于在 PLC 内部继电器输出点没有保护电路，其输出点外接感性负载时，应考虑保护电路，为感性负载断开时提供泄放回路，以便保护继电器触点，延长其使用寿命。对于交流负载，常采用并联浪涌抑制器或压敏电阻，如图 9-19 中的 KM2、KM3，一般电阻 R 阻值为 50～200Ω、电容 C 为 0.1～0.47μF，电容的额定电压应大于负载工作的峰值电压。选择热敏电阻时，其标称电压 U_N 取负载的峰值电压的 1.5 倍，即 $U_N = 1.5\sqrt{2}U_m$，U_m 为负载的额定电压。对于直流负载，则采用反向并联二极管作为续流二极管，如图 9-19 的 D0，其反向电压一般取负载额定电压的 3～5 倍，并且正向电流不小于负载额定电流。对于通断频率较高的感性负载，可在续流电路中串接齐纳二极管，以快速消除触点断开时的电弧，线圈 KA 的续流电路，DZ 为齐纳二极管。

对于汇点式输出，同一组负载应提供相同类型的供电电压。不同组负载可以根据需要采用不同电压类型及供电电压，如图 9-19 所示。

另外，为防止负载短路损坏继电器触点，每组输出应考虑设置熔断器。

2）晶体管输出形式的外围电路设计

晶体管输出只能用于驱动直流负载，晶体管输出点的最大电流一般不大于 300mA（24V DC），采用场效应管和推挽电路的输出点，其最大电流可达 500mA（24V DC），同样，流经汇点式输出的公共端 COM 的最大电流与该组输出点的个数有关，不同型号产品的最大电流值差异较大，应用时查阅相应产品的说明书。晶体管输出通断时间较短，一般小于 1ms，适合于慢速、快速通断控制的场合。

晶体管输出有源型和漏型两种形式（以流入输出点的电流为参考方向），如图 9-20 所示。通常晶体管输出有内部保护电路，对于通断频率较低的感性负载，可以直接驱动，如图 9-20 中的线圈 KA1，也可以直接驱动阻性负载（如图 9-20 的 HL1）以及类似发光二极管的负载（如图 9-20 的 LED1），对于快速通断或者感抗较大的感性负载，在电路中设置续流二极管（如图 9-20 的 D0），其反向电压一般取负载额定电压的 3～5 倍，并且正向电流不小于负载额定电流。与继电器输出类似，对于快速通断的感性负载，在续流电路中可串接齐纳二极管。

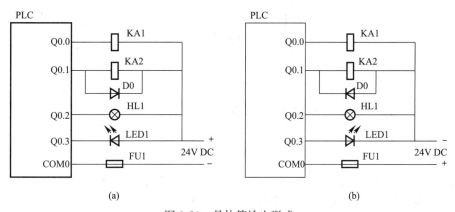

图 9-20　晶体管输出形式

（a）漏型（以电流流入输出点为参考）；（b）源型（以电流流出输出点为参考）

晶体管输出的驱动能力较弱，如果负载所需的驱动电流大于输出点额定电流时，则考虑增加中间驱动电路，采用间接方式驱动负载。图 9-21（a）和（b）分别为采用间接方式驱动直流负载和交流负载的原理，KA1 线圈得电，其常开触点闭合使被控负载线圈得电。

图 9-21　采用间接方式驱动直流负载和交流负载的原理

（a）直流负载中间驱动电路；（b）交流负载中间驱动电路

为了防止负载短路损坏 PLC 的输出点，应在汇点式输出点回路的公共端设置熔断器以实现短路保护，如图 9-20 所示的 COM0 端。

3）晶闸管输出形式的外围电路设计

晶闸管输出只能用于驱动交流负载，输出点的最大电流一般不大于 500mA，负载额定电压在 80～250V 之间，晶闸管导通响应时间小于 1ms，关断响应时间小于 10ms，其通断频率远高于继电器，但驱动能力比继电器输出形式小。

图 9-22 是晶闸管输出的外围电路。由于 PLC 晶闸管输出形式只能驱动交流负载，因此无需关注输出点的极性问题。PLC 内部设置了浪涌保护电路，对于通断频率较低的感性负载，输出点可以直接驱动，如图 9-22 中的线圈 KM1。对于通断频率较高的负载，应考虑感性负载通断对 PLC 输出电路的冲击，为感性负载并接阻容浪涌抑制器或压敏电阻，如图 9-22 中的线圈 KM2 和 KM3，其参数可以参考继电器输出的浪涌抑制器电路。另外，由于 PLC 内部晶闸管保护电路（RC 吸收电路或压敏电阻）的影响，即使在晶闸管关断时，输出点回路仍然存在一定的漏电流。如果负载为微小电流负载，像微型继电器，该电流会导致继电器无法关断，在电路设计时应值得注意，需要为负载并联阻容网络，如图 9-22 中的线圈 KM2。电阻 R、电容 C 的参数选择可以参考继电器输出的浪涌抑制器电路。

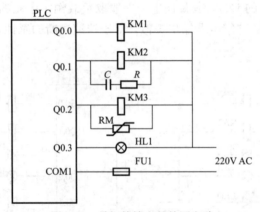

图 9-22　晶闸管输出的外围电路

同样，为了防止负载短路损坏驱动器件和 PLC，应在汇点式输出点回路的公共端设置熔断器以实现短路保护，如图 9-22 所示的 COM1 端。

4）输出点与智能设备的连接

PLC 通过输出点输出控制状态信息调节智能设备的运行模式，实现预先设置动作或工艺过程。这些控制状态信息表现为输出点的高低电平（晶体管输出）或者触点通断状态，如电梯系统中，PLC 与变频器结合实现启动加速—匀速运行—制动减速—平层停靠的过程，PLC 与开关门控制器结合实现门机开关门动作。PLC 的输出点和智能设备的连接与 PLC 输出形式和智能设备控制输入的形式都有关系。智能设备控制输入形式与 PLC 类似，常见控制输入端有开关触点和电压（电平）形式。

图 9-23 为一种多级转速的升降控制系统。采用 PLC 给出控制命令控制变频器 INV 实现电动机在升降过程中按照预设的转速运转。图中 PLC 的输出为继电器输出形式，变频器 INV 的控制输入为无源开关触点形式，输入端 FWD、REV 为电动机正转（上升）、反转（下降）控制端，CM 为输入控制的公共端，FWD 端（REV 端）与 CM 端接通时电

动机正转（反转），断开时电动机停止运行。X1～X3 为多级转速选择端，它们与 COM 接通时，电动机按照预设的转速运转。X4 和 X5 用于选择升、降速时间。当 PLC 输出点 Q0.0 线圈得电时，其常开触点闭合，接通 FWD 端与 CM 端，设备处于上升模式，Q0.1 线圈失电时，其常开触点断开，设备上升模式终止。PLC 的输出点 Q0.2、Q0.3、Q0.4 用于在升降过程中为电动机选择预先设置的转速。PLC 的输出点 Q0.5、Q0.6 用于选择在升降过程中的时间。

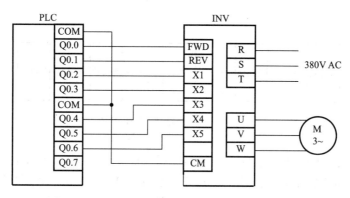

图 9-23　一种多级转速的升降控制系统

图 9-24 为一个速度闭环控制的伺服控制系统，B2 为伺服控制器，其输入控制端 DI1～DI6 为电平形式，漏型输入方式。图中 DT 为编码器 A、B 两相信号的差分信号转换为电压信号的模块。PLC 与伺服控制器结合实现电动机转速的闭环控制。图 9-24 中，PLC 为输出为晶体管形式，输出点 NPN 源型输出。当 PLC 内部的 Q0.0 线圈得电，Q0.0 输出高电平，伺服控制器的 SON 端内部回路导通，伺服环启动，电动机线圈激磁，伺服电动机正转。Q0.1、Q0.2 用于选择预设的速度。Q0.3 用于输出反转命令，Q0.4 为电动机停止命令，Q0.5 和 Q0.6 用于调试时的点进和点退控制。需要注意的是，PLC 晶体管输出点与智能设备的输入连接时，必须关注双方的电路结构形式。

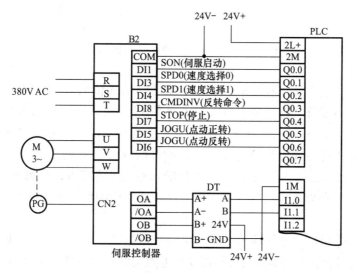

图 9-24　一个速度闭环控制的伺服控制系统

3. 模拟量输入/输出通道外围电路设计

PLC 模拟量输入模块可以接收直流电压和直流电流信号，大多数 PLC 的输入模块设置选择开关，允许用户选择输入通道是电流或者电压输入。如图 9-25 所示，PLC 输入通道接收变送器输出的电压或电流信号，变送器的作用是把传感器检测的现场信号转换为 PLC 所需的标准电压或电流信号，如$-10\sim+10$V、$-5\sim+5$V、$-2.5\sim+2.5$V、$0\sim20$mA、$4\sim20$mA。有些 PLC 有可以接热电偶或者热电阻模拟量输入通道，把温度变送器电路集成到输入通道。

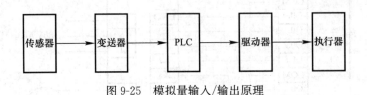

图 9-25　模拟量输入/输出原理

模拟量输入通道接入电压信号时电路连接相对简单，如图 9-26 所示，图中 TM 为变送器，S+、S－为变送器输出的检测信号正、负端，AI+、AI－为模拟量输入的正、负端，检测信号的传输线最好采用屏蔽双绞线。检测信号采用电压形式传输时，变送器与 PLC 之间的距离不宜太长，较长的传输距离会导致信号衰减，且易受电磁噪声的干扰，影响检测信号的有效性。

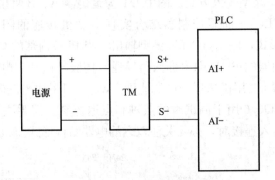

图 9-26　模拟量输入通道接入电压信号

检测信号采用电流形式时，信号是以电流环的形式传输的，相对于电压信号形式，这种方式对噪声不敏感，传输距离较长。大多数 PLC 输入模块的输入量程为 $0\sim20$mA（或 $4\sim20$mA）。在工程应用时，常见的电流变送器有 2 线、3 线、4 线制，这些变送器一般不为模拟输入通道提供环路电源，因此设计时应提供与变送器相匹配的外部电源。图 9-27 为 2 线、3 线、4 线制变送器与 PLC 输入通道的连接方法。另外，检测信号采用差分输入方式比单端输入方式的抗干扰能力强。通常检测信号传输线采用双绞线或屏蔽双绞线。

PLC 模拟量输出模块连接输出设备的驱动接口电路（图 9-25），常见设备包括仪表、控制阀、图表记录仪、驱动器、变频器以及其他类型的控制设备。输出模块采用标准模拟输出量程，如$-5\sim+5$V、$-10\sim+10$V、$0\sim5$V、$0\sim10$V、$4\sim20$mA、$0\sim20$mA 等。与模

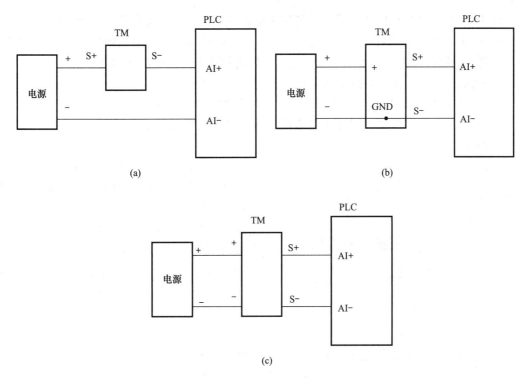

(a)　　　　　　　　　　　　　　　　　　(b)

(c)

图 9-27　2 线、3 线、4 线制变送器与 PLC 输入通道的连接方法

(a) 2 线制；(b) 3 线制；(c) 4 线制

拟量输入模块类似，模拟量输出通道也可通过选择开关设置电压或电流输出形式（有些 PLC 提供独立的电压和电流信号输出端），模拟量输出模块与输出设备连接较为简单，如图 9-28 所示，模拟量输出模块一般可为外部设备（负载和执行器）提供电源，图中 DM 为负载和执行器的驱动电路模块。模拟量输出模块选择时必须与输出设备的信号形式、规格相匹配，模拟量输出模块与输出设备之间使用屏蔽双绞线连接，由于电缆两端的电位差会导致屏蔽层产生等电位电流干扰传输的模拟信号，因此应对电缆屏蔽层采取单端接地措施。

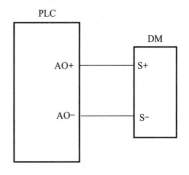

图 9-28　模拟量输出模块与外部设备连接

9.2.4　PLC 控制系统供电与接地设计

1. PLC 控制系统供电设计

PLC 控制系统供电设计的目的是为 CPU 模块、各种模块及其外围电路以及其他检测和控制设备提供所需的工作电源。

设计 PLC 供电系统时，应考虑下列因素：

1）PLC 电源模块的输入电压具有较大的适用范围，其输入电压允许在一定的范围内波动；

2）不同 PLC 产品的开关量输入模块供电方式有差异，有的 PLC 输入模块采用内部供电方式，无需设计额外的供电电源，有的则采用外部供电方式，需要用户提供供电电源；

3）PLC 开关量输出模块通常采用外部供电方式，需要用户提供供电电源；

4）整体式 PLC 通常提供一组直流电源，但输出功率较小，如 300mA/24V，可作为少数传感器的供电电源，不能用于开关量输入模块和开关量输出模块的外部电源；

5）电源系统具有良好的抗干扰性；

6）在 PLC 控制器不允许断电的场合，应考虑供电的冗余性；

7）PLC 控制器与外部设备采用独立的电源供电，当外部设备电源失效时，应不影响 PLC 控制器的供电。

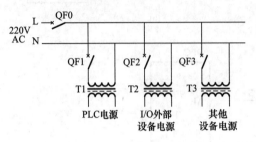

图 9-29　一种交流供电方案

图 9-29 为一种交流供电方案，用 3 个隔离变压器分别为 PLC 控制器、I/O 外部设备以及控制系统中的其他设备提供工作电源，各个隔离变压器独立供电，当输入/输出设备供电失效时不会影响 PLC 控制器。在设计时应与主回路电源分开。这种方案适合于下列 4 种形式的 PLC 系统：

1）交流供电、交流输入、继电器输出；

2）交流供电、交流输入、晶闸管输出；

3）交流供电、输入点采用 PLC 内部电源供电、继电器输出；

4）交流供电、输入点采用 PLC 内部电源供电、晶闸管输出。

图 9-30 为一种直流供电方案，采用 3 个电源模块分别为 PLC 控制器、I/O 外部设备以及控制系统中的其他设备提供工作电源，各电源模块独立供电，互不影响。同样在设计时应把这些电源模块的供电与主回路电源分开。这种方案适合于直流供电、直流输入、晶体管输出的 PLC 系统。但是由于晶体管输出只能驱动直流负载且驱动能力有限，在工程应用中，对于功率较大的负载需要用直流中间继电器。因此在计算电源容量时需要考虑驱动中间继电器所需的功率。

需要注意的是，一些 PLC 自身提供传感器电源，如 S7-200 Smart 提供 24V 电源，在供电系统设计时，不能将外部电源与此电源并联使用。并联使用时由于每个电源都试图建立其输出电压电平，这样会导致 2 个电源之间的冲突，致使电源寿命缩短或引发故障，导致 PLC 系统意外运行。

图 9-31 为一种交直流供电系统方案，这种方案适合于交流供电、直流输入、晶体管输出的 PLC 系统。

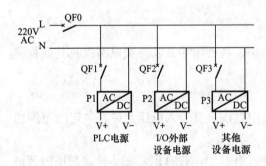

图 9-30　一种直流供电系统方案

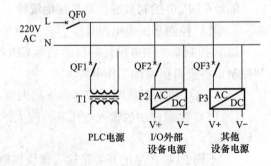

图 9-31　一种交直流供电系统方案

UPS 是不间断电源的简称（UPS，Uninterruptible Power Supply）。当 UPS 供电输入正常时，它将输入的交流电稳压后供给负载，此时可作为交流稳压器，同时向蓄电池充电；当供电输入中断时，如发生事故停电，UPS 立即把蓄电池的直流电通过逆变电路转换为交流电向负载继续供电，使负载维持正常工作。在 PLC 控制系统中，UPS 电源主要是用于突发停电事故时的安全保护，应对短时间计划停电时的系统关键部位和数据维持，以及系统中一些重要岗位必要的短时操作，避免安全事故发生。UPS 一般维持供电 30min，其容量取决于控制系统的 PLC 控制器、输入输出设备以及其他设备的用电功率。图 9-32 为一种采用 UPS 的控制系统供电方案。

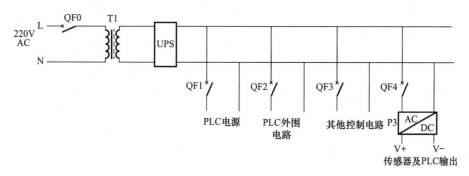

图 9-32　一种采用 UPS 的供电系统供电方案

电源滤波器是一种低通滤波器，用来减少或消除谐波对电力系统影响，是抑制电磁干扰的一种措施。在 PLC 控制系统的供电系统中使用电源滤波器的目的是：一方面滤除和衰减交流供电电源中的高次谐波，为系统提供高质量的交流电；另一方面，阻断控制系统自身产生的噪声回流到供电电网，因为 PLC 控制系统包含半导体器件和装置，其内部电路的通断会产生大量的杂波，这些杂波会通过供电回路耦合到电力系统中，污染电网供电质量。PLC 控制系统一般使用无源滤波器，通常与外部供电电源的引入端相连，图 9-33 是电源滤波器的使用方法。

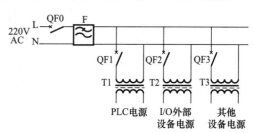

图 9-33　电源滤波器的使用方法

需要指出的是，直流电源模块、交流稳压电源、UPS 电源通常包含电源滤波器，因此在设计时应根据实际情况选择电源滤波方案。

2. PLC 供电系统的冗余设计

大规模 PLC 控制系统对供电可靠性要求较高，应考虑采用冗余供电技术以提高供电系统的可靠性。

1）交流冗余供电系统方案

图 9-34 为采用双路冗余供电技术的交流供电系统方案，两路供电电源分别引自不同的变电站，当一路供电线路出现故障时，自动地切换到另一条供电线路。图 9-34 中，KA 和 KB 为欠压继电器控制回路。其工作原理为：供电系统工作时，假设 A 路先供电，合上开关 A，A 路正常供电，则欠压继电器 KA 的常开触点断开；由于此时 B 路没有供电，欠

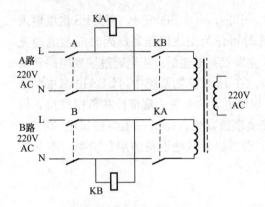

图 9-34　采用双路冗余供电技术
的交流供电系统方案

压继电器 KB 动作，其常开触点闭合，完成 A 路供电控制。然后再合上开关 B，这样 B 路处于备用状态。当 A 路电压降到规定值时，欠压继电器 KA 动作，其常开触点闭合，使 B 路开始供电，同时 KB 常开触点断开。由 B 路切换到 A 路供电的原理与此相同。

在一般情况下，现场提供完全独立的两路交流供电并不容易，图 9-35 为采用 UPS 电源的双路冗余供电系统方案。图 9-35（a）为在供电正常情况下，交流电源为 PLC 控制系统供电，同时 UPS 电源处于充电状态，当交流电源供电出现异常时，由切换装置把 UPS 电源接入。图 9-35（b）为在供电正常情况下，由一路 UPS 电源为 PLC 控制系统供电，另一路处于热备份状态，如果一路 UPS 供电出现异常，另一路自动接入为系统供电。与图 9-35（a）方案相比，图 9-35（b）方案能够更好地保证 PLC 控制系统稳定可靠地工作，可保证在交流供电电源异常和其中一个 UPS 电源发生故障时能够最大限度地持续供电。

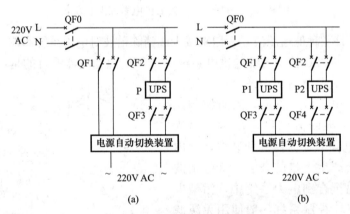

图 9-35　采用 UPS 电源的双路冗余供电系统方案
（a）单路 UPS 冗余供电；（b）双路 UPS 冗余供电

2）直流冗余供电系统方案

图 9-36 是直流电源冗余供电的方案。图 9-36（a）所示的方案采用两个直流电源经过二极管并接的方法，当其中一个直流电源出现故障时，PLC 控制系统仍能继续工作。需要强调的是，需要选用两个导通电压一致的二极管，否则会导致两个电源负荷不均匀的情况。

在规模较大的 PLC 控制系统中，有时采用两路交流供电提供直流电源的冗余供电方案，如图 9-36（b）所示，两路交流供电分别产生两路直流电源，直流电源再经过二极管并接实现冗余供电，以提高直流供电系统的可靠性。但在工程条件下，提供完全独立的两路交流供电并不容易，而且完全均等的两路直流电源设备成本高，因此一般中小系统不采用该方案。

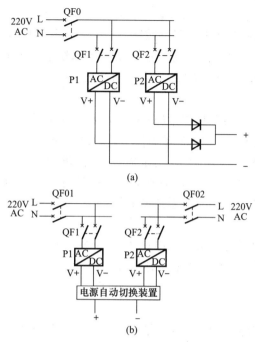

图 9-36　直流电源冗余供电的方案

（a）两个直流电源冗余供电方案；（b）两路交流供电的直流电源冗余供电方案

3．PLC 供电系统的接地

接地系统是保证控制系统正常运行的重要环节。接地的目的是保护设备和人身安全，保证系统可靠地工作。接地不当会导致各个接地点的电位分布不均，不同接地点间存在地电位差会引起地环路电流，影响系统正常工作。另外，屏蔽层、接地线和大地有可能构成闭合环路，在变化磁场的作用下，屏蔽层也会出现感应电流，通过屏蔽层与信号线之间的耦合，对信号回路产生干扰。对于 PLC 来说，接地混乱导致的地环流在地线上产生不等电位分布影响 PLC 内部逻辑电路和模拟电路工作，导致采集信号失真、数据存取混乱、程序跑飞或死机，甚至会导致 PLC 控制系统误动作。

1）PLC 控制系统接地要求

PLC 控制系统接地要求如下：

（1）保证系统接地良好，接地电阻应小于 4Ω；

（2）接地线必须有足够大的线径，独立安装的 PLC 基本单元，应使用截面积为 $2.5mm^2$ 以上的导线与系统保护接地线（PE）连接；

（3）模块化 PLC 的模块与机架间可通过模块本身的接地连接端，使得各模块与机架间保持良好的接地，机架与系统保护地之间应使用截面积为 $2.5mm^2$ 以上的导线与系统保护接地线（PE）连接；

（4）系统中的其他控制装置的接地必须同样符合要求，并独立接地；

（5）系统中的各类屏蔽电缆的屏蔽层、金属软管、走线槽（管）、分线盒等均必须保证接地良好。

2）PLC 控制系统中不同接地的处理

PLC 控制系统中主要有以下几种与接地有关的"地"，需要根据不同的情况进行处理：

（1）数字信号地

数字信号地是指系统中各种开关量（数字量）的0V端，如接近开关的0V线、PLC输入的公共0V、晶体管输出的公共0V等。在PLC控制系统中，数字信号地原则上只需要按照PLC规定的输入/输出连接方式连接，无须另外考虑专门的地线，不需要与PE线连接。

（2）模拟信号地

模拟信号地是指系统中各类模拟量的0V端，如以电压形式给定变频器的频率、传感器输出信号等。采用差动输出/输入的模拟信号，各信号间的0V各自独立，因此，模拟信号地一般不允许相互间连接，也不允许与系统的PE线进行连接。

用于模拟量输入/输出的连接线，原则上应使用带有屏蔽功能的"双绞"电缆，屏蔽电缆的屏蔽层必须根据不同的要求与系统的PE线连接。

（3）保护地

保护地是指系统中各控制装置、用电设备的外壳接地，如电动机、驱动器的保护接地等。这些保护地必须直接与电气柜内的接地母线（PE母线）连接，不允许与控制装置、用电设备的PE线互连。PLC系统工作频率低于1MHz，一般采用"单点接地"的接地方式。

（4）直流电源地

系统直流电源地是指除PLC内部电源以外的外部直流电源的0V端（PLC内部直流电源的0V端，一般与PLC的数字信号地共用）。可以分以下几种情况进行处理：

A. 当PLC输入/输出直流电源分离时，用于PLC输入的外部直流电源的0V与PLC内部电源的0V公共端连接。用于PLC输出的外部直流电源，其电源的0V端可根据实际情况的需要确定是否连接到PLC内部电源的0V公共端。

B. 当PLC输入/输出直流电源共用时，直流电源的0V必须与PLC内部电源的0V公共端连接。用于PLC输入/输出的直流电源0V与系统接地（PE）端之间，根据系统的实际需要确定是否连接。

C. 单独用于PLC系统执行元件的直流电源的0V，原则上不与PLC内部电源的0V连接，但一般需要与系统的接地（PE）端连接。

（5）交流电源地

交流电源地是指系统中使用的交流电源的0V端（或N线），如220V交流控制回路的0V端、交流照明电路的0V端、交流指示灯的0V端等。

在交流控制回路使用隔离变压器时，原则上不应将交流电源的0V端与系统接地（PE）端相连，以实现电击防护和隔离的目的。从抗干扰的角度考虑，控制系统的PE线原则上不应与电网的N线相连。

9.3 PLC控制系统的软件设计

PLC控制系统设计的特点是硬件和软件可同时进行。在进行硬件设计同时，可进行软件设计与调试。PLC程序设计的方法主要分为经验设计法、继电器—接触器控制线路转换设计法、逻辑设计法、顺序功能图设计法等。

1. 经验设计法

在满足生产设备、生产过程和生产工艺对控制系统要求的基础上，应用各种基本电路和典型控制环节设计经验直接设计 PLC 控制系统，来满足生产机械和工艺过程的控制要求。

经验设计法类似于通常设计继电器电路图的方法，即以一些典型电路和梯形图为基础，根据被控对象对控制系统的具体要求，不断地修改和完善梯形图。

使用经验设计法时首先应注意收集相同或类似设备的控制方案和软件实现方法，并了解该方案是如何满足生产工艺和性能要求的。经验设计法不能一次获得最佳控制方案，需要反复修改，逐步完善，设计者的经验会影响到设计方案的质量、性能甚至设计进度，其可靠性一般不易控制。

经验设计法仅适用于控制方案简单、I/O 端子数的规模不大的系统。

2. 继电器—接触器控制电路转换设计法

由于继电器电路图与梯形图在表示方法和分析方法上有很多相似之处，因此根据继电器电路图来设计梯形图是一条捷径。对于一些成熟的继电器—接触器控制线路可以按照一定的规则转换成为 PLC 控制的梯形图。这样既保证了原有控制功能的实现，又能方便得到 PLC 梯形图。

把继电器—接触器控制电路转换为梯形图的步骤如下：

1）熟悉被控设备及机械动作的过程，掌握控制系统的工作原理；

2）根据电路图中各种按钮、开关、过载保护触点以及负载类型，在梯形图中确定输入和输出点，并绘制 PLC 外部接线图；

3）根据控制电路的中间继电器和时间继电器等，确定梯形图中对应的辅助继电器、定时器、计数器等；

4）基于继电器—接触器控制电路，根据步骤 2）、3）确定的元器件对应关系，绘制梯形图；

5）调整优化梯形图，使其符合梯形图程序的基本规则。

3. 逻辑设计法

逻辑设计法的理论基础是逻辑代数。在 PLC 控制的系统中，各输入/输出状态是以 0 和 1 形式表示断开和接通，其控制逻辑符合逻辑运算的基本规律，可用逻辑运算的形式表示。逻辑设计法是以组合逻辑的方法和形式设计控制系统。

逻辑设计法设计梯形图的步骤如下：

1）明确控制系统的任务和要求

通过分析工艺过程，明确控制系统的任务和控制要求，绘制工作循环和检测元件分布图，得到各种执行元件功能表。

2）绘制 PLC 控制系统状态转换表

通常 PLC 控制系统状态转换表由输出信号状态表、输入信号状态表、状态转换主令表和中间元件状态表 4 个部分组成。状态转换表用来展示 PLC 控制系统各部分、各时刻的状态和状态之间的联系及转换，建立 PLC 控制系统的整体联系和动态变化规律。

3）建立逻辑函数关系

在状态转换表的基础上建立控制系统的逻辑函数关系，内容包括列写中间元件的逻辑函数式、列出执行元件（输出端子）的逻辑函数式两个部分内容。这两个函数式组，既是生产机械或生产过程内部逻辑关系和变化规律的表达形式，又是构成控制系统实现控制目标的具体程序。

4）编制 PLC 程序

编制 PLC 程序就是将逻辑设计的结果转化为 PLC 的程序。

5）针对控制系统的要求，完善和补充梯形图程序。

4. 顺序功能图设计法

顺序功能图设计法就是根据生产工艺和工序所对应的顺序和时序将控制输出划分为若干个时段，一个时段又称为一步。每一个时段对应设备运作的一组动作（步、路径和转换），该动作完成后根据相应的条件转换到下一个时段完成后续动作，并按系统的功能流程依次完成状态转换。顺序功能图设计法能清晰地反映系统的控制时序和逻辑关系。

顺序功能图设计法设计梯形图的步骤如下：

1）分析控制要求，将控制过程分成若干个工作步，明确各步的功能；

2）厘清分支的结构（如单序列、选择序列、并行序列），确定各步的转换条件，将控制要求用功能图表示出来；

3）根据以上分析和被控对象工作的内容、步骤、顺序和控制要求画出功能图，这是顺序控制设计法中最为关键的步骤；

4）针对控制系统的某些特殊要求，完善控制程序。

9.4 PLC控制系统的应用案例分析

9.4.1 工作原理

自动扶梯结构示意如图 9-37 所示。通常在自动扶梯上、下两端各设置 1 个方向选择钥匙开关和一个停止按钮。当自动扶梯的各个安全开关处于正常状态并且供电正常的情况下，操作人员转动钥匙开关选择运行方向后，则制动器松闸，驱动主机—电动机的绕组以丫形连接形式启动运转，若干秒后，转换为△形连接方式运行。当需要停梯时，按动自动扶梯上、下两端任意一处的停止按钮，自动扶梯即可停止运行。自动扶梯停止运行后，如果要再次启动运行，只能在上次停梯的 15s 之后方可启动，其目的是让自动扶梯上的乘客离开扶梯，扶梯可以空载方式启动运行。

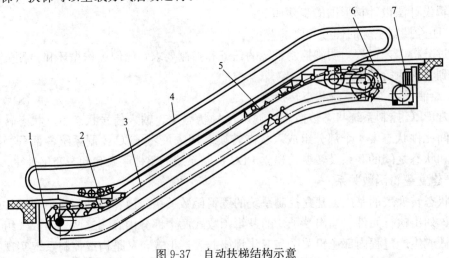

图 9-37　自动扶梯结构示意

1-张紧装置；2-梯级；3-梯级导轨；4-扶手；5-牵引链；6-梳齿板；7-驱动装置

为了使乘客能够安全登梯，在扶梯上、下两端的水平段下面设置有绿色荧光灯（梯级照明），自动扶梯启动运行时该灯打开。另外，在扶梯启动运行时，通过铃声提醒警示。

自动扶梯具有检修操作模式。在扶梯的上、下两端分别设置有检修插座。检修时，把检修盒插头插入检修插座内，自动扶梯处于检修运行模式，此时按下检修盒上的上行或下行按钮，扶梯上行，释放按钮，扶梯停止运行。检修模式时，自动扶梯上、下两端的检修插座同时连接检修盒，通过检修盒将不能控制自动扶梯的运行。

自动扶梯设置了如下安全装置：出入口安全装置、梳齿板安全开关、曳引链断裂开关、扶手带断裂开关、围裙板安全开关、梯级下陷保护装置、防逆转安全开关、紧急制动装置等。当上述安全装置其中任意一个安全装置动作，则自动扶梯立即停止运行，同时故障显示器上显示相应的故障代号。当故障排除后，故障显示器无显示，自动扶梯可投入运行。

另外，自动扶梯采用检测开关检测扶梯的运行速度，当自动扶梯出现速度异常时，自动扶梯立即停止运行。

9.4.2　电气系统分析

图 9-38 为某型号自动扶梯的电气拖动系统原理。表 9-1 为自动扶梯的电气符号。

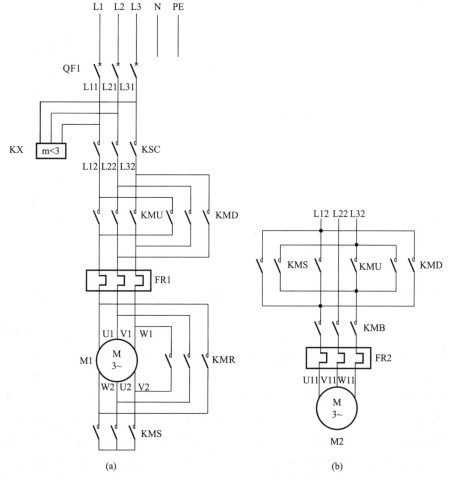

图 9-38　某型号自动扶梯的电气拖动系统原理

（a）主机；（b）制动器

自动扶梯的电气符号 　　　　　　　　　　　　　　　表 9-1

序号	代号	名称	序号	代号	名称
1	QF1	总电源开关	26	SQ9，SQ10	下扶手带左、右安全开关
2	KSC	安全接触器	27	SQ11	下梯级塌陷保护开关
3	KMD	下行接触器	28	SQ12，SQ13	上梳齿板左、右开关
4	KMU	上行接触器	29	SQ14，SQ15	上出入口左、右安全开关
5	KX	相序继电器	30	SQ18，SQ19	上围裙板左、右安全开关
6	FR1，FR2	热继电器	31	SQ20	驱动链断裂开关
7	KMR	△形（运行）继电器	32	SQ22	上梯级塌陷保护开关
8	KMS	Y形（启动）继电器	33	SQ24	制动器状态开关
9	KMB	制动器接触器	34	RST	计数复位开关
10	KYJ	安全继电器	35	PLC	可编程控制器 CP2E
11	KJY	加油继电器	36	RC1~RC7	浪涌抑制器
12	KAJ	检修继电器	37	VC	直流开关电源
13	KAJ1	检修辅助继电器	38	HA	电铃
14	ELU1，ELU2	上、下梯级照明	39	JYZ	加油器
15	LUP，LDN	上、下方向指示	40	GZD	故障代号显示器
16	SB1，SB2	上、下停止按钮	41	XS1，XS2	上、下检修插座
17	SB3，SB4	上、下急停按钮	42	XP	检修盒
18	SA1，SA2	上、下端钥匙开关	43	SJU	检修上行按钮
19	QF2	照明回路开关	44	SJD	检修下行按钮
20	FU1，FU2 FU3，FU4	熔断器	45	SJJ	检修急停按钮
21	TC1，TC	控制变压器	46	PLS	测速传感器
22	SQ1，SQ2	左、右曳引链断裂开关	47	CZ1，CZ2, CZ3，CZ4	检修电源插座
23	SQ3，SQ4	下梳齿板左、右开关	48	M1	主机
24	SQ5，SQ6	下出入口左、右安全开关	49	M2	制动器
25	SQ7，SQ8	下围裙板左、右安全开关	50	EL	检修照明

　　图 9-38（a）中，QF1 为电气系统电源开关。当 QF1 闭合时，接通自动扶梯的电源，以上行为例，如果供电电源的相序正确，自动扶梯的安全保护装置状态全部正常，则控制系统工作电源接通，选择上行方向后，在图 9-38（a）中，安全接触器 KSC 常开触点、上行接触器 KMU 和 Y 形连接接触器 KMS 常开触点闭合，主机绕组以"Y"连接方式降压启动；与此同时，图 9-38（b）中的制动器接触器 KMB 常开触点闭合，电源经由 KMS 或 KMU，通过 KMB 供给制动器，制动器松闸。3s 之后，KMS 常开触点断开，在图 9-38（a）中，△形连接接触器 KMR 常开触点闭合，主机绕组以"△"连接方式运行，自动扶梯投入正常的运行状态。此时制动器电源通过 KMU→KMB 供给制动器，使其保持松闸状态。

　　在自动扶梯运行过程中，按下自动扶梯上、下端的停止按钮 SB1、SB2，安全继电器 KYJ 常开触点断开，将切断 PLC 输出回路的供电，接触器 KSC、KMR、KMU、KMD 以及 KMB 线圈失电，主机供电电源切断，同时制动器抱闸制动，扶梯停止运行，为自动扶梯的电源电路，由控制变压器提供自动扶梯电气控制系统所需的 110V 交流电源。

　　图 9-39 为电源配置电路。控制变压器 TC1 的电源取自于电源开关 QF1 之后，其副边输出 2 路交流电源，如图 9-39（a）所示，其中一路提供 PLC 工作电源、PLC 输出回路中接触器线圈和电铃、直流开关电源以及加油控制回路所需的交流 220V 电源，另一路是为自动扶梯的安全回路提供的 110V 交流电源。另外图 9-39（b）的直流电源为 PLC 输入回路和输出回路的故障显示器提供 24V 直流电源。

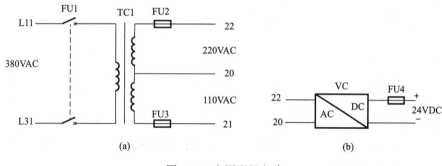

图 9-39　电源配置电路
（a）交流电源；（b）直流电源

　　图 9-40 为检修电源电路。检修电路的电源直接取自于自动扶梯的供电电源，即使自动扶梯系统断电，检修电路依然可以供电。电源插座 CZ1～CZ4 为维修保养装置或仪器提供电源，EL 为检修照明灯具。

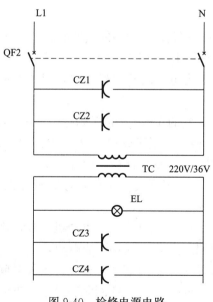

图 9-40　检修电源电路

图 9-41 是安全回路。安全回路串接的电气开关分为以下几类：

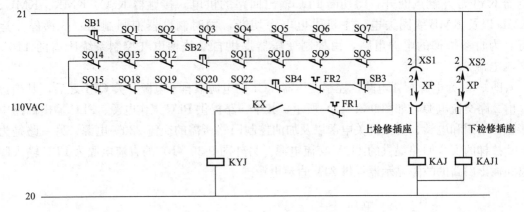

图 9-41　安全回路

1）安全装置的开关

左、右曳引链断裂开关 SQ1、SQ2，下梳齿板左、右开关 SQ3、SQ4，下出入口左、右安全开关 SQ5、SQ6，下围裙板左、右安全开关 SQ7、SQ8，下扶手带左、右安全开关 SQ9、SQ10，下梯级塌陷保护开关 SQ11，上梳齿板左、右开关 SQ12、SQ13，上出入口左、右安全开关 SQ14、SQ15，上围裙板左、右安全开关 SQ18、SQ19，驱动链断裂开关 SQ20、上梯级塌陷保护开关 SQ22。

2）与供电电源相关的触点开关

检测自动扶梯供电电源相序的继电器 KX 的常开触点。

3）操作开关

自动扶梯上、下两端的停止开关 SB1、SB2，自动扶梯上、下两端的急停开关 SB3、SB4。

4）过载检测

主机回路的热继电器 FR1 和制动器回路的热继电器 FR2 的辅助触点。

因此在下述情况下，安全继电器 KYJ 线圈失电，其常开触点将切断 PLC 输出回路的交流电源，使所有接触器线圈失电，断开主机电源，制动器抱闸制动，扶梯会立即停止运行。

1）当某个安全装置动作，它的安全开关的常闭触点断开，安全继电器 KYJ 线圈失电；

2）自动扶梯供电电源的相序不正确或缺相时，相序继电器 KX 常开触点不闭合，使安全继电器 KYJ 线圈无法得电，扶梯不能启动运行；

3）扶梯运行过程中，按下急停开关，安全继电器 KYJ 线圈失电。扶梯停止服务时，按动停止开关，安全继电器 KYJ 线圈失电；

4）扶梯运行过程中，自动扶梯超载，导致电动机过载，热继电器 FR1 的辅助触点断开，使安全继电器 KYJ 线圈无法得电，扶梯不能启动运行。

制动过程中，自动扶梯超载，制动电动机过载，较长时间不能有效制停，热继电器 FR2 的辅助触点断开，使安全继电器 KYJ 线圈无法得电，扶梯也不能启动运行。

另外，图 9-41 中继电器 KAJ 和 KAJ1 分别为检修继电器和辅助检修继电器。XS1

和 XS2 分别为扶梯上、下两端的检修插座。当检修盒 XP 插头接入任意一个检修插座时，继电器 KAJ 或 KAJ1 线圈得电，扶梯处于检修模式。检修模式时，安全回路依然起作用。

图 9-42 的辅助控制电路包括 3 个部分：加油控制、梯级照明和运行方向指示。

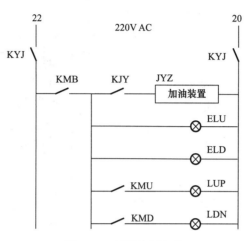

图 9-42　辅助控制电路

安全回路正常时，继电器 KYJ 的常开触点接通图 9-42 电路的电源。电梯运行过程中，如果加油继电器 KJY 常开触点闭合，启动加油装置为自动扶梯相关部件进行加油润滑。另外，自动扶梯启动运行后，上、下端梯级照明 ELU 和 ELD 同时打开，如果选择扶梯上行，则上行接触器 KMU 常开触点闭合接通上行方向指示 LUP；如果选择扶梯下行，由下行接触器 KMD 常开触点闭合接通下行方向指示 LDN。

图 9-43 为 PLC 控制系统原理。图 9-43 中，PLC 为 OMRON 的 CPM1A-30CDR，它具有 18 个输入（地址：00000～00011，00100～00105）、12 个输出（地址：01000～01007，01100～01103）。PLC 采用交流供电方式，当安全回路断开时，安全继电器 KYJ 的常开触点切断主机和制动器回路相关的接触器线圈的电源，使自动扶梯停止运行，PLC 工作电源、PLC 输入回路的供电电源以及故障显示回路的电源并没有切断，可以显示故障代码。

图 9-43 中，安全继电器 KYJ 的常开触点接入输入点 0000，当安全回路正常时，KYJ 常开触点闭合，输入点 0000 常开触点闭合。

输入点 0001 连接测速传感器，用于检测扶梯的运行速度，测速传感器为接近开关，安装在扶梯的双排链轮上，扶梯运动时，测速传感器输出测速脉冲序列信号。

运行方向钥匙开关（SA1、SA2）或者检修盒的上、下操作按钮接在输入点 0002 和 0003 上，用于给定扶梯的运行方向。

正常运行模式时，把钥匙开关转至上行位置并释放，输入点 0002 常开触点闭合，即设置扶梯为上行方向。同样，把钥匙开关转至下行位置并释放，0003 常开触点闭合，扶梯被设置为下行方向。

检修模式时，无论检修盒连接到检修插座 XS1 或 XS2，钥匙开关 SA1、SA2 失效。

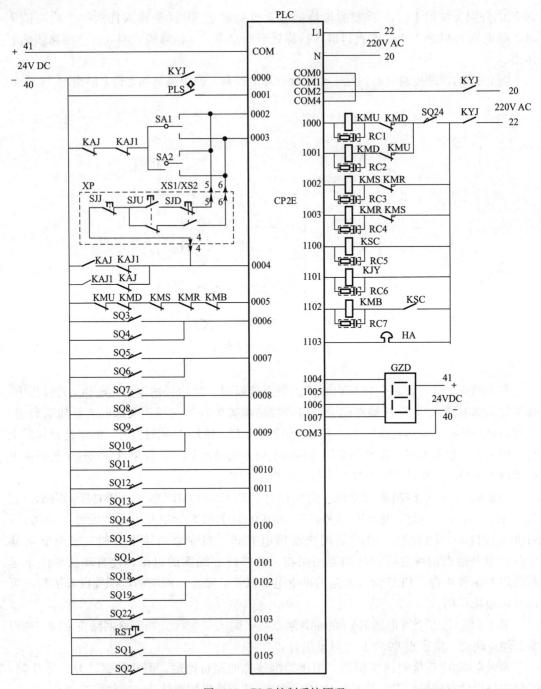

图 9-43　PLC 控制系统原理

例如，检修盒与 XS1 相连，图 9-41 中的 KAJ 线圈得电，其常闭触点断开，使钥匙开关
SA1 和 SA2 与 24V 直流电源的负极断开（图 9-43），它们无法与输入点 0002、0003 形成
回路，因此，检修模式下，钥匙开关 SA1 和 SA2 不起作用；此时，按动检修盒上的上行
按钮 SJU，扶梯向上运行，按动下行按钮 SJD，扶梯向下运行，释放按钮，扶梯即刻停止
运行。

检修模式时，扶梯上、下两端的检修插座中只能使用其中一个，在图 9-43 中，输入点 0004 连接由继电器 KAJ 和 KAJ1 触点组成的电气互锁电路，当上下两端的检修插座 XS1 和 XS2 同时连接检修盒时，KAJ 和 KAJ1 线圈同时得电，由于二者的电气逻辑互锁，输入点 0004 的通电回路无法导通，其常开触点不能闭合，无法进入检修模式。

图 9-43 中，输入点 0005 用于检测电气拖动回路中各个接触器主触点的状态，当出现接触器主触点粘接时，它的常闭触点无法闭合，则 PLC 输入回路不能导通，输入点 0005 常开触点无法闭合，扶梯不能启动。

另外，安全装置开关的常开触点接入输入点 0006～0011 以及 0100～0105，为故障显示提供检测信息，当安全装置动作时，相对应的安全开关的常开触点闭合，接通相应的 PLC 输入回路，该输入点常开触点闭合。故障状态对应的输入点如下：

0006：下端梳齿板故障（SQ3、SQ4）；

0007：下端出入口故障（SQ5、SQ6）；

0008：下端围裙板故障（SQ7、SQ8）；

0009：下端扶手带故障（SQ9、SQ10）；

0010：下端梯级塌陷保护开关故障（SQ11）；

0011：上端梳齿板故障（SQ12、SQ13）；

0100：上端出入口故障（SQ14、SQ15）；

0101：扶梯逆转故障；

0102：上端围裙板故障（SQ18、SQ19）；

0103：上端梯级塌陷故障（SQ22）；

0104：计数复位；

0105：曳引链断裂故障（SQ1、SQ2）。

PLC 输出点 1000 和 1001 分别连接上、下行接触器（KMU、KMD）的线圈，当安全回路正常时，安全继电器 KYJ 的常开触点把 220V 交流电源接入 PLC 输出回路，在主机以绕组丫形连接启动时，首先由 KMS 和 KMB 主触点吸合使制动器松闸，当制动器松闸到位，检测开关 SQ24 常开触点闭合，上、下行接触器（KMU、KMD）的线圈才得电，主机此时才能启动。

PLC 输出点 1002 和 1003 分别连接丫形连接接触器 KMS、△形连接接触器 KMR 的线圈，控制主机绕组丫形和△形连接方式的转换。PLC 输出点 1100 连接安全接触器线圈，实现主机电源的接通和断开，使主回路和制动回路具有 2 个独立接触器切断供电电源的功能。输出点 1101 连接加油继电器 KJY 线圈，控制加油装置实现扶梯有关部件的自动润滑。输出点 1103 驱动电铃，在扶梯启动时，接通电铃回路，使其发出警示铃声。

以上输出回路采用交流电源供电，当安全回路异常时，KYJ 常开触点断开，将切断供电电路。另外，与接触器线圈并接的电阻电容电路 RC1～RC7 为浪涌抑制器。

输出点 1004～1007 用来驱动一位 8 段码显示器，用来显示故障代码。

9.4.3　控制程序分析

图 9-44 为控制程序。下面按照自动扶梯的功能介绍程序的设计思路。

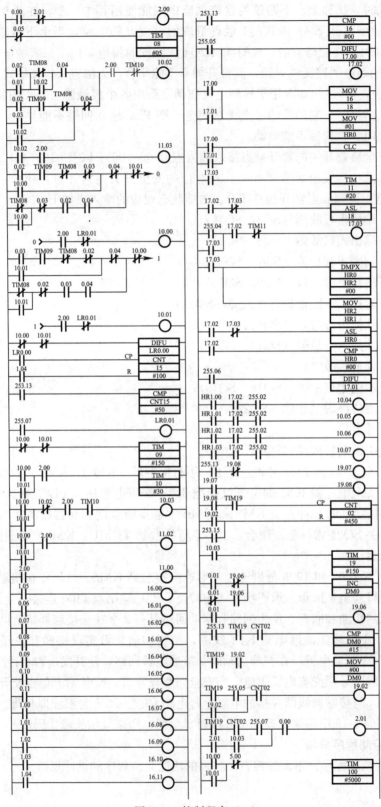

图 9-44　控制程序（一）

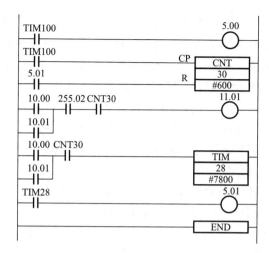

图 9-44　控制程序（二）

1. 速度监测

图 9-45 为速度异常监测程序。当输出点 10.03 常开触点闭合时，意味着主机以绕组 △形连接的方式运行，自动扶梯已正常启动运行，15s 之后，TIM19 常开触点闭合（TIM 为定时器，定时单位为 0.1s），方可监测自动扶梯的速度。

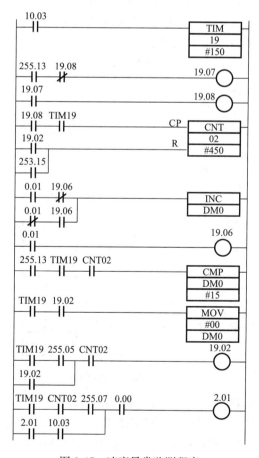

图 9-45　速度异常监测程序

首先由继电器 17.07 和 17.08 联合产生 1 个周期为 PLC 扫描周期的计时脉冲信号，在扶梯正常启动 15s 之后，计数器 CNT02 以该脉冲信号为计数源开始计数，每个扫描周期 CNT02 计数一次，450 次后，CNT02 计数次数到，产生了 450 个扫描周期的延时。

在图 9-45 程序中，由数据存储器 DM0 计量测速传感器输出的测速脉冲个数。在扶梯正常启动 15s 之后，每过 450 个程序扫描周期，CNT02 常开触点闭合，则比较指令 CMP 的执行条件支路导通：255.13→TIM19→CNT02，PLC 把 DM0 中的计量值与预设值比较一次。

如果 DM0 的计量值大于预设值，继电器 255.05 常开触点闭合，下列程序支路导通：

$$TIM19→255.05→CNT02→19.02 \text{ 线圈}$$

使继电器 19.02 线圈得电并自锁，19.02 常开触点闭合，使 CNT02 复位，CNT02 常开触点断开，DM0 清零，程序进入新一轮速度监测。

如果 DM0 的计量值小于预设值，继电器 255.07 常开触点闭合，下列程序支路导通：

$$TIM19→CNT02→255.07→0.00→2.01 \text{ 线圈}$$

使继电器 2.01 线圈得电，意味着自动扶梯速度出现异常。并通过支路 2.01→10.03→2.01 线圈，使该继电器自锁。其中输入点 0.00 连接安全继电器 KYJ 的常开触点，0.00 的常开触点闭合，说明安全回路处于正常状态。

2. 扶梯启动条件监测

图 9-46 为启动条件监测程序。安全回路处于正常状态时，继电器 KYJ 的常开触点闭合，则 0.00 的常开触点闭合，如果此时扶梯运行速度正常，则继电器 2.01 线圈不能得电，其常闭触点闭合，因此下列支路导通：

$$0.00→2.01→2.00 \text{ 线圈}$$

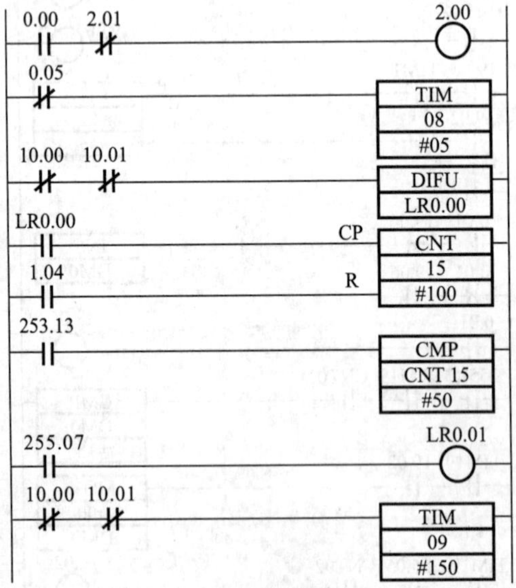

图 9-46　启动条件监测程序

运行继电器 2.00 线圈得电，扶梯的安全回路和运转速度正常。

主回路的接触器 KMU、KMD、KMS、KMR 以及制动器供电回路的接触器 KMB 的触点没有粘接，在其线圈没有得电的情况下，它们的常闭触点应处于闭合状态，因此在扶梯未启动工作之前，输入点 0.05 的常开触点应处于闭合状态，它的常闭触点为断开状态。

如果输入点 0.05 常闭触点闭合超过 5s，则 TIM08 常开触点闭合，意味着上述接触器中的触点出现了粘接等故障，则扶梯不可启动运行。

如图 9-43 所示，PLC 的输出点 10.00 和 10.01 连接上、下运行方向接触器，扶梯运行时，要么上行、要么下行，输出点 10.00 和 10.01 常闭触点同时闭合的情况，只能是自动扶梯处于停止运行的状态。在自动扶梯停车时，输出点 10.00 和 10.01 常闭触点同时闭合，微分指令 DIFU 使继电器 LR0.00 线圈得电并维持一个程序扫描周期，该信号作为计数器计数脉冲，在 CPM1A 中，计数器为减法计数器，计数端 CP 每出现一个脉冲，计数器在当前值的基础上减 1。扶梯每次停机，产生一个停机脉冲 LR0.00，CNT15 的当前值减 1，如果连续停机超过 50 次时，CNT15 的当前值小于 50，则，标志继电器 255.07 常开闭合，继电器 LR0.01 线圈得电，扶梯不可启动运行。

CNT15 可以通过与输入点 1.04 相连复位开关 RST 手动复位，把其初始值复位为 100。

另外，停机 15s 后，TIM09 定时时间到，其常开触点闭合，扶梯才能再次启动。

3. 运行方向选择

图 9-47 为扶梯运行方向选择程序。下面以上行为例来分析程序。选择扶梯上行时，PLC 输出点 10.00 线圈得电，继而使上行接触器 KMU 线圈得电。该程序具有正常运行和检修 2 种控制方式。

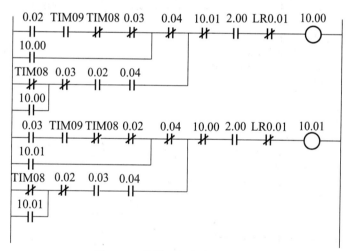

图 9-47 扶梯运行方向选择程序

正常运行方式时，把钥匙开关 SA1 或 SA2 旋转至上行位置后再释放，则下列程序支路导通：

$$0.02 \rightarrow TIM09 \rightarrow TIM08 \rightarrow 0.03 \rightarrow 0.04 \rightarrow 10.01 \rightarrow 2.00 \rightarrow LR0.01 \rightarrow 10.00 \text{ 线圈}$$

输出点 10.00 线圈得电并自锁，使得上行接触器 KMU 线圈得电，选择扶梯上行。如果存在下述几种情况，不能实现运行方向的选择，扶梯不能启动运行：

1）距前一次扶梯停机不足 15s，TIM09 常开触点还未闭合；

2）出现接触器触点粘连，TIM08 常闭触点断开；

3）安全回路和速度出现异常，继电器 2.00 常开触点没有闭合；

4）连续停机次数超过 50 次，LR0.01 常闭触点断开。

另外，扶梯在运行过程中，安全回路或速度出现异常，继电器 2.00 常开触点断开，

10.00 线圈失电，方向接触器 KMU 主触点断开，扶梯立即停止运行。

检修方式时，检修盒插入检修插座 XS1 或 XS2，图 9-41 中 KAJ 或 KAJ1 线圈得电，其常闭触点断开，扶梯上的钥匙开关 SA1 或 SA2 失效，此时输入点 0.04 常开触点闭合，按下检修盒上的 SJU 按钮，下列程序支路导通：

$$TIM08 \to 0.03 \to 0.02 \to 0.04 \to 10.01 \to 2.00 \to LR0.01 \to 10.00 \ 线圈$$

输出点 10.00 线圈得电，扶梯上行。释放 SJU 按钮，输入点 0.02 常开触点断开，10.00 线圈失电，扶梯停止运行。在程序中，安全回路以及速度监测依然有效。

4. 启动运行控制

图 9-48 为扶梯启动运行控制程序。扶梯在正常运行模式下，当安全回路和扶梯测速正常时，继电器 2.00 的常开触点闭合，输出点 11.00 线圈得电，则与之相连的安全接触器 KSC 线圈得电，接触器常开触点吸合。

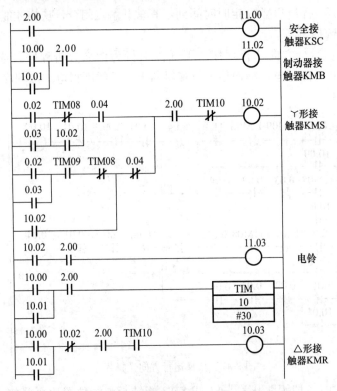

图 9-48 扶梯启动运行控制程序

当转动钥匙开关 SA1 或 SA2 选定运行方向后，方向继电器 10.00 或 10.01 常开触点闭合，输出点 10.02 线圈得电，制动器接触器 KMB 线圈得电。另一方面，如图 9-48 扶梯启动运行控制程序所示，方向继电器 10.00 或 10.01 线圈得电，使得图 9-43 中上行接触器 KMU 或下行接触器 KMD 线圈得电，其常开触点吸合。

与此同时，下列程序支路导通：

选择上行时：$0.02 \to TIM09 \to TIM08 \to 0.04 \to 2.00 \to TIM10 \to 10.02 \ 线圈$

选择下行时：$0.03 \to TIM09 \to TIM08 \to 0.04 \to 2.00 \to TIM10 \to 10.02 \ 线圈$

输出点 10.02 线圈得电并自锁，使得丫形连接接触器 KMS 线圈得电，其主常开触点吸合。以选择扶梯上行为例，在图 9-38 电气拖动电路中，制动器 M2 电源接通而松闸，电源通过 QF1→KSC→KMU→KMS 施加到主机 M1 上，主机以绕组 Y 形连接方式启动。与此同时，继电器 10.02 的常开触点闭合，使输出点 11.03 线圈得电，与之相连的电铃 HA 响铃，提示乘客扶梯启动。

主机以 Y 形连接方式启动 3s 之后，TIM10 延时时间到，其常闭触点断开，使 10.02 线圈失电，继而接触器 KMS 线圈失电，其常开触点断开。而 TIM10 的常开触点闭合，接通了输出点 10.03 线圈的程序支路：

上行时：10.00→10.02→2.00→TIM10→10.03 线圈

下行时：10.01→10.02→2.00→TIM10→10.03 线圈

使输出点 10.03 线圈得电，则△形接触器 KMR 线圈得电，其常开触点闭合，主机以绕组△形连接方式运行。

检修方式时，当检修盒插入插座 XS1 或 XS2，继电器 KAJ 或 KAJ1 线圈得电，一方面其常闭触点断开切断了扶梯钥匙开关选择运行方向的电路，使钥匙开关选向功能失效，另一方面，在图 9-43 中，它们的触点构成的电路，使输入点 0.04 常开触点闭合，扶梯处于检修运行模式，可以使用检修盒上的上、下行按钮对扶梯进行点动操作。

按下上行按钮 SJU，下列程序支路导通：

0.02→TIM08→0.04→2.00→TIM10→10.02 线圈

按下下行按钮 SJD，下列程序支路导通：

0.03→TIM08→0.04→2.00→TIM10→10.02 线圈

其他程序部分与扶梯正常运行方式相同，在此不再说明。

5. 故障监测与故障代码显示

图 9-49 为故障检测程序。当某个故障发生时，对应的安全开关常开触点闭合，接通

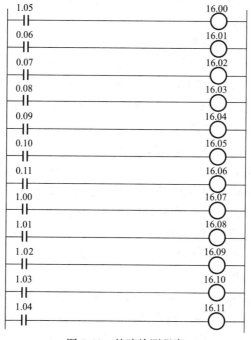

图 9-49　故障检测程序

所连接的 PLC 输入回路，该输入点常开触点闭合，PLC 内部的故障继电器线圈得电，PLC 检测到故障发生。程序中故障继电器由数据存储器 16 的数据位来承担，这样，便于进一步编码和处理。数据位与故障类型对应关系见表 9-2。

数据位与故障类型对应关系　　　　　　　　　　　　　　表 9-2

序号	数据位	故障类型	故障代码
1	16.00	曳引链断裂故障	F
2	16.01	下端梳齿板故障	E
3	16.02	下端出入口故障	d
4	16.03	下端围裙板故障	C
5	16.04	下端扶手带故障	b
6	16.05	下端梯级塌陷故障	A
7	16.06	上端梳齿板故障	9
8	16.07	上端出入口故障	8
9	16.08	扶梯逆转故障	7
10	16.09	上端围裙板故障	6
11	16.10	上端梯级塌陷故障	5
12	16.11	计数复位	4

图 9-50 为故障识别与故障代码编码程序。该程序通过检测到的故障信息识别故障类型，并产生故障显示代码（1 位十六进制数），这个代码存放在 HR1 中（低四位）。故障识别和故障代码编码流程如图 9-51 所示。下面以扶梯出现其上端的梯级塌陷故障和上端的围裙板故障为例，介绍故障识别和故障代码产生原理（图 9-52），为了便于说明，把程序分支分别命名为 BR1～BR11。

根据图 9-49 程序可知，扶梯上端的梯级塌陷故障和上端的围裙板故障时，继电器 16.11、16.10 线圈得电，数据存储器 16 的内容为：0000 0110 0000 0000。

程序第 1 次扫描执行过程如图 9-52（a）所示，图中"■"表示继电器线圈得电状态或数据位的状态为 1，"□"表示继电器线圈失电状态或数据位的状态为 0。

一旦出现故障时，数据存储器 16 立即变为非 0 值，255.05 的常开触点闭合的上升沿，使 17.00 继电器线圈保持通电 1 个程序扫描周期，同时使继电器 17.02 线圈得电。

由于故障信息左移后，Cy 不为 1，255.04 常开触点断开，因此继电器 17.03 线圈不能得电，其常开触点断开，程序分支 BR6、BR7 及 BR8 不执行。

另外，HR0 内容非 0，255.06 常开触点断开，BR11 支路中 DIFU 指令的执行条件不满足，故继电器 17.01 线圈无法得电。继电器 17.01 为故障识别及编码结束标志，用 17.01 的常开触点来启动执行程序的初始化部分，如取新的故障信息、设置故障识别的初始位置，清除进位位 Cy 状态等。

程序第 1 次扫描过程结束后，故障识别标识寄存器 HR0 的内容为 0000 0000 0000 0010，故障信息寄存器 18 的内容为 0000 1100 0000 0000，进位位 Cy 状态为 0。

程序第 2 次扫描执行过程见图 9-52（b）。由于数据存储器 16 内容依然保持不为零，

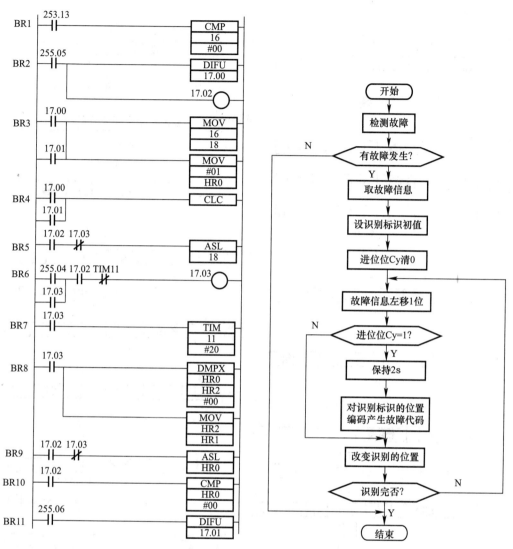

图 9-50　故障识别与故障代码编码程序　　　　图 9-51　故障识别和故障代码编码流程

因此，不会产生 DIFU 指令所需的上升沿执行条件，因此，17.00 线圈失电，由于 255.05 的常开触点依然闭合，17.00 线圈保持得电状态。由于上一次扫描结束，Cy 状态为 0，17.03 继电器线圈依然不能通电。因此，BR5 和 BR9 程序支路被执行。第 2 次扫描过程结束后，故障识别标识寄存器 HR0 的内容为 0000 0000 0000 0100，故障信息寄存器 18 的内容为 0001 1000 0000 0000，Cy 的状态为 0。

第 3、第 4、第 5 次扫描执行过程与第 2 次基本相同，见图 9-52（c）～（e）。第 5 次扫描过程结束后，故障识别标识寄存器 HR0 的内容为 0000 0000 0010 0000，故障信息寄存器 18 的内容为 1100 0000 0000 0000，Cy 的状态为 0。

第 6 次扫描执行过程见图 9-52（f）。由于第 5 次扫描结束时，Cy 状态为 0，17.03 继电器线圈依然不能通电。因此，BR5 程序支路被执行，故障信息被左移一位，Cy 的状态变为 1，使 BR6 支路导通，继电器 17.03 线圈得电并自锁。17.03 的常开触点闭合启动了 TIM11 延时（BR7 支路），同时它也建立了 BR8 支路的编码指令 DMPX 的执行条件，由

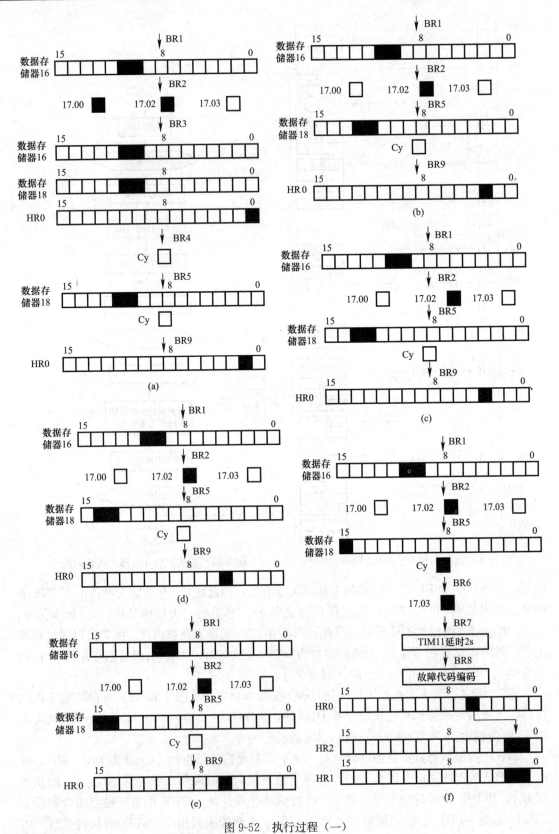

图 9-52　执行过程（一）

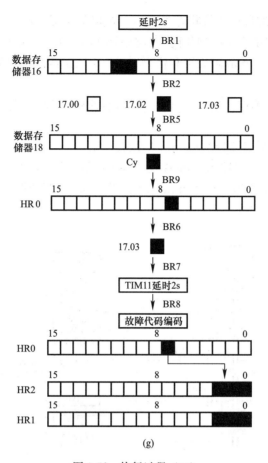

(g)

图 9-52　执行过程（二）

于 HR0 中状态为 1 的最高位是第 6 位，编码指令执行后，HR2 的最低 4 位状态为 0101。把编码信息传递给故障代码寄存器 HR1，那么 HR1.3 的状态为 0，HR1.2 的状态为 1，HR1.1 的状态为 0，HR1.0 的状态为 1。由图 9-53 故障代码显示程序可知，输出点 10.07、10.06、10.05、10.04 线圈得电，由于 s 脉冲继电器 255.02 触点的作用，故障显示器 GZD 闪烁显示"Ƨ"。

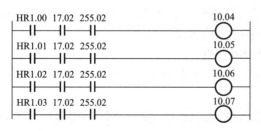

图 9-53　故障代码显示程序

　　2s 之后，TIM11 延时时间到，使得 17.03 继电器线圈失电。如图 9-52 所示，BR5 支路再次被执行，故障信息被左移 1 位，同时，故障识别标识寄存器 HR0 的内容也被左移 1 位，如图 9-52（g）所示，Cy 再次变为 1，17.03 线圈再次得电，启动编码指令 DMPX 对

HR0 内容编码，HR2 的最低 4 位状态为 0110，故障显示器 GZD 闪烁显示 "δ"。

随后的程序扫描与第 2 次原理相同，直至 HR0 内容为 0，继电器 17.01 线圈得电，执行初始化程序，进行下一轮故障识别和代码编码。无故障或故障排除后时，故障显示器无显示。

通过进一步分析，不难得出本节自动扶梯所有的故障代码，见表 9-2。

6. 自动润滑

图 9-54 为自动润滑控制程序。扶梯系统运行（$500s \times 600 = 300000s = 5000min$）5000min，输出点 11.01 线圈得电，继而使加油继电器 KJY 得电，启动加油装置对扶梯进行润滑，每次润滑时间为 7800s（13min）。程序中 255.02 为周期为 1s 的脉冲信号继电器，通断时间各为 0.5s。

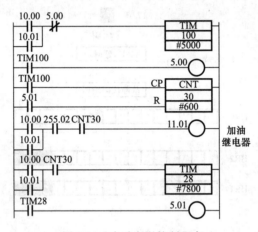

图 9-54　自动润滑控制程序

思考题与习题

9-1　简述 PLC 控制系统设计的主要步骤。

9-2　在工业生产中，PLC 控制系统有哪几种结构形式？

9-3　在 PLC 控制系统设计时，选择 PLC 的 CPU 模块应该考虑哪些因素？

9-4　在 PLC 控制系统设计时，选择开关量输入、输出模块应该考虑哪些因素？

9-5　设计 PLC 控制系统时如何选电源模块？

9-6　开关量输入外围电路设计。

9-7　接近开关、光电开关、霍尔开关、旋转编码器等源传感器与 PLC 连接时应注意哪些方面？

9-8　在 PLC 外围输入电路设计时，对于不同供电电压的有源开关接入 PLC 应如何处理？

9-9　PLC 开关量输出外围电路应注意哪些方面？

9-10　PLC 继电器输出用于驱动交流感性负载和直流感性负载时，为什么要加保护电路？保护电路如何连接？

9-11　某控制系统的 PLC 输出为晶体管输出形式，是否可以直接驱动交流接触器？应如何处理?

9-12   PLC 控制系统供电设计应考虑哪些因素?

9-13   PLC 控制系统对供电系统的接地有什么要求?

9-14   在 PLC 控制系统设计时,对直流电源地、数字信号地、保护地、交流电源地和模拟信号地应如何处理?

9-15   PLC 控制系统常用的软件设计方法有哪些?各有什么特点?

参 考 文 献

[1] 王俭，龙莉莉. 建筑电气控制技术［M］. 北京：中国建筑工业出版社，1998.

[2] Timothy Chou. 智慧建造——物联网在建筑设计与管理中的实践［M］. 段晨东，柯吉译. 北京：清华大学出版社，2020.

[3] 岳秀江，孙洁香. 工业控制装置可编程逻辑控制器（PLC）自主创新技术和产业发展战略研究［J］. 自动化博览，2018，35（10）：60-64.

[4] 中华人民共和国国家质量监督检验检疫总局，中国国家标准化管理委员会. 电工术语 低压电器：GB/T 2900.18—2008［S］. 北京：中国标准出版社，2008.

[5] 凌永成. 机电传动控制［M］. 北京：机械工业出版社，2017.

[6] 廖常初. S7-200 SMART PLC 编程及应用［M］. 3 版. 北京：机械工业出版社，2019.

[7] 陈继文，于永鹏，程伟志，等. 机械电气控制 S7-200 SMART PLC 编程入门与提高［M］. 北京：化学工业出版社，2021.

[8] 向晓汉. S7-200 SMARTPLC 完全精通教程［M］. 北京：机械工业出版社，2019.

[9] 吴凌云. 电气控制与 PLC 技术及应用——西门子 S7-200 系列［M］. 武汉：华中科技大学出版社，2013.

[10] 高安邦，田敏，俞宁，等. 西门子 S7-200PLC 工程应用设计［M］. 北京：机械工业出版社，2011.

[11] 国家市场监督管理总局，国家标准化管理委员会. 低压开关设备和控制设备 第 1 部分：总则：GB/T 14048.1—2023［S］. 北京：中国标准出版社，2024.

[12] 张培铭. 智能低压电器技术研究［J］. 电器与能效管理技术，2019（15）：10-20.

[13] 王建华，张国钢，耿英三，等. 智能电器最新技术研究及应用发展前景［J］. 电工技术学报，2015，30（9）：1-11.

[14] 钱金川，张虎任，朱守敏. 断电延时型时间继电器的研究与设计［J］. 电工电气，2009（3）：20-23+29.

[15] 中华人民共和国国家质量监督检验检疫总局，中国国家标准化管理委员会. 人机界面标志标识的基本和安全规则 指示器和操作器件的编码规则：GB/T 4025—2010［S］. 北京：中国标准出版社，2011.

[16] 国家市场监督管理总局，国家标准化管理委员会. 电气简图用图形符号 第 1 部分：一般要求：GB/T 4728.1—2018［S］. 北京：中国标准出版社，2018.

[17] 国家市场监督管理总局，国家标准化管理委员会. 电气简图用图形符号 第 2 部分：符号要素、限定符号和其他常用符号：GB/T 4728.2—2018［S］. 北京：中国标准出版社，2018.

[18] 国家市场监督管理总局，国家标准化管理委员会. 电气简图用图形符号 第 3 部分：导体和连接件：GB/T 4728.3—2018［S］. 北京：中国标准出版社，2018.

[19] 国家市场监督管理总局，国家标准化管理委员会. 电气简图用图形符号 第 4 部分：基本无源元件：GB/T 4728.4—2018［S］. 北京：中国标准出版社，2018.

[20] 国家市场监督管理总局，国家标准化管理委员会. 电气简图用图形符号第 6 部分：电能的发生与转换：GB/T 4728.6—2022［S］. 北京：中国标准出版社，2022.

[21] 中华人民共和国国家标准——电气简图用图形符号 第 7 部分：开关、控制和保护器件：GB/T 4728.7—2022［S］. 北京：中国标准出版社，2022.

［22］ 韩雨，戴玮. 智能低压断路器的研发与应用［J］. 电气时代，2020（5）：21-24.

［23］ 胡国文，何波，顾春雷，等，建筑电气控制技术［M］. 北京：中国建筑工业出版社，2015.

［24］ 国家市场监督管理总局，国家标准化管理委员会. 工业系统、装置与设备以及工业产品　结构原则与参照代号　第2部分：项目的分类与分类码：GB/T 5094.2—2018［S］. 北京：中国标准出版社，2018.

［25］ 国家标准化管理委员会. 工业系统、装置与设备以及工业产品 信号代号：GB/T 16679—2009［S］. 北京：中国标准出版社，2009.

［26］ 中国建筑标准设计研究院. 国家建筑标准设计图集 23DX001　建筑电气工程设计常用图形和文字符号［S］. 北京：中国标准出版社，2023.